好心态！

只要开始，永远不晚！只要坚持，必定成功！

- 你是否曾因忧虑重重而难以自拔？
- 你是否曾因不善当众讲话而在公众场合脸红心跳，形象大打折扣？
- 你是否曾因不善沟通而错失挣钱的机会，还造成人际关系紧张？
- 你是否曾因缺乏沟通技巧而在商务谈判中被迫一再退让？
- 你是否曾因口才欠佳、不善表达而难以激励团队，扩大自己和企业的影响力？

本书将帮你获得的**8**项技能

1. 走出思想的窠臼，思考新观念，获得新视野，发现新抱负。
2. 快速容易地赢得朋友。
3. 让你更受人欢迎。
4. 让别人赞同你的观点。
5. 提高你的影响、你的名声以及处理事情的能力。
6. 处理抱怨，避免争论，让你的人际关系融洽愉悦。
7. 成为一个出色的说话者，一个更令人愉悦的交谈者。
8. 在你的同伴中激发出热情。

卡耐基作品已被翻译成近百种语言，让全世界亿万读者受益。

从本书获得最大教益的 **9** 条建议

为了从本书获得最大教益，你必须做到：

1. 培养一种深刻而强烈的、掌握为人处世原则的欲望。

2. 在阅读下一章之前，将前面的章节读两遍。

3. 阅读的时候，要经常停下来问自己，如何才能运用各项建议。

4. 在每个重要的观点旁边做记号。

5. 每个月温习本书一次。

6. 抓住每一个可以运用这些原则的机会。将本书作为帮助你解决日常问题的实用手册。

7. 每当你违反某一项原则而被你的朋友抓到时，给他一点钱，使你的学习成为一种活泼有趣的游戏。

8. 每个星期对你的进步检查一次。问自己曾犯了什么错，有什么改进，有什么教训，将来该如何做。

9. 在书后面做记录，写下你在什么时候、如何应用这些原则的。

人性的优点

全集

［美］戴尔·卡耐基 著

刘 祜 译

中国城市出版社

·北京·

图书在版编目（CIP）数据

人性的优点全集：卡耐基成功学100周年纪念版 /
（美）卡耐基（Carnegie，D.）著；刘祜译. —北京：
中国城市出版社，2012.6（2014.4重印）
ISBN 978-7-5074-2583-3

Ⅰ.①人… Ⅱ.①卡… ②刘… Ⅲ.①成功心理—通
俗读物 Ⅳ.①B848.4-49

中国版本图书馆CIP数据核字（2012）第074387号

责 任 编 辑　华　风
装 帧 设 计　同人阁图书(北京)有限公司
责任技术编辑　张建军
出 版 发 行　中国城市出版社
地　　　　址　北京市西城区广安门南街甲 30 号（邮编　100053）
网　　　　址　www.citypress.cn
发 行 部 电 话　(010)63454857　63289949
发 行 部 传 真　(010)63421417　63400635
总 编 室 电 话　(010)68171928
总 编 室 信 箱　citypress@sina.com
经　　　　销　新华书店
印　　　　刷　永清县吉祥印刷有限公司
字　　　　数　510 千字　印张 25
开　　　　本　710×1000（毫米）　1/16
版　　　　次　2012 年 7 月第 1 版
印　　　　次　2014 年 4 月第 7 次印刷
定　　　　价　25.00 元

C目录
ontents

第八篇　如何让你变得更成熟

第九篇　如何从实际行动中受益

第十篇　如何在当众讲话中克服恐惧建立自信

序言　通往成功的捷径

罗维尔·托马斯[①]

那是在一个寒冬的夜晚，2500 多名美国各界成功的绅士和女士们聚集到了宾夕法尼亚饭店的大舞厅。刚到 7 点半钟，宽敞的舞厅内早已座无虚席，但是直到 8 点，仍然还有不少人走进舞厅，而且大家兴致都很高。没过多久，宽敞的舞厅就挤满了人，那些来得晚的人开始挤占没有座位的空地。

这么多人，在经过了一天的劳累之后，晚上还情愿跑到这里来，辛苦地站上一两个小时，这是为什么呢？难道他们是来看著名模特的时装表演吗？或者他们是想看一场自行车比赛？或是著名演员克拉克·盖博亲自登台发表演说？

不，都不是！这些人是因为看了报纸上的一则广告之后，才不约而同地赶来这里的。两天前，这些人在阅读《纽约太阳报》时，看到了一整版的广告，内容是：

你想增加你的收入吗？

你想流利地表达你自己吗？

你想做一个成功的领导者吗？

那么，就请……

也许你会认为这又是老一套的骗人伎俩。但是，不论你是否相信，就在地球上这座最繁华的大都市中，虽然有 25% 的人处于失业状态，需要靠救济金生活，而且当时的经济十分萧条，却仍然有 2500 人被这份广告吸引，并涌向宾夕法尼亚饭店。

这份广告可不是刊登在什么流行的报纸上，而是刊登在当地最保守的一家晚报——《纽约太阳报》上。那些来饭店的人士，在美国全都属于上流阶层，例如他们当中有高级管理人员、公司老板、专业技术人员，而且他们的收入都在 2000 ~ 50000 美元不等。

这些人究竟是为了什么而来这里的呢？原来，他们是来听一场最现代、最实用的"口才与处世技巧"的讲座——这次讲座是由戴尔·卡耐基人际关系研究会主办的。

为什么这 2500 位成功人士要到这里来听这样一场演讲呢？是不是因为经济危

---

① 　罗维尔·托马斯，与卡耐基同时代的美国著名记者、编辑兼作家，一生著述甚丰，有 25 本书流传于世，卡耐基曾当过他的助手，到美国和欧洲各地旅行演讲。

机而使他们突然产生了求知欲呢？

显然都不是。在此之前的 24 年中，这一讲座每个季度都在纽约举办，而且经常是场场爆满，人多得数都数不过来。其实，已经有 15000 名商业界和专业技术领域的人士接受过戴尔·卡耐基的训练；甚至一些规模庞大、传统而保守的公司或组织，如美国的西屋电器公司、麦格劳·希尔出版公司、布鲁克林联合瓦斯公司、布鲁克林商业工会、美国电器工程师协会、纽约电话公司等，为了保护他们公司及员工的利益，也专门开设了这种业余训练课程。

这些人有的已经离开学校十多年甚至二十多年。在经过这么多年后，他们再来接受这种训练，显然是对我们教育制度的一种有趣而鲜明的批判。

那么，这些成年人到底想要学习什么东西？为此，芝加哥大学联合了美国成人教育协会、青年联合会，在各地开展了一项耗资 25000 美元、为期两年的全面调查研究。结果表明，成年人最关心的问题是身体健康；其次是人际交往——他们要学习的正是为人处世的方法和技巧。他们既不想成为演说家，也不想听什么心理学方面深奥的专业知识，他们只想聆听一些可以用于实际的商业交往、为人处世、家庭生活中的现实而有效的建议。

这就是调查的结果。他们所需要的，也正是我们为他们准备的。但是该去哪里找介绍这种知识的书呢？我们找遍了所有的教科书，却没找到一本！我们发现，至今还没有人写过一本教人如何解决为人处世问题的书。

这真是太奇怪了！千百年来，关于文学、艺术、哲学以及高等数学的著作多如牛毛，而且水平高深。但是，这些成年人对这种书却不屑一顾，而他们极其渴望获得的实用知识，却没有人教给他们。

看到这里，你也许会明白，为什么这 2500 位男男女女在看了报纸广告之后，会如此兴致勃勃地拥进宾夕法尼亚饭店来——因为他们找到了自己企盼已久的东西。

他们以前也曾在图书馆中读了许多书，而且以为只有知识才是出人头地、走向成功的唯一途径。可是当他们在工作若干年之后，终于发现，那些在事业上最成功的人，不仅具有一定的知识，而且还具有善于沟通、说服他人、向别人推销自己的才华。因此，他们发现，要想在工作中获取成功，人际沟通和自我表达能力比大学文凭和书本知识更加重要。

《纽约太阳报》刊登的那份广告正好指出，在宾夕法尼亚饭店举行的讲座，肯定能给前来听演讲的人带来极大的收获，事实上也果真如此。

若干名以前曾听过这一讲座的人被请到了演讲台上。他们每个人都在 75 秒钟的时间内，通过话筒向人们讲述了自己的亲身体验。记住，他们每个人只有 75 秒钟！而且时间一到，主持人就会敲一下木槌，大声喊道："时间到！请下一位！"

讲座现场的气氛，就像牛群在草原上奔驰一样，异常的热烈。台下听众在那里将近两个小时，全都听入了迷。

在台上演讲的那些人，可以说构成了美国商业领域的各个层面，他们包括连锁商店的高级职员、面包供应商、商业协会主席、银行家、卡车推销员、化妆品推销员、保险推销员、制砖厂秘书、会计师、牙科医生、建筑师、威士忌酒推销员、牧师、药剂师、律师。他们全都从不成功走向了成功，并且成为附近一带小有名气的人物；有的人后来甚至成为美国政治舞台上举足轻重的人物。

在这次讲座中，第一个上台的是派特里克·奥海亚。他出生在爱尔兰，只上过4年学，后来移民到了美国，曾当过机械师和私人司机。奥海亚40岁的时候，家里的人越来越多，养家糊口所需要的钱当然也更多了。于是，他开始为一家公司推销货车轮胎。可是，正如他自己所说的，他十分自卑且内向，以至于见了人时连头都不敢抬起来。他每次上门推销时，总要在客户门口来来回回许多次，才敢推门进去。

可想而知，奥海亚对自己的推销成绩很不满意。就在他想去一家机械厂工作时，他收到了一封信，是请他去听戴尔·卡耐基的演讲。奥海亚起初并不想去，因为他担心自己难以愉快地和那些大学毕业的人相处。但是禁不住妻子的劝说，奥海亚终于鼓起勇气，走进了演讲大厅。妻子对他说："或许这次能给你带来帮助。亲爱的，上天知道你需要这些东西。"

奥海亚刚开始当众讲话时，既恐惧，又心慌，根本不知道该说些什么。可是没过几个星期，他就不再害怕面对听众了，而且他很快发现自己竟然喜欢上了演说，并且听众越多，精神越兴奋。之后，即使是单独地面对面和人谈话，他也不胆怯了，也不再害怕面对自己的顾客了。

奥海亚的收入逐渐增加。今天，他已成为纽约的明星推销员。也就在这天晚上，派特里克·奥海亚面对宾夕法尼亚饭店大舞厅中的2500位听众，从容不迫地讲述了自己的亲身经历和成就。整个演讲会场笑声不断，气氛非常热烈。可以说，还很少有职业演讲家能比得上他的出色表现呢。

第二位上台演讲的人是一位名叫葛德菲·迈尔的满头白发的银行家，他同时还是11个孩子的父亲。他当初在班上第一次演讲时，手足无措，不知所云。而现在他却生动地讲述了自己的经历，向大家描述了一个善于言辞和演说的人是如何通往成功之路的。

迈尔一直在华尔街工作，他这25年来也一直住在新泽西的克里夫顿。在此期间，他非常积极地参加各种地方性的活动，结识了至少500人。

在参加卡耐基的培训课程之后不久，迈尔收到了美国国家税务局寄给他的一张个人所得税催收单。但是迈尔认为这种税负很不合理，因此立即火冒三丈。如果是在以前，迈尔最多也就是一个人待在家里发发牢骚。但那天他却来到了镇民大会上，当着上千人的面发泄了自己对政府征税的不满和愤怒。

他这次富有激情的演讲，使当地居民都建议他竞选镇民代表。于是，在接下来的几个星期中，迈尔到处奔波，痛斥政府的浪费和奢侈行为。竞选结果公布之后，迈尔的得票数竟然在96位当选代表中名列第一。一夜之间，迈尔就成了当地的著名人物。他在这几个星期发表演讲赢得的朋友，比他以前所有的朋友还要多80倍，而他担任镇民代表所得到的报酬，比他一年投资的10倍还要多。

第三位上台演讲的，是一个全国性食品制造商协会的主席，这个协会规模十分庞大。他讲述了自己以前的经历，说他甚至不敢在公司的董事会上发言或当众表达自己的观点。

在参加卡耐基的当众演讲和有效沟通的培训课程之后，他发生了惊人的变化，而且很快就被推选为全国食品制造商协会主席，并以主席的身份在全国各地主持会议。他每次演讲的内容，都被美联社以摘要的形式发表在各种报纸和杂志上。

在参加培训课程两年之后，他为自己公司和产品所做的免费宣传，比他以前花25万美元做广告所获得的效益还要多。他说，以前他连约人共进午餐都不敢，而他在演讲之后所赢得的声誉，使一些社会上层人士主动打电话约他出去聚餐，并为打扰他、占用他的时间而致歉。

显然，他的说话技巧与能力对于他的成名起到了极大的推动作用，他不仅成了一位名人，而且令人瞩目。可见，一个讲话深得人心的人，往往可以得到别人的高度评价，这种评价甚至会超出他本有的才华。

现在，美国的成人教育已经非常普及了。这一运动的最有力推动者，正是戴尔·卡耐基先生。他比任何其他人听过、评论过更多的演讲。在利普莱写的《信不信由你》这本书中，作者曾提到卡耐基评论过15万场演讲。如果你还是感到不清楚的话，就请算一算这个数字代表了什么：自从哥伦布发现美洲大陆以来，卡耐基先生几乎每天都听一场演讲；或者换一种说法，卡耐基听过的所有演讲，如果每个人只讲3分钟，那么卡耐基也要日夜不停地听上整整一年。

戴尔·卡耐基的人生道路历经挫折，这也有力地证明了一个道理——富有创新思想和满腔热情的人，将会取得巨大的成就。

卡耐基出生在密苏里州一个小村庄，距离铁路有16千米远。卡耐基在12岁之前从来没有见过电车，可是现在已经46岁的他，从香港到哈摩费斯特，足迹已经遍及了全球。有一次他还到了北极附近。

这个来自密苏里州的孩子，曾帮别人摘草莓、打野草，每个小时才挣5美分。他现在给美国各大公司的高级职员进行培训时，一分钟的报酬却是以前的20倍。

这个乡下孩子以前曾替人放牛，但他后来应威尔士亲王的邀请，来到了伦敦，在众人面前显示了他的才华。然而，他最初在众人面前演讲，接连遭到五六次挫折，后来他成为我的私人经纪人。我的成功，也主要归功于他主持的培训。

卡耐基年轻的时候，不得不为接受教育而奋斗。由于他家所在的地区厄运不断：船被洪水冲走、船也经常因为相互碰撞而沉入河底、河水泛滥而导致颗粒无收、猪染上瘟疫死亡……这一切还都不算，银行也逼上门来，要把卡耐基一家赶出家门，好没收被抵押的房子。

于是，老卡耐基只好卖掉农场，迁到密苏里州华伦斯堡州立师范学院附近，又在这里购置了一个农场。由于卡耐基没钱在镇上居住，因此他每天都要回农场住，第二天早上骑马走 4.8 千米路去上学。回家后，他还要干挤牛奶、伐木、喂猪的活。晚上则在昏暗的油灯下学习拉丁文，直到眼睛困得睁不开为止。

即使卡耐基在午夜才上床睡觉，他也必须将闹钟定在凌晨 3 点。因为他父亲养了一种良种猪，小猪仔受不住严冬的夜晚，每天凌晨 3 点钟都要喂一次热食才能御寒。所以只要闹钟一响，卡耐基就得起床去喂小猪，然后再把它们抱回炉灶边温暖的地方。

在州立师范学院的 600 名学生中，只有五六个人没在镇上住，戴尔·卡耐基就是其中之一。他每天下午必须骑马赶回农场去帮助父亲干活。当时，卡耐基穷得只能穿一件很窄、很小的衣服，裤子也很短，这使他感到了羞耻，并产生了严重的自卑心理。于是，他立志要出人头地。很快他就发现，在学校中名望最高的人，一般都是那些足球队员和棒球运动员，此外还有在辩论和演讲中获奖的人。

他知道自己没有体育天赋，于是决心在当众演讲方面出人头地。为此，他做了好几个月的准备，在马背上练习，挤牛奶时也不放弃。有一次，他爬上一个大草堆，一个人手舞足蹈地大声演讲，连附近的鸽子都被吓得飞走了。

然而，尽管卡耐基做好了充分的准备，起初还是接连遭受失败。当时卡耐基只有 18 岁，正处于人生中极其敏感而且情绪极易波动的年龄。他对自己失望到了极点，甚至想到了结束生命。但事情随后出现了变化——他开始在演讲中获胜，后来几乎每次都能胜过对手，连以前那些曾指导过他的同学也都败给了他。

大学毕业后，卡耐基开始在内布拉斯加州的西部和怀俄明州的东部地区上成人大学的函授课。他的激情和活力无穷无尽，但他的事业似乎并没有什么进展。他有些失望，有一次竟然大白天躺在宾馆的床上痛哭流涕。

卡耐基希望回到原来的学校，以摆脱生活的冷酷和无情，但这说起来容易做起来难！他决定去奥马哈寻找另外的工作，但没有钱买火车票，于是找到一个货车司机，和对方谈好条件，一路上为对方喂养两车厢的野马，让对方免费带他到奥马哈。到了那里之后，卡耐基找了一份推销咸肉、肥皂和猪油的工作。

由于他销售的地区经济很不发达，所有的东西都很难推销。他一路上只得搭便车或骑马，晚上干脆就睡在简陋的旅舍中。只要有时间，他就阅读推销方面的书籍，并学习如何收账。当一家客户无钱支付账款时，他就采取变通的方法，从这家店铺拿了 19 双鞋，卖给铁路局的人，然后把钱寄给公司。

卡耐基经常每天要走上百里路。每当他搭乘的货车停在一个地方装货或者卸货时，他就去镇上向人推销，接下几份订货单。当货车即将启动时，他又急急忙忙赶回车站，跳上正在开动的货车。他就这样干了两年，把一个几乎没有什么销售利润的地区变成了全公司利润最高的地区。公司老板见卡耐基工作努力，有意提拔他，但他却拒绝了老板的好心，并且辞职不干了。

辞职之后，卡耐基又来到纽约，到了美国戏剧艺术学院求学，并在戏剧《剧团的宝丽》中扮演过哈里特博士。但卡耐基并没有表演的天赋，不久他也知道了这一点。于是，他又重操旧业，干起了推销，不过这次是为派克公司推销卡车。

但是卡耐基完全不懂机械，对此也毫无兴趣。他过着很不愉快的日子，每天不得不强迫自己去推销卡车。然而，他又非常渴望能有时间读书，写出他曾在师范学院计划要写的书。于是，他又放弃了推销工作，专门从事写作，只靠在夜校教书挣来的一点钱维持生活。

卡耐基能在夜校教什么课程呢？他回顾过去，发现自己在大学时代接受的口才训练带给他的信心、勇气、镇静以及为人处世的能力，比大学其他所有的课程对自己的帮助都更大。于是，他竭尽全力说服了纽约青年基督教协会，让他为当地的商业界人士开设一门口才训练课。

什么？这简直太荒谬了！让商人也成为口才高手？学校非常清楚这样做的结果，因为他们以前也开过这类课，可是没有成功的先例。不过学校总算答应了卡耐基，但拒绝付给他固定的报酬。卡耐基就和学校约定，如果有利润的话，他将按开课所得利润的一定比例来抽取佣金——结果，他每个晚上开课所赚的钱是 3 美元，而不是原来固定的 2 美元。

随后，这一口才训练课程越开规模越大，而且其他城市的青年基督教协会也知道了此事。不久，戴尔·卡耐基就声名远扬，当起了巡回训练导师。他经常往来穿梭于纽约、费城、巴尔的摩之间，后来又到了伦敦和巴黎。

由于前来上课的商业界人士都认为，他们以往接触过的这方面的教科书都太教条了，根本不实用，因此卡耐基坐下来认真思考，并根据自己的实践经验和体会，写了《人性的弱点——如何影响他人并赢得朋友》。这本书后来成了美国所有青年基督教协会、银行联合会以及全国信托协会的正式教材。

戴尔·卡耐基说，任何人一旦生气之后，就会言辞巧捷，变得很会说话。他说，如果你在镇上一拳打倒一个最笨嘴笨舌的人，他会立即站起来与你理论一番，而且一点都不亚于一流的说话高手。他认为，无论什么人，如果有足够的自信，而且内心有表达的冲动的话，那么他一定会说得十分动人。

卡耐基认为，培养自信的最佳方式，就是做平时不敢做的事，从而获得成功的经验和体会。因此，他每次上课时，都会让每一个学员开口说话。听课的人都有相似的困难，都不敢当众说话。在这种情况下，大家从不会相互取笑。经过卡耐基的训练，他们逐渐培养起了勇气、信心和热忱，并将这些内在精神融入他们的谈话当中。

戴尔·卡耐基不仅仅是在开口才训练课，他更主要的是在帮助人们克服恐惧心理，培养自信和勇气。在参加这门课程的商业界人士中，不少人已经有三十多年未走进教室。他们当中大部分人最初都是抱着尝试的态度，以分期付款的方式向卡耐基交付学费的，因为他们希望能够立即获得实效，而且第二天就能用于商业谈判或当众演讲中。

　　针对这种情况，卡耐基就必须追求快速、实效的当众说话方式。结果，他开创了一套独特的，融说话、推销、为人处世和实用心理学于一体的教育方式，开创了一门非常实用而有意义的课程。由于这门课程是如此管用，有些人竟从上百公里远的地方开车专程来上课，甚至有一个人每周都从芝加哥赶到纽约来听课。

　　哈佛大学著名教授威廉·詹姆斯说，普通人只利用了他潜能的十分之一。戴尔·卡耐基开设的这门成人教育课程，其目的就是真正帮助商业界人士发挥他们的潜能。卡耐基成功了，他也因此而享誉全世界，被誉为"除了自由女神，或许只有戴尔·卡耐基才能代表美国"。

自序　克服忧虑，快乐生活

戴尔·卡耐基

1909 年，我是纽约最不开心的年轻人。我当时靠推销货车为生。我不了解货车的运转原理。这还不算，我本来就不想了解。我瞧不起我的工作，不愿住在西五十六大街到处都是蟑螂的简陋房间里。我还记得我将一些领带挂在墙上，当我早上伸手去取一条新领带时，蟑螂四处逃散的情景。我厌恨每天不得不去那个廉价而肮脏，或许同样是蟑螂横行的饭馆吃饭。

每天晚上，我都会头痛欲裂地回到那冷冷清清的房间——因失望、忧虑、痛苦和抗争而造成的头痛。我之所以抗争，是因为我大学时代的美好梦想已成为噩梦。这就是生活吗？这就是我热切期望的人生冒险吗？对我来说这就是人生的一切吗？——干着自己不喜欢的工作、与蟑螂为伍、吃难以下咽的饭——未来却毫无希望？……我渴望读书的乐趣，渴望写我在大学时代就想写的书。

我知道，放弃我不喜欢的工作什么都不会失去，反而可以获益良多。我并不在意赚大把大把的钱，而喜欢让人生富有意义。总之，我已经破釜沉舟——那一刻是大多数年轻人开始人生之旅时都会面临的。因此，我做出了决定——这个决定完全改变了我的前途。它使我后来的生活变得快乐，而且报酬远远超过我的最高期望。

我的决定是这样的：放弃我厌倦的工作；而且，既然我在密苏里州华伦斯堡州立师范学院读了 4 年书。并准备去教书，那我可以去夜校教成人课程来谋生。然后我白天就有时间读书、备课，写小说和短篇故事。我希望"为写作而活着，并以写作谋生"。

我晚上能教成年人什么课呢？我回顾并考察了我在大学受过的训练，发现我在公众演讲中所得到的训练和经验对我在商务——而且在人生中更有实际价值，其价值超过了我在大学学到的其他东西的总和。为什么呢？因为它清除了我的胆怯和缺乏自信，给了我与人交往的勇气和自信。它还表明能站起来表达自己想法的人往往具备领导才能。

我向哥伦比亚大学和纽约大学申请一份教公众演讲的晚上函授课程工作，但这两所大学都拒绝了我。

我当时有些失望——但我现在庆幸他们拒绝了我，因为我开始在基督教青年会夜校授课，在那里我必须向学员显示立竿见影的具体成效。那是一项多么艰巨的挑战啊！这些成年人来上我的课，并不是想获得大学文凭或社会地位，而是为了一个目的——他们想解决他们的问题。他们想在业务会上站起来说话，而不至于因害怕而昏倒；销售员希望能够拜访难缠的顾客，而不必在街上徘徊以鼓起勇气；他们希望培养着自信，他们希望事业有成，他们希望为家庭多挣一点钱。既然他们以分期付款的方式支付学费——如果他们没有收获就可以停止付费——而且既然我是按利润比例提成（而非支付薪水），所以如果我想吃饭，就必须收到实效。

当时我觉得是在不利条件下授课，但我现在意识到我那是在获得宝贵的训练。我必须激发我的学员，必须帮助他们解决他们的问题，必须让每堂课鼓舞人心，他们才会继续来听课。

这是一项激动人心的工作。我喜欢上了它。这些商务人员获得自信的速度之快以及他们中的许多人提升销售、增加报酬的速度之快，让我感到震惊。这些课程的发展远远超出了我最乐观的期望。在3个季度内，基督教青年会曾拒绝以薪水的形式支付我一晚上5美元，现在却以提成比例的方式支付我一晚上30美元。起初，我只教公众演讲，但随着时间的流逝，我发现这些成年人还需要赢得朋友、影响他人的能力。由于找不到人际关系方面的合适教材，我就自己写了一本。它写成了——不，它不是以普通形式写成的，它是从这些上课的成年人的成长经验中发展而来的。我给它取名为《人性的弱点》。

既然它只是为我自己的成人课程写的教材，而且由于我曾写过4本其他人没听说过的书，所以我从未想过它会畅销：我或许是现在仍活着的最感震惊的作者之一。

随着时间的流转，我发现这些成年人另一个最大的问题是忧虑。我的学员大部分是商务人士——总经理、推销员、工程师、会计——他们大多数人都有问题！班上也有女士——从事商务的女性和家庭主妇——她们也有烦恼！显然，我需要一本如何克服忧虑的书——于是我又努力去找一本这样的书。我去纽约第5大道第42街的公共图书馆，让我惊讶的是只找到22本与忧虑有关的书。让我觉得有趣的是，我还注意到图书馆却有189本与昆虫有关的书。这竟然是关于忧虑的书的9倍。令人震惊吧？既然忧虑是人类面临的最大难题之一，你就会想（为什么不想呢？）世界上每所中学和大学应该开设关于"如何停止忧虑"的课程。然而，我却从未听说过有哪所大学开过一门这样的课。难怪大卫·西伯利在他的作品《如何有效地克服烦恼》中说："我们成年之后，对于需要应付的各种烦恼，犹如让虫子跳芭蕾舞一样毫无办法。"

结果呢？我们医院一半以上的床位被那些因神经或情绪而致病的人占据着。

我翻看了纽约公共图书馆书架上那22本关于忧虑的书。此外，我还买了我能找到的关于忧虑的书；但我却发现没有一本书适合给我班上的成年人做教材。于是我决定自己写一本。

我在7年前就开始准备写此书了。为什么？我参考了古往今来的哲学家们关于忧虑的论述；还阅读了从孔子到丘吉尔的几百本人物传记。我还拜访了各行业的杰出人物，如杰克·邓普希、奥马尔·布莱德雷将军、马克·克拉克将军、亨利·福特、伊莲娜·罗斯福和陶乐丝·迪克丝。但这只是开始。

我还做了比拜访和读书更重要的事情。我在一个克服忧虑的实验室工作了5年——一个在我的成人班上进行的实验室。

据我所知，这是第一个也是唯一一个此类实验室。这就是我们所做的：我们告诉学员一套停止忧虑的原则，要求他们把这些原则用到他们自己的生活中，然后到班上来讲述他们获得的结果。其他人则介绍了他们过去曾用过的技巧。

作为这个实验的结果，我敢说我所听过的"如何克服忧虑"的演讲，比世界上任何其他人都要多。此外，我还读过几百次以信件寄给我的来自世界各地的"如何克服忧虑"的演讲——这些演讲获得了我们在世界各地举办的培训班的奖项。所以这本书不是来自象牙塔，也不是研究如何克服忧虑的学术作品；相反，我尽力将它写成一本快速有效、简洁明了的文件报告，其中包含了成千上万人克服忧虑的真实经历。有一点是明确的：这是一本讲求实效的书。你完全可以照此去做。

我很高兴地告诉大家，这本书的每个故事都不是虚构的。除了极少数例子，都是真人真事。本书真实且有据可查，保证可靠。

"科学，"法国哲学家法莱利说，"就是许多成功秘诀的集合体。"本书就是许多成功的、经过时间检验的、去除我们烦恼的秘诀的集合体。但是，我要警告你的是：你不会在本书中发现任何新东西，但你会发现许多人们通常不用的东西。如果是那样，你和我都不必学习什么新东西。我们已经足以知道如何过上美好生活。我们都读过黄金法则和耶稣的山上宝训。我们的困难不是无知，而是不去行动。本书的目的就是一再重复、举例说明、精简、调整、发扬光大大量古老而基础性的真理——立即行动，将它们应用到实践中去。

当你拿起本书时，并不想知道它是如何写成的，而是想知道如何采取行动！那就让我们一起行动吧！请阅读本书的第一篇和第二篇——如果读完后你觉得还未获得停止忧虑、享受生活的新能力和动力——那就将它扔到一边。因为它对你毫无用处。

第一篇

如何克服孤独忧虑的生活

第1章 活在"完全独立的今天"

1871年春天，有一个年轻人看到一本书，读到了对他前途产生莫大影响的21个单词。作为蒙特利尔综合医院的一名医科学生，他正担心怎样通过期末考试，将来怎么办，毕业以后去哪里，怎样才能开业，如何谋生。

这位年轻的医科学生在1871年看到的那21个单词，使他成为他那一代最为著名的医学家。他创建了世界著名的约翰·霍普金斯医学院，并且成为牛津大学医学院的钦定教授——这是英国医学人员所获得的最高荣誉。他还被英国国王封为爵士。当他去世时，需要厚达1466页的两册书记述他的一生。

他的名字叫威廉·奥斯勒。下面就是他在1871年春天所看到的那21个单词。它们出自托马斯·卡莱尔，它们使他免除了忧虑的困扰："对我们来说，最重要的不是去看远方模糊的事，而是做手边清楚的事。"

42年之后，在郁金香开满校园的一个温和的春夜，威廉·奥斯勒爵士给耶鲁大学的学生做了一次演讲。他对那些耶鲁大学的学生们说，像他这样一位曾在4所大学当过教授，并且写过一本很受欢迎的书的人，似乎应该有一个"特殊的大脑"，但其实并不是这样。他说他的一些好朋友都知道，他的大脑是"最普通不过了"。

那么，他成功的秘诀又是什么呢？他认为这完全是因为他生活在一个"完全独立的今天"。这究竟是什么意思呢？就在他去耶鲁大学演讲的几个月之前，奥斯勒爵士搭乘一艘大型海轮横渡大西洋。有一次看见船长站在船舱室中，按下一个按钮，立即听到一阵机械运转的声音，轮船的各个部分立刻彼此隔绝开来，成了几个完全防水的隔离舱。奥斯勒博士对那些耶鲁大学的学生说："你们每一个人，身体组织都要比那艘大海轮精密得多，所要走的航程也更远。我要求的是，你们也必须学习控制一切，活在一个'完全独立的今天'，这才是在航程中确保安全的最好方法。到船舱室去，你将会发现那些大的隔离舱至少都可以使用。按下按钮，用铁门隔断过去——已经过去的昨天。再按下另一个按钮，用铁门隔断未来——尚未到来的明天。然后你就保险了——今天安全了！……切断过去，埋葬已逝的过去……切断那些会把傻瓜引到死亡之路的昨天……明天的重担加上昨天的重担，就会成为今天最大的障碍。要把未来像过去一样紧紧地关在门外……未来就在于今天……没有明天。人类得到救赎的日子就是现在。精力的浪费、精神的郁闷、神经的忧虑，都会紧紧跟随着一个担忧未来的人……那么，把船前船后的隔离舱都关掉吧，准备养成活在'完全独立的今天'的习惯。"

奥斯勒博士是不是说我们不必为明天做准备呢？不是，绝对不是。在那次演讲中，他继续说：

"为明天做准备的最好方法，就是集中你所有的智慧和热诚，把今天的工作做得尽善尽美，这就是你能应对未来的唯一可能的方法。"

一定要为明天着想——不错，一定要仔细考虑、计划和准备，但不要焦虑。

在第二次世界大战期间，军事领袖要为将来制订计划，可是他们绝不能有任何的焦虑。"把我们最好的装备供应给最优秀的人员，"美国海军上将阿尔耐斯特·金说，"再交给他们似乎是最聪明的任务。我所能做的就是这些。"

"如果一艘船沉了，"金上将继续说："我不能把它打捞上来。要是船继续下沉，我也没有办法。与其花时间后悔昨天的失误，还不如去解决明天的问题。何况我若担心这些事情，我也不可能支持很久。"

不论是在战争时期还是在和平年代，好想法和坏想法之间的区别在于：好想法会考虑到原因和结果，从而产生合乎逻辑的、富有建设性的计划；而坏想法通常只会导致精神紧张和崩溃。

我曾荣幸地访问了亚瑟·苏兹伯格，他是世界上最著名的报纸之一《纽约时报》的发行人。苏兹伯格先生告诉我，当第二次世界大战的战火燃烧到欧洲的时候，他非常吃惊，对未来充满了忧虑，几乎无法入睡。他会常常在半夜爬起床，拿着画布和颜料，对着镜子，想给自己画一张自画像。尽管对绘画一无所知，但他还是画着，以此来驱除忧虑。苏兹伯格先生告诉我，他最后是因为一首赞美诗里的一句话，才消除了忧虑，得到了平安。这句话是"只要一步就好"。

引导我，仁慈的灯光……

请让你常在我脚旁，

我并不想看远方的风光；只要一步就好。

大概在这个时候，欧洲有个当兵的年轻人，也学到了同一课。他的名字叫泰德·班哲明诺，他住在马里兰州巴尔的摩市——他曾经忧虑得几乎完全丧失了斗志。

"1945 年 4 月，"泰德·班哲明诺写道，"我忧虑得患上了一种医生称为'结肠痉挛'的病，这种病很痛苦。如果战争不在那时结束的话，我想我整个人都会垮掉。

"当时我筋疲力尽。我在第 94 步兵师担任士官，负责建立和保管在作战中死伤和失踪的士兵名录，还要帮助发掘那些在战争期间被打死而草草掩埋的敌我双方的士兵尸体。我必须收集那些人的私人物品，把这些东西准确地送回重视这些私人物品的父母或近亲手中。我一直担心自己会造成一些让人难堪的或者严重的错误，还担心我是否撑得过去，担心自己还能不能活着回去搂抱我的独生子——我从来没有见过的儿子已经 16 个月了。我既担心，又疲劳，整整瘦了 15 公斤，而且几乎要发疯了。我眼看着自己的两只手瘦得只剩下皮包骨，一想到自己瘦弱不堪地回家，我就害怕。我崩溃了，每当独自一人时，我就会像个孩子一样哭。有一段时间，也就是在大反攻开始不久，我常常哭泣，几乎放弃了做一个正常人的希望。

"最后，我住进了部队医院。一位军医给了我一些忠告，彻底改变了我的生活。在给我做完一次全面检查之后，他告诉我说我的问题纯粹是精神上的。'泰德，'他说，'我希望你把自己的生活想象成一个沙漏。你知道，在沙漏的上半部分有成千上万粒的沙子，它们都缓慢而均匀地流过中间那条细缝。除非把沙漏弄坏，你和我都不能让两粒以上的沙子同时穿过那条窄缝。你和我以及每一个人，都像这个沙漏。每天早上，我们都有许许多多的工作要在这一天之内完成。但是如果我们不是每次只做一件，让它们缓慢而均匀地通过这一天，就像沙粒通过沙漏的窄缝一样，那么我们就会损害自己的身体或精神了。'

"从这位军医告诉我这些之后，我就一直奉行这种哲学。'一次只流过一粒沙子……一次只做一件事。'这个忠告在战时挽救了我的身心；现在它对我在工艺印刷公司的公关广告部中的工作也极有帮助。我发现商场上有时也有和战场上一样的问题：一次要做好几件事情，但却没有时间。例如我们的材料不够用了，有新的表格等待处理，要安排新的资料，要变更地址，新开或关闭分公司，等等。我不再紧张不安，因为我记住了那个军医的话：'一次只流过一粒沙子，一次只做一件事情。'我一再重复这两句话，工作比以前更有效率了，工作时再也不会有那种在战场上几乎使我崩溃的迷惑而混乱的感觉。"

在目前的生活方式中，有一件最可怕的事就是，我们医院一半以上的床位都是给那些大脑神经或者精神上有问题的人留着的。他们都是被日渐累积起来的忧虑压垮的病人。而在这些病人中，只要他们能奉行耶稣的"不要为明天忧虑"，或者信奉威廉·奥斯勒爵士的生活在一个"完全独立的今天"，他们大多数人就可以过上快乐幸福的生活。

你和我在目前的这一瞬间，都站在两个永恒的交叉点上——永远结束了的过去和延伸到无穷无尽的未来。我们都不可能生活在这两个永恒之中——哪怕是一秒钟都不行。如果我们想那样做的话，就会毁掉自己的身心。所以，我们应该满足于目前所生活的这一刻：从现在起直到上床。

"不论任务有多重，每个人都能支持到夜晚的来临，"罗伯特·史蒂文森写道，"不论工作有多么辛苦，每个人都能干好一天的工作。每个人都能很甜美、很耐心、很可爱而且很纯洁地活到太阳下山。这就是生命的真谛。"

不错，这也正是生命对我们所要求的。可是住在密歇根州沙支那城的谢尔德夫人，在懂得"只要生活到上床为止"这一道理之前，却深感颓丧，甚至想自杀。

"我丈夫在1937年死了。"谢尔德夫人把她的过去告诉我，"我非常颓丧，而且几乎身无分文。我给我以前的东家、堪萨斯市罗区－弗勒公司的老板利奥·罗区先生写信，想回去干我以前的工作。以前我给学校推销《世界百科全书》为生。两年前我丈夫生病的时候，我卖掉了汽车；现在我又勉强凑足了钱，分期付款买了一辆旧车，准备重新开始出去卖书。

"我原想再回去工作或许可以帮助我摆脱颓丧；可是一个人驾车并一个人吃饭，让我几乎无法忍受。由于有些工作我干得很差，虽然分期付款买车的数额不大，却很难付清。

"1938年的春天，我在密苏里州维萨里市推销。那里的学校都很穷，公路也差，我一个人又孤独又沮丧，有一次甚至想自杀。我觉得成功很难，而活着又没有什么希望。每天早上，我都很怕起床面对生活。我什么都担心：付不起分期付款的车钱，付不出房租，没有足够的东西吃，担心我的健康恶化却没有钱看病。但是，我没有自杀，唯一的理由是我担心我姐姐会因此而难过，并且我也没有足够的钱支付我的丧葬费用。

"然后，有一天，我读到一篇文章，它使我从消沉中振作起来，使我有了继续活下去的勇气。我对那篇文章中一句令人振奋的话永远心存感激：'对一个聪明人来说，每天都是一个新的生命。'我用打字机打出这句话，贴在我汽车前面的挡风玻璃上，这样我开车的时候每分钟都能看得见。我发现，每次只活一天并不难。我学会了忘记过去，不再担心未来。每天早上我都会对自己说：'今天又是一个新的生命。'

"我成功地克服了孤寂的恐惧感。我现在过得很快乐，还算比较成功，而且对生命充满了热诚和爱。现在我也知道，不论在生活上碰到什么事情，我都不会再害怕了；我还知道，我不必害怕未来；我还知道，每次只要活一天——而'对一个聪明人来说，每天都是一个新的生命'。"

下面几行诗你猜是谁写的：

这个人很快乐，也只有他才能快乐，

因为他把今天看成是自己的一天；

他在今天会感受到安全，他会这样说：

"不论明天如何，我已经过了今天。"

这几句话听起来很有现代色彩吧？可是却写在基督诞生之前30年，它的作者是古罗马诗人柯瑞斯。

我认为人性之中最可悲的一件事，就是我们所有的人都拖延着不去生活，都梦想着在天边有一座奇妙的玫瑰园，而不能欣赏今天就盛开在我们窗外的玫瑰花。

为什么我们会变成这种傻子，变成这种可怜的傻子呢？

"我们人生的短暂历程多么奇怪啊！"史蒂芬·利科克写道，"小孩子说：'等我成为大孩子的时候。'可是长大之后他又说：'等我长大成人之后。'等长大成人了，他又说：'等我结婚以后。'可是等他结了婚，又会怎么样呢？他的想法随后又变成了'等我退休之后'。然后，等退休之后，他再回顾过去时，似乎有一阵冷风吹过来——他错过了一切，而一切又一去不复返。我们总是无法早明白：生命就在生活里，就在每一天每一刻。"

底特律已故的爱德华·伊文斯在学会"生命就在生活里，就在每一天每一刻"

这个道理之前，几乎因为忧虑而自杀。

爱德华·伊文斯出生在一个贫苦的家庭，起先是以卖报为生，后来在一家杂货店工作。最后，由于家里 7 口人要靠他吃饭，他找到了一个助理图书管理员的工作，虽然薪水很少，可是他却不敢辞职。直到 8 年之后，他才鼓足勇气，开始自己的事业。他用借来的 55 美元干出了一番自己的事业，一年赚进 2 万美元。随后，厄运降临了：他替一个朋友背书了一张大额支票，而那位朋友却破产了。在这次突祸之后接着又来了另一次灾祸——他存进所有财产的那家银行垮了。他不但损失了所有的钱财，还负债 16000 美元。他精神上承受不住了。他告诉我："我吃不下，睡不着，我得了奇怪的病。没有别的原因，只是因为忧虑。有一天，我正走在街上，突然昏倒在路边，以后就再也不能走路了。我躺在床上，全身都烂了。伤口逐渐往里面烂，连躺在床上都受不了。我日渐虚弱。最后医生告诉我，我只能活两个星期。我大吃一惊，写好遗嘱，就躺在床上等死。挣扎或忧虑都没有用了，我只好放弃，开始放松下来，闭目休息。以前连续好几个星期，我都睡不到 2 个小时；可是现在一切快要结束了，我反而睡得像个婴儿。那些令人疲倦的忧虑渐渐消失了，胃口变好了，体重也开始增加。

"几个星期之后，我居然能拄着拐杖走路了。6 个星期之后，我又回去工作了。以前我一年曾赚过 2 万美元，可是现在我很高兴找到一周只有 30 美元的工作。我的工作是推销运送汽车的轮船上用在轮子后面的挡板。这时我已经学会不再忧虑，不再为过去发生的事情后悔，也不再害怕将来。我把所有的时间、精力和热诚都放在推销挡板上。"

爱德华·伊文斯进步非常快。没有几年，他就成了伊文斯工业公司的董事长。多年以来，这家公司一直是纽约股票交易所的一家上市公司。当他 1945 年去世时，已成为美国最优秀的企业家。如果你乘飞机去格陵兰，很可能降落在伊文斯机场——这个机场是为了纪念他而命名的。

这个故事的启示在于：如果爱德华·伊文斯没有学会生活在"完全独立的今天"的话，他绝不可能获得这样惊人的成就。

公元前 500 年，古希腊哲学家赫拉克利特告诉他的学生，"每件事物随时都在变化。"他说，"你不能两次踏进同一条河。"

河每秒都在变化，所以走进河水的人也同样在变化。生命就是一个永不停息的变化过程。

唯一确定的是今天。为什么非要去解决那永远处于变化而尚不能确定的明天的问题，而把今天的美好生活弄得焦头烂额呢？

古罗马人有一句话——其实是两句话。它们是"享受今天"或"抓住今天"。是的，抓住今天，充分过好今天。

这也是罗维尔·托马斯的观点。我最近在他的农场过了一次周末。我注意到他引用了《圣经》第 118 篇的句子，装在镜框中，挂在他广播电台的墙上，好让他常常看见。

　　这是耶和华所定的日子，

　　我们在其中，要高兴欢喜。

　　作家约翰·罗斯金在他的桌上放了一块石头，石头上只刻有两个字——今天。我的书桌上虽然没有放石头，不过我的镜子上倒贴了一首诗，每天早上刮胡子的时候我都能看见——这也是威廉·奥斯勒爵士一直放在他桌上的那首诗——这首诗的作者是印度知名戏剧家卡里达沙：

向黎明敬礼

　　看着今天！

　　因为它就是生命，它是生命中的生命。

　　在它短暂的时间里，有你存在的所有变化与现实：

　　成长的福佑，行动的荣耀，还有成功的辉煌。

　　昨天不过是一场梦，明天只是一个幻影，

　　但生活在美好的今天，

　　却能使每一个昨天成为一个快乐的梦，

　　使每一个明天都充满希望的幻景。

　　所以，好好看着今天吧，

　　这就是对黎明的敬礼。

　　所以，对于忧虑，你应该知道的第一件事就是：如果你不希望它干扰你的生活，就要学习威廉·奥斯勒爵士——"用铁门把过去和未来隔断，生活在完全独立的今天。"

　　为什么不问自己下面几个问题，然后写下答案？

　　1. 我是否没有生活在现在，而只担心未来？或者只追求所谓的"遥远奇妙的玫瑰园"？

　　2. 我是否有时为过去已经发生的事情而后悔，结果使现在更难受？

　　3. 我早上起来的时候，是否决定"抓住这一天"，尽量利用这24小时？

　　4. 如果活在"完全独立的今天"，是否能从生命中得到更多的东西？

　　5. 我应该什么时候开始这么做？是下个星期，明天，还是今天？

　　第一项规则：活在"完全独立的今天。"

第2章 消除忧虑的魔法公式

你是否想找到一种快速有效地消除忧虑的药方——也就是那种你不必再往下多看之前，就能立即应用的方法？

那么，让我告诉你威利·卡瑞尔发明的这个方法。卡瑞尔是一位聪明的工程师，他创建了空气调节器制造公司，现在是世界闻名的纽约州塞瑞卡斯市卡瑞尔公司的负责人。这是我和卡瑞尔先生在纽约工程师俱乐部吃午饭的时候，从他那里得知的方法。可以说是我听过的、消除忧虑的最好办法之一。

卡瑞尔先生说，"我年轻的时候，在纽约州水牛城的水牛锻造公司工作。有一次，我被派到密苏里州水晶城的匹兹堡玻璃公司——一座花好几百万美元建造的工厂，安装一台瓦斯清洁机，以便清除瓦斯中的杂质，使瓦斯燃烧时不至于烧坏引擎。这是一种新的清洁瓦斯的方法，以前只试过一次，而且当时的情况与这次的很不相同。当我去密苏里州水晶城工作的时候，没有预料到的困难发生了。经过一番调整，机器虽然可以用了，但并没有达到我们所保证的程度。

"我对自己的失败非常吃惊，觉得好像有人在我头顶猛击一下。我的胃和整个腹部开始疼痛起来。有好一阵子，我担心得难以入睡。

"最后，常识告诉我，忧虑并不能解决问题。于是，我想出了一个不需要忧虑就可以解决问题的办法，结果非常有效。我使用这个办法已经三十多年。这个办法很简单，任何人都可以用。它有3个步骤：

"第一步：毫不害怕而且诚恳地分析整个情况，然后想万一失败将会出现什么最坏的情况。没有人会把我关起来，或者枪毙我，这一点可以肯定。不错，我很可能会丢掉工作，我的老板也可能会拆掉整个机器，使投入的2万美元泡汤。

"第二步：找出可能发生的最坏情况之后，我就让自己在必要时接受它。我对自己说：这次失败对我的人生是一个打击，我可能会丢掉工作。但即使是这样，我还是可以找到另外的工作。而且事情可能更糟。至于我的老板，他们也知道我们现在正在试验一种新的清洁瓦斯的方法，如果这个试验要花2万美元，他们还付得起。他们可以把这笔账记在研究费用上，因为这只是一种试验。

"当分析到可能发生的最坏情况，并让自己必要时接受它之后，一件非常重要的事情发生了：我马上轻松下来，感受到了几天以来未曾经历过的平静。

"第三步：从那以后，我就平静地把我的时间和精力用于改善我在心理上已接受的最坏情况。

"我努力寻找各种办法，以减少我们目前面临的2万美元的损失。我做了几次实验后发现，如果我们再多花5000美元加装一些设备，我们的问题就可以解决了。于是，我们按照这个办法去做，公司不但没有损失2万美元，反而赚了15000美元。

"如果我一直担心，恐怕不可能做到这一点。因为忧虑的最大害处，就是毁掉我集中精神的能力。当我们忧虑的时候，会胡思乱想，从而丧失所有的决策能力。然而，当我们强迫自己面对最坏的情况，并且从精神上接受它时，我们就能权衡所有可能的情形，使我们可以集中精力解决问题。

"刚才我所说的这件事发生在很多年以前，因为这种方法非常好，所以我一直使用它。结果，我的生活几乎不再有烦恼了。"

为什么威利·卡瑞尔的魔法公式从心理的角度来讲有这么大的价值，如此实用呢？因为它能够把我们从那巨大的灰暗色云层中拉出来，使我们不再因为忧虑而盲目地摸索；它可以使我们脚踏实地，而我们也都知道自己身处何处。如果我们脚下没有这块结实的土地，又怎么能想通事情呢？

"应用心理学之父"威廉·詹姆斯教授于1910年去世，可是如果他今天还在世，听到这个解除忧虑的公式的话，一定也会大加赞同的。我怎么会知道呢？因为他曾经对他的学生说："你们要愿意承担这种情况……因为接受既成事实，是克服随之而来的任何不幸的第一步。"

林语堂在他那本广被阅读的《生活的艺术》中也表达了同样的意思："思想上的真正平和，来自接受最坏的情况。从心理而言，我认为这就意味着能量的释放。"

这就对了，一点也不错。在心理上，你就能发挥出新的能力。当我们接受了最坏的情况时，就不会再损失什么，也就是说一切都可以重新获得。在面对最坏的情况之后，威利·卡瑞尔说："我马上轻松下来，感受到了几天以来未曾经历过的平静。然后，我就能思考了。"

这些话很有道理吧？但仍有千百万人因为愤怒而毁了他们的生活，因为他们不想接受最坏的情况，不愿由此做出改进，不愿在灾难之中尽可能地救出一些可以救出来的东西。他们不但不去重新创造财富，反而参与了"一次冷酷而激烈的斗争"，终于变成了颓丧情绪的牺牲品。

你愿意看其他人如何利用威利·卡瑞尔的魔法公式来解决他们自己的问题吗？好，下面就是一个例子。这个人是纽约的一位汽油经销商，他是我班上的学员。

"我被勒索了！"他说，"我不相信这种事情会发生，更不相信会发生在电影以外的现实生活中——可是我真的被勒索了。事情的经过是这样的：我的公司有好几辆运油的卡车和几个司机。当时，战时管理委员会的条例很严，我们只能送给每一个顾客有限的汽油。事情的真相我并不知道，可是确实有一些送油的司机克扣顾客的油量，然后再把多余的油卖给其他人。

"一天，一个自称是政府调查员的人找到我，向我索要红包。他说他拥有我们公司送油司机违法舞弊的证据，还威胁说如果我不答应他的要求，他就把这些证据转交给地方检察官。我这才发现这些违法交易。

"当然，我知道我不必担心什么，因为这事至少跟我个人无关。但是我也知道法律规定公司应该对员工的行为负责。我还知道万一官司捅到法院，那么这种坏名声就会砸了我的生意。我对自己的生意非常骄傲，那是我父亲在 24 年前打下的基础。

"我担心得不得了，很快就病了，接连三天三夜吃不下睡不着。我一直担心那件事。我是向那个人付 5000 美元，还是对那个人说'你爱怎么干就怎么干'呢？我一直做不了决定，每天都做噩梦。

"后来，在一个星期天的晚上，我碰巧拿出一本小书《如何停止忧虑》，这是我上卡耐基公众演讲课时领到的。我开始阅读它，读到了威利·卡瑞尔的故事，里面提到了'面对最坏的情况'。于是我问自己：'如果我不肯向那家伙付钱，他把证据交给地方检察官的话，可能发生的最坏情况是什么？'

"答案是：这将会砸了我的生意——最坏也就是这样。但我不会被关起来。可能发生的事就是公司将被这件事毁了。'

"于是我对自己说：'那好吧，即使生意毁了，但我可以接受它。接下去又会怎样呢？'

"是的，生意毁了之后，我也许得去找工作。这也不坏，我对石油了解很多——有几家大公司可能会乐意雇用我……我开始觉得好多了。接下来，我的忧虑开始消除了一点。我的情绪也稳定下来……而让我感到震惊的是，我能够思考了。

"我清醒地看到了第三步——改善最坏的情况。当我找到了解决办法之后，一个全新的局面展现在我面前：如果我把整个情况告诉我的律师，他可能会帮我找到一条我从未想到的对策。我知道这听起来似乎我很笨，因为确实我刚开始没有想到这一点——当然，我起先并没有好好思考，只是一直在担心。我马上决定第二天一大早就去见我的律师——我上床之后，睡得很踏实。

"结果呢？第二天早上，我的律师叫我去见地方检察官，并把真实情况告诉他。我真的那样做了。当我说完之后，竟然听到地方检察官说这种勒索案已经连续出现几个月了，那个自称是'政府调查员'的人，实际上是警方正在通缉的罪犯。当我因为无法决定是否该把那 5000 美元交给这个罪犯而担心三天三夜之后，听到这番话我真的松了一口气。

"这次经历给我上了永难忘怀的一课。现在，每当我面临让我忧虑的难题时，我就会应用所谓的'威利·卡瑞尔公式'。"

就在威利·卡瑞尔担心他正在密苏里州水晶城一家工厂安装的瓦斯清除设备时，来自内布拉斯加州断弓镇的艾尔·汉利也正在写遗嘱。

艾尔·汉利得了严重的胃溃疡。3 位医生，包括一位非常有名的胃溃疡专家，都说汉利先生无药可救了。他们告诉他什么都不必吃，什么都不必担心；还告诉他确立遗嘱。

胃溃疡迫使艾尔·汉利放弃了一切希望。现在他无事可干，什么都不指望了，只等着末日到来。

　　这时，他做了一个决定，一个很罕见却很大胆的决定："既然我只有一点时间可活了，不如好好利用它。我一直想在死之前环游世界。如果我还打算做的话，那就现在去做。"于是，他买了票。

　　医生得知了消息。对汉利先生说："必须警告你，如果你去旅游，将会葬身大海。"

　　但是艾尔·汉利却说："不，我不会的。我已经答应我的亲友，我要葬在内布拉斯加州我们家族的墓地中，所以我打算买副棺材随身带着。"

　　下面是艾尔·汉利写给我的信：

　　"我去买了一副棺材，把它运上船，然后和轮船公司约定好，如果我去世的话，就把我的尸体放在冷冻舱中，一直运到我的老家。我踏上旅程，心里只想着奥玛·凯恩的一首诗：

　　啊，在我们化作泥土之前，岂能辜负人生？

　　不拼搏一番，物化为泥，永寐黄泉之下，

　　没酒没弦没歌伎，而且没有明天！"

　　但是，他这次旅行可不是没酒为伴。"我喝了老酒，抽了长长的雪茄。"汉利先生在给我的信中说，这封信现在就在我的面前。"我吃了各种东西——甚至包括当地许多奇奇怪怪的食品，而据说这些都是我吃了一定会送命的。多年以来，我从来没有这样享受过生活。我们碰到过季风和台风。这些事情如果内心害怕的话，也会让我躺进棺材，可是我却从这次冒险中得到了极大的乐趣。

　　"我在船上做游戏、唱歌、结交新朋友，晚上一直待到深夜。到了中国和印度之后，我发现回去之后需要处理的私事，比起我在东方所见到的贫穷与饥饿简直是天壤之别。我抛弃了所有无聊的担忧，觉得非常舒服。回到美国之后，我的体重很快增加了 41 公斤，我曾患过胃溃疡的事也几乎全忘了。我这一生中从没有这么舒服过。我重新回去工作，此后再也没有病过。"

　　艾尔·汉利告诉我，他是在无意识中应用了威利·卡瑞尔征服忧虑的办法。

　　他最近告诉我，"我让自己做好最坏的情况，准备接受死亡。我尽力想办法改善这种情况。我开始尽量享受我所剩下的这一点点时间……如果我上船之后还继续忧虑的话，毫无疑问，我一定会躺在棺材里完成这次旅行。可是当我放松下来之后，我忘掉了所有的麻烦。而这种心理上的平静，使我产生了新的力量，挽救了我的生命。"

　　如果你有担忧的问题，就应用威利·卡瑞尔的魔法公式，做好下面 3 件事情：

　　第一，问你自己："可能发生的最坏情况是什么？"

　　第二，如果你必须接受的话，就准备接受它。

　　第三，镇定地想办法改善最坏的情况。

　　第二项规则：运用消除忧虑的魔法公式。

第3章　忧虑会使人短命

不知道克服忧虑的人，都会短命而亡。

— 亚历西斯·卡瑞尔博士

许多年前的一个晚上，一个邻居来按我家的门铃，让我和我的家人去接种牛痘，以预防天花。他是整个纽约市几千名志愿者之一。很多人吓坏了，去排了好几个小时的队等待接种牛痘。几乎所有的医院、消防队、警察局和大的工厂里都设有接种站，2000 多名医生和护士日夜不停地为人们种痘。为什么这么热闹呢？这是因为纽约市 800 万人中，有 8 个人得了天花，而且其中 2 个人死了。

我在纽约市已经住了 37 年，可是并没有一个人来按我的门铃，警告我预防精神忧郁症——这种病在过去 37 年所造成的伤害，比天花至少要大 1 万倍。

从来没有人按门铃并警告我说，目前生活在美国的人，每 10 个人中就有一个会精神崩溃——这大部分都是因为忧虑和感情冲突所致。所以，我现在写这一章就等于给你按门铃，对你提出警告。

伟大的诺贝尔医学奖获得者亚历西斯·卡瑞尔医生说："不知道克服忧虑的人，都会短命而亡。"家庭主妇、兽医和泥瓦匠也全都如此。

几年前，我在一次度假时曾和郭伯尔博士一同乘车经过得克萨斯州和新墨西哥州。郭伯尔博士当时任圣塔菲铁路公司医务处长，他的正式头衔是海湾－科罗拉多－圣塔菲联合医院主治医师。当我们谈到忧虑对人的影响时，他说："那些来看病的人中，70% 的人只要能够消除他们的恐惧和忧虑，病就会治好。他们的病都是心理上的。"他说："他们的病就像你有一颗蛀牙一样，有时候甚至比这要严重上百倍。这种病就像神经性消化不良、某些胃溃疡、心脏病、失眠、头痛和某几种麻痹症等一样严重。"

"这些病都是真的，我不是在胡说。"郭伯尔博士说，"因为我自己就得过 12 年胃溃疡。

"恐惧造成忧虑，忧虑使你紧张，并影响到你的胃部神经，使你胃里的胃液变得不正常，于是由此导致胃溃疡。"

约瑟夫·孟塔古博士是《神经性胃病》的作者，他也阐述过同样的道理。他说："胃溃疡不是因为食物所致，而是正在吞噬你的忧虑所致。"

梅育诊所的阿法瑞兹医生说："胃溃疡通常会根据你的情绪紧张程度而发作或消失。"

在研究了梅育诊所 15000 例胃病患者的病例记录之后，这种论断得到了证实。4/5 的人并不是因为生理上的原因而得胃病；相反，恐惧、忧虑、怨恨、极端自私以及无法适应现实生活，才是他们得胃病和胃溃疡的主要原因……胃溃疡会致你死。据《生活》杂志的数据，这种疾病在致命疾病中排第十位。

梅育诊所的哈罗德·海宾医生曾在全美工业界医生协会年会上宣读过一篇论文，说他研究了 176 位平均年龄为 44.3 岁的企业负责人的情况。他说：大约有 1/3 以上的人由于生活过于紧张而导致下列 3 种病症之一——心脏病、消化系统溃疡和高血压。你想想！在企业领导人中，竟然有 1/3 以上的人患有这些病！而他们都还不到 45 岁！成功的代价多大啊！就此而言，他们甚至不是在争取成功！有哪个患胃溃疡和心脏病的人能够成为成功者呢？就算他能赢得整个世界，可是他失去了健康，对他个人又有什么好处？即使他拥有了全世界，可是他一个人每次也只能睡一张床，一天也只吃三餐。即使是一个新员工也可以做到这一点，甚至会比一个很有权力的负责人睡得更安稳，吃得更香。说实话，我情愿做一个在亚拉巴马州租田种地的农夫，弹着五弦琴，也不愿在 45 岁时为了一个铁路公司或一个烟草公司而毁了我的健康。

一位世界最知名的香烟制造商，最近想在加拿大森林里轻松一下，却因为心脏病发作死了。他拥有几百万的财产，却在 61 岁死了。他这是用好几年的生命去换取所谓"生意上的成功"。

但是依我看来，这位"香烟大王"的成功还不如我父亲的一半。我父亲是密苏里州的一个农夫，尽管他一文不名，却活到了 89 岁。

著名的梅育兄弟宣称，医院一半以上的病床被有神经疾病的人占着。但即使是用高倍显微镜，以最现代的方法来检查他们的神经时，却发现他们大部分都非常健康。他们的"神经疾病"并不是由神经反常引起的，而是因为悲观、烦躁、焦急、忧虑、恐惧、挫折、颓丧等。柏拉图曾说："医生所犯的最大错误，就是他们只治疗身体，却不医治思想。可是精神和肉体是一体的，不能分别治疗。"

医学界花了 2300 年的时间，才算明白这个真理。我们正开始发展一种被称为"心理生理医学"的分支，它同时治疗精神和肉体疾病。现在正是做这件事的最佳时机，因为医学科学已经大量消除了由细菌所引起的如天花、霍乱、黄热病以及其他各种曾将数以百万计的人置于死地的传染病。但医学界尚无力治疗精神和身体方面非由细菌引起，而是由情绪忧虑、恐惧、憎恨、烦躁以及绝望所引起的疾病。这种情绪上的疾病所导致的灾难正日渐增加，而且越来越普遍，速度惊人。

医生们估计：现在还活着的美国人，每 20 人就有 1 人在某一段时期得过精神疾病。第二次世界大战期间应征入伍的美国年轻人中，每 6 人就有 1 人因为精神失常而不能服役。

是什么导致精神失常？没有人知道答案。可是在大多数情况下，极可能是因为恐惧和忧虑导致的。焦虑和烦躁不安的人大都难以适应现实世界，和周围的人没有沟通，退缩到自己的梦幻世界，以此来解决他的忧虑。

我桌上放了爱德华·波多尔斯基医生写的一本书《除忧去病》。下面是这本书中几章的题目：

忧虑对心脏的影响

忧虑导致高血压

风湿症可能因忧虑而起

为了你的胃，少些忧虑

忧虑如何使你感冒

忧虑和甲状腺

忧虑的糖尿病患者

另一本讨论忧虑的书是卡尔·明格尔医生写的《自寻烦恼》。明格尔是梅育兄弟精神病院的医生，他的书揭示了一些令人震惊的事实：当你让消极情绪控制你的生活时，你会毁了自己。如果你想远离忧虑，就去买这本书来看。把它送给你的朋友们。它只卖4美元——这是你一生中最好的投资之一。

忧虑甚至会令最强壮的人生病。格兰特将军在南北战争的最后几天发现了这一点。故事是这样的：

格兰特围攻瑞奇蒙长达9个月，李将军的军队饥困交加，终于被打败。一时间，整个军队人心惶惶。其余的人在帐营中祈祷——边哭边叫，看到了种种幻象。战争行将结束，李将军的士兵放火烧毁了瑞奇蒙的棉花和烟草仓库，烧了兵工厂，然后在烈焰腾空的黑夜弃城而逃。格兰特乘胜追击，从左右两侧和后方夹击南部联军，另派轻骑兵从正面截击，又拆毁铁路线，缴获了补给车辆。

这时，格兰特却因剧烈头痛而眼睛半瞎，跟不上队伍，于是只好待在一户农家里。他在回忆录中写道，"我过了一夜，把双脚泡在加了芥末的热水里，还把芥末药膏贴在手腕和后颈上，希望第二天早上能够痊愈。"

第二天一大早，他果然好了。可是使他痊愈的并不是什么芥末药膏，而是一个带回来李将军降书的骑兵。

"当那个军士来到我面前时，我的头仍痛得很厉害，但当我一看到那封信的内容后，我就全好了。"格兰特写道。

显然，格兰特是因为忧虑、紧张和情绪不安才生病的。一旦从情绪上恢复了自信，想到了他的成就和胜利之后，病就立即好了。

70年后，富兰克林·罗斯福总统的财政部长亨利·摩根索也发现，忧虑会使他头昏眼花。他在日记中写道：为了提高小麦的价格，总统下令在一天之内买进440万蒲式耳小麦，这使他非常忧虑。他说："在事情没有结果之前，我头昏眼花。我回到家里，吃完晚饭后只睡了两个小时。"

如果我想知道忧虑对人会产生什么影响，大可不必到图书馆或医院求证。只要从我现在正坐着写此书的家里朝窗外看，就能看到在另一条街的一栋房子里，有一个人因为忧虑而精神崩溃；另外一个房子里，有一个人因为忧虑而得了糖尿病。如果股票下跌，他的血和尿里的糖分就会升高。

法国著名的哲学家蒙田当选为家乡波多克斯的市长时，他对市民们说："我愿意用我的双手来处理你们的事情，而不想让它们把我弄得焦头烂额。"

但我的一位邻居却将股票市场搞到他的血液里，差点要了他的老命。

如果想记住忧虑对人会产生什么影响，大可不必去看邻居的房子，只要看看我现在正坐着写此书的这个房间，它以前的主人就因为忧虑而死。

忧虑会使你患风湿症或关节炎而坐进轮椅。康奈尔大学医学院的罗赛尔·赛希尔医生是世界公认的关节炎治疗权威，他曾列举了4种最容易得关节炎的情况：

1. 婚姻破裂。

2. 财务危机和困难。

3. 寂寞和忧虑。

4. 长期愤怒。

当然，这4种情绪上的状况并不是导致关节炎的唯一原因。有许多原因会导致关节炎。但产生关节炎的"最常见的原因"，正是赛希尔医生列举的4点。例如，我的一个朋友在经济萧条时期遭到沉重打击，煤气公司切断了他的煤气，银行没收了抵押贷款的房子，他太太突然患了关节炎——虽然经过治疗和加强营养，他太太的关节炎却直到他们的经济条件改善之后才痊愈。

忧虑甚至会使你得蛀牙。威廉·麦克考林格医生曾在全美牙医协会的一次演讲中说："由于焦虑、恐惧等因素所导致的不快情绪，可能会影响人体内的钙质平衡，从而导致蛀牙。"麦克考林格医生还说，他的一个病人原来有一口很好的牙齿，但后来他的夫人得了急病，他开始担心。就在她住院的那3个星期，他突然有了9颗蛀牙——全都是由于焦虑引起的。

你是否见过一个人的甲状腺反应过度？我看过。我可以告诉你，他们会发抖、会战栗，看起来就像是吓得半死——事实上也差不多如此。甲状腺的功能是调节生理平衡，一旦反常人的心跳就会加速，整个身体就会亢奋异常，像一个打开了所有炉门的大火炉，如果不做手术或治疗，病人可能会送命，可能"把他自己烧干"。

不久前，我和一个患了这种病的朋友一同去费城。我们去拜访一位专治这种病达38年之久的著名专家。你猜在他候诊室的墙上挂的一块大木板上给病人的忠告写着什么？我把它抄在了一个信封的背面：

轻松和享受

最能让你轻松愉快的，是健康的信仰、睡眠、音乐和欢笑。

要相信神，要学着睡得安稳，

喜欢美妙的音乐，从好的一面来看生活，健康和快乐都会属于你。

他问我朋友的第一个问题就是："什么情绪问题导致你出现这种情况？"他警告我的朋友说，如果他不停止忧虑，就可能会染上其他并发症：心脏病、胃溃疡或糖尿病等。"所有这些病症，都互有关联，甚至是近亲。"这位名医说。没错，它们都是近亲——都是忧虑的疾病。

当我访问电影明星曼尔·奥伯朗的时候，她告诉我她绝不会忧虑，因为她知道忧虑会将她在银幕上的主要资本——美丽容貌摧毁。

她告诉我："当我试图涉足影坛的时候，我既担心又害怕。我刚从印度回来，在伦敦举目无亲，却想在那里找到一份工作。我找了几家制片公司，可是没有一家肯录用我。我仅有的一点点钱也快用光了。后来两个星期，我只靠一点饼干和白开水生活。因此我不仅忧虑，还很饥饿。我对自己说：'也许你是个傻瓜，也许你永远也进不了电影界。因为你没有任何经验，也从来没有演过戏——除了一张漂亮的脸蛋，你还有什么？'

"我去照了照镜子。就在我照镜子的时候，看到了忧虑对我容貌的影响。我看到了皱纹，看见了焦虑的表情。于是我对自己说：'你必须立即停止忧虑！不能再忧虑。你能给别人的只有容貌，而忧虑却会毁了它。'"

再也没有什么比忧虑使一个女人衰老得更快了。忧虑会使我们的表情难看，使我们牙关咬紧，脸上出现皱纹，让人整天愁眉苦脸。

忧虑会使头发灰白，有时甚至会使头发脱落。忧虑还会使脸上的皮肤长斑点、溃烂和长粉刺。

心脏病现在是美国的头号杀手。在第二次世界大战期间，大约 30 多万人死于战场，可是在同一时期，心脏病却导致 200 万人死亡，而其中 100 万人的心脏病是由于忧虑和过度紧张的生活引起的。也正因为心脏病，亚历西斯·卡瑞尔医生才说："不知道克服忧虑的人，都会短命而亡。"

美国南部的黑人和中国人因为处事沉着，所以很少患这种因忧虑而引起的心脏病。死于心脏的医生是农夫的 20 倍。因为医生过着紧张的生活，所以才有这样的结果。

威廉·詹姆斯说："上帝可能原谅我们的罪过，但神经系统却不会。"

这里有一个令人吃惊而难以相信的事实：每年因自杀而死的人比各种常见传染病致死的人还要多。

为什么呢？答案通常是："忧虑"。

当残忍的将军想要折磨他们的俘虏时，常常将俘虏绑起来，放在一个不停地往下滴水的袋子下面，水不停地滴着……日夜不停。最后，这些不停地滴落在头上的水变成了槌子敲击的声音，使人精神失常。这种折磨人的方法，以前西班牙的宗教法庭、希特勒的德国集中营都曾用过。

忧虑就像是不停地往下滴的水珠，而那不停地往下滴、滴、滴的忧虑，通常会使人发狂，自杀。

当我还是密苏里州一个乡村孩子的时候，星期天听牧师讲地狱中的烈火时会吓得半死，可是他从来没有提到我们因为忧虑而导致的生理上的痛苦。例如，如果你长期忧虑，终有一天会患上最痛苦的冠心病。

这种病如果发作，会让你痛得尖声喊叫。你这种尖叫会让但丁的《神曲》"地狱篇"听来就像"娃娃游玩具国"。那时候，你就会对自己说："噢，上帝啊！要是我能好起来，我将不再为任何事忧虑——永远。"（如果你认为我言过其实，不妨去问问你的家庭医生。）

你热爱生活吗？你想健康长寿吗？下面就是你能做到的。我正在引用亚历西斯·卡瑞尔医生的话："在现代城市的混乱中，只有维持内心平静的人才不会变成神经病。"

你能在现代城市的混乱中保持内心的平静吗？如果你是一个正常人，答案是"可以"。"绝对可以"。我们大多数人比我们所认为的都要坚强。我们拥有许多也许从未发现的内在力量，就像梭罗在他不朽的名著《狱卒》里所写的：

"我不知道还有什么比一个人决心改善生活更令人振奋的……要是一个人自信地朝理想的方向努力，决心过他想过的生活，一定会得到意外的成功。"

我相信，本书的许多读者都具有欧嘉·詹维那种意志和内在力量。她住在爱达荷州科尔-达勒的布克斯街 892 号。即使在最悲惨的情况下，她发现自己也能克服忧虑。我坚信，只要我们应用本书介绍的古老真理，你和我也都能做到。下面就是欧嘉·詹维写给我的故事：

"8 年前，医生宣称我将会缓慢而痛苦地死于癌症。国内最有名的医生梅育兄弟也证实了这个诊断。我无药可救了，死亡降临到了我头上。可是我还年轻，还不想死。在绝望之余，我打电话给我住在克洛格的医生，将我内心的绝望告诉他。他急忙拦住我说：'怎么了，欧嘉？难道你一点儿斗志都没有了？你要是一直这样哭下去，你必死无疑。不错，你是碰上了最坏的情况。好吧！面对现实，不要忧虑，然后想想办法。'就在那时，我立下重誓，指甲都深深地掐进了肉里，而且背上一阵阵发冷：'我不会再忧虑，不会再哭泣！如果还有什么要想的，就是我一定要赢！一定要活下去！'

"在不能用镭照射的情况下，通常是照 10 分 30 秒钟的 X 光，但我却连续 49 天每天照 14 分 30 秒钟的 X 光。虽然我瘦得皮包骨头，双腿重如铅块，我却不退缩，也没有哭过一次！我面带笑容！不错，我的确是在勉强自己笑。

"我当然不会傻到相信只要笑就能治好癌症。但我的确相信，愉快的精神状态有助于身体抵抗疾病。总之，我亲身经历了一次癌症治愈的奇迹。在过去几年里，我再也没有像现在这么健康过，多亏了克洛格医生'面对现实，不要忧虑，然后想想办法'这句富于挑战和战斗性的话。"

在这一章就要结束的时候，我要再重复一次亚历西斯·卡瑞尔博士的这句话："不知道抗拒忧虑的人，会短命而死。"

第三项规则：忧虑会使人短命。

第4章 解开忧虑之谜

前面提到的威利·卡瑞尔的魔法公式是否能解决所有的忧虑呢？不能，当然不能。

那该怎么办呢？答案是我们一定要学会下面3个分析问题的基本步骤，用它们来解决各种不同的困难。这3个步骤是：

第一步：看清事实。

第二步：分析事实。

第三步：做出决定，然后依照决定行事。

这是亚里士多德教的方法，他也使用过。如果我们想解决那些压迫我们、使我们成天像生活在地狱中的问题，我们必须应用这些方法。

我们先来看第一步：看清事实。看清事实为何如此重要呢？因为除非我们看清楚事实，否则就不能聪明地解决问题。没有事实，我们只能在混乱中摸索。这是我的理论吗？不，这是哥伦比亚大学哥伦比亚学院已故院长赫伯特·霍基斯说的，他当了20年院长，曾帮助过20万中学生解决他们的忧虑问题。他说：

"混乱是导致忧虑的主要原因。世界上的忧虑有一半是因为人们没有足够的知识做决定而产生的。例如，如果我有一个问题必须在下星期二以前解决，那么在下星期二之前我根本不会去试着做出什么决定。我将在这段时间里集中全力搜集所有的相关事实。我不会发愁，不会为这个问题而难过，更不会失眠，我只是集中全力地搜集事实。等快到星期二的时候，如果我已经搜集了所有的事实，问题本身通常会迎刃而解。"

我问霍基斯院长，这是否表明他可以完全抛除忧虑了？"是的。"他说，"我想我可以老实说，我现在的生活完全没有忧虑。我发现，如果一个人能把他所有的时间都用在以一种超然、客观的态度去寻找事实的话，那么他的忧虑就会在知识的光芒下消失。"

让我重复一遍："如果一个人能把他所有的时间都用在以一种超然、客观的态度去寻找事实的话，那么他的忧虑就会在知识的光芒下消失。"

可是，我们大多数人会怎么做呢？如果我们要考虑事实——爱迪生很郑重地说："一个人为了避免花时间去思想，往往会用各种手段。"——如果我们真的考虑事实，我们通常会像猎狗那样，去找寻那些我们已经想到的，而忽略其他的一切！我们只需要那些适合我们的事实，那些只适合我们的如意算盘、适合我们原有偏见的事实。

正如安德烈·马罗斯所说的："和我们个人欲望相适合的看来都是真理，而不适合的只会使我们感到愤怒。"

无怪乎我们会觉得，要得到我们问题的答案这么困难。如果我们一直假定 2 加 2 等于 5，那不是连一个二年级的算术题都不会做了吗？但事实上，世界上就有许多人坚持认为 2 加 2 等于 5——或等于 500——以至于弄得自己和别人的日子都不舒服。

对此我们该怎么办呢？我们应该将感情排除于思想之外，就如霍基斯院长所说的，我们必须用"超然客观"的态度来看清事实。

要在忧虑的时候那样做可不是一件简单的事。因为当我们忧虑的时候，会情绪激动。不过，我还是找到了两个有助于我们以清晰客观的态度看清所有事实并克服忧虑的办法：

第一，在搜集各种事实的时候，我假装不是为自己搜集这些资料，而是为别人做这事，这样我可以保持冷静超然的态度，也可以帮助自己控制情绪。

第二，在搜集造成各种忧虑的事实时，我有时候还将自己假设成对方的律师。换句话说，我也要搜集一些对自己不利的事实——搜集那些有损我的希望以及我所不愿面对的事实。

然后，我会把这一边的和另外一边的所有事实都写下来。这时，我通常会发现，真理就存在于这两个极端中间。

这就是我想说明的要点：如果不事先看清楚事实的话，你、我、爱因斯坦，甚至连美国最高法院，也不能对任何问题做出聪明的决定。爱迪生就清楚这一点，他死时留下来的 2500 本笔记中，记满了他面临的各种问题的事实。

所以，解决我们困难的第一个办法，就是看清事实。让我们仿效霍基斯院长的方法吧：在没有以客观态度搜集所有的事实之前，不要想着如何去解决问题。

然而，如果对事实不加以分析和解释，即使把全世界所有的事实都搜集起来，对我们也不会有任何帮助。

根据我个人的经验，把所有的事实都记下来，然后再做分析，事情就会容易得多。事实上，只要在纸上记下各种事实，把我们的问题明明白白地写出来，有助于我们做出合理的决定。正如查尔斯·吉特林所说："把问题写清楚，就已经解决了一半问题。"

让我用实例来告诉你这种方法的成绩，中国有句古话叫"百闻不如一见"。我要告诉你，一个人怎样把上面所说的付诸行动的。

以格兰·李克菲的事情为例。我认识他好几年了，他是远东地区最成功的美国商人之一。1942 年，日军侵入上海，李克菲先生正在中国。下面是他在我家做客时告诉我的故事：

"日军轰炸珍珠港之后不久，日本人攻占了上海。当时我是上海亚洲人寿保险公司的经理。他们派来了一个'军方清算员'（他实际上是一位海军上将），命令我协助他清算我们的财产。这种事我毫无办法，要么合作，要么算了——而所谓算了，当然是死。

"我只好遵命行事，因为我无路可走。不过，我将一笔大约75万美元的保险费没有填写在清单上。我之所以不填进去，是因为这笔钱属于我们香港的公司，和上海公司的资产无关。但我还是担心万一日本人发现了这件事可能会对我不利。他们很快就发现了。

"他们来的时候，我恰巧不在办公室，但会计部主任在场。后来他告诉我，日本海军上将大发脾气，还拍桌子直骂人，说我是强盗和叛徒，我侮辱了日本皇军。我知道这是什么意思，我可能会被关进宪兵队。

"宪兵队是日本秘密警察的行刑室。我有几个朋友，他们情愿自杀也不愿被送到那个地方。我还有一些朋友在那里被审问折磨了10天之后，死在那里。而我现在也要被关进宪兵队了。

"我该怎么办？我星期天下午得知的这个消息，当时我吓得要命。如果找不到解决问题的方法，我一定会被吓死的。多年来，每当我担心的时候，总会坐在打字机前打出下面两个问题，以及问题的答案：

"第一，我担心什么？

"第二，我能做什么？

"以往我都不把答案写下来，只是在心里回答问题。不过几年前我就不再那样做了。我发现把问题和答案都写下来，会使我的思路变得清晰。所以，在那个星期天的下午，我直接回到我在上海基督教青年会的房间，取出打字机，打出：

"第一，我担心什么？

"我担心明天早上会被关进宪兵队里。

"第二，我能做什么？

"我思考了几个小时，写下了我能采取的4种行动，以及每一种行动可能带来的后果。

"第一，我可以试着向日本海军上将解释。可是他不会说英文，若是我找翻译对他解释，可能会让他再次生气，那就会是死路一条。因为他是个凶残的人，我宁愿被关进宪兵队，也不愿和他谈话。

"第二，我可以逃走。但这不可能，因为他们一直都在监视我。我从基督教青年会进进出出都要登记，如果我想逃走，可能被抓住枪毙。

"第三，我也可以留在房间不再上班。如果这样做，那位日本海军上将就会怀疑，也许会派人来抓我，根本不给我任何说话的机会，直接把我关进宪兵队。

"第四，我可以星期一早上照常上班。如果我这样做，那位日本海军上将很可能正在忙着，忘掉了我的事情。而且即使他想到了，也可能已经冷静下来，不再找我的麻烦。如果是这样，我就万事大吉了。即使他还来找我，我仍然有机会向他解释。所以我应该和平常一样在星期一早上去办公室，就像什么事也没有发生过，可以给我两个逃避宪兵队的机会。

"等我通盘考虑之后，我决定采取第四个计划：和平常一样，在星期一早上去上班。我大大地松了一口气。

"我第二天早上走进办公室时，那位日本海军上将坐在那里，嘴里叼着香烟，像平常一样看了我一眼，但什么话也没说。6个星期之后——谢天谢地——他调回东京去了，我的忧虑也就此告终！

"就像我前面所说的，我之所以能捡回这条命，大概就因为我在那个星期天下午写出了可以采取的各种不同步骤以及每一个步骤可能产生的后果，然后镇定地做出了决定。如果我不那样做，我可能会思想混乱或者犹豫不决，以至于在紧要关头出错。如果我没有分析我的问题并做出决定，整个星期天下午我就会心急如焚，那天晚上也睡不着觉，星期一早上上班时可能满面惊慌和愁容——仅此一点，就会使那位日本海军上将起疑心，从而使他采取行动。

"以后一次又一次的经验证明，逐渐做出决定的确大有价值。人们正是因为不能实现既定的目的，而且不能控制自己，总是局限在一个令人难以忍受的小圈子里，才会精神崩溃和生活窘迫。我发现，一旦做出清楚而明确的决定之后，一半的忧虑会立即消失，而另外的40%通常会在我按照决定去做之后消失。

"采取以下4个步骤，通常就能消除90%的忧虑：

"第一，清楚地写下我们所担心的是什么。

"第二，写下我们可以怎么办。

"第三，决定该怎么办。

"第四，马上就照决定去做。"

格兰·李克菲已经成了纽约市第三约翰大街斯塔尔－帕克－弗里曼公司的亚洲区总经理，代表大保险和金融集团的利益。事实上，他现在是亚洲最重要的几位美国商人之一。他诚恳地告诉我：他的成功应归功于这种分析并敢于正视忧虑的方法。

为什么他的方法这么管用？因为它有效可行，直抵问题核心。最重要的是，它遵循了第三项且是不可或缺的原则：采取行动。

除非我们采取行动，否则我们寻找并分析事实的做法都将化为泡影——那真是在白费精力。

威廉·詹姆斯说："一旦做出决定，当天就要付诸实践，同时不要理会责任问题，也不要关心后果。"他的意思是说，一旦你以事实为基础做出了谨慎的决定之后，就要付诸实行，而不是停下来再重新考虑，要毫不迟疑、毫不担忧和犹豫，不要怀疑自己。

我曾问俄克拉荷马州最成功的石油商人之一怀特·菲利浦，他是如何把决心付诸行动的，他回答说："我发现，如果在超过某种限度之后还一直思考问题的话，一定会导致混乱和忧虑。当调查和思考过度对我们有害的时候，也就是我们必须下定决心、付诸行动、不再犹豫的时候。"

何不马上运用格兰·李克菲的方法来解决你的忧虑？下面就是：

第一个问题——我担忧什么？（请写下你的答案）

第二个问题——我能做什么？（请写下你的答案）

第三个问题——我决定怎么做？

第四个问题——我什么时候开始做？

第四项规则：解开忧虑之谜。

克服忧虑快乐生活的故事

我以为活不到明天

J. C. 潘尼

（1902 年 4 月 14 日，一个只有 500 美元现金的年轻人立志要赚 100 万美元，他在怀俄明州的克莫勒镇开了一家绸布店——克莫勒是一个只有 1000 人的矿业小镇，位于以前开发西部所必经的蓬车道上。这个年轻人和他的妻子住在商店上面的小阁楼里，用一个装绸布的大木箱做桌子，再用小木箱做椅子。年轻的妻子用毯子裹住婴儿，将他放在柜台底下睡觉，而她站在柜台旁边，帮助丈夫招呼客人。今天，全世界最大的一家绸布连锁店就以这个人的姓名为名——J. C. 潘尼百货店——它一共有 1600 家分店，遍布美国各州。最近我和潘尼先生共进晚餐，他把他生活中最富戏剧性的经历告诉了我。）

几年前，我经历了一段最痛苦的时光。当时我既忧虑又绝望——我的忧虑和公司的业务完全没有关系。当时公司业务十分稳定，而且蒸蒸日上，但我个人却做出了一些不明智的举措，导致我于 1929 年破产。和其他人一样，我遭到了别人的指责，忧虑得无法入睡，终于发展成一种疼痛难忍的疾病，即"带状疱疹"——这是一种突发性的红疹。我向密歇根州巴托卫生局的伊格斯顿大夫求治，他是和我从小一起长大的老朋友。伊格斯顿大夫让我躺在床上，并警告说，我病得十分严重。我接受了一次严格的治疗，但没有什么效果。我的身体越来越虚弱，精神和肉体都开始崩溃，我绝望至极，一丝希望也没有。我活得毫无寄托，认为自己在这世界上没有一个朋友，甚至连家里人也反对我。一天晚上，伊格斯顿大夫给我服了一剂镇静剂，但它的功效很快就消失了，我痛得醒了过来，心想这可能是我生命中最后一个晚上了。我爬起床，给我夫人和儿子写了诀别书，说我活不到天亮了。

当我第二天早上醒来时，我惊异地发现自己仍然活着。对此我无法解释，只能说那是一个奇迹。我觉得自己似乎一下子被人从黑暗的地牢中接到了温暖、明亮的阳光之下，立即从地狱进入了天堂。我恍然大悟，原来我所有的烦恼都是自找的。从那以后直到今天，我的生活中一直没有任何烦恼。现在我已经 71 岁了。

（潘尼学会了在瞬间克服忧虑，因为他找到了一种极好的治疗方法。）

第5章　不要跌入孤独的陷阱

5年前，我的一位朋友的丈夫去世了。从此，她开始饱尝寂寞之苦。

在她丈夫去世一个月之后的一天晚上，她来问我："我该怎么办呢？我应该住在哪里？我怎样才能重新得到快乐？"

我向她解释说，她的焦虑都来自她所遇到的灾难，她应该及时摆脱忧虑。我建议她，尽早走出忧愁的阴影，重新建立新的生活和新的快乐。

"不，我不会再有快乐了。你看，我已经老了，子女们也都结了婚，我没有地方可去。"她回答说。

这位可怜的母亲患上了可怕的自怜症，可是她对这种病症的治疗方法又了解不多。在这5年当中，我一直关注我这位朋友，情况很不容乐观。

有一次我对她说："你不能老是让别人来同情你、可怜你吧？你可以重新开始生活，结识新的朋友，培养新的爱好，来取代那些旧的。"

但她只是听着，并没有往心里去。她太自怜了。最后，她决定把自己的快乐寄托在子女身上。于是，她搬到女儿家住了。

然而，这实在是一个错误的决定，她们母女俩后来竟然反目成仇。她只好又搬到儿子家住，结果也是很不愉快地分手。

她的子女别无选择，只好让她搬到一间公寓中独自居住。但这解决不了根本问题。一天下午，她哭着告诉我，说她的家人抛弃了她。

她想让全世界的人都可怜她，她当然永远得不到快乐。她是个不可救药的自私女人，虽然她有61年的人生经历，但就感情而言，她还是个小孩子。

寂寞的人永远不明白，爱和友情是不会像包装精美的礼物那样被送到手上的，受欢迎和被接纳从来也不是那么能轻易到手的。人应该努力去赢得别人的喜欢，爱、友情和美好时光是不能通过谈判获得的。我们要面对这些现实！

配偶死了，但是法律并没有剥夺活人享受快乐的权利。不过他（或她）必须明白，快乐并不像救济金或施舍品那样，是他（或她）理所应得的。我们必须努力，让自己成为受人喜爱、受人欢迎的人。

下面这个真实的故事就讲了这样一位老妇人，她通过自己的努力，使自己成为一位受人欢迎和受人尊敬的人。

这是克劳伦斯夫人第一次出海旅行。她乘坐的客轮正在地中海航行，许多快乐的夫妇和未婚的情侣都在这艘轮船上度假。而60多岁的克劳伦斯夫人就穿梭在这些快乐的游客之中，虽然她一个人独自出门，却满面春风，神情愉悦。

这次旅行也是克劳伦斯夫人第一次在海上验证寻找快乐的诀窍。克劳伦斯夫人是一个寡妇，也曾像我前面讲过的那位朋友一样伤心难受，但有一天早上，她猛然醒悟过来，摆脱了悲伤，开始投入新的生活。

这是克劳伦斯夫人经过一番深思熟虑之后做出的决定。克劳伦斯夫人的丈夫曾是她全部的爱和生命，但是他死了，留下她一个人在这世界上，她必须让这一切成为过去。

于是，原来的爱好绘画重新进入了她的生活，成了她生活中最重要的活动。正是绘画陪伴她度过了那段悲伤的日子，还带给她最大的回报，那就是她自己独立的事业。

因为失去了丈夫这个伴侣和力量，克劳伦斯夫人在最初那段时间根本不愿意出门。她怕见任何人，而且觉得自己长相平凡，又囊中羞涩，所以在那段被怀疑和绝望包围的日子里，她问自己能做什么、怎么做，才会被人们接受，并受人欢迎。

答案终于找到了！要想被别人接受，就必须乐于付出，而不是乞求别人的给予。

克劳伦斯夫人开始以微笑替代悲哀。她辛勤地作画，出门去看望朋友。当她做这些事情的时候，她会经常提醒自己，要露出欢乐的表情。因此，在和别人相处时，克劳伦斯夫人总是谈笑如常，又从不过多地停留。不久，朋友们开始争相邀请克劳伦斯夫人去参加各种晚宴，社区活动中心也邀请她办个人画展。

几个月后的一天，克劳伦斯夫人在傍晚登上了这艘开赴地中海的客轮。在客轮上，克劳伦斯夫人很快就成为最受欢迎的游客：她对任何人都是那么善良友好，同时又保持一种超然的态度，从不介入别人的私事，也绝不依附任何一个人。

第二天，客轮就要靠岸了。在登岸前的这天晚上，全体游客在克劳伦斯夫人的房间举行了一次最快乐的聚会，克劳伦斯夫人则谦逊地回报大家的邀请。

后来，克劳伦斯夫人曾好几次出海旅行。每次旅行时，她都是这样做的，她也因此成为受人欢迎的人。

克劳伦斯夫人已经懂得，若想得到别人的友谊，自己首先必须热爱生活，并愿意奉献自己。因此，无论她到了哪里，都能制造出和谐的氛围，受到人们的热情欢迎。

尽管我们在医药方面的研究一直进步神速，但我们所生活的这个世纪却还是出现了一种新的疾病，那就是"大众寂寞病"。加利福尼亚州奥克兰米尔斯学院的李思·怀特院长，曾针对这个问题向出席基督教女青年会晚宴的听众们做了一场精彩的演讲，他说：

"20世纪的主要疾病，是寂寞。正如大卫·雷斯曼所说的，'我们都是寂寞的人'。随着人口的迅速膨胀，人们之间患难与共的真情已经逐渐消失……我们生活在一个毫无个性的世界。我们的事业、政府的规模、人们的频繁迁徙等，这一切导致了我们在任何地方都无法获得持久的友谊，而这还只是令数百万人备觉寒冷的新冰河时代的开端。

"对上帝和同胞的爱，都可以被称为纯真的热情。只要有了爱，我们就能对抗腐败灵魂的侵蚀，就能摆脱宇宙的孤寂，营造出善良友爱的精神氛围。"

如果想要克服寂寞，我们就必须努力创造怀特博士所说的"精神氛围"。无论我们走到哪里，都要通过自己的努力，创造出温暖而友爱的环境。

对我们来说，要想克服寂寞，就不能再继续自我怜悯，应该走进光明，结识新的朋友，和他们一道分享快乐——虽然这需要很大的勇气，但是很多人都做到了。

根据调查显示，就夫妻而言，通常是妻子比丈夫要长寿。从表面来看，妻子一旦失去了丈夫，就不再容易开拓新的生活。男人因为工作的关系，会强迫自己努力奋斗，所以从自然规律来讲，他们的确比女人强壮，也更富于进取。而女人因为要尽到她们的"职责"，例如照顾好她们的家庭和家人，所以她们很少有心理准备。当她们守寡之后，能够独自走完人生道路，并快乐地走下去。不过，只要她们能学会成熟，就一定能做到这些，而不是空度余生。

当然，并不只有寡妇、鳏夫才会感到寂寞，即使是那些单身汉或选美皇后，也有可能患上这种孤独寂寞的大众病。在一定程度上，这种疾病或许更青睐都市里的游子和乡间教堂的独奏者。

几年前，年轻英俊的单身汉约翰独自来到纽约闯荡。他英俊潇洒，又受过很好的教育，而且曾周游过各地，因此对自己的未来充满了希望和信心。

进入纽约这个大都市后，在白天，约翰有许多销售会议要参加。可是到了晚上，他却陷入了孤独寂寞之中。他不习惯一个人吃饭，也不喜欢一个人去电影院看电影，当然更不想去麻烦住在城里的已婚朋友——而且，我们不妨明说了吧，他也不喜欢那种主动投怀送抱的女孩子。

显然，约翰想要的是那种好女孩子，但她绝对不能是从乡村酒吧里出来的。约翰也不愿加入"寂寞者俱乐部"，或者去社交服务中心解决他的这一特殊问题。最后，寂寞难耐的约翰只好无可奈何地离开了这个他原本企图寻求发展的城市。

我知道，城市可能反而比乡间小镇更容易让人感到寂寞孤独。一个在城市生活的男人，也许要付出比在乡村更多的心力，才能被人接受、受人欢迎。他必须事先想好，自己下班之后应该有什么样的生活和兴趣，然后再去寻找那些场所。他一定渴望能找到趣味相投的朋友，但这都要靠他自己去主动争取。

一个人刚来到城市时，有许多事情可以做。例如，他可以加入教会，或者去与他的特殊兴趣相符合的俱乐部寻找友谊，他还可以在成人教育班上找到志同道合者。但是，独自一人去餐厅吃饭或去酒吧喝酒，是永远找不到他所热切渴望的友谊的，他必须自己想办法解决自己的问题。

我在几年前认识了两个女孩，她们在纽约市的东区合租了一套公寓。她们是两个非常可爱的女孩子，也都有一份好工作——当然，她们也都渴望受人欢迎。

其中的一个女孩子对待生活很认真，可以说她的智慧超出了她这个年龄所应有的。作为一个单身女孩，要想在大城市里幸福地生活，必须计划缜密。于是，她加入了一个教会，所有活动从来没有缺席过。她不仅参加各种讨论会，还选修了关于人格修养的功课。她努力结交那些好人，用自己的努力换来了健康幸福的生活。

她总是有理智和节制地享受娱乐，小心谨慎地安排她的社交生活，避免人们将她和哪个男孩子联想到一起。当然，初来纽约时，她也曾感到过孤独寂寞。她当然不喜欢这样的生活，所以她采取了行动。

现在，我们成了常常见面的朋友。她幸福地嫁给了一位年轻而能干的律师。是她亲手造就了自己的幸福生活——请注意，我用了"造就"这个词。

至于她那位室友，情况又如何呢？她当然也和她一样孤独寂寞，但是却选错了道路。

这位室友也交了朋友。不幸的是，她所结交的朋友全都是常常泡在酒吧里的人。终于，她也不得不加入这样一个俱乐部——戒酒俱乐部！

因此，如果你不想让自己被孤独和忧虑困扰，请记住第五项规则：不要跌入孤独寂寞的陷阱。

克服忧虑快乐生活的故事

一句经文救了我

新布鲁恩斯威克神学院院长　乔瑟夫·希祖博士

多年以前，我总是迷惘而惶惑，认为生活中似乎充满了许多我无法掌控的力量。一天早上，我很偶然地打开《新约》，眼光落在其中一句经文上："他派我来，并和我在一起——天父并没有忘记我。"

从那以后，我的生活就大不相同了。对我来说，所有的事物都和以前不同了。我想我现在几乎每天都在对自己重复这句经文。在这几年当中，许多人前来向我请教，我就送给他们这句经文。自从我第一次看到这句经文以后，我就把它奉为我的座右铭。我与它同行，并从它那里发现了平和与力量。对我来说，它是宗教的根本，它使我的生活变得更加有价值，它成了我生活中的金科玉律。

第6章 如何减少一半的忧虑

如果你是一个商人，也许你现在正在对自己说："这章标题实在荒谬，我干这一行已经 19 年了；如果有谁知道这个答案，当然非我莫属。居然有人想告诉我如何减少生意上 50% 的忧虑，实在荒谬。"

太对了！如果我在几年前看到这章的标题，也会有同样的感觉。它好像能帮你大忙，但这种空话根本不值钱。让我们开诚布公吧：也许我不能帮你减少生意上 50% 的忧虑，因为从我前面的分析来看，除了你自己之外，没有人能做到这一点。但我能做到让你看看别人是如何做的，剩下的就全看你自己了。

你也许还记得我引用过闻名世界的亚历西斯·卡瑞尔医生的话："不知道克服忧虑的人，都会短命而亡。"既然忧虑这么严重，那么如果我能帮你消除 10% 的忧虑，你是否会满意呢？会的？很好，我下面就要告诉你一位商人是如何消除忧虑，而且节约了以前用来开会、解决生意问题的 70% 的时间。

当然，我不会告诉你那些无法查证的故事。这个故事的主人公是活生生的李昂。他是纽约州纽约市洛克菲勒中心著名的西蒙舒斯特出版公司前合伙人兼高层主管。下面就是李昂自己讲述的经历：

"8 年前，我每天几乎用一半的时间开会和讨论问题。我们应该这样还是那样？或什么都不管？我这时会很紧张，坐立不安，或在办公室走来走去，不停地争论绕圈子。到了晚上，我筋疲力尽。我原以为我这辈子大概只能这样了。当时我干这一行已经有 15 年，从未想过会有更好的办法。如果有人告诉我以减少 3/4 令人忧虑的会议时间，可以消除 3/4 的神经紧张，我会认为他是一个盲目的乐观主义者。可是，我现在确实能够拟出一个恰好能做到这一点的计划。这个方法我已经用了 8 年，对提高效率、健康和快乐都有奇效。

"这像是魔术——可是正如所有的魔术一样，只要你弄清楚是怎么做的，就非常简单了。

"下面就是秘诀：第一，我立即停止了 15 年来我们会议采取的程序。以往，我的同事先会报告一遍问题的细节，最后会问'我们该怎么办？'第二，我订下一条新规矩：任何人想要问我问题，必须先准备好一份书面报告，回答以下 4 个问题：

"一是究竟出了什么问题？（以前我们这种会通常要开一两个小时，可是大家还不清楚真正的问题在哪里。我们总是讨论我们的问题，却不愿提前明确地写出我们的问题是什么。）

"二是问题的起因是什么？（我回顾了一下，竟然惊奇地发现，我虽然在这种会上浪费了很多时间，却没有真正找出问题的根源。）

"三是这个问题可能有哪些解决方法？（以前，只要有一个人提出一种解决方法，就会有另外一个人跟他辩论，大家也都争论起来，常常扯到题外去，而开完会时还没有找到解决问题的方法。）

"四是你建议用哪一种办法？（以前和我一起开会的人，往往为一种情况讨论几小时，并且不断地绕圈子，却从没有想过什么可行的解决方法，然后写下来：'这是我建议的解决方案。'）

"现在，他们很少把他们的问题拿来找我了。为什么呢？因为他们发现要回答上面的4个问题，就必须搜集所有的事实，仔细考虑一遍。当他们做了这些之后，他们会发现，大部分问题都不必再来找我商量，因为最合理的解决方案会不断地涌现。即使是那些必须跟我讨论的问题，所花的时间也不过是以前的1/3。因为讨论时有条不紊，最后都能得到明确的结论。

"现在，在我们公司不再花那么多时间去担心、讨论出了什么问题，而是以更多的行动来解决问题。"

我朋友弗兰克·贝特格是美国最了不起的保险业巨头。他曾告诉我，他不仅减少了生意上的忧虑，而且收入几乎增加了一倍，他用的也是类似的方法：

"很多年以前，我刚开始推销保险，对自己的工作充满了热情和喜爱。但后来发生了一件事使我很沮丧，让我看不起我的工作，甚至想到过放弃。我几乎都要辞职了，可是我突然想起了一件事。在一个星期六的早晨，我坐下来，想找出忧虑的根源。

"第一，我问自己：'问题到底出在哪里？'我的问题是：我拜访过那么多人，可是业绩并不理想。有时我跟那些希望很大的顾客谈得很好，但最后顾客还是会说：'啊！我想再考虑考虑，贝特格先生。什么时候再说吧。'于是，我又得再次拜访。这样就浪费掉不少时间，使我觉得很沮丧。

"第二，我问自己：'有什么解决办法？'可是要找出问题的答案，就得研究事实。我拿出过去12个月的记录本，研究上面的数据。

"结果，我有了一个惊人的发现！我所卖的保险有70%是在第一次拜访时成交的，23%是在第二次拜访时成交的！只有7%是在第三、第四甚至第五次才成交的。这让我觉得很难过，因为它很浪费时间。换句话说，我的工作时间几乎有一半浪费在实际上只有7%的业务上。

"第三，'问题的答案是什么？'答案很明显，我立刻停止了第二次以后的所有拜访，用多出来的时间寻找新的顾客。结果令人难以相信：在很短的时间内，我就把每一次的拜访业绩提高了近一倍。"

弗兰克·贝特格是美国最著名的人寿保险推销员之一，每年推销的保险都在100万美元以上。可是他曾经想要放弃，几乎就要承认自己的失败，分析问题使他走上了成功之路。

你是否也能把这些问题应用到你的业务上呢？重复一下我的挑战——它们能减少你一半的忧虑。

第一，问题是什么？

第二，问题的起因是什么？

第三，解决问题的方法有哪些？

第四，你适合用哪一种解决方法？

第六项规则：减少50%的忧虑。

克服忧虑快乐生活的故事

困扰我的6大烦恼

戴卫斯商业学院创始人　布莱克伍德

1943年夏天，似乎这个世界的一半烦恼都降临到了我身上。

40多年来，我一直过着正常而无忧无虑的生活，平时遇到的是作为一个丈夫、父亲、商人所遇到的小问题。我通常都可以轻易地处理好这些，但突然间，我的天啊！竟然有6项主要烦恼突然同时打击着我。我整夜在床上辗转反侧，害怕白天的到来。因为我所面临的是下面六大忧虑：

第一，我的商学院濒临破产边缘，因为所有的男孩子都参军了，而大部分女孩子即使没有接受商业训练，她们在军火厂所赚的钱也比在我的商学院毕业后去公司赚的还多。

第二，我的大儿子正在服役，跟所有父母一样，我十分担心。

第三，俄克拉荷马市政府已开始计划征收一大片土地建造机场，我家的房子——以前是我父亲的房子——正好位于这片土地的中央。我知道我只能得到1/10的补偿；更糟糕的是，我将失去我的房子；加上当时房源缺乏，我担心能不能找到另一栋房子让一家六口度日。我担心我们也许必须住在帐篷里；我甚至担心我们是否有能力购置帐篷。

第四，由于我家附近刚刚挖了一条大排水沟，使得我土地上的水井干了。若是再挖一口新井，等于浪费500美元，因为这块土地也许会被征收。我已经接连两个月每天早上提水喂牲口，我担心在战争结束以前必须每天都这么做。

第五，我的住处离学校有10里远，而我领的是"B级汽油卡"，这表明我不能购买任何新轮胎。因此，我担心一旦我那辆过时的福特车的轮胎爆了，我就无法上班了。

第六，我大女儿提前一年高中毕业，她想上大学，但我没有钱供她上大学。我知道她一定很伤心。

一天下午，我正在办公室担心这些烦恼，于是将它们全部记下来，因为似乎没有人比我的烦恼更多了。只要有机会，我并不在乎花时间和精力去解决它们，但现在这一切困难似乎超出了我的能力。我根本无法解决。所以我就用打字机把这些困难全部写出来。几个月之后，我忘了这件事。18个月之后，当我整理文件时，碰巧又看到了这张列有一度令我几乎崩溃的六大困难的单子。我极感兴趣地看了一遍，获益不少。现在我发现所有的困难都不复存在了。这是它们后来的变化：

第一，我发现担心商学院会被迫关门是瞎操心。因为政府开始拨款补助商学院，代为培训退伍军人，我的学校很快又恢复了活力。

第二，我发现担心我儿子也没有用。他安然无恙地接受了战争的洗礼。

第三，我发现担心土地被征收也是多余的，因为在我农场附近找到了石油，建造机场的计划停了下来。

第四，我发现担心没有水井打水喂牲口也是不必要的，因为当我得知土地不再被征收之后，就立刻花钱打了一口新井，水源不绝。

第五，我发现担心我的轮胎破裂也是不必要的。因为我将那个旧轮胎翻新之后，只要小心驾驶，它绝对没问题。

第六，我发现担心我女儿上大学的事也是不必要的。因为在开学前6天，我获得了一个查账的工作机会——这简直是个奇迹——这使我能够即时送她上大学。

我常听人说，我们所担心的事99%都不会发生，但我对这种说法一直不以为然，直到我看见我在18个月之前那个可怕的下午打的那张单子之后，才明白这一道理。

虽然我白白为这些烦恼而忧虑，但我现在十分感激。因为这段经历给了我永难磨灭的教训，它使我明白，成天担心永远不会发生的事情是多么悲哀啊！

记住，今天就是你昨天担心的明天。一定要问自己：我怎样才能"知道"我现在所担心的事真的会发生？

第二篇

如何改变忧虑的习惯

第7章　让忙碌驱除你的忧虑

我永远都忘不了几年前的一个晚上，当时马利安·道格拉斯是我班上的一个学员。（我没用他的真名。出于个人原因，他要求我不要说出他的身份。）但这是他的真实故事，他在我的一个成人教育班上讲过。他告诉我们他家里遭受的不幸——不止一次，而是两次。

第一次，他失去了5岁的女儿，这是他非常喜爱的孩子。他和他的妻子都以为他们无法承受这个打击；可是，正如他所说的："10个月之后，上帝又赐给我们另一个小女儿——她只活了5天。"

接连而来的打击几乎使人无法承受。这个父亲告诉我们："我受不了，我睡不着，吃不下，也无法休息或放松。我精神上受到了致命的打击，信心全没了。"最后，他去看了医生。有一位医生建议他吃安眠药，而另一位医生则建议去旅行。

他试了这两个方法，可是都没有用。他说："我的身体犹如夹在一把铁钳子里，而且越夹越紧。"那种悲哀——如果你曾经因为悲哀而感觉麻木的话，就知道是什么感受了。

"不过，感谢上帝，我们还有一个孩子——一个4岁大的儿子。他教我找到了解决问题的方法。一天下午，我悲伤地呆坐着，他问我：'爸爸，你肯不肯给我做一条船？'我实在没有心情；事实上，我没有心情做任何事。可是我的儿子是个很会缠人的小家伙，我不得不屈服。

"做那条玩具船花了3个小时。等做好之后，我发现这3小时竟成了我这几个月以来第一次心情放松的时间。

"这个发现使我从恍惚中惊醒过来，也使我想了许多——这是我几个月来第一次认真思考。我发现，如果你忙着做一些需要计划和思考的事情时，就不会去忧虑了。对我来说，做那条船时，忧虑全都消失了，所以我决定让自己忙起来。

"第二天晚上，我看了看每一个房间，把要做的事情列成一张单子。有许多东西，如书架、楼梯、屋顶窗、窗帘、门把、门锁以及漏水的龙头等都需要修理。让人震惊的是，我在两个星期里竟然列出了242件需要做的事情。

"在过去的两年里，这些事情大部分都已经做完了。此外，我还给我的生活增加了富有启发的活动：每个星期到纽约市参加两晚上成人教育课，参加小镇上的一些活动；现在我是校董事会主席，参加过很多会议，并协助红十字会和其他活动募捐。现在我忙得没有时间忧虑。"

没有时间忧虑！这也正是丘吉尔曾说过的，当时战事紧张，他每天工作18个小时。当别人问他是不是担心这一巨大责任时，他说："我太忙了，没有时间忧虑。"

　　查尔斯·吉特林着手发明汽车自动点火器的时候，也碰到过类似情形。吉特林先生一直担任通用汽车公司副总裁，主管世界知名的通用汽车研究公司，不久前才退休。可是当年他穷得只能租堆稻草的谷仓做实验室；全家的开销靠他太太教钢琴赚来的 1500 美元。后来，他不得不用他的人寿保险做抵押借来 500 美元。我问他太太，她在那段时期是不是很忧虑？"当然。"她回答说，"我担心得睡不着，可是我丈夫一点都不担心。他沉浸在工作中，没有时间忧虑。"

　　伟大的科学家巴斯特也曾经谈过"在图书馆和实验室找到的平静"。为什么会在那儿找到平静呢？因为在图书馆和实验室工作的人，通常都埋头于工作，没时间为自己担忧。研究人员也很少精神崩溃，因为他们没有时间享受这种奢侈。

　　为什么"让自己忙着"这么简单的一件事情，就能把忧虑赶走呢？因为有这么一个定理——这是心理学所发现的基本定理之一。这条定理就是：一个人不论多么聪明，都不可能在同一时间想一件以上的事情。不信？让我们来做一个实验：

　　假定你现在靠坐在椅子上，闭上双眼，试着在同一时间去想自由女神以及你明天早上打算做什么事情。

　　你会发现，你只能轮流想其中的一件事，而不可能同时想两件事，对不对？就你的情感来说也是如此。我们不可能充满热情地想去做一些令人兴奋的事情，同时又因为忧虑而拖延下来。

　　一种感觉会把另一种感觉赶出去。就是这么简单的发现，使得军方一些心理专家能够在第二次世界大战时创造出医学奇迹。

　　当有些人因为在战场上受到打击而退下来时，他们都患上了"心理上的精神衰弱症"。军队医生采取了"保持忙碌"的治疗方法。让这些精神受到打击的人每时每刻都在活动，例如钓鱼、打猎、打篮球、打高尔夫球、拍照、种花和跳舞，根本不让他们有时间来回想那些可怕的经历。

　　"职业治疗"是精神病学发明的名词，就是拿工作当作治疗疾病的药。这并不是什么新方法，耶稣诞生前 500 年的古希腊医生就已经使用这种方法。

　　在富兰克林时代，费城教友会的教徒也使用过这种方法。1774 年，有一个人去参观教友会办的疗养院，当他看见那些精神病人正忙着纺纱时，他大为震惊。他认为那些可怜而不幸的人正在被剥削。后来教友会的人向他解释说，他们发现那些病人只有在工作时病情才能真正好转，因为工作能让他们安定。

　　所有的精神病专家都会告诉你：工作——保持忙碌——是治疗精神病的最好良方。亨利·朗费罗在他年轻的妻子去世之后，也发现了这个道理。

　　有一天，他太太在蜡烛上熔化一些封蜡，结果衣服着火了。朗费罗听见她的叫喊声，立即赶过去，但她还是因为烧伤而离开了人世。很长一段时间，朗费罗都忘不掉这件可怕的事情，几乎发疯。幸好他的 3 个幼小的孩子需要他照料。他虽然很伤心，但还是要父兼母职。他带他们散步，给他们讲故事，和他们做游戏，把他们的亲情永存在《孩子们的时间》一诗里。他还翻译了但丁的诗。所有这些，使他忙得完全忘了自己，思想上重新得到了平静。这正如丹尼森在他最好的朋友亚瑟·哈兰死的时候曾说过的："我必须让自己沉浸在工作中，否则我会在绝望中死去。"

对大部分人来说，当日常工作使我们忙得团团转的时候，"沉浸在工作中"不会有多大问题。可是下班以后，也就是我们能够自由自在地享受我们的轻松和快乐的时候，忧虑之魔就会袭击我们。

这时我们会想各种问题：我们的生活有什么成就、我们是不是墨守成规、老板今天说的那句话是不是"有什么特别意思"，或者我们是不是开始秃头了……

当我们不忙的时候，大脑常常会变成一片真空。每一个物理专业的学生都知道"自然界没有真空状态"。我们知道最接近真空状态的是电灯泡。打破灯泡，空气就会进去，充满了从理论上来说是真空的那个空间。

大脑空出来时，也会有东西补充进去。是什么呢？通常是感觉。为什么？因为忧虑、恐惧、憎恨、嫉妒和羡慕等情绪都是受思想控制的，而这些情绪都非常强烈，往往会撵走我们思想中所有平静、快乐的思想和情绪。詹姆斯·马歇尔是哥伦比亚师范学院教育系教授。他在这方面说得很清楚：

"忧虑对你伤害最大的时候，不是在你忙着工作的时候，而是在你干完一天的工作之后。那时，你的想象力会混乱，使你想到各种荒诞不经的事情，夸大每一个小错误。在这个时候，你的思想就像一辆没有载重的汽车，横冲直撞，摧毁一切，甚至把自己撞成碎片。消除忧虑的良方，就是让自己做一些有意义的事情。"

并非成为大学教授才能懂得这个道理，才能将其付诸实践。我在第二次世界大战时遇到一位住在芝加哥的家庭主妇，她告诉我说，她发现"消除忧虑的良方，就是让自己做一些有意义的事情"。当时我正在由纽约到密苏里州农庄的火车餐车上，碰到这位太太和她的先生。（很抱歉我没有他们的姓名，这是增加故事可靠性的细节。我不喜欢不带姓名、地址地举例。）

这对夫妇告诉我，他们的儿子在"珍珠港事变"的第二天加入陆军部队。母亲当时很担忧这个独生子，使她的健康严重受损。她常常想：他在哪里？是不是安全？是不是在打仗？会不会受伤？会不会阵亡？

我问她是怎么克服忧虑的，她回答说："我让自己忙着。"她告诉我，她先是把女佣辞退，试图做家务保持忙碌，可是作用不大。她说："问题是，我做家务总是机械式的，完全不用思想。所以当我铺床和洗碟子时，还总是担忧。我发现我需要一些新的工作，才能使我每时每刻都能身心忙碌。于是，我去了一家大百货公司当售货员。

"这下好了。"她说，"我马上发现自己身处一个运动的大漩涡：四周全是顾客，问价钱、尺码、颜色等。除了工作，我没有一秒钟时间来想其他问题。到了晚上，我也只能想如何让双脚休息一下。吃完晚饭之后，我躺在床上很快就睡着了。我既没有时间，也没有精力忧虑。"

她发现的这一点，正如约翰·科伯尔·波斯在《忘记不快的艺术》一书中所说的："一种舒适的安全感，一种内在的宁静，一种因快乐的迟钝，都能使人在专心工作时精神平静。"

能做到这一点的人实在太幸运了！世界最著名的女冒险家奥莎·琼森最近告诉我，她是如何从忧虑悲伤中解脱出来的。你也许读过她的自传《与冒险结缘》。如果说有哪个女人能跟冒险结缘，那就是她。

马丁·琼森在她16岁时娶了她，在堪萨斯州查那提镇的街上将她一把抱起，直到婆罗洲的原始森林才把她放下。25年来，这对来自堪萨斯州的夫妇周游了全世界，拍下了亚洲和非洲逐渐绝迹的野生动物的影片。当他们9年前回到美国，到处旅行演讲时，放映了他们的电影。有一次，他们在丹佛城乘飞机前往西海岸，飞机撞在山上，马丁·琼森当场死亡，医生说奥莎也永远不能再下床了。可是他们并不了解奥莎·琼森。3个月后，她就坐着一辆轮椅，给一大群人演讲。事实上，她在那段时间做了一百多场演讲，每次都是坐轮椅去的。当我问她为什么要这样做时，她回答说："我这样做，是想让我没有时间悲伤忧虑。"

因为奥莎·琼森发现了丹尼森先生一个世纪前曾在诗中说的真理："我必须让自己沉浸在工作中，否则我会在绝望中死去。"

海军上将拜德也是在覆盖着冰雪的南极小茅屋里单独住了5个月而发现这个道理的。

在那冰天雪地里，是一片无人知晓、比美国和欧洲加起来还要大的大陆。拜德上将单独在那里待了5个月，周围160.9千米以内没有任何生物。天出奇的冷，当风吹过他耳边的时候，他能看见他的呼气几乎冻住了，结得像水晶一样。他在《孤寂》这本书里，叙述了他在既难过又可怕的黑暗中度过的那5个月。他不得不一直忙着，才不至于发疯。

他说："在夜晚，熄灯之前，我养成了安排第二天工作的习惯。也就是说，我要为自己安排工作。比如，一小时检查逃生隧道，半小时挖横坑，一小时检查燃料罐，一小时在放食物的隧道墙上挖地方放书，再花两小时修整雪橇……

他说："能把时间分开，是一件非常好的事。这使我产生了一种可以主宰自我的感觉……要是没有这些工作，那日子就过得漫无目标了。而没有目标的话，这些日子就会像平常一样，最后崩溃。"

（注意最后那句话："没有目标，这些日子就会像平常一样，最后崩溃。"）

要是我们忧虑的话，就让我们记住，我们可以把工作当作一种很好的古老疗法。原哈佛大学临床医学教授、已故博士理查德·卡伯特在《生活的条件》这本书中也说过："作为一个医生，我很高兴地看到，工作可以治愈很多病人。他们所患的病，是由于过分疑惧、迟疑、踌躇和恐惧造成的。工作带给我们的勇气，就像爱默生永垂不朽的自信一样。"

如果你和我不能一直忙着，如果我们呆坐发愁的话，我们就会孵出许多达尔文称为"胡思乱想"的东西，而这些"胡思乱想"犹如传说中的魔鬼，会掏空我们的思想，摧毁我们的行动和意志。

我认识纽约的一个商人，他就是用忙碌来赶走"胡思乱想"，使自己没有时间烦恼和忧虑的。他叫查伯尔·朗曼，办公室在第40大街；他也是我成人教育班的学员。他征服忧虑的经历非常有意思，也非常特殊。一次上完课之后我请他和我一起去夜宵。我们在一间餐馆一直坐到半夜，谈他的经历。下面就是他告诉我的故事：

"18年前，我因为忧虑患上了失眠症。我紧张不安，爱发脾气。我想我快要精神崩溃了。我之所以发愁，是有原因的。当时我是纽约市西百老汇418号皇冠水果制品公司的财务经理。我们投资50万美元，把草莓装在一加仑的罐子里。20年来，我们一直向冰淇淋厂销售这种一加仑装的草莓。

"突然，我们的销售大跌，因为那些大冰淇淋厂商的产量迅速增加，他们为了节省开支和时间，都买桶装草莓。

"我们50万美元的草莓不仅卖不出去，而且根据合同，我们在接下来的一年还要再购买100万美元的草莓。我们已经向银行借了35万美元，既还不出钱，也不能再续借贷款，我当然担忧了！

"我赶到我们在加州华生维里的工厂，想让总经理了解情况有所改变，我们将面临毁灭。但他不肯相信，而是把这些问题都归罪给纽约的公司以及那些可怜的业务员。

"经过几天的协商，我终于说服他不再用这种包装，把新包装投放在旧金山市场上卖。这几乎可以解决我们的问题，因此我应该不再忧虑了；可我还是有些担忧。忧虑是一种习惯，而我已经染上这种习惯了。

"回到纽约后，我开始担心每一件事：在意大利买的樱桃、在夏威夷买的凤梨……我紧张不安，睡不着觉，就像我刚才所说的，精神简直崩溃了。

"在绝望中，我换了一种新的生活方式，它治好了我的失眠症和忧虑。我一直忙着，忙到必须全力以赴，根本没有时间忧虑。以前我一天工作7小时，现在一天工作十五六个小时。我每天早上8点就到办公室，一直干到半夜。我接下新的工作，担负起新的责任。每当我半夜回家时，总是筋疲力尽地躺在床上，不过几秒钟就浑然入睡。

"这样过了将近3个月，我改掉了忧虑的习惯，恢复到每天工作七八个小时的正常情形。这事情发生在18年前。从那以后，我再也没有失眠和忧虑过。"

萧伯纳说得对，他总结这些说："人们之所以忧虑，就是有空闲来想自己到底快乐不快乐。"所以，不必去想它！

在手掌心吐口唾沫，让自己忙起来，你的血液就会开始循环，你的思想就会变得敏锐——不久这种积极的情绪就会驱除思想上的忧虑。让自己一直忙着！这是世界上治疗忧虑最便宜、最有效的良药。

忧虑的人一定要让自己沉浸在工作中，否则会在绝望中挣扎。

要改变忧虑的习惯，第一项规则：保持忙碌。

第 8 章　不要为小事而忧虑

　　下面这个富有戏剧性的故事让我终生难忘。讲述这个故事的人叫罗伯特·摩尔，他住在新泽西马普伍德市第 14 大道。

　　"1945 年 3 月，我学到了我人生当中最重要的一课。"他说，"我是在中南半岛附近 84 米深的海底学到的。当时，我和另外 87 个人一起在贝雅 S.S. 318 号潜水艇上。我们从雷达上发现正有一小支日本舰队朝我们这边驶来。天将亮的时候，我们浮出水面发动攻击。我从潜望镜里发现了一艘日本驱逐护航舰、一艘油轮和一艘布雷舰。

　　"我们向那艘驱逐护航舰发射了 3 枚鱼雷，但未击中目标。那艘驱逐护航舰并不知道正遭受攻击，继续向前驶去。我们又打算攻击最后那艘布雷舰。突然，它转过头径直朝我们驶来。（有一架日本飞机从上空看见我们在深水下，把我们的位置用无线电通知了日本布雷舰。）我们潜到 46 米深处，以免被它探测到，同时做好准备应付深水炸弹：我们在所有的舱盖上都多加了几层铁栓，同时为了让我们的潜艇保持绝对稳定，我们关掉了所有的电扇和冷却系统及发电设备。

　　"3 分钟后，突然天崩地裂：6 枚深水炸弹在我们四周爆炸，把我们推到海底 84 米深处。我们吓呆了！在不到 305 米深的海水里遭受攻击是很危险的——如果不到 152 米几乎难逃厄运。而我们当时却在 84 米深的水下受到攻击，从安全角度来说，水深等于只到膝盖部分。那艘日本布雷舰不停地投深水炸弹，连续攻击 15 个小时。

　　"如果深水炸弹距潜水艇不到 5 米，炸弹可以在潜艇上炸出一个大洞来。大约有十几颗深水炸弹就在离我们 15 米的地方爆炸，我们奉命'固守'——静躺在床上，保持镇定。我吓得几乎无法呼吸。'这下死定了。'我一直不停地对自己说着，'这下死定了……这下死定了。'电扇和冷却系统全都关闭之后，潜水艇内的温度高达华氏 100 多度，可是我却害怕得全身发冷，虽然穿了一件毛衣，还有一件皮领夹克，可还是冷得发抖。我的牙齿不停地打战，全身冒出阵阵冷汗。攻击持续了 15 个小时，突然停止。显然，那艘日本布雷舰用光了所有的深水炸弹，这才离开。这 15 个小时的攻击，就像是 1500 万年。过去的生活一一呈现在我眼前。

　　"我记起了以前做过的所有坏事，以及我曾担心的所有小事。在加入海军之前，我是一个银行职员，曾为工作时间太长、薪水太少而且没有多少升迁机会发愁。我曾经因为没有办法买自己的房子、没有钱买新车、没有钱给我太太买好衣服而忧虑。我非常讨厌我以前的老板，他老是给我找麻烦。我还记得，每天晚上回到家里的时候，我总是又累又困，常常因为芝麻小事而跟我太太吵架。我甚至还为我额头上一次车祸留下的伤痕发愁。

"在多年以前，那些令人发愁的事看起来很大！可是在深水炸弹就要夺走我生命的那一刻，这些事情又是多么的荒谬和微不足道。就在那时候，我答应自己，如果我还有机会活下去，永远也不会再忧虑了。永远！永远！！永远！！！在潜艇那可怕的 15 个小时里，我所学到的生活道理比我在大学 4 年所学的要多得多。"

我们通常能勇敢地面对生活中的重大危机，可是却会被那些小事情搞得焦头烂额。例如，萨姆尔·白布西在他的日记里写到他曾目睹哈里·维尼爵士在伦敦被砍头的事：当哈里爵士走上断头台的时候，他没有请求饶命，却要求刽子手不要砍他颈上的伤痛之处。

这也是拜德上将在又冷又黑的南极洲的夜晚发现的另外一点——他手下那些人常常为小事情发火，但对大事却不在乎。他们毫无怨言地面对危险和艰苦，在华氏零下 80 度的寒冷中工作。拜德上将说："可是，我却知道他们之间有好几个人同在一办公室却彼此不讲话，因为他们怀疑别人乱放东西，占了他们的地方。我还知道一个人，他一定要在大厅里找一个看不见他的位置坐着才能吃下饭。他坚持空腹进食，每口食物一定要嚼过 28 次才吞下去。

拜德上将说："在南极营地，一些小事情都能把最训练有素的人逼疯。"

拜德上将还可以加上一句话：婚姻中的"小事"也会把人逼疯，造成"世界上半数伤心事"。

至少这话是权威人士说的。例如，芝加哥的约瑟夫·沙巴士法官在仲裁 4 万多件不愉快的婚姻案件之后说："小事是导致婚姻生活不美满的根本原因。"纽约州前地方检察官弗兰克·霍根也说："在我们的刑事案件里，一半以上都是由小事情引起的：在酒吧里逞英雄，为小事情争吵，讲话侮辱人，措辞不当，行为粗鲁——这些小事情导致了伤害和谋杀。很少有人天性残忍。正是因为自尊心受到了小小的伤害，或受到屈辱，或虚荣心得不到满足，结果造成了世界上半数令人伤心之事。"

罗斯福夫人刚结婚的时候，每天都在担心，因为她的新厨子做饭很差。罗斯福夫人说，"可是，如果事情发生在现在，我就会耸耸肩忘了它。"太好了，这才是成年人的做法。就连凯瑟琳这位最专制的俄国女皇，当厨子把饭做坏时，也只是付之一笑。

我和我夫人曾去芝加哥一个朋友家里吃饭。分菜的时候，他出了点差错。我当时并没有注意，实际上即使注意到了我也不会在意。可是他太太看见了，立即当着我们的面指责他。"约翰，看看你在做什么！难道你永远也学不会如何分菜？"她尖叫道。

然后她对我们说："他老是犯错，简直心不在焉。"也许他确实没有好好做，可是我却实在佩服他居然和他太太相处 20 年之久。老实说，只要舒服，我情愿只吃抹了芥末的热狗，而不愿一面听她啰唆，一面吃北京烤鸭和鱼翅。

那件事情之后不久，我夫人和我请了几位朋友到家里来吃晚饭。就在他们快到的时候，我夫人发现有3条餐巾和桌布的颜色没办法相配。

她后来告诉我："我冲到厨房，结果发现另外3条餐巾送出去洗了。客人这时已经到了门口。我没有时间再换了。我急得差点哭出来。我当时只想：'为什么会犯这么愚蠢的错误，毁了整个晚上？'然后我又想，为什么要让它毁了呢？于是，我走进去吃晚饭，决定好好享受一下。我真的做到了。我情愿让我的朋友认为我是一个懒散的家庭主妇，也不想让他们认为我是一个神经兮兮、脾气暴躁的女人。而且据我所知，根本没有人关心那些餐巾。"

一条众所周知的法律名言说："法律不管小事。"人也不该为小事而忧虑——如果他希望心理平静的话。

在大多数时间里，要想克服由小事所引起的困扰，只需把重点转移就可以——让你有一个新的、开心的想法。我的朋友荷马·克罗伊是一个作家，写过几本书。他举了一个如何做到这一点的好例子。他以前写作的时候总是被纽约公寓散热器的响声吵得发疯。蒸气会砰然作响，他听到之后会坐在书桌前气得直叫。

荷马·克罗伊说："后来，有一次我和几个朋友一起去露营时，听到了木柴烧得很响的声音，我突然想到这些声音多么像散热器的响声。但我为什么会喜此厌彼呢？回到家以后，我对自己说：'火堆中木头的爆裂声很好听，散热器的声音也差不多，我应该埋头就睡，不必理会这些噪音。'结果，我真的做到了。头几天我还会注意散热器的声音，可是不久我就完全忘了。

"很多其他的小忧虑也是一样，因为我们不喜欢，结果令人颓丧，这都是因为我们夸大了它们的重要性……"

狄斯累利也曾说："生命如此短暂，不能只顾小事。""这些话，"安德烈·莫瑞斯在《本周》杂志中说，"曾经帮我熬过了很多痛苦的经历：我们常常会因为一些本可不屑一顾的小事而弄得心烦意乱……我们活在这个世上只有短短的几十年，而我们却浪费了许多不可挽回的时间，去为一些一年之内就会被所有人忘了的小事而发愁。不要这样！我们要去实践那些值得做的事情和感觉，想伟大的思想，经历真正的感情，做必须做的事。因为生命如此短暂，不能只顾小事。"

即使是吉布林这样有名的人，有时也会忘了"生命如此短暂，不能只顾小事"的道理。结果呢？他和他的舅爷在佛蒙特打了有史以来最有名的一场官司。这场官司如此出名，有一本专辑记载了它，书名叫《吉布林在佛蒙特的领地》。事情的经过是这样的：

吉布林娶了一个弗蒙特女孩凯洛琳·巴里斯蒂尔，在佛蒙特的布拉陀布罗建了一栋很漂亮的房子，在那里定居，准备度过余生。他的舅爷比提·巴里斯蒂尔成了吉布林最好的朋友，他们两个人一同工作，一同游玩。

后来，吉布林从巴里斯蒂尔那里买了一块地，事先约定巴里斯蒂尔每一季可以在那里割草。一天，巴里斯蒂尔发现吉布林在那片草地上弄了一个花园，他生气了，暴跳如雷。吉布林则反唇相讥。佛蒙特的绿山上乌云笼罩。

几天之后，吉布林骑自行车出去，他的舅爷突然赶着一辆马车和几匹马横穿马路，使吉布林摔了一跤。而吉布林这个曾写过"众人皆醉，你应独醒"的人也昏了头，告到官府，将巴里斯蒂尔关押起来。接下来是一场轰动一时的官司，一些大城市的记者都挤到这个小镇来，这件新闻传遍了全世界。事情无法解决，这次争吵使得吉布林和他的妻子永远离开了他们在美国的家。而这一切忧虑和争吵，仅仅是一件小事——一车干草。

皮瑞克里斯在 2400 年前说过："来吧，诸位！我们在小事上浪费太多时间了。"的确如此！

下面是哈里·爱默生·福斯迪克博士讲的一个最有意思的故事——森林里的一个巨人在战争中如何得胜、又如何失败的。

"在科罗拉多州长山的山坡上，躺着一棵大树的枯枝残躯。自然学家告诉我们，它活了四百多年。它发芽时，哥伦布刚登陆美洲；第一批移民来到美国时，它才长一半大。在它漫长的生命历程里，曾被闪电击中 14 次，无数次狂风暴雨侵袭过它，它都能战胜。但是最后来了一小队甲虫，使它倒在地上。那些甲虫从根部往树里面咬，渐渐伤了树的元气，而它们就只靠细小而持续不断的攻击。这样一个森林巨人，岁月不曾使它枯萎，闪电不曾将它击倒，狂风暴雨不能伤着它，最后却因为一小队大拇指和食指就可以捏死的小甲虫而倒了。"

我们不都像森林中那棵身经百战的大树吗？我们不也经历过生命中无数次狂风暴雨和闪电的打击吗？可是我们却会被心中忧虑的小甲虫咬噬——用大拇指和食指就可以捏死的小甲虫。

几年前，我去了一趟怀俄明州的提顿国家公园。与我同行的是怀俄明州公路局局长查尔斯·谢弗雷德及其朋友。我们本来是想去参观洛克菲勒在那个公园里的一栋房子，可是我坐的那辆车转错一个弯，迷了路，等我到达那栋房子时，比其他车晚了一个小时。谢弗雷德先生有打开大门的钥匙，但他却在那个天气又热、蚊子又多的森林里等了一个小时。那里的蚊子多得会让圣人发疯，可是它们不能战胜查尔斯·谢弗雷德。他在等我们时折下一小段白杨树枝，做了一根小笛子。当我们到达时，他是不是正驱赶蚊子呢？不，他正在吹笛子，我认为这个笛子是对一个知道如何避开小事的人的纪念。

第二项规则：不要为小事而忧虑。

第 9 章　不要担心不可能发生的事情

我从小生活在密苏里州的一个农场。一天，我正帮母亲摘樱桃，突然哭了起来。母亲问："戴尔，你哭什么啊？"我哽咽道："我怕被活埋。"

那时我总是充满了忧虑：暴风雨来的时候，我担心被雷电击死；日子困难的时候，我担心东西不够吃；我怕死了之后会下地狱；我怕一个名叫萨姆·怀特的大男孩会割下我的两只大耳朵——就像他威胁的那样。我还忧虑女孩子在我向她们脱帽鞠躬时取笑我；忧虑将来没女孩子愿意嫁给我；忧虑结婚之后我对太太第一句话该说什么。我想象我们在一间乡下教堂结婚，然后坐一辆上面垂着流苏的马车回农庄……可是在回农庄的路上我该如何不停地跟她谈话呢？怎么办？怎么办？我在耕地时也会常常花几个小时想这些大问题。

一年年过去，我渐渐发现，我担心的那些事 99% 都不会发生。

例如我刚才说过，我以前怕雷电。可是现在我知道，不论是哪一年，我被雷电击中的概率大概只有三十五万分之一。

我害怕被活埋的忧虑更是荒谬。我没有想到，每 1000 万人只有一个人被活埋，可是我却因为害怕而哭过。

每 8 个人就有一个人死于癌症。如果我一定要发愁的话，我应该为癌症发愁，而不应该担心被雷电击死或被活埋。

事实上，我刚才说的都是我童年和少年时代的忧虑。可是许多成年人的忧虑也几乎同样荒谬。要是我们能根据平均概率来评估我们的忧虑，并真正做到长时间不再忧虑，你和我就可以去除 90% 的忧虑。

全世界最有名的伦敦罗艾得保险公司就靠人们对一些根本很难发生的事情的担忧而大发其财。罗艾得保险公司是在跟一般人打赌，说他们担心的灾祸永远不会发生。不过，他们不称此为赌博，而称为"保险"，这实际上是以平均概率为基础的赌博。这家大保险公司已经良性发展 200 年了，除非人的本性会改变，它至少还可以继续维持 5000 年，替你保鞋子、船、封蜡的险，利用平均概率向你保证那些灾祸并不像人们想象的那么常见。

如果我们检查平均概率，就会因我们所发现的事实而惊讶。例如，如果我知道在 5 年之内我必须参加一次像葛底斯堡战役那样惨烈的战役，我一定会吓坏了。我一定会尽力购买所有的人寿保险，会写下遗嘱，把所有的财产安置好。我会说："我大概挺不过这场战争，所以我最好痛痛快快地度过余生。"但事实上，根据平均概率，和平时代50～55岁之间的人和葛底斯堡战役中战死的人比例相同。也就是说，在和平时代，50～55岁的人每1000个人的死亡人数，和葛底斯堡战役16.3万名士兵每1000人阵亡的人数相同。

本书有几章是我在加拿大落基山弓湖边的辛普森旅馆写的。有一年夏天，我在那里遇到了旧金山市的赫伯特·萨林吉夫妇。萨林吉太太是一个平静沉着的女人，她给我的印象是她从来没有忧虑。

一天晚上，我们坐在熊熊的炉火前，我问她是不是曾经因为忧虑而烦恼过。"烦恼？"她说，"我以前的生活几乎被忧虑毁了。在我学会征服忧虑之前，我在自找的苦难中生活了11年。那时我脾气很坏，又很急躁，生活在紧张的情绪中。我每个星期都要从家里搭公共汽车去旧金山买东西，可是即使买东西时，我也会担心得要命：也许我把电熨斗放在熨衣板上了，也许房子着火了，也许女佣人丢下孩子跑了，也许孩子们骑脚踏车出去被汽车撞死了。我买东西的时候，常常会因为忧虑而冷汗直冒，会冲出店去，搭公共汽车回家，看看一切是否正常。所以我的第一次婚姻没有好结果。

"我第二个丈夫是律师。他是一个很平静、凡事都能仔细分析的人，从不为任何事情忧虑。每当我神情紧张或焦虑时，他就会对我说：'放松，让我们好好想想……你真正担心的是什么？让我们来看看平均概率，这种事情究竟会不会发生。'

"例如，我记得有一次我们从新墨西哥州的阿布库基开车去卡斯白洞窟，走在一条脏路上，遇到了一场可怕的暴风雨。

"汽车一路打滑，没法控制。我想我们会滑到路边的水沟里，可是我丈夫一直不停地对我说：'我现在开得很慢，不会出事的。即使车子滑到沟里，根据平均概率，我们也不会受伤。'他的镇定和信心使我平静下来。

"有一年夏天，我们去加拿大的落基山区托昆谷露营。一天晚上，我们的营帐扎在海拔很高的地方，突然下起了暴风雨，我们的帐篷都快被撕成碎片了。帐篷用绳子绑在一个木制平台上，外面的帐篷在风中摇晃着，发出尖啸声。我每一分钟都在想：我们的帐篷要被吹垮，吹到天上去了。我真的吓坏了，可是我丈夫不停地说：'亲爱的，我们有好几个布鲁斯特向导，他们对这些了如指掌。他们在这些山地里扎营60年了，这个营帐在这里也过了很长时间，可是至今还没有被吹倒。根据平均概率，今天晚上也不会被吹掉。而且即使被吹掉，我们还可以去另外的营帐，所以请放松……'我放松心情，后半夜睡得很香。

"几年前，小儿麻痹在加利福尼亚我们住的那一带肆虐。要是在以前，我一定会不知所措，可是我丈夫让我镇定。我们尽可能地采取了各种预防方法，不让孩子们出入公共场所，暂时不去上学、看电影。与卫生署联系之后，我们得知，到目前为止，即使加州曾发生过的最严重的一次小儿麻痹症流行期，整个加州也只有1835名儿童患病。而平常只在两三百人之间。虽然这些数字听起来让人害怕，可是我们觉得，根据平均概率，某一个孩子感染的可能性实在是很小。

"'根据平均概率，这种事不会发生。'这一句话就消除了我90%的忧虑，使我过去20年的生活过得美好而平静，超出了我的最高期望。"

乔治·克鲁克将军，可能是美国历史上最伟大的印第安战士。他在自传中说：印第安人"所有的忧虑和不幸来自他们的想象，而非现实"。

当我回顾过去的几十年时，我发现我的大部分忧虑也来源于此。吉姆·格兰特告诉我，他的经历也是如此。

格兰特先生是纽约富兰克林大街格兰特批发公司的老板。他每次都要从佛罗里达州买10~15车的橘子等水果。他告诉我，他以前常常会因为某些想法而折磨自己：火车失事怎么办？水果滚得满地都是怎么办？如果车子正好经过一座桥时，桥突然垮了怎么办？当然，这些水果都是投了保险的，可他还是担心万一他没有按时把水果送到，就可能失去市场。他甚至由于担心自己忧虑过度，而得了胃溃疡，因此去看医生。医生告诉他，他没有别的毛病，只是太紧张了。"这时我才明白，"他说，"我开始问自己一些问题。我对自己说：'注意，吉姆·格兰特，这么多年你买了多少车水果？'答案是：'大概2.5万车。'然后我问自己：'有多少出过车祸？'答案是：'大概有5次。'然后我对自己说：'一共2.5万次，只有5次出事，你知道这是什么意思？五千分之一。换句话说，根据平均概率，以经验为依据，出事的机会只有5000：1。有什么好担心的？'

"然后我对自己说：'嗯，说不定桥会塌下来。'然后我问自己：'过去究竟有多少车因为桥塌陷而损失了？'答案是：'一次也没有。'然后我对自己说：'那你为了一座根本没有塌过的桥，为了五千分之一的火车失事而忧虑得胃溃疡，不是太傻了吗？'

"当我这样来看时，"吉姆·格兰特告诉我，"我觉得自己太傻了。于是我当时就做出决定，以后让平均概率来替我分忧。从那以后，我再也没有为'胃溃疡'烦恼过。"

当埃尔·史密斯担任纽约州长的时候，我常听到他对攻击他的政敌说："让我们看看记录……让我们看看记录。"然后他会说出许多事实。如果下一次你为可能发生的事情而忧虑，就学这位聪明的埃尔·史密斯先生：查一查以前的记录，看看我们的忧虑是否有道理。

这也正是当年弗雷德里克·马尔斯塔特担心自己躺在坟墓中的时候所做的。下面是他在我们纽约成人教育班所讲的故事：

"1944年6月初，我躺在奥玛哈海滩附近一个狭长的战壕里。我当时正在999信号连服役，部队刚刚抵达诺曼底。我看了一眼那个狭长战壕，它正好在地上成一长方形。然后对自己说：'这看起来像一座坟墓。'当我躺下来准备睡在里面的时候，它更像一座坟墓了。我忍不住对自己说：'也许这就是我的坟墓。'晚上11点，德军轰炸机开始飞过来，炸弹纷纷往下投，我吓得全身僵住了。前两三个晚上，我无法入睡。到了第四天或第五天晚上，我几乎精神崩溃。我知道如果我不想办法的话，我会疯掉。所以我提醒自己说：5个晚上都过了，我还活得好好的，我们这一组的人也都活着，只有2个人受了轻伤。他们不是被德军的炸弹炸伤的，而是被我们自己的高射炮弹碎片打中的。我决定做一些有意义的事情来停止忧虑。于是我在战壕里做了一个厚厚的木头屋顶，保护自己不被碎弹片击中。我计算了一下位置和距离，告诉自己：只有炸弹直接命中，我才有可能被打死在这个又深又窄的战壕里。我又算出了直接命中的比率，不到万分之一。这样，我平静下来，即使敌机来袭，也睡得非常安稳。"

美国海军也常常利用平均概率统计出来的数据激励士兵。一位以前当过海军的人告诉我，当他和他的伙伴被派到一艘油轮上时，他们都吓坏了。这艘油轮运的是高标号汽油，他们都认为如果油轮被鱼雷击中，他们都会上西天。

可是美国海军自有办法。海军部队公布了一些数据，指出被鱼雷击中的100艘油轮有60艘并没有沉没，而真正沉到海里的40艘中只有5艘是在10分钟之内沉没的。那就是说，有足够的时间跳船，死在船上的可能性非常小。这样对士气有没有帮助呢？"知道了平均概率之后，我的忧虑一扫而光。"明尼苏达州圣保罗市瓦纳特大街1969号的克莱德·马斯说，"船上的人都感觉好多了。我们知道，根据平均概率，我们有机会，我们不会死。"

第三项规则：不要担心不可能发生的事。

克服忧虑快乐生活的故事

挫　折

匈牙利著名剧作家　费伦斯·莫尔纳

50年前，我父亲给了我一句话，自那以后我靠它生活至今。父亲是医生。我刚开始在布达佩斯大学学习法律，有一次考试不及极。我受不了这种羞辱，不想见朋友，并借酒浇愁，手中总是拿着杏味白兰地。

父亲意外地来看我了。就像一位善良的医生，他立即看出了我的麻烦和酒瓶。我承认了为何要逃避现实。

这可爱的老人立即给我开了一个处方。他向我解释说：酒精和安眠药都不能解决问题——任何药物都不能。治疗不幸的药只有一种，世界上比药物更好、更可靠的东西就是——工作。

父亲太对了！投入工作可能很难。但你迟早会做到这一点。工作当然拥有所有麻醉剂的功效。它是一种习惯的培养。一旦这种习惯养成，就不可能剔除。我这种习惯就保持了50年。

第10章　接受不可避免的事实

　　小时候我曾和几个朋友一起在密苏里州西北部一栋荒废的老木屋的阁楼上玩耍。一次，我从阁楼爬下来的时候，我先在窗栏上站住，然后跳下去。我左手的食指戴了一枚戒指。就在我跳下去的时候，那枚戒指钩住了一颗铁钉，我的手指被拉断了。

　　我尖叫着，吓得不知所措，以为必死无疑。可是手好了之后，我再也没有为这件事忧虑过。这又有什么用呢？我接受了这个不可避免的事实。我现在根本不会想到我的左手只有3个手指和一个大拇指。

　　几年前，我碰到一个人，他在纽约市中心一家办公大楼开运货电梯。我注意到他的左手被齐腕割断了。我问他缺了那只手是否觉得难过。他说："噢，不会，我根本就不会想到它。我只有在穿针的时候才会想起此事。"

　　如果有必要，我们几乎可以很快地接受任何情况，使自己适应它，然后完全忘了它。这多么令人吃惊啊！

　　我经常想到一行字，它刻在荷兰阿姆斯特丹一座15世纪老教堂的废墟上："事实就是这样，而不是别样。"

　　在漫长的岁月里，你和我一定会遇到一些令人不快的事情，既然它们是这样，就不可能是别样。我们也可以有所选择：或者把它们当作不可避免的事实而加以接受并适应它们；或者用忧虑来摧毁我们的生活，最后精神崩溃。

　　下面是我最喜欢的哲学家之一威廉·詹姆斯的忠告："乐于承认事实如此，接受已经发生的事实，是克服随之而来的任何不幸的第一步。"俄勒冈州波特南市的伊丽莎白·康黎，经过很多困难才学到这一道理。下面是她最近写给我的一封信：

　　"在美国庆祝我们陆军在北非获胜的那一天，我接到一封国防部送来的电报：我的侄儿——我最爱的人——在战场上失踪了。没过多久，又一封电报说他死了。

　　"我悲伤之极。在那之前，我一直觉得命运对我很好。我有自己喜欢的工作，抚养侄儿成人。在我看来，他代表了年轻人一切美好的东西。我觉得自己以前所有的努力现在都得到了回报……

　　"然而，来了这封电报，我的整个世界碎了，觉得再活下去毫无意义。我开始忽视工作、朋友。我开始抛弃一切，既冷淡，又怨恨。为什么我最亲爱的侄儿会死？为什么这么好的孩子，还没有开始生活却要死在战场上？我无法接受这个事实。我悲伤过度，决定放弃工作，远离家乡，把自己埋在泪水和痛苦之中。

　　"就在我清理桌子，准备辞职的时候，突然看到一封我早已忘了的信。这是我已故侄儿的信。几年前我母亲去世的时候，他给我写了这封信。

"'当然，我们都会想念她，'信上说，'尤其是你。但是我知道你一定能挺过去。以你个人的人生哲学，你能挺过去。我永远都不会忘记你教给我的美好真理：不论在哪里，也不论我们离得多远，我永远都会记得你教我要微笑，要像一个男子汉，勇于承受既成事实。'

"我把那封信读了一遍又一遍，觉得他好像就在我身边，正在对我说话。他好像对我说：'为什么不照你教我的办法去做呢？挺住！不论发生什么事情！把你个人的悲伤掩藏在微笑之下，继续过下去。'

"于是，我又继续工作，不再对人冷淡无礼。我一再告诫自己：'事情既已发生，我不能改变它，但是我能够像他所希望的那样去做。'我将所有的思想和精力都投入工作上，我给士兵们写信——他们是别人的儿子；晚上，我又参加了成人教育班——寻找新兴趣，结识新朋友。我几乎不敢相信发生在我身上的变化。我不再为永远过去的事情悲伤。现在我每天都充满了快乐——就像我的侄儿要我做的那样。我的生活已找到宁静港湾。我接受了命运。我现在过着更加充实而有意义的生活。"

伊丽莎白·康黎学到了我们所有人迟早都要学到的道理，那就是我们必须接受和适应不可避免的事实。这一课可不容易学会。就连那些在位的皇帝也必须经常提醒自己这样做。已故的乔治五世在白金汉宫的图书馆墙上挂有下面的名言：

"我不要为月亮哭泣，也不要因事而后悔。"叔本华则也表达了同样的想法，他说："顺应势事，是踏上人生旅途的最重要的一件事。"

显然，环境本身并不能使我们快乐或不快乐，只有我们对环境的反应，才决定了我们的感受。耶稣说天国就在你的心中。而那也是地狱所在之处。

在必要的时候，我们都可以忍受灾难和悲剧，甚至战胜它们。开始我们会认为自己办不到，但我们有令人惊讶的潜能，只要我们愿意利用，它就能帮助我们克服一切困难。我们比我们想象的更强大。

已故的布斯·塔金顿总是说："人生加诸我身上的任何事情，我都能承受，但除了一样：那就是失明。我永远无法忍受失明。"

在塔金顿六十多岁的时候，有一天当他低头看地上的地毯时，发现色彩模糊，看不清图案。他去找了一个眼科专家，证实了不幸的事实：他的视力在衰减，有一只眼睛几乎全瞎，另一只也快瞎了。他最怕的事情终于发生了。

对这种"所有灾难中最可怕的灾难"，塔金顿有何反应呢？他是不是觉得"完了，我这一辈子完了"？没有，他自己也没想到他还能非常开心，甚至还能善用他的幽默。以前眼球里面浮动的"黑斑"令他很难过，当它们在眼前游过时，会遮挡他的视线；现在，当那些最大的黑斑从眼前晃过时，他却会说："嘿，又是老爷爷来了！今天天气这么好，不知道它要去哪里。"

命运怎么能征服这种乐观呢？当然不能。当塔金顿终于完全失明之后，他说："我发现我也能承受失明的痛苦，就像一个人能承受其他灾难一样。要是我的5个感官完全丧失了，我认为我还能活在我的思想里。因为我们只有在思想中才能看见，只有在思想中才能生活——不论我们是否清楚这一点。"

为了恢复视力，塔金顿在一年之内接受了 12 次手术。为他做手术的是当地眼科医生。他抱怨了吗？他知道这是必要的，他无法逃避，所以唯一能减轻痛苦的办法就是勇于接受。他拒绝用私人病房，住进普通病房，和其他病人在一起。他试着让其他病人开心，即使在他必须接受好几次手术时——而且他很清楚在他眼睛里做什么——他只尽力想他是多么的幸运。他说："多妙啊，现在的科学竟然能为眼睛这么纤细的东西做手术。"

一般人忍受 12 次以上的手术和长期黑暗的生活，可能会变成神经质了。可是塔金顿却说："我可不愿拿这次经历去换更开心的事。"这件事教会他接受灾难，使他明白生命带给他的没有什么是他不能忍受的；这件事也使他领悟了弥尔顿所说的："失明并不令人难过，难过的是不能忍受失明。"

如果我们抱怨反抗，或者为它难过，也不可能改变不可避免的事实。但是我们可以改变自己，我知道，因为我试过。

有一次，我拒绝接受我遇到的一件不可避免的事情，竟然傻到想反抗它，结果失眠了好几个晚上。我开始让自己想起所有不愿意想的事情，经过一年的自我虐待，我终于接受了这个不可能改变的事实。

我早就应该喊出沃尔特·惠特曼的名言：

"啊，让我们像树木和牲畜一样，漠视所有不可避免的事实吧！"

我曾放了 12 年的牛，但是从未见过哪头母牛因为草地缺水干枯，或者天气太冷，或者哪头公牛爱上了另一头母牛而恼火。牲畜都能平静地面对一切，所以它们从来不会精神崩溃或者患胃溃疡，也从来不会发疯。

我是不是说碰到任何挫折时，都应该低声下气呢？绝对不是，那就成了宿命论了。只要还有一点机会，我们就要奋斗。可是当事实告诉我们事情已经不可避免，也不会有任何转机时，我们就要保持理智，不要庸人自扰。

哥伦比亚大学已故院长霍基斯曾告诉我，他写了一首打油诗作为他的座右铭：

天下疾病多，数都数不清。有些可以救，有的难治愈。

如果有希望，就应把药寻。要是无法治，不如忘干净。

在写这本书的时候，我拜访过美国许多有名的商人。令我印象深刻的是，他们能接受不可避免的事实，过着无忧无虑的生活。如果他们不能这样做，就会在巨大的压力之下垮掉。下面就是几个例子：

潘尼是遍及全国的潘氏连锁商店的创始人，他告诉我："即使我所有的钱都赔光了，我也不会忧虑，因为忧虑并不能让我得到什么。我会尽可能把工作做好；至于结果，就要看老天爷了。"

亨利·福特也告诉过我类似的话："当我碰到无法处理的事情时，我就让它们自己去解决。"

当我问克莱斯勒公司总经理凯勒先生，他是如何避免忧虑的，他说："如果我碰到了棘手的问题，只要我能想出解决办法的，我就去做。否则，我就把它忘了。我从来不替未来担心，因为没有人能知道未来会发生什么。影响未来的因素太多了，也没有人知道这些影响来自哪里。所以，何必为它们担心呢？"如果你认为凯勒是个哲学家，他一定会不安的，其实他只是一个出色的商人。可是他的这一观念正好与19个世纪以前罗马哲学家爱比克泰德的理论相近。"快乐的源泉，"他说，"就是不要为我们的意志力所不及的事情而忧虑。"

"神女"莎拉·班哈特可以说是最懂得如何适应不可避免的事实的女性。50年来，她一直是四大州剧院独一无二的"皇后"，是全世界最受喜爱的女演员。可是她71岁那一年破产了，所有的钱都没了，而这时她的医生、巴黎的波兹教授还告诉她必须把腿锯掉。她在横渡大西洋时遇到暴风雨，滑倒在甲板上，腿受了重伤，得了静脉炎和腿痉挛。医生认为必须锯掉她的腿。但医生害怕把这消息告诉脾气很坏的莎拉，他以为这个可怕的消息一定会使莎拉大为恼火。可是他错了，莎拉只是看了他一会儿，然后平静地说："如果非这样不可，也只好这样了。"这就是命运。

当她被推进手术室时，她的儿子站在一边哭泣。她却朝他挥了挥手，开心地说："不要走开，我马上回来。"在去手术室的路上，莎拉一直在背她演过的一场戏中的一幕。有人问她是不是在给自己鼓气，她却说："不是，我是想让医生和护士们高兴，这样他们就不会紧张了。"手术恢复之后，莎拉继续环游世界，观众又为她着迷了7年。

"当我们不再反抗那些不可避免的事实时，"爱尔西·麦克密克在《读者文摘》的一篇文章中说，"我们就可以节省精力，创造更丰富的生活。"

任何人都不会有足够的情感和精力去抗拒不可避免的事实，同时又创造新的生活。你只能两者选其一：你可以接受生活中不可避免的灾难，或者抗拒它们而被摧毁。

我在密苏里州我的农场就见过这样的事情。农场种了几十棵树，它们起初长得非常快，后来突然下了一场冻雨，每根小树枝上都覆盖着一层厚厚的冰。这些树枝在重压下并没有顺从弯曲，而是骄傲地反抗着，最终在重压之下折断了，然后归于毁灭。它们不如北方的树木那样聪明。我曾在加拿大看过长达几百里的常青树，从未看见一棵柏树或松树被压垮过。这些常青树知道如何顺从，知道如何垂下枝条，适应不可避免的情况。

日本柔道大师也教他们的学生"像杨柳一样柔顺，不能像橡树那样挺直"。

你知道你的汽车轮胎为什么能在路上跑那么久，承受那么多颠簸吗？最初，轮胎制造商想制造一种轮胎，可以抵抗路上的各种颠簸，但是轮胎不久就成了碎块。之后他们又发明了一种可以吸收路面各种压力的轮胎，这样轮胎就可以"接受一切"。如果我们在坎坷的人生旅途上能够像轮胎那样吸收各种挫折和颠簸的话，我们就能活得更长久、更顺利。

如果我们不顺服，而是反抗生命中的各种挫折，会发生什么情况呢？如果我们不像柳树那样柔顺，而像橡树那样挺直，又会发生什么呢？答案非常简单：我们就会产生一连串矛盾，就会忧虑、紧张、急躁而神经质。

如果我们再进一步，抛弃现实世界的各种不快，退缩到一个我们自己织造的梦幻世界中，我们就会精神错乱。

战时，成千上万心怀恐惧的士兵只有两种选择：要么接受不可避免的事实，要么在压力之下崩溃。让我们以威廉·卡赛流斯为例。下面就是他在纽约成人教育班上所说的一个得奖的故事：

"我加入海岸防卫队之后不久，被派到大西洋一个最热的地方。我负责管炸药。你们想想，我一个卖小饼干的店员，却成了管炸药的！光是想到站在千万吨TNT顶上，就会让我吓得连骨髓都冻住了。我只接受了两天的训练，而我所学到的那些知识更让我害怕。我永远也忘不了我第一次执行任务的情形。那天又黑又冷，还有大雾，我奉命去新泽西州的卡文角露天码头。

"我负责船上的第五号舱，和5个码头工人一起工作。他们身强力壮，但一点都不知道炸药。他们正将那些有上吨重TNT的炸弹往船上装，足够把那条旧船炸成粉碎。我们用两条铁索把这些炸弹吊下船，我不停地对自己说：万一有一条铁索滑溜了，或者是断了，天啊！我害怕极了，浑身颤抖，嘴里发干，膝盖发软，心跳得厉害。可是我不能跑，那样就是逃跑，不但让我丢脸，连我的父母也不光彩，而且我可能会因为逃跑而被枪毙。我不能跑，只有留下来。我一直看着码头工人毫不在乎地搬运炸弹。船随时可能被炸掉。这样担惊受怕一个多小时之后，我开始运用我所学到的知识。我对自己谈了许久：'你听着，就算你被炸死，又怎么样？反正你也不会有什么感觉了。这样倒死得痛快，总比死于癌症好得多。不要做傻瓜，你不可能永远活着！这件工作不能不做，否则就会被枪毙。所以你还不如开心些。'

"我这样对自己说了好长时间，然后觉得轻松了些。最后，我克服了忧虑和恐惧，让自己接受了不可避免的情况。

"我永远也忘不了这件事。现在，每当我因为不可能改变的事实而忧虑时，我就会耸耸肩说：'忘了吧。'我发现这很管用——至少对我。"

好极了，让我们大声欢呼，再为这位卖饼干的店员多欢呼一声吧！

"对不可避免的事，轻松地去承受。"这句话是在基督出生前399年说的。但是今天这个充满忧虑的世界比以往更需要这句话："对不可避免的事，轻松地去承受。"

第四项规则：接受不可改变的事实。

第11章 让忧虑 "到此为止"

你想不想知道如何在股票交易中赚钱？当然，有上百万以上的人都想知道。如果我知道这个问题的答案，那我这本书就要卖个高价了。不过，有一个很好的理念，很多成功炒股者都应用过它。下面这个故事是查尔斯·罗伯兹告诉我的，他是一个投资顾问，在纽约东42大街17号办公。

"我刚从得克萨斯州来纽约的时候带了2万美元，是朋友给我用来投资股票市场的。"查尔斯·罗伯兹告诉我，"我原以为，我对股票市场很在行，可是我赔得分文不剩。不错！我在某些交易上赚了几笔，可是最后全都赔光了。

"我并不在乎把自己的钱都赔光了。可我认为把朋友的钱赔光了却不是件好事，虽然他们都很有钱。在我们的投资出现这种不幸结局之后，我很害怕再见到他们。但我没有想到的是，他们对这件事情不仅看得很开，而且还非常乐观。

"我知道我的交易是漫无目标的，大部分靠运气和别人的股评。就像菲利普说的，我'是靠小道消息炒股'。

"我开始仔细研究我的错误，决定在再度进入股票市场之前，一定要先弄明白股票市场到底是何物。于是，我找到一位最成功的预测专家波顿·卡斯特，和他交上了朋友。我相信我能从他那里学到很多东西，因为他多年来一直非常成功。我知道能做出这番事业的人，不可能全靠机遇和运气。

"他先问了我几个问题，并问我以前是如何操作的，然后又告诉我股票交易中最重要的一条原则。他说：'我在股票市场上购买的每一只股票，都设定了一条止损线。例如，我买了一只50美元的股票，我设定的止损线是45美元。'也就是说，万一这只股票跌价达到5美元时，就立刻卖出去，这样损失就可以限定在5美元。

"这位大师继续说：'如果你当初买得很聪明的话，你可能平均赚10～25美元，甚至50美元。因此，在把你的损失限定在5美元以后，即使你有一半以上的判断出现错误，还能赚很多钱。'

"我很快就采用了这个法则，从此一直使用它。这个办法替我的朋友和我挽回了许多钱。

"过了一段时间，我发现这一'到此为止'原则也可以用于股票之外的地方。我开始在每一件烦恼和不快的事情上都加上一个'到此为止'的限制，结果太妙了。

"例如，我经常和一个很不守时的朋友共进午餐。他以前总是在午餐时间过去大半后才赶来。而现在我会告诉他我的底线原则，对他说：'以后我只等你10分钟，要是你在 10 分钟以后才赶到，那我们的午餐就算告吹——我会先走。'"

啊！我真希望在很多年以前就学会将这种"到此为止"的原则用在我的每一个方面：缺乏耐心、脾气、自我适应的欲望、悔恨以及所有精神与情感的压力上。为什么我以前没有想到用它来克服我的忧虑呢？为什么我不会对自己说"这件事情不值得这么担心，不能再去多管"呢？为什么我没有呢？

不过，我觉得自己至少在一件事上做得还不错。那是一次很严重的情况——是我生命中的一次危机。

当时，我几乎眼看着我的梦想、我未来的计划以及多年来的工作全都付诸东流。事情是这样的：我刚 30 岁的时候，我决定一辈子以写小说为职业，梦想做弗兰克·诺瑞斯或杰克·伦敦或哈代第二。我充满了热情，在欧洲住了两年。第一次世界大战结束后的那段时期，用美元在欧洲生活还是很合算的。我在那儿待了两年，完成了我的"杰作"。我给它取名为《暴风雪》。这书名取得太好了，因为所有出版商对它的态度都像呼啸着刮过平原的暴风雪一样冷酷。当我的经纪人告诉我说这部作品一文不值，我没有写小说的天才时，我的心跳几乎停止了。我茫然失措地离开了他的办公室。当时即使他用棒子敲打我的脑袋，我也不会吃惊——我惊呆了。我发现自己正站在生命的十字路口，必须做一个非常重大的决定。我该怎么办？该往哪一个方向走？几个星期之后，我才从茫然中醒悟过来。当时，我从来没有听过"让你的忧虑'到此为止'"的说法。可是现在回想起来，我当时正好这么做的。我把自己费尽心血写那本小说看做一次宝贵的教训，然后从那里出发。我重新回去从事成人教育，有时间则写一些传记和非小说类的书，例如你现在正看的这本书。

我是不是很高兴做了这样的决定呢？何止高兴！现在只要是想起它，我就会得意地想在大街上跳舞。我可以很坦诚地说，从那以后，我从来没有后悔没有成为哈代第二。

100 年前的一个夜晚，当一只鸟在瓦尔登湖畔的树林里鸣叫的时候，梭罗用鹅毛笔蘸着自制墨水，在他的日记里写道："一件事物的代价，也即我称之为生活的总值，需要当场交换，或在最后付出。"

用另外一种方式来说：如果我们以生活的一部分来付出代价，而且付得太多的话，那我们就是傻子。

这也正是吉尔伯和苏里文的悲哀。他们知道如何创作快乐的词曲，却完全不知道如何寻找生活中的快乐。他们写过许多世人非常喜欢的轻歌剧，如《宽容》、《围裙》和《麦卡多》，可是却不会控制自己的脾气。他们竟然为了一块地毯的价钱而争吵多年：苏里文为他们的剧院买了一块新地毯，当吉尔伯看到账单时，十分生气。他们闹上了公堂，从此到死都没有再交谈过。苏里文为新歌剧写完曲子之后，就把它寄给吉尔伯；而吉尔伯填上歌词之后，再把它寄回给苏里文。一旦他们必须同时上台谢幕，他们就分别站在舞台的两边向不同的方向鞠躬，这样才不至于看见对方。

吉尔伯和苏里文不懂得为他们的不愉快设定"到此为止"的底限，而林肯做到了。

南北战争期间，有一次林肯的几位朋友攻击他的一些敌人，林肯说："你们对私人恩怨的感受比我多，也许我这种感觉太少吧。可是我总觉得这样很不值。一个人没有必要把时间花在争吵上。要是那个人不再攻击我，我也不会再记恨他。"

我真希望我的姑妈伊迪丝也能有林肯的宽恕精神。

伊迪丝姑妈和姑父弗兰克住在一栋被抵押的农庄。那里的土质很坏，灌溉条件又差，收成也不好。他们的日子很艰难，每一个小钱都得省着用。可是伊迪丝姑妈却喜欢买一些窗帘和小饰物来装饰那个穷家，她曾向密苏里州马利维里的一家小杂货店赊过这些东西。姑父弗兰克很担心他们的债务，而且不愿意欠债，所以他私下里告诉杂货店老板，不让他太太赊账。当她听说之后，大发怒火——那时离现在差不多50年了，可是她还在大发脾气。我曾经不止一次听她说这件事情。我最后一次见到她时，她将近80岁了。我对她说："伊迪丝姑妈，弗兰克姑父这样做确实不对；可是你没有觉得，自从那件事发生之后，你差不多埋怨了半个世纪，是不是有点过分呢？"

伊迪丝姑妈对她这些不愉快的记忆所付出的代价实在太大了——她付出的是她自己内心的平静。

富兰克林小时候也犯了一次让他牢记70年的错误。7岁的时候，他看上了一个哨子。他兴奋地跑进玩具店，把所有的零钱放在柜台上，连价钱也不问就把那个哨子买了下来。"然后我回到家，"他70年后写信告诉朋友，"吹着哨子在整个屋子里转，对我的哨子非常得意。"可是当他的哥哥姐姐发现他买哨子多付了钱时，大家都取笑他。正如他所说的："我懊恼得大哭了一场。"

当富兰克林多年之后成为一位世界知名人物，担任驻法大使时，他还记得因为买哨子而多付了钱，使他从中得到的痛苦远远多过哨子带来的快乐。

富兰克林从中学到了一个道理。他说："我长大以后，见到许多人的行为犹如我当初买哨子多付了钱一样。简而言之，我认为人类的苦难大部分产生于他们错估了事物的价值，也就是他们买哨子多付了钱。"

吉尔伯和苏里文为他们的哨子多付了钱，我姑妈伊迪丝也一样，我自己同样如此。不朽的托尔斯泰，也就是《战争与和平》和《安娜·卡列尼娜》这两部世界最伟大小说的作者也是一样。根据《大英百科全书》记载，在托尔斯泰生命的最后20年，"可能是全世界最受尊敬的人"。在他逝世前20年，他的崇拜者不断地去他家里，希望能见他一面，能听听他的声音，或者哪怕只摸摸他的衣角。有人甚至记下他说的每一句话，就好像那是"神谕"。可是在生活中，托尔斯泰在70岁的时候还不如7岁的富兰克林——他根本没脑筋。下面就是我这么评价他的原因：

托尔斯泰娶了一个他非常喜欢的女孩子。事实上，他们在一起的时候非常开心，常常跪下来向上帝祈祷，希望让他们继续过这种神仙伴侣的生活。然而，托尔斯泰娶的这个女孩子天性善妒，她常常把自己打扮成乡下姑娘，打探他的行动，甚至溜进树林里监视他。他们吵得很厉害，她甚至嫉妒自己的亲生女儿，曾经用枪把她女儿的照片打了一个洞。她会在地板上撒泼，拿着一瓶鸦片，威胁要自杀，孩子们吓得缩在屋子的角落里尖叫。

托尔斯泰是怎么做的呢？如果他暴跳如雷，打烂家具，我不想怪他，因为他有理由这样做。可是他所做的比这更甚，他全部记在私人日记里！将一切都推到了他太太身上——这就是他的"哨子"！他想让他的下一代原谅他，并把所有的错误都推到他太太身上。而他太太又用什么办法来对付他呢？她当然是撕毁并烧掉了他的日记。她自己也写了一本日记，把错误都推在他身上。她甚至写了一本小说，书名为《谁之错》。她把丈夫描写成一个家庭破坏者，而她自己则成了烈士。

这一切的结果呢？为什么他们两个人会把自己家变成托尔斯泰所谓的"疯人院"呢？显然，这里有几个理由，其中之一就是他们都非常希望引起别人的注意。

不错，他们最担心的就是别人的意见。我们会不会在乎应该怪谁呢？当然不会，我们只会注意我们自己的问题，而不会浪费时间去想托尔斯泰的事。这两个无知的人为他们的"哨子"付出的代价多大啊！他们50年来住在一个可怕的地狱里，只因为他们都不愿说"不要再吵了"！因为他们都没有足够的价值判断力说："让我们在这件事情上打住吧！我们这是在浪费生命！让我们现在就说'够了'吧！"

我相信"正确的价值观"是获得心理平静的最大秘诀。我也相信，只要我们定出一种个人的标准，我们的忧虑有一半可以立刻消除——就是和我们的生活相比，什么事情才值得。

当我们想掏钱购买的东西不一定合算时，请先停下来问自己下面3个问题：

第一，我现在担心的问题，和我到底有什么关系？

第二，这件令我忧虑的事情，我应该如何确定"到此为止"的最低限度，然后忘掉它？

第三，我应该为这支"哨子"付多少钱？我付的钱是不是超过了它的价值？

第五项规则：让忧虑"到此为止"。

第 12 章　不要做无用功

就在我写这句话的时候，我可以看见窗外院子里一些留在大石板和石头上的恐龙足迹。这些恐龙足迹是我从耶鲁大学皮尔波蒂博物馆买来的。我还收到一封皮尔波蒂博物馆馆长给我的信，说这些足迹早在 1.8 亿年前就有了。即使是一个白痴也不会想返回 1.8 亿年前去改变这些足迹。而一个人的忧虑却会像这种想法一样愚蠢，因为就算是 180 秒钟以前发生的事情，我们也不可能再回去纠正它——可是我们很多人正在做这种事。说得更确切一点，我们可以想办法改变 180 秒钟以前的事情所产生的影响，但我们对当时发生的事情却无能为力。

使过去的错误产生价值的唯一方法，就是平静地分析我们过去的错误，并从中吸取教训，然后忘记错误。

我知道这句话很有道理，但我是不是一直有勇气、有思想去这样实践呢？为了回答这个问题，让我告诉你我在几年前的一次奇妙经历吧。当时我白白失去了三十多万美元，没有得到一分钱的利润。事情是这样的：

我开办了一个规模很大的成人教育班，在很多城市设了分部，并花了许多钱做宣传广告。当时我忙于教课，所以既没有时间，也没有心情去管理财务问题。我过于简单，不知道应该找一个很好的业务经理来支配各项支出。

过了将近一年，我发现了一个很清楚而且很惊人的事实：虽然我们的收入很可观，却没有赚到任何利润。发现这点之后，我本应该做两件事情：

第一，我应该向黑人科学家乔治·华盛顿·卡佛尔学习。当时他破产了，失去了毕生的 4 万美元积蓄。别人问他是否知道自己破产了，他回答说："是的，我听说了。"然后继续教书。他把这笔损失从脑子里彻底抹掉，以后再也没有提过。

我应该做的第二件事是，分析自己的错误，从中吸取教训。

可是坦白地说，这两件事我一件也没有做。相反，我却开始发起愁来。一连好几个月，我都精神恍惚，睡得不好，体重减轻。我不仅没有从这次大错误中吸取教训，反而又犯了一个类似的小错误。

对我来说，要承认这种愚蠢的行为实在难堪。可是我很早就发现一个道理："教 20 个人怎么做，比自己一个人去做要容易得多。"

我真希望我也能够到纽约乔治·华盛顿高级中学去向保罗·布兰德温学习——他曾教过住在纽约市布朗士区的亚伦·桑德斯。桑德斯先生告诉我，教他生理卫生的老师保罗·布兰德温先生给他上了人生中最有价值的一课。

"当时我只有十几岁，"亚伦·桑德斯告诉我，"可是我那时候经常忧虑。我常常为自己犯的各种错误而自责。交完考试卷以后，我常常会在半夜里睡不着，咬着指甲，担心不及格。我总是在想我所做过的事情，希望当初没有那样做；想我所说过的话，希望当时能说得更完美些。

"有一天早上，我们全班走进实验室上实验课。布兰德温先生将一瓶牛奶放在桌子边上。我们都坐下来，望着那瓶牛奶，心想这和他所教的生理卫生课有什么关系。这时，布兰德温先生突然站起来，将牛奶瓶打碎，牛奶泼在水槽里——他大声叫道：'不要为打翻的牛奶哭泣。'

"随后他叫我们所有人来到水槽边，看那瓶打碎的牛奶。他对我们说：'好好看着，因为我要你们一辈子都记住这一课。牛奶已经没有了！都泼光了！无论你多么着急，多么抱怨，都无法挽回了。只要用一点大脑，加以预防，牛奶就可以保住。可是现在太迟了——我们能做的就是把它忘掉，关注下一件事。'

"那次小小的表演，"亚伦·桑德斯说，"即使是在我忘了几何和拉丁文之后很久，我都会记得。事实上，这件事教给我的实际生活经验，比我在高中4年学的任何知识都管用。它教会我一个道理：如果可能，就不要打翻牛奶；万一打翻了牛奶，就要彻底忘掉它。"

有些读者大概会觉得，费这么大精力讲"不要为打翻的牛奶哭泣"，未免小题大做。我知道这句话很普通，而且老生常谈，耳朵都听出了老茧。可是这样的老生常谈却包含了所有时代的经验智慧，它们来自人类智慧的结晶，是通过世世代代传承下来的。假设你能读完各个时代伟大学者所写的有关忧虑的书，也不会看到比"船到桥头自然直"和"不要为打翻的牛奶哭泣"更基本、更有用的老生常谈。只要我们能应用这两句老话，不轻视它，我们根本用不着读这本书。然而，如果不能实践，我们就不能过上美好的生活，知识就不能成为力量。本书的目的并不是想告诉你什么新的知识，而是要提醒那些你已经知道的事，并且鼓励你把它们付诸实践。

我一直很佩服已故的弗雷德·富勒·谢德。他有一种天生的本领，能把古老的真理用新颖而吸引人的方法表达出来。他是《费城公报》的编辑。

有一次，谢德先生为某大学毕业班演讲，他问道："有多少人锯过木头？请举手。"结果大部分学生都锯过。然后他又问："有多少人锯过木屑？"没有一个人举手。

"当然，你们不可能锯木屑！"谢德先生说，"因为它已经被锯下来了。过去的事情也是一样。当你开始忧虑那些已经做完和过去的事情时，你只不过是在锯木屑。"

棒球老将康尼·马克81岁高龄时，我问他是否曾为输了的比赛而忧虑。

"当然。我以前总是这样，"康尼·马克对我说，"可是多年以前我就不再干这种傻事了。我发现这样做对我没有任何好处，因为磨完的细粉不能再磨，水已经把它们冲走了。"

不错，磨完的细粉不能再磨，木屑也不能再锯了。可是，忧虑会让你脸上长皱纹，让你得胃溃疡。

去年感恩节，我和杰克·邓普赛共进晚餐。当我们吃火鸡和酸果酱的时候，他给我讲了他把重量级拳王头衔输给金的那一场比赛。当然，这对他的自尊是一个打击。

他告诉我："在比赛的中间，我突然发现我成了一个老头子……当第十回合结束时，我总算没有倒下去，但仅此而已。我的脸已经被打肿、打破了，双眼几乎无法睁开……我只看见裁判员举起金·通利的手，宣布他获胜……我不再是世界拳王了。我在雨中往回走，穿过人群回到我的更衣室。就在我往回走的时候，有些人想来握我的手，另一些人眼含泪水。

"一年之后，我和通利又赛了一场，可是我一点儿机会也没有，我就这样完了。完全不为这件事情发愁实在太难了，可是我对自己说：'我不想生活在过去里，我不会为打翻的牛奶哭泣。我要承受这次打击，不让它把我打倒。'"

这正是杰克·邓普赛所做的。他是怎么做的呢？一再对自己说"我不再为过去忧虑"吗？不！这样做只会迫使他想起过去的那些忧虑。他的方法是勇于承受一切，忘记失败，然后集中精力筹划未来。他开始经营百老汇的邓普赛餐厅和第57大街的大北方旅店；安排和宣传拳击比赛，举办各种拳赛展览会。他让自己忙着做一些有意义的事情，既没有时间也没有精力为过去担忧。"我过去10年的生活，比我当拳王的时候好多了。"杰克·邓普赛说。

邓普赛先生告诉我，他读的书并不多，可是他却在不自觉地照着莎士比亚的忠告行事："聪明人永远不会坐在那里为他们的错误而悲伤；相反，他们会很高兴地找办法来弥补创伤。"

当我读历史和传记并观察人们如何渡过难关时，对那些能忘记忧虑和不幸并继续快乐生活的人，我总是既吃惊又羡慕。

我曾参观过星星监狱，最让我吃惊的是那里的囚犯们看起来和外面的人一样快乐。我把我的看法告诉了当时星星监狱的监狱长刘易士·路易斯。他告诉我，这些囚犯刚到星星监狱时，都心怀怨恨，可是几个月之后，他们当中比较聪明的人都能忘掉不幸，平静地接受监狱生活，并尽量过好。路易斯监狱长告诉我，有一个在菜园工作的犯人能做到一边种菜，一边唱歌。

那个种菜唱歌的犯人比我们大部分人都聪明，因为他知道：

在白纸上写完了一横一竖，

即使你再有能耐也不能抹去半行，

即使洒尽你的眼泪也擦不掉一个字。

所以，为什么要浪费你的眼泪？当然，犯错和疏忽是我们的不对！但这又怎么样呢？谁没有犯过错？就连拿破仑也输掉了1/3的重要战役。也许我们的平均纪录不会比拿破仑差，谁知道呢？何况即使调动国王所有的人马，也不能挽回过去的失误。

第六项规则：不要试着去锯木屑。

第三篇

如何培养平安快乐的心境

第13章　永远保持积极向上的心态

几年前，我在一个电台的广播节目中被主持人问道："你所学到的最重要的一课是什么？"

这个问题很简单：我所学到的最重要的一课，就是"思想的重要性"。只要知道你在想什么，我就可以知道你是什么人，因为我们的思想造就了我们。我们的命运也取决于我们的心理状态。爱默生曾说："一个人就是他成天所想象的那种样子。"……他怎么可能成为另一种样子呢？

我现在可以肯定地说，你和我必须面对的最大问题就是如何选择正确的思想——事实上这几乎是我们必须应对的唯一问题。如果我们能够做到这一点，就可以解决一切问题。马可·奥勒留——这位曾经统治罗马帝国的伟大哲学家，把这些总结成了一句话——决定你的命运的话："生活是由思想形成的。"

不错，如果我们想的都是快乐的东西，我们就会快乐；如果我们想的都是悲伤之事，我们就会悲伤；如果我们想的是恐怖的事情，我们就会恐惧；如果我们想的是不好的念头，我们恐怕就不得安宁了；如果我们想的是失败，我们就会失败；如果我们沉浸在自我哀怜之中，别人都会有意躲开我们。"你并不是，"诺曼·文森特·皮尔说，"你并不是你想象中的那种样子；但你心里想什么，就会成为什么人。"

我是不是要求以一种习惯性的乐观态度去应对一切困难呢？当然不是。不幸的是，生活不会像这样简单化。但我却希望大家采取积极的态度，而不是消极的态度。换一句话说，我们必须关注我们的问题，但是不能为此而忧虑。关注和忧虑之间区别何在？例如，每当我通过交通拥挤的纽约市街区时，我会对此很注意，可是并不会忧虑。关注指的是了解问题，然后镇定自若地采取办法解决它；而忧虑却是盲目无助地转圈子。

一个人可以关注自己的严重问题，但同时可以将花插在扣眼上昂首阔步。我就曾看过罗维尔·托马斯这样。

有一次，我协助罗维尔·托马斯主演一部著名电影，这是有关阿伦比和劳伦斯在第一次世界大战中出征的电影。他和几个助手在战争前线拍摄了几个战争的镜头，精彩地记录了劳伦斯和他统率的英勇善战的阿拉伯军队，同时还记录了阿伦比征服圣地的经过。他那著名演讲《巴勒斯坦的阿伦比和阿拉伯的劳伦斯》轰动了整个伦敦和全世界。伦敦的歌剧节也因此后推了6星期，以便让他在卡尔文花园皇家歌剧院继续讲述这些冒险故事，并放映电影。在伦敦获得巨大成功之后，他又成功地去了好几个国家。之后，他花了两年的时间，准备拍一部关于在印度和阿富汗生活的纪录片。然而，在一连串令人难以置信的打击之后，不可能的事情发生了：他发现自己已经破产了。当时我恰好和他在一起。我还记得我们不得不在廉价小饭店吃很便宜的东西。要不是一位苏格兰著名画家——詹姆斯·麦克贝借给我们钱的话，我们连饭都没有吃了。这正是这个故事的焦点：当罗维尔·托马斯面临庞大的债务并极度失望的时候，他虽然很关切此事，可是他并不忧虑。他知道，一旦他被霉运击垮，他就一钱不值了，包括他的债权人也会这么看。所以，他每天早上出门之前，都要买一朵鲜花插在扣眼上，然后昂首走上牛津街头。

罗维尔·托马斯想的是积极而勇敢的事情，绝不让挫折击垮他。对他来说，挫折只不过是整个事情的一部分——是你要攀上高峰必须接受的有益锻炼。

我们的精神状态对我们的身体会产生令人难以置信的影响。英国著名的精神学家哈德菲曾在他的作品《力量心理学》中解释了这种情况。他写道：

"我请来3个人，以测试心理暗示对生理的影响。我们采用了握力计来测量。我要求他们在3种不同的情况下，竭尽全力抓紧握力计。在正常的清醒状态下，他们的平均握力46公斤。

"第二次实验时，我将他们催眠，并告诉他们说他们非常虚弱。结果，他们只能抓13公斤——不到他们正常力量的1/3。（这3个人中有一个是拳击获奖者；当他在催眠状态下得知自己很虚弱时，他说他的手臂'就像婴儿的一样小'。）

"然后，我再让这些人做第三次实验：在催眠之后，告诉他们，说他非常强壮。结果他们的握力平均达到了64公斤。当他们积极地认为自己很强壮时，他们的力量几乎增加了500%。"

这就是令人难以置信的心理状态。

为了说明心理思想的魔力，我要告诉你美国历史上一个最离奇的故事。我可以就此写一本书，不过让我们长话短说。故事的主人公是众所周知的基督教科学的创始人玛丽·贝克·艾迪。然而，她当初认为人生只有疾病、愁苦和不幸。

艾迪夫人的第一任丈夫婚后不久就死了。第二个丈夫又抛弃了她，和一个已婚女人私奔，后来死在一家贫民收容所。她只有一个儿子，却由于贫穷、疾病和嫉妒，而不得不在他4岁那年把他送人。她不知道儿子在哪里，在以后的31年当中再也没有见到他。

因为她自己的身体不好，使她对所谓的"心理治疗法"产生了兴趣。她生命中最富戏剧性的转折点发生在马萨诸塞的理安市。那是一个寒冬的日子里，她一个人在城里走着，突然摔倒在结冰的路面上，昏死过去。她的脊椎受损，不停地抽搐，甚至连医生都认为她会死去。医生说，即使她能奇迹般地活了下来，也不可能再行走了。

玛丽·贝克·艾迪躺在一张似乎是送终的床上，打开了《圣经》，被神灵引到了圣马休说的一段话："有人抬着一个瘫痪的人来到耶稣跟前，耶稣就对瘫痪的人说：'孩子，放心吧，你的罪被宽赦了……起来吧，拿上你的东西回家去吧。'那人就站起来，回家去了。"

她说，正是耶稣这几句话，使她产生了一种力量，一种信仰——医治创伤的力量，使她"立刻下床行走"。

艾迪夫人说："这几句话就像激发牛顿灵感的那个苹果一样，使我发现了自我治疗的方法，并且如何使别人做到这一点。我可以肯定，一切的根源都存在于思想中，这一切都是心理现象。"

就这样，玛丽开创了一种新宗教——基督教科学——唯一由女性创造的伟大信仰，现在已流行于全世界。

至此你也许对自己说："这个家伙大概是在替基督教科学做宣传吧。"不，你错了，我可不是它的信徒。但是我活得越长，就越相信思想的巨大力量。从事成人教育35年，我知道，人们只要改变他们的想法，就能够消除忧虑、恐惧和各种疾病，就能改变他们的生活。我知道！我知道！我知道！这种不可思议的变化，我亲眼目睹过好几百次，因为我见过如此之多，以至于见怪不怪了。

例如，这种转变就曾发生在我的一个学生身上。他是明尼苏达州圣保罗市西伊达荷街1469号的弗兰克·威利。他曾经历了精神崩溃，原因是什么呢？是忧虑。他说：

"我对什么事情都忧虑。我之所以忧虑，是因为我太瘦了。我发现我正在掉头发，担心我永远都赚不到足够的钱娶老婆，担心我永远做不了一个好父亲，担心会失去我想娶的那个女孩子，担心我现在的生活不够好，担心我给别人的印象不好。我还担心我得了胃溃疡，于是无法再工作，只好辞职。我内心越来越紧张，就像一个没有安全阀的锅炉，终于达到了令人难以忍受的地步，必须有一个退路——结果真的出事了。如果你经历过精神崩溃，祈祷上帝！永远也不要有这种体验吧！因为任何一种肉体上的痛苦都比不上这种精神上的极度痛苦。

"我精神崩溃到不能和我的家人沟通。我无法控制自己的思想，充满了恐惧。只要稍有一点点声响，我就会跳起来。我躲开每一个人，常常无缘无故地哭。

"每天都是一种煎熬。我觉得被所有的人抛弃了——甚至上帝也抛弃了我。我真想跳进河里，一死了之。

"但是我后来决定去佛罗里达旅行，希望换个环境对我有所帮助。我踏上火车之后，父亲交给我一封信，并告诉我到佛罗里达后再拆。我到佛罗里达的时候，正值旅游旺季，因为在旅馆订不到房间，就租了一家汽车旅馆的房子住了下来。我想在迈阿密一艘不定期的货船上找一份差事，但没有找到，于是就在海滩上消磨时间。我在佛罗里达比在家更难受。这时，我拆开那封信，看看父亲写了些什么。他写道：'儿子，你现在离家1500公里，但你并没有觉得有何不同，对不对？我知道你不会觉得有何不同，因为你还带着你所有麻烦的根源——也就是你自己。其实，你的身体和你的精神都没有问题。并不是你所遇到的环境给了你挫折，而是由你的各种想象造成的。"一个人心里想什么，他就会成为什么样子。"当你理解这点之

后，儿子，回家来吧，因为那时你就能恢复了。'

"父亲的信让我生气——我要的是同情，而不是训斥。我非常生气，当时就决定再也不回家。那天晚上，我路过迈阿密一条小街，经过一个教堂，里面正在举行礼拜。因为没有什么地方好去的，我就晃进了教堂，听了一场布道，题目是'能征服精神的人，比攻城占地更强'。我坐在神殿里，听到了我父亲信中所说的同样的想法——这一切将我脑子里积聚的不快一扫而光。于是，我能清楚而理智地思考了，并发现自己确实是一个大傻瓜。看清楚了自己，这一点实在使我非常震惊，本来我还想改变这个世界以及全世界所有的人呢——但事实上唯一需要改变的，是我大脑中那架思想相机镜头的焦点。

"第二天一大早，我收拾好行李回了家。一个星期以后，我又回去工作了。4个月以后，我娶了我一直害怕失去的那个女孩子。现在，我们有了一个快乐的家庭，还有5个子女。无论是在物质还是精神方面，上帝都对我很好。在我精神崩溃的时候，我只是一个小部门的晚班工头，下面有18个工人；现在我成了一家纸箱厂的厂长，管理着450名员工。和以前相比，生活更充实、更美好了。我认为，我现在已经了解了生命的真正价值。每当消极思想进入我的大脑（就像每个人遇到的那样）的时候，我就会告诉自己，只要把相机的焦距调好，一切都好办了。

"坦诚地说，我很高兴我曾经历过那次精神崩溃，因为它使我发现思想对身心两方面所具有的控制力。现在我能使我的思想为我所用，而不会对我造成损伤。我现在才知道我父亲是对的——使我痛苦的不是外在因素，而是我对各种事情的看法。一旦了解这点之后，我完全好了，而且不再生病了。"

这就是弗兰克·威利的体验。

我深信，我们内心的平静和我们从生活中所得到的快乐，并不取决于我们在哪里或我们有什么，或我们是谁，而只取决于我们的心境。外在条件并没有多大的影响。

300年前，弥尔顿失明之后，也发现了同样的道理："思想的运用和思想的本身，既能把地狱变成天堂，也能把天堂变成地狱。"

拿破仑和海伦·凯勒就是弥尔顿这句话的最好例证。拿破仑拥有普通人梦寐以求的一切荣耀、权力以及财富，可是他却在圣赫勒拿岛说："我这一辈子从来没有快乐过。"而海伦·凯勒既瞎，又聋，又哑，却宣称："我发现生活太美妙了。"

如果说半个世纪的生活教会了我什么的话，那就是"除了你自己，没有任何东西可以给你带来平静"。

我想再重复一次爱默生在他的散文《自信》中所写的那句结束语：

"不要认为一次政治上的获胜、收入的提高、病体的康复，或分别许久的好友归来，或其他纯粹外在的事物，能提高你的兴致，使你觉得前程美好。不要相信，事情绝不会如此简单。除了你自己，没有任何东西能给你带来平静。"

伟大的斯多葛派哲学家爱比克泰德曾警告说：我们应该竭力消除思想中的错误

想法，这比割除"身体上的肿瘤和脓疮"更重要。

爱匹克泰德在 19 个世纪之前说的这句话，现代医学也证明了这一理论。坎贝·鲁滨逊博士说，约翰·霍普金斯医院的病人有 4/5 都是由于情绪紧张和压力过大致病的，甚至一些生理器官疾病也是如此。他宣布说："归根结底，这些都起源于无法协调生活和各种问题。"

伟大的法国哲学家蒙田就以下面的话作为他的座右铭："一个人因意外事故所受到的伤害不及他对事故所持的态度深刻。"而我们对事物的态度，完全取决于我们自己。

这是什么意思？我是不是应该大胆地告诉你，当你饱受各种烦恼困扰、精神紧张不安的时候，你完全可以凭借意志力来改变你的心境？不错，我正是这个意思。但还不是全部，我还要告诉你如何做到这一点。这可能要花一点精力，可是秘诀却非常简单。

实用心理学权威威廉·詹姆斯曾发表过这样的理论："行动似乎产生于感觉之后，可事实上行动和感觉是同时发生的。如果我们能够将由意志控制的行动规律化，那么我们也能够间接地使不由意志控制的感觉规律化。"

詹姆斯教授的意思也就是说：我们不能只凭"下定决心"就改变我们的情感，但我们可以改变我们的行为。当我们改变行为的时候，自然就会改变我们的感觉。例如，如果你不快乐，那么找到快乐的唯一的方法，就是振作起来，使你的行动和言词好像已经获得快乐一样。

这种简单办法是不是有效呢？它就像整形手术一样有效！你不妨试一试：在你脸上露出开心的笑容，挺起胸膛，深呼吸，唱一首小曲；如果你不会唱，那就吹吹口哨；如果你不会吹口哨，那就哼一哼。很快你就会发现威廉·詹姆斯说的意思了——当你用行动显示出你的快乐时，根本就不会再忧虑和颓丧了。

这是大自然的基本真理之一，它能在我们生活中创造奇迹。我认识一个住在加利福尼亚州的女人（我不想提她的名字），如果她知道这条秘诀的话，能在一天之内抛弃所有的哀愁。

这个女人已经老了，又是一个寡妇——我承认这很不幸，可是她有没有试过变得快乐些呢？没有。如果你问她觉得怎样，她会说："哦，我还不错。"但她脸上的表情和哀诉的声音好像在说："哦，老天爷啊，要是你遇到我的烦恼，就能明白了。"似乎你很快乐地站在她面前都会使她讨厌。有很多女人比她的情况更糟。她丈夫给她留下了足以维生的保险金，她的子女也都已经成家，而且能够奉养她，但是我很少见她笑。她总是埋怨她的 3 个女婿对她不好——尽管她每次去他们家一住就是好几个月。她还抱怨她女儿从来不送她礼物——但她却不舍得掏出自己的钱，她说是"留着养老"。对她自己和她不幸的家人来说，她的确是个令人讨厌的家伙！

但事情必须这样吗？这才是令人遗憾之处——她本来可以使自己从一个忧愁、挑剔而且很不开心的老妇人，变成家里受人敬重和喜爱的成员——只要她愿意。如果她想实现这种转变，只需高高兴兴地活着，觉得她还有一点点爱可以给别人，而不是老谈自己的不快和不幸，一切都好办了。

我认识一个住在印第安纳州的人，印第安纳州泰尔市北街 1335 号的英格莱特。他现在之所以还活着，正因为他发现了这个秘密。

10 年前，英格莱特先生患了猩红热病；当他康复以后，又得了肾脏病。他看过许多医生，甚至"江湖医生"。他告诉我，谁也没治好他的病。

不久前，他又得了另一种并发症，血压变得很高。他去看了医生，医生说他的血压已经达到 214 的最高值。医生说他已经没救了，情况太严重，最好马上准备后事。

"我回到家，"他说，"查清楚我已经付清了所有的保险费之后，向上帝忏悔我以前的各种错误，坐下来默默沉思。我害得所有人都不开心，我的妻子和家人都非常难受，我自己更是深陷悲观的境地。然而，一个星期的自我怜悯之后，我对自己说：'你这样子像个大傻瓜。你在一年之内可能还不会死，何不趁你还活着的时候快快乐乐的呢？'

"于是，我挺起胸膛，脸上露出微笑，尽力表现出似乎一切正常的样子。我承认刚开始这相当难办，但是我强迫自己开心，这不仅对我的家人有所帮助，对我自己也大有裨益。

"接着，我发现自己开始感觉好多了——几乎好得和我假装的一样好。今天——原以为已经躺在坟墓几个月了——我不仅很快乐，还很健康地活着，而且血压也下降了。有一件事我可以肯定：如果我一直想到自己会死，那么医生的预言就会实现了。可是我给了自己一个自我治愈的机会，别的都没有用，除了改变心情。"

让我问你一个问题：如果只要想着快乐、健康而充满勇气的积极思想就可以拯救人的性命，你和我为什么还要容忍那些小小的不快和颓丧呢？如果让自己快乐就能够产生快乐，那么我们又为什么要让自己和身边的人不高兴而遭受痛苦呢？

许多年前，我看过一本小书，它对我的生活产生了长远而深刻的影响，这本书叫《人的思想》，作者是詹姆斯·艾伦，下面是这本书中的话：

"当一个人改变对事物和其他人的看法时，他会发现，事物和其他人也会发生改变……要是一个人把他的思想朝向光明的一面，他就会惊讶地发现他的生活由此受到的巨大影响。人们不能吸引他们想要的，却可以吸引他们所有的……改变气质的神性就存在于我们内心当中，就是我们自己……一个人所能得到的，正是他自己思想的直接结果……一个人只有具备了奋发向上的思想，才能振奋，征服一切并有所成就。如果他不能振作他的思想，就只能陷于衰弱和愁苦之中。"

《创世纪》中说，是上帝让人统治整个世界。这是一份贵重的礼物，可是我对这种特权没有什么兴趣。我所希望得到的只是控制我自己——控制我的思想，控制我的恐惧，控制我的内心和精神。最神奇的是，我知道我在这方面可以达到相当高的程度。不论何时，只要我控制自己的行为，就能控制我的反应。

所以，让我们记住威廉·詹姆斯的话："通常只要把内心感觉由恐惧变成奋斗，就可以把我们所谓的大部分邪恶转变成有益的东西。"

让我们为自己的快乐而奋斗吧！

让我们设计一个能给每天带来快乐并且富有建设性思想的计划，使我们得到快乐吧！下面就是这个计划，名字叫《只为今天》。我认为这种计划非常有用，所以复印了几千份送人。这是由36年前已故的希贝尔·帕特瑞吉写的。如果我们能够照它去做，就能消除大部分忧虑，大大增加"生活上的快乐"。

只为今天

1. 只为今天，我要很快乐。如果林肯所说的"大部分人只要下定决心，都能很快乐"这句话是对的，那么快乐是来自人的内心，而不是来自外界。

2. 只为今天，我要使自己适应一切，而不是让一切来适应我的欲望。我要以这种态度来接受我的家庭、我的事业和我的运气。

3. 只为今天，我要爱惜我的身体。我要多运动，照顾好自己，珍惜自己，不损伤身体，不忽视身体，使它成为我心灵的殿堂。

4. 只为今天，我要加强我的思想。我要学一些有用的知识，不做胡思乱想的人。我要看一些需要精力思考、专注的书。

5. 只为今天，我要从三方面来锻炼我的灵魂：我要为别人做一件好事，但不要让人家知道；我还要做两件我并不想做的事，就像威廉·詹姆斯建议的，只是为了锻炼自己。

6. 只为今天，我要做个受人欢迎的人。我要尽量修饰外表，尽量穿着得体，说话要低声，行动要优雅，不在乎别人的毁誉。对任何事都不挑毛病，也不干涉或教训别人。

7. 只为今天，我要努力思考如何过好今天，而不是一次解决我一生的问题。虽然我可以持续12小时地工作，但我若一辈子这样做下去的话，就会毁了我。

8. 只为今天，我要制订一个计划。我要写下每小时该做些什么，也许我不会完全照着它去做，但还是要订下这个计划。这样至少可以消除两大缺点——匆忙和犹豫不决。

9. 只为今天，我要为自己留下半小时的安静，轻松下来。在这半小时里，我要感激神，使我的生命更充满希望。

10. 只为今天，我要毫不惧怕，尤其不能害怕快乐，要去欣赏一切美，去爱一切，相信我所爱的那些人也会爱我。

如果我们想培养平安和快乐的心境，第一项规则：用快乐改变你的生活。

第14章　不要想着报复别人

多年前的一个晚上，我旅行途经黄石公园，与其他游客一起坐在露天座位上，面对茂密的树林，期望看到森林杀手灰熊的出现。它会到森林旅馆扔弃的垃圾堆中寻找食物。一位森林管理员骑着马告诉了我们这群兴奋的游客有关熊的事情。他告诉我们：除了水牛和另一种黑熊之外，灰熊几乎可以击倒西方所有的动物。但在那天晚上，我却注意到有一只小动物——只有一只——灰熊不但让它从森林里跑了出来，还与它在灯光下共进晚餐。那是一只臭鼬！灰熊很清楚，只需扬起它的巨掌就可以一掌打死臭鼬。但它为什么不那样做呢？因为它从经验里学到那样做得不偿失。

我也知道这个道理。当我还是个乡村孩子的时候，曾在密苏里州的篱笆边抓过这种四只脚的臭鼬；当我长大成人后，在纽约的街头也碰过几个两只脚的"臭鼬"。我从这些不幸的经历中发现：无论招惹哪一种"臭鼬"，都不值得。

当我们痛恨我们的敌人时，就等于给了他们取胜的力量。这种力量会影响我们的睡眠、我们的食欲、我们的血压、我们的健康和我们的快乐。如果我们的敌人知道他们是如何让我们忧虑、让我们烦恼、让我们一心只想报复的话，他们一定会高兴得手舞足蹈。我们的恨意完全伤害不到他们，可是却可以使我们的生活变成了地狱。

你猜这是谁说的？"要是自私的人想占你的便宜，不必理睬他，更不必报复他。当你想跟他扯平的时候，你对自己的伤害远比对那家伙多……"这段话好像是什么理想主义者说的。其实不然。这段话来自一份警察局通告。

报复为什么会伤害你呢？它的伤害可多了。据《生活》杂志说，报复甚至会损害你的健康。"高血压患者的主要特征是容易愤怒。"杂志说，"愤怒不止的话，长期性高血压和心脏病就会随之而来。"

现在你该明白耶稣所说的"爱你的仇人"，不只是一种道德教导，而且是在宣扬一种最新医学。当他说"要原谅70个7次"的时候，正是他在教导我们如何避免高血压、心脏病、胃溃疡和其他疾病。

我的一个朋友最近心脏病发作，医生要求他躺在床上，不论发生任何事情都不能生气。医生知道患有心脏衰竭症的人，一旦发怒生气，就可能送命。

几年前，华盛顿州斯波坎城一家餐馆的老板的确因为生气致死。我面前现在就有一封寄自华盛顿州斯波坎城警察局局长杰瑞·施瓦脱的信。信中说："几年以前，68岁的威廉·弗尔坎伯在斯波坎城开了一家咖啡馆。因为他的厨师坚持用茶碟喝咖啡，而将他活活气死。当时，那个咖啡馆老板非常恼火，抓起一把左轮手枪去追那个厨师，结果因为心脏病发作倒地死去——他手里还抓着那支手枪。验尸员报告说：他因为愤怒而导致心脏病发作。"

当耶稣说"爱你的仇人"时，他也是在告诉我们如何改进我们的外表。你也和我一样认识一些女性，她们的脸颊因为怨恨而布满了皱纹或变得难看。不管她们如何做美容也不管用，远不及心里充满宽容、温柔和爱的人的容颜。

怨恨会毁坏我们享受食物的美味。《圣经》说："怀着爱心吃蔬菜，也比怀着怨恨吃牛肉要好。"

假如我们的仇人知道我们对他们的怨恨，使我们精疲力竭、使我们紧张不安、使我们的外表受到损伤、使我们患上心脏病，甚至可缩短我们寿命时，他们难道不会拍手欢呼吗？

即使我们不能爱我们的仇人，至少我们也要爱我们自己。要爱自己，不能让仇人控制我们的快乐、我们的健康和我们的外表。正如莎士比亚所说的："不要因你的敌人而燃起一把怒火，结果却烧伤自己。"

当耶稣说我们应该原谅我们的仇人"70个7次"时，他也是在教我们做生意。例如，当我写这一段文字的时候，在我面前有一封乔治·罗纳的信，他住在瑞典的艾普苏那。

乔治·罗纳在维也纳当了很多年的律师，但是他在第二次世界大战期间逃到了瑞典，身无分文，急需找一份工作。因为他会说、会写好几种语言，所以希望在进出口公司找到一份秘书的工作。但绝大多数公司都回复说因为现在正在打仗，他们不需要这类人，但他们会将他的名字存在档案中……不过，有一个人给乔治·罗纳写信说："你完全不了解我的生意。你既蠢，又笨，我根本不需要商务秘书。即使我需要，也不会找你，因为你甚至写不好瑞典文，你的信里全是错字。"

当乔治·罗纳看到那封信时，他简直气疯了。那个瑞典人自己的信就错误百出，可是他竟然说罗纳不会瑞典文，是什么意思？于是乔治·罗纳也写了一封信，想使那个人大发一顿脾气。但他接下来对自己说："慢。我怎么知道这个人说的不是对的？我学过瑞典语，可这并不是我的母语，也许我确实犯了我并不知道的错误。如果真是那样，那么我要想找到工作，就必须更努力学习。这个人可能帮了我一个大忙，虽然他的本意并非如此。他用这么难听的话来表达他的意思，并不表示我不欠他的。所以我应该给他写封信，对他表示感谢。"

于是，乔治·罗纳撕毁了他刚写好的那封骂人的信，又另外写了一封信。说："你不嫌麻烦地给我写信，实在是太好了，尤其是你并不需要商务秘书。我很抱歉弄错了贵公司的业务。我之所以给你写信，是因为我向别人打听到的你，说你是这一行的领袖人物。我并不知道我的信中犯了语法错误，我觉得很惭愧。现在我打算更努力地学习瑞典语，改正我的错误。谢谢你帮助我走上改进之路。"

没过几天，乔治·罗纳就收到了那个人的回信，请罗纳去他那里。罗纳去了，而且得到了一份工作。乔治·罗纳由此发现"温和的回答能消除怒气"。

也许我们不能神圣地爱我们的仇人，但为了我们自己的健康和快乐，至少要原谅他们，忘记他们。那才是聪明之举。有一次，我问艾森豪威尔将军的儿子约翰，他父亲是否怨恨别人。他回答说："不，我父亲从来不浪费时间去想他不喜欢的人。"

有句老话说："不会生气的人是笨蛋，而不生气的人才是智者。"

这也正是纽约州前州长威廉·盖诺的策略。当他被一份街头小报攻击得遍体鳞伤，又被一个疯子打了一枪而几乎送命时，他躺在医院，生命垂危，却仍然说："每天晚上我都原谅所有的事和所有的人。"这是不是太理想了呢？是不是过于轻松美好了呢？如果是这样，就让我们来看看德国伟大的哲学家、《悲观论集卷》的作者叔本华的理论。他认为生命就是一种毫无价值而又充满痛苦的冒险，当他走过生命中每一刻的时候，全身都散发着痛苦。可是在绝望深处，叔本华却说："如果可能，不应该怨恨任何人。"

有一次我曾问伯纳德·巴鲁屈——他曾担任过6位总统威尔逊、哈定、柯立芝、胡佛、罗斯福和杜鲁门的顾问——他会不会因为敌人的攻击而烦恼？"没有人能够羞辱或干扰我，我不会让他们得逞。"他回答说。

也没有人能够羞辱或困扰你和我——除非我们让他这样做。

"棍棒和石头也许能打断我的骨头，可是语言永远伤害不了我。"

多少年来，人们总是景仰不怀恨其敌人的人。我常去加拿大杰斯帕国家公园，仰望以伊笛丝·卡薇尔的名字命名的山，这是西方最美丽的山。它是为了纪念一位在1915年10月12日被德军行刑队枪毙的英国护士。她犯了什么罪呢？因为她在比利时的家中收容和看护了许多受伤的英法士兵，还帮助他们逃往荷兰。在10月的一天早晨，一位英国教士走进军队监狱她所在的牢房，为她做临终祈祷。伊笛丝·卡薇尔说了两句后来刻在她的纪念碑上的不朽的话："我知道仅有爱国还不够，我一定不能敌视或怨恨任何人。"4年之后，她的遗体运送到英国，在威斯敏斯特大教堂举行了安葬仪式。今天，在伦敦国立肖像画廊对面立着伊笛丝·卡薇尔的花岗岩雕像——这是一位英国不朽英雄的雕像。

有一个原谅和忘记我们敌人的有效方法，那就是做一些超出我们能力的大事，这样我们所遭受的侮辱和敌意就无关紧要了。因为只有这样，我们才不会去计较其他事情了。举例来说：

1918年，密西西比州松树林里发生了一件极富戏剧性的事情，差点引发了一次火刑！劳伦斯·琼斯，一个黑人教师和牧师差点儿被烧死了。我在几年前曾去看过劳伦斯·琼斯创建的松林乡村学校，还对全体学生做了一次演讲。今天那所学校全国皆知，但我下面要说的这件事情却发生在很早以前。它发生在第一次世界大战人们最容易感情冲动的时期。此时，在密西西比州中部流传一种谣言，说德国人正在唆使黑人造反。而那个将被烧死的劳伦斯·琼斯就是黑人，有人控告他带领族人造反。一大群在教堂外面的白人听见劳伦斯·琼斯对人们大声喊道："生命，就是一场战斗！每一个黑人都要穿上盔甲，以战斗求得生存和成功。"

"战斗！""盔甲！"足够了。于是，这些年轻人趁夜冲出去，纠集了一大群暴徒，回到教堂，拿了一条绳子捆住劳伦斯·琼斯，将他拖到1.6千米地以外，让他站在一大堆干柴上面，并点燃了柴堆，准备一面用火烧他，一面把他吊死。这时，有一个人叫起来："在烧死他之前，我们要让这个喜欢多嘴的人说话。说话啊！说话啊！"

劳伦斯·琼斯站在柴堆上，脖子上套着绳索，为他的生命和理想发表了一篇演说。他于1907年毕业于艾奥瓦大学，他那纯真的性格和学问以及音乐方面的才华，使得所有的老师和学生都很喜欢他。毕业后，劳伦斯·琼斯拒绝了一个旅馆给留他的职位，还拒绝了一个有钱人资助他继续深造音乐。这是为什么呢？因为他有着非常崇高的理想。当他读完布克尔·华盛顿的传记时，就决定献身教育事业，教育他那些因为贫穷而没有受过教育的族人。因此他回到南方最贫困的地方，也就是密西西比州杰克镇以南40千米的一个小地方。将他的手表当了1.65美元，在树林中用树桩做桌子，开始办起了他的露天学校。劳伦斯·琼斯对那些愤怒的、正想要烧死他的人讲述了他所做过的各种奋斗——教育那些没有上过学的男孩和女孩，把他们教成合格的农夫、技工、厨子、家庭主妇。他说到一些白人曾帮助他建立这所学校——这些白人送给他土地、木材、猪、牛和钱，帮助他继续办他的教育事业。

后来有人问劳伦斯·琼斯，他是否恨那些拖他出去准备吊死和烧死的人？他回答说，他正忙于实现他的理想，根本没有时间去恨——他正沉浸于超出他个人能力的大事。他说："我没有时间吵架，没有时间后悔，也没有任何人能强迫我去恨他。"

劳伦斯·琼斯的态度诚恳，令人感动。他没有为自己，而是为了他的事业而乞求。于是，这些暴民开始软下来。最后，人群中一位参加过南北战争的老兵说："我相信这孩子是在说真话。我认识那些他提到的白人。他是在做好事。我们错了，我们应该帮助他，而不是吊死他。"然后那位老兵把他的帽子在人群中传动，从那些聚集于此准备烧死这位松林乡村学校创建者的人那里，募集了52.4美元，并交给了琼斯这个曾说"我没有时间吵架，没有时间后悔，也没有任何人能强迫我去恨他"的人。

爱比克泰德在19个世纪前就指出，我们会种因得果，无论如何，我们总会为自己的过错付出代价。"归根结底，"爱比克泰德说，"每一个人都会为他自己的错误付出代价。能够记住这点的人就不会对任何人生气，也不会和任何人争吵，不会辱骂、斥责、侵犯、痛恨别人。"

在美国历史上，大概没有其他人所受的责难、怨恨和陷害比林肯更多。但是根据荷恩敦的不朽传记记载，林肯"从来不以自己的好恶来评判别人。如果有什么工作要做，他也会想到他的敌人会做得和其他人一样好。如果一个人以前曾羞辱过他或对他个人不敬，但这人却是某个职位的最佳人选的话，林肯也会让他担任该职，就像派他的朋友去做这件事一样……他从未因为某人是他的敌人或者他不喜欢某人而解除其职务。"

许多被林肯委以高位的人，以前都曾批评或羞辱过他，如麦克里兰、西华、史丹顿和查尔斯。但据荷恩敦记载，林肯认为"没有人会因为他做了什么而被歌颂或受责难。因为我们都会受条件、情况、环境、教育、生活习惯和遗传等因素的影响，由此造就了我们的现在和将来"。

也许林肯是对的。如果你我继承了与我们的敌人同样的生理、心理及情绪特征，如果我们的人生也完全相同，我们就会和他们一样行事。我们不可能做出别的事来。就像克拉伦斯·达罗常说的："知道了一切就会理解一切，这样我们就不会评判或谴责他人。"所以，不要恨我们的敌人，而是怜悯他们，感谢上帝没有让我们和他们一样经历同样的人生。不要诅咒、报复我们的敌人，而是给他们谅解、同情、帮助、宽容和祈祷。

我在一个每天晚上都会念《圣经》并作睡前祈祷的家庭长大。现在，我仿佛还听见密苏里州一个孤寂的农庄中，我父亲正在诵读耶稣的话——只要人类还重视这个理想就会一再重复的话："爱你的仇人，善待恨你们的人；诅咒你的，要为他祝福；凌辱你的，要为他祷告。"

我父亲按照这些话去做了，也使他的内心得到了一般官员和君主所无法得到的平静。

我们永远不要去试图报复我们的仇敌，如果我们那样做的话，我们对自己的伤害将会甚于对敌人的伤害。让我们像艾森豪威尔将军那样去做：不要把时间浪费在去想那些我们不喜欢的人。

第二项规则：不要想着报复别人。

第15章 对人施恩勿望回报

最近，我在得克萨斯州遇到一个商人，他正为某事而发怒。有人警告我说，只要我认识他不到一刻钟，他就会把一切告诉我。果然，令他生气的那件事发生在11个月以前，可是他还在为此生气。他简直控制不住不去谈那件事：他给34位员工发了1万美元的年终奖金，大约每人300美元，但是没有一个人感激他。"我实在后悔给他们钱！"他伤心地抱怨说。

孔子说："愤怒的人，心里都会充满怨恨。"这个人就满怀怨恨，我实在是同情他。他大约60岁。人寿保险公司指出，我们每个人可以活到现在的年龄与80岁之间差额的2/3稍强一点，所以这位先生如果运气好的话，也许还可以活十四五年，可是他却浪费了有限的余生中近一年的时间，抱怨一件早已发生的事情。

他不该总是陷入怨恨和自怜之中，而应该问自己，为什么没有人感激他？也许是他给员工的薪水很低，工作却太多；也许员工认为年终奖金并不是什么礼物，而是他们该得的；也许他平常太挑剔、太苛刻，所以没有人敢或者愿意感谢他；也许他们认为他之所以给大家年终奖金，是因为这些收益的大部分要拿去交税。

从另一方面来说，那些员工也许都很自私、卑劣而不讲礼貌。也许是这样，也许是那样。我和你一样不知道事情的真相，但我确实知道，塞缪尔·强生博士曾说："感激是良好教育的结果，这很难在一般人中找到。"

我想说的是，希望别人感恩的人，犯了一般人共有的毛病，可以说他完全不了解人性。

如果你救了某人性命，你是不是希望他感激你？可能会。塞缪尔·利博维兹在担任法官之前，是有名的刑事律师。他曾救过78人的命，使他们不必被电椅处死！你想这些人当中有多少人感激他，或者送他一张圣诞卡呢？有多少？猜猜……不错——一个也没有！

耶稣曾在一个下午治好了10个麻风病人，可是这些人有几个向他道谢了呢？只有1个。你可以看《路加福音》。当耶稣转身问他的门徒"那9个人在哪里"时，发现他们都走了，连"谢谢"都没有说一声就走了。我想问你一个问题：为什么你和我，或者那位得克萨斯州商人，都希望施恩予人之后，就想得到比耶稣更多的感恩呢？至于钱，就更没指望了。

查尔斯·施瓦伯告诉我，有一次他救了一位挪用银行公款投资股票的出纳员。施瓦伯用自己的钱救了那个人，使他不至于受罚。那位出纳员感激他吗？是的，但只是很短一阵时间，很快他就转过身来辱骂和批评施瓦伯——这个使他免受牢狱之灾的人。

要是你给一位亲戚 100 万美元，你是否希望他感恩？安德鲁·卡内基就做过这样的事。可是，如果卡内基能够死而复生的话，他一定会吃惊地发现，他的那位亲戚正在咒骂他。为什么呢？因为卡内基捐给了公共慈善机构 3.65 亿美元，"只给了他区区 100 万美元。所以他要咒骂。

事实就是这样。人性终究是人性——在你的有生之年大概都不会改变，事情就是这样。所以，为什么不接受这个事实？为什么不能像曾统治过古罗马帝国的聪明的马可·奥勒留那样现实呢？他曾在日记中写道："我今天就要去见那些多嘴多舌的人——那些自私、以自我为中心、不知感恩的人。可是，我既不吃惊，也不难过，因为我无法想象，一个没有这种人的世界将会怎样。"

这话很有道理吧？要是你我总是抱怨别人不知感恩，那该怪谁呢？是人性如此，还是我们不了解人性呢？如果我们施恩不望回报，那么，如果我们偶然得到了感恩，那就是一种意外之喜；如果没有得到，也不会难过。

下面是我在这一章要谈的第一个要点：人类的天性是容易忘记感恩；所以，如果我们施恩予人而期望感恩的话，那么我们一定会十分头痛。

我认识一个纽约的女人，她因为孤独而不停地抱怨。她的亲戚没有一个愿意亲近她——这没什么奇怪的。如果你去看她，她就会不停地说她对她的侄女有多好，在她们患麻疹、腮腺炎和百日咳的时候照顾她们；多年来给她们提供吃住，帮其中一个上完了商业学校，另一个也一直在她家住，直到结婚。

她的侄女来看过她吗？是的，她们偶尔会来，只是为了尽义务。但她们都怕来看她，因为她们知道必须在那儿坐好几个小时，听她旁敲侧击地骂人，听她那毫无休止的埋怨和自怜的叹息。后来，当这个女人再也无法威逼利诱她的侄女来看她的时候，她使出了一件"法宝"——心脏病发作。

真是心脏病发作吗？是的，医生说她有一个"神经质心脏"，才会发生这种病症。可是医生也说他们对此毫无办法，因为她的问题完全是情感上的。

这个女人真正需要的是爱和关切，可是她称之为"感恩"。但她永远得不到感恩和爱，因为她强求它，认为那是应该的。

像她这样的女人太多了。她们都因为别人的忘恩负义、孤独和被人忽视而患病。

她们希望有人爱她们，但这个世界上唯一得到爱的办法，就是不再去强求，而是立即开始付出，却不图回报。

这话听上去是不是很荒谬、不切实际、太理想化了？不是的，这只是常识，这是让你我得到我们渴望的快乐的良方。我知道。因为在我自己家里就发生过这样的事情。

我的父母乐于助人。我们家很穷，总是债台高筑，不过我们穷归穷，每年我父母总会想办法给艾奥瓦州布拉夫斯理事会基督之家的孤儿院送点钱去。我父母从未去过那里，或许也没有人为他们的礼物而谢过他们（除了写信之外），但他们得到的回报却非常丰富，因为他们从帮助孤儿中得到了乐趣，而不是希望或等待别人的感恩。

当我离家之后，每年圣诞节我总会给父母寄一张支票，让他们买些比较奢华的东西，但他们很少这样做。当我每年圣诞节前几天回家的时候，父亲就会告诉我，他们又买了些煤和杂货送给镇上那些有一大群孩子却没有钱买食物和柴火的"可怜的女人"。他们从中得到了许多快乐——那就是施恩予人不图回报的快乐。

我相信我父母有资格做亚里士多德所说的"理想的人"——也就是最快乐的人。亚里士多德说："理想的人，以对人施恩为快乐，但却以受恩于人为羞愧。因为待人仁慈者高人一等，而接受别人的恩惠则低人一等。"

下面是我所要说的第二个要点：如果我们想获得快乐，就不要想感恩或忘恩，而只享受施恩的快乐。

几千年来，为人父母者一直为儿女的忘恩负义而悲伤难过。就连莎士比亚笔下的李尔王也叫道："一个不知感恩的孩子，比毒蛇的牙齿还要尖利。"

可是，孩子们为什么要感恩呢——除非我们教育他们那样。忘恩是人类的天性，就像野草一样；而感恩却如玫瑰，必须给它施肥浇水，给它教养、爱和呵护。

如果我们的子女忘恩负义，该怪谁呢？也许要怪我们。如果我们从来都不教他们感激别人，我们又如何指望他们感激我们呢？

我认识一个芝加哥人，他常常抱怨他的两个养子忘恩负义。他的抱怨自有道理。他在一家纸箱厂工作，一个星期赚不到40美元。他娶了一个寡妇，她要他去借钱供她的两个儿子上大学。他每周40美元的薪水要买吃的、付房租、买燃料和衣服，还要还债。他这样苦苦干了4年，从来没有抱怨过。

他得到感谢了吗？没有，他太太认为这是理所当然的，她两个儿子也这么认为。他们从不认为欠了养父什么，因此连一句谢谢也没有说。

这该怪谁呢？两个孩子？不错，可是更要怪那个母亲。她认为不应该给她的儿子增加"负疚感"。她不想她的儿子"一开始就欠别人的"，所以她从来都不曾告诉他们说："你们养父真是个大好人，他帮你们读完了大学。"反而她采取了这种态度："这是他该做的。"

她认为她是在保护她的儿子，可这实际上是让他们刚走上人生道路的时候，就产生一种全世界都欠他们的危险想法。这的确是很危险的想法——因为她两个儿子中的一个曾想向老板"借钱"，结果进了监狱。

我们必须记住：子女完全是父母教育的结果。就以我的姨妈薇奥拉·亚历山大为例吧，她就是从来不会想到孩子们"忘恩"的光辉榜样。

在我小的时候，薇奥拉姨妈把她母亲接到家里来照顾，同样也照顾她婆婆。现在我闭上眼睛还能回想起那两位老太太坐在薇奥拉姨妈家壁炉前的情景。她们会不会给薇奥拉姨妈惹来什么麻烦呢？我想这是常有的。但你从她的态度上，一点儿也看不出来。她爱这两位老太太，所以她顺从她们，关爱她们，让她们过得非常舒适。此外，薇奥拉姨妈还有6个孩子。她从未想到这样做有什么特别的，或者说接两位老太太来家里住有什么值得赞美的。这对她来说是很自然的，也是该做的，并且也是她愿意做的。

现在薇奥拉姨妈在哪里呢？她现在已经守寡二十多年了，而且5个孩子已经成年，组成了自己的小家庭——他们争着要跟她住在一起，让她住他们家。她的孩子们爱戴她，都不想离开她。这是因为"感恩"吗？

不是。这是爱，是纯粹的爱。这些孩子在童年时代就懂得了爱心的温暖，现在情形反过来了，他们也回报爱心，这有什么奇怪的？

所以，我们要记住，要教育出感恩图报的孩子，我们必须懂得感恩。我们要记住"小兔子耳朵长"的道理——要注意我们说过的话。例如，当我们下一次在孩子们面前想要贬低别人给我们的好处时，赶快打住。永远也不要说："看，表妹送给我们当圣诞礼物的这些桌布，都是她自己钩的，没花一分钱。"这种话我们也许只是顺口说的，可是孩子们却在听着。我们最好是说："表妹准备这份圣诞礼物，可花了不少时间啊！她真好！我们写封信感谢她！"这样，我们的子女也许就无意中养成了赞美和感恩的习惯。

要避免因为不知感恩而引起的伤心和忧虑，记住下面三条：

第一，不要因为别人的忘恩负义而忧伤，忘掉它。记住，耶稣一天之内治好了十个麻风病人，而只有一个人感谢他。为什么我们希望得到比耶稣更多的感恩呢？

第二，要记住，获得快乐的唯一方法，就是施恩予人勿望回报，只为施恩的快乐。

第三，要记住，感恩是"教育"的结果。如果我们希望我们的子女会感恩，我们必须培养他们学会感恩。

第三项规则：对人施恩勿望回报。

第16章　多想已经得到的恩惠

　　我和哈罗德·艾伯特认识已有好多年了，他住在密苏里州韦伯市南麦迪逊大道820号。他以前是我的教务主任。一天，他在堪萨斯城碰到我，开车把我送到了密苏里州贝尔城我的农庄。我在路上问他是如何避免忧虑的，他给我讲了一个我永远都不会忘记的、鼓舞人心的故事：

　　"以前我常为很多事情忧虑，可是，在1934年春天的某一天，我正走在韦伯市的西道提街，看到了一个消除我所有忧虑的场面。这件事情前后只有10秒钟，但我在这10秒钟内学到的生活哲理，比我过去10年所学的还要多。

　　"我在韦伯市开过2年杂货店，我不仅赔光了所有的积蓄，而且债台高筑，花了7年才还清债务。我的杂货店刚在前一个星期六关门，当时我正准备去工矿银行借钱，以便去堪萨斯城找一份工作。我像个一败涂地的人那样走着，完全丧失了斗志和信心。这时，我对面过来了一个没有腿的人，他坐在一个小木板平台上，下面装着从溜冰鞋上拆下来的滑轮。他两手各抓着一块木头，撑着地滑过来。我看到他的时候，他刚好过了街，正想把自己抬高几厘米，上到人行道来。就在他翘起那小木板车的时候，他看见了我。他对我咧嘴一笑，'你早，先生！早上天气真好，是不是？'他开心地说。当我站在那里看着他的时候，我才发现自己多么富有：我有两条腿，我还能走路。我对我的自怜感到羞耻。我对自己说，如果这个缺了双腿的人都能做到的事，我这个健全的人当然也能做到。我觉得自己的胸膛已经挺直了。本来我只打算向工矿银行借100美元的，但我现在有勇气借200美元了。我本来也只是试着去堪萨斯城找工作，但现在我能自信地说，我要去堪萨斯城找工作。结果，我借到了钱，也找到了工作。

　　"现在，我在自己浴室的镜子上贴了这几句话，这样我每天早上刮脸时都能够看到：

　　'别人骑马我骑驴，回头看那无腿汉，比上不足比下有余。'"

　　有一次，我问艾迪·雷根伯克，当他和他的同伴在救生筏上漂了21天之久，在太平洋中毫无获救的希望时，他学到的最重要一课是什么。"我从那次经历中学到的最重要一课，就是如果你有足够的新鲜水喝，有足够的食物吃，就不该抱怨任何事情。"他说。

　　《时代》杂志有一篇报道，讲一个士官在某地受了伤，喉部被碎弹片击中，一共输了7次血。他给医生写了一张纸条，问："我能活下去吗？"医生说："能。"他又写了一张纸条："我还能说话吗？"医生又回答可以。然后，他又写了一张纸条："那我还担什么心？"

你为什么不也马上停下来问问自己："那我还担什么心？"你很可能发现自己担心的事情会变得微不足道了。

我们生活中大概有 90% 的事情是对的，只有 10% 是错的。如果我们想要快乐，我们所要做的就是把精力放在那 90% 正确的事情上，而不要理会那 10% 的错误。如果我们想担忧、痛苦、胃溃疡，那么我们只需把精力集中在那 10% 的错误上即可，而不必理会那 90% 的好事。

英国很多新教堂中都刻有"思考，感恩"两个词，这两个词同样应该铭刻在我们心中。"思考，感恩"：要想值得我们感恩的事，并为此而感谢"上帝"。

《格列佛游记》的作者斯威夫特，是英国文学史上最悲观的人。他曾为自己的出生而难过，所以在生日那天，他一定会穿黑衣服并绝食一天。可是，即使处于绝望之中，这位英国文学史上最著名的悲观主义者却称颂开心与快乐能给人带来健康。他说："世界上最好的医生，是节食、安静和快乐。"

每一天的每个小时，你和我都能得到"快乐医生"的免费服务，只要我们把精力集中在我们拥有的、那么多令人难以置信的财富上——这些财富远远超过了阿里巴巴的珍宝。

你愿意以 10 亿美元出卖你的双眼吗？

你愿把你的双腿卖多少钱？

还有你的双手、听觉、孩子、家庭？

把你所有的资产加在一起，你就会发现，你绝不会卖掉现在拥有的一切，即使把洛克菲勒、福特和摩根拥有的黄金都加在一起也不卖。

可是，我们欣赏了这些吗？啊，很难做到。正如叔本华说的："我们很少想到我们所拥有的，而总是想到我们所没有的。"这正是世界上最大的悲剧，它所造成的痛苦可能比历史上所有的战争和疾病都要多。

正是这一点使约翰·帕尔玛"从一个正常人变成了一个怪老头"，几乎毁了他的家庭。我知道这件事，因为他告诉了我。他住在新泽西州帕特森市 19 大道 30 号。

"我从军队退伍之后不久，就开始做生意。我日夜不停地忙着，一切都干得很好。然而问题来了，我买不到零件和原料。我担心可能会被迫放弃生意，这种担心使我很快由一个正常人变成了一个脾气很坏的人。我变得非常尖酸刻薄——可我当时并不知道，现在才明白我几乎失去了我那个快乐的家。有一天，一个在我这里工作的年轻伤兵对我说：'约翰，你应该感到惭愧。瞧你这副样子，好像全世界只有你一个人遇到了麻烦似的。就算你关门大吉，又会怎么样呢？等到一切恢复正常之后，你还可以东山再起。你有很多值得感激的事，可你却老是抱怨。天啊，我真希望我是你！你看我，我只有一条胳膊，半边脸都受了伤，可我并不抱怨。要是你再这样没完没了地埋怨，你不仅会失去你的生意，还会失去你的健康、家庭和朋友。'

"这些话使我猛然醒悟，使我发现自己走上了歧路。我当即就决定必须改变，重新做我自己——而我也做到了。"

我的一位朋友露西莉·布莱克在学会自己知足，不为所缺而忧虑之前，差点儿崩溃了。

我多年前就认识露西莉，当时我们两个都在哥伦比亚大学新闻学院上短篇小说写作课程。9年前，她的生活发生剧变，她当时住在亚利桑那州的杜森城，下面是她告诉我的：

"我的生活一直很忙乱：在亚利桑那大学学习风琴，又在城里办了一个语言学校，还在我所住的沙漠柳牧场教音乐欣赏课。我还参加各种宴会、舞会，或在星光下骑马。一天早上，我垮了，心脏病犯了。'你得躺在床上静养一年。'医生说。他居然没有鼓励我，让我相信我还能够恢复。

"在床上躺一年，成为一个废人——可能还会死。我吓坏了。为什么我会碰到这种倒霉的事情？我做了什么，会受到这种报应呢？我又哭又叫，满怀怨恨和反抗。不过，我还是遵照医生的话躺在了床上。我的一个邻居鲁道夫先生，他是个艺术家，他对我说：'现在你觉得躺在床上一年是个悲剧，但事实上不会的。这样你就有时间思考，真正认识自我。在接下来的几个月，你在思想上的成长会比你前半辈子都要快得多。'我平静下来，开始思考如何培养新的价值观念。我看过许多富有启发的书。一天，我听到一个无线电广播的评论员说：'你只能谈你知道的事情。'这一类话我以前听过许多次，可现在它才真正深入我心，并扎下根来。我决定只想那些我可以赖以生活的快乐而健康的事情。每天早上一起床，我就强迫自己想一些应该感恩的事情：我没有什么伤心的事，有一个可爱的小女儿，眼睛能看见，耳朵能听见收音机里播放的优美音乐，还有时间看书，吃得也很好，有许多好朋友。对此我非常高兴。来医院看我的人太多了，以致医生不得不挂上一个牌子，规定每次只许一个人探望我，而且只能在某几个特定时间里。

"从那时至今已经9年了，现在我过着丰富多彩的生活。我非常感激我能在床上度过那一年，那是我在亚利桑那州度过的最有价值、最开心的一年。我现在还保持当年养成的习惯，每天早上想想值得自己高兴的事。这是我最珍贵的财富之一。我自觉惭愧，直到我担心自己会死去之前，才真正学会如何生活。"

亲爱的露西莉·布莱克，也许你并不知道，你学到的这一课，正是塞缪尔·约翰逊博士在两百多年前学到的。

约翰逊博士说："培养只看事物好的一面的习惯，比每年赚1000英镑更有意义。"

我想提醒诸位的是，这些话并不是出自一个天生乐观者之口。说这话的人曾经历过痛苦，缺衣少食地过了20年，终于成为他那个年代最有名的作家，也成为历史上最著名的谈话家。

罗根·皮尔萨尔·史密斯用几句话说出了一番大道理。他说："生活中应该有两个目标：首先，要得到你希望得到的；然后，享受它。只有最聪明的人才能做到第二步。"

你想不想知道如何将在厨房的水槽中洗碗变成一次宝贵的体验呢?如果想知道,可以去看波姬儿·戴尔的书,它主要谈论令人难以置信的勇气,很具有启发性。该书名叫《我希望能看见》。

这本书的作者是一位女性,她失明达 50 年之久。她写道:"我只有一只眼睛,而眼睛上还满是疤痕,只能透过眼睛左边的一个小洞来看外界。看书的时候必须将书移到离脸很近的地方,而且不得不把另一只眼睛往左边斜过去。"

可是她拒绝别人的怜悯,更不愿被认为"与众不同"。小时候,她想和其他小孩一起玩跳房子的游戏,可是她看不见画在地上的线,于是等其他孩子都回家以后,她趴在地上,把眼睛贴在地上察看。她把那块地方的每一处都牢记在心,不久就成为这个游戏的好手了。她在家中看书时,把印有大字的书紧贴眼睛,几乎连眼睫毛都碰到书页上。她获得了两个大学学位:明尼苏达州立大学学士学位和哥伦比亚大学硕士学位。

她开始是在明尼苏达州双谷镇一个小村子里教书,之后逐渐晋升为南达科他州奥格塔那学院的新闻学和文学教授。她在那里工作了 13 年,还在许多妇女俱乐部发表演说,在电台点评图书和作者。"在我的脑海深处,"她写道,"常常怀着一种担心完全失明的恐惧。为了克服这种恐惧,我对生活采取了一种快乐而几近戏谑的态度。"

1943 年,在她 52 岁的时候,奇迹发生了:她去著名的梅育医院做了一次手术,视力比以前提高了 40 倍。

一个全新的、令人兴奋而可爱的世界展现在她眼前。现在她发现,即使是在厨房的水槽里洗碟子,也会让她开心。"我开始玩洗碗槽中的肥皂泡,"她写道,"我把手伸进去,抓起一大把小小的肥皂泡,把它们迎着光举起来,看到了一道小小彩虹般的明亮色彩。"

从水槽上方厨房的窗口望出去,她看到了"振动黑色翅膀飞过厚厚积雪的麻雀"。

能有幸看见肥皂泡和麻雀,因此书中以下面的话作为结尾:"'亲爱的主,'我低语,'我的父啊,我感谢你,我感谢你。'"

想想,因为你能看见洗碗时泡沫中的彩虹和飞过雪地的麻雀,要感谢上帝吧!

你和我都应该感到惭愧。这么多年来,我们每天都生活在一个美丽的童话王国里,可是我们却视而不见,不知珍惜享受。

第四项规则:多想已经得到的恩惠。

第17章　保持自我本色

我有一封伊笛丝·阿雷德夫人的信，她住在北卡罗来纳州艾尔山。她在信中说：

"我从小就特别敏感而内向。我一直很胖，而我的脸使我比实际看上去还胖得多。我母亲很古板，她认为穿漂亮衣服是愚蠢之举。她总是说：'宽衣舒服，窄衣易破。'她总是照这句话来帮我选衣服。我从来不参加舞会，甚至在学校也不和其他孩子一起做室外活动，甚至不愿上体育课。我非常害羞，觉得我和其他人都不一样，完全得不到人喜欢。

"长大之后，我嫁给了一个比我大好几岁的男人。可是我并没有改变，我丈夫全家和睦而自信。他们是我应该成为却没有成为的那种人。我尽了最大的努力要成为他们那样的人，可是没有成功。他们为了使我开心而做的每一件事情，只会让我更加退缩。我变得紧张不安，情绪极坏，不敢见朋友，甚至怕听见门铃响。我知道我是一个失败者，但我又怕我丈夫发现这一点。所以，每当我们出现在公共场合的时候，我都假装很开心，结果总是做得太过火。我也知道自己做得太过火了，所以事后会为此而难过好几天。最后，我觉得再活下去也没有什么意思了，开始想自杀。"

到底是什么改变了这个不开心的女人的生活呢？只是一句随口说出的话！

"随口说出的一句话，改变了我的整个生活。有一天，我婆婆正在谈她如何培养她的几个孩子，她说：'不论如何，我总是要求他们保持本色。'……'保持本色。'就是这句话！眨眼之间，我发现我之所以如此苦恼，正是因为我一直在试着让自己去适应一个并不适合我的模式。

"我一夜之间改变了。我开始保持本色，试着研究我自己的个性，试着发现我究竟是怎样的人。我研究我的优点，尽我所能去学习色彩和服饰的知识，尽量按照适合我的方式去穿着。我主动交朋友，参加了一个组织——它当初是一个很小的社团——他们让我参加活动，这让我吓坏了。可是我每发一次言，就增加了一些勇气。这件事花了我很长的时间，可是我今天所有的快乐都是我以前从未想到的。在教育我自己的孩子时，我也总是把我从痛苦的经历中所学到的教给他们：不论如何，总要保持自我本色。"

保持本色这个问题"如同人类历史一样古老"，詹姆斯·高登·吉尔基博士说，"也像人生一样普遍。"不能保持本色，正是许多精神和心理疾病的潜在原因。安吉罗·帕特利曾写过13本书和几千篇幼儿教育的文章。他说："再也没有人比那些想做其他人或除他自己以外任何其他东西的人更痛苦的。"

想做与自我不同的人的想法，盛行于好莱坞。山姆·伍德是好莱坞最著名的导演之一。他说，他和某些年轻演员打交道时，遇到的最棘手的问题正是这个：他要让他们保持本色。但他们都想做二流的拉娜，或者是三流的克拉克·盖博。"可这一套观众已经看够了，"山姆·伍德说，"现在需要的是其他东西。"

山姆·伍德在导演《别了，希普斯先生》和《战地钟声》等影片前，曾在房地产业多年，培养了销售员的个性。他认为，商界的规则同样适用于电影界。模仿将一事无成。他说："经验告诉我，最保险的做法是尽快抛弃那些模仿他人的演员。"

最近我向素凡石油公司的人事部经理保罗·鲍尔顿请教，前来求职的人常犯的最大毛病是什么。他应该知道，因为他曾面试过 6 万多个求职者，还写过一本书《求职的 6 种方法》。他回答说："求职者所犯的最大错误，就是不能保持本色。他们不敢以真面目示人，不能完全坦诚，经常给你一些他认为你想要的回答。"可是这种做法毫无用处，因为没有人想要伪君子，也从来没有人愿意收假币。

有一位电车司机的女儿，几经努力才懂得这个道理。她想成为歌唱家，但她长得并不好看。她的嘴很大，牙齿暴凸。当她第一次在新泽西州的一家夜总会公开演唱的时候，她想把上嘴唇拉下来，好遮住她的暴牙。她想表演得"很美"。结果呢？她让自己丑态百出，没能逃脱失败的命运。

可是，这家夜总会有一个人听了这女孩的唱歌，认为她有天分。"我想告诉你，"他直率地说，"我一直在观看你的表演，我知道你想遮掩什么。你觉得你的牙齿难看。"这个女孩非常窘迫，但那人继续说："这有什么？难道长了暴牙就罪大恶极吗？不要去遮掩，张大你的嘴。当观众看到连你都不在乎时，他们就会喜欢你的。再说，"他犀利地说，"你想遮起来的那些牙齿，说不定还会带给你好运呢。"

凯丝·达莉接受了他的忠告，忘了自己的牙齿。从那时候开始，她想到的只有她的观众。她张大了嘴巴，热情奔放地唱歌，成为电影界和广播界一流明星，其他喜剧演员现在还希望学她呢！

著名的威廉·詹姆斯曾分析过那些从未发现自我的人。他说，一般人只发挥了 10% 的潜能。他写道，"跟我们应该做到的相比，我们只是半醒着。我们只使用了我们身心资源的很小部分。再广而言之，一个人只是活在有限的范围内。他具有各种潜能，却不知道如何利用。"

你和我也有这些潜能，所以我们不该浪费时间，去担心我们不能成为其他人。你是这个世界上的新东西，以前从未有过，从开天辟地以来，从未有过完全跟你一样的人；而且将来直到永远，也不可能再出现一个和你完全一样的人。新的遗传学知识告诉我们，你之所以成为你，主要取决于你父亲的 24 个染色体和你母亲的 24 个染色体。"在每一个染色体内"，阿伦·舒因费尔德说，"可能有几十到几百个遗传因子——在某些情况下，每一个遗传因子都有可能改变一个人的命运。"不错，我们正是这样"既可怕又奇妙"地制造出来的。

即使你母亲和父亲相遇成亲之后，生下的这个人正好是你，但这个机会也是三十亿万分之一。换而言之，即使你有 30 亿万个兄弟姐妹，也可能完全与你不同。这是猜测吗？不是，这是科学事实。如果你想了解更多的话，不妨去图书馆借一本

《遗传与你》，它的作者就是阿伦·舒因费尔德。

我可以和你深入探讨保持本色这个问题，因为我对此感触尤深。我对我正在谈的问题很清楚，因为我为此付出了相当大的代价，有过痛苦的经历。

当我从密苏里州的乡下去纽约的时候，我进了美国戏剧艺术学院，希望成为一名演员。当时我有一个自以为非常聪明的想法——一条走向成功的捷径：这个想法如此简单，如此完美，所以我不懂为什么那么多野心勃勃的人居然没有发现这一点。这个想法是这样的：我要学当年那些著名的演员是如何表演的，我要模仿他们每个人的优点，使我自己成为一个集诸人优点于一身的著名演员。多么愚蠢！多么荒谬！我居然浪费那么多时间去模仿别人！最后我终于明白，我一定要保持本色，我不可能变成任何人。

那次痛苦的经历应该使我获得一些教训才对，但并非如此。我并没有接受教训；我太笨了，我得重新学习这个道理。几年之后，我开始写一本书，并希望它成为所有关于当众演讲的书中最好的一本。在写那本书的时候，我又产生了和以前学演戏时一样的愚蠢想法：想"借"来其他作者的观念，放在那本书里，使它无所不包。于是我买了十几本关于当众演讲的书，花了一年时间把它们的概念纳入我的书里，但最后我又一次发现我做了傻事：把别人的观点拼凑在一起写成的东西非常做作枯燥，没有一个人愿意看。所以我把一年的心血都扔进了废纸篓里，又重新开始。

这次我对自己说："你一定要保持自己的本色，保留你的错误和局限。你不可能成为别人。"于是我不再试着成为其他人的综合体，而是捋起袖子，做了我当初本应该做的事：我以自己的经历和观察，写了一本关于当众演讲的教材，以一个演说家和演讲教师的身份来写。我学到了华特·罗里爵士所学到的教训——我希望能永远保持下去。（我不是在谈论把大衣扔在泥地上让女王踩上去的罗里爵士，而是在谈论1904年在牛津大学当英国文学教授的罗里爵士。）他说："我写不出一本足以和莎士比亚媲美的书，但我可以写一本由我自己写成的书。"

成为你自己。就像阿尔文·伯林给已故的乔治·盖歇温的明智忠告那样去做。

当伯林和盖歇温初次见面的时候，伯林已经名声显赫，而盖歇温还是一个未成名的年轻作曲家，一个星期只赚35美元。伯林很欣赏盖歇温的才华，就让他当自己的秘书，薪水大概是他当时收入的3倍。"但是不要接受这份工作，"伯林忠告说，"如果你接受这份工作，你可能会成为一个二流的伯林；但如果你坚持保持自己的本色，总有一天你会成为一个一流的盖歇温。"

盖歇温接受了这个忠告，后来终于成为当时美国最重要的作曲家之一。

查理·卓别林、威尔·罗吉斯、玛丽·玛格丽特·麦克布莱德、金·奥特雷以及其他成千上万的人都学过我在此想让各位明白的这一课，而且他们就像我一样也学得很辛苦。

卓别林最初拍电影的时候，电影导演坚持让他模仿当时德国一个非常有名的喜剧演员，但直到卓别林创造出自己的特色之后，才开始成名。鲍伯·霍普也有同样的经历。多年来他一直在表演歌舞片，但毫无成就，直到他找到开自己玩笑、表现自我之后，才功成名就。

威尔·罗吉斯在一个杂耍团表演抛绳技术，没有任何说话的机会。直到他发现自己有幽默天分，并开始在表演抛绳的时候搞笑时，这才成名。

玛丽·玛格丽特·麦克布莱德刚踏入广播界的时候，想做一名爱尔兰喜剧演员，但她失败了。后来她发挥了自我本色，扮演一个从密苏里州来的平凡农村女孩，结果成为纽约最受欢迎的广播明星。

金·奥特雷刚出道的时候，想改掉他的得克萨斯口音，打扮成城里人，并自称是纽约人，结果大家在背后笑他。后来，他开始弹五弦琴，改唱西部歌曲，开始了演艺生涯，使他成为电影和广播两个行业中最著名的牛仔歌星。

你是这个世界上的新东西，你应该为此而庆幸，并尽力利用大自然赋予你的一切。归根结底，所有艺术都带着自传色彩：你只能唱你自己的歌，只能画你自己的画，只能做一个由你的经历、你的环境和你的家庭所造就的你；不论好坏，你都得创造一个你自己的小花园；不论好坏，你都得在生命的交响乐中演奏你自己的乐器。

正如爱默生在他的散文《自信》中所说的："每一个人在他的教育过程中，一定会在某个时期发现，羡慕就是无知，模仿就是自杀。不论好坏，他都必须保持自我本色。虽然广袤的宇宙之间全是美好的东西，但除非他耕耘那一块属于自己的土地，否则绝不会有好收成。他所有的能力是自然界的一种新能力，除他之外，没有人知道他能做什么，他能知道什么，而这些都必须靠他自己去尝试。"

上面是爱默生的观点；下面是已故诗人道格拉斯·马罗屈说的：

如果你不能成为山顶青松，

就做一丛小树，生长在山谷中，

但必须是溪边最好的一丛小树。

如果你不能成为一棵大树，

就做一丛灌木。

如果你不能成为一丛灌木，

就做一片绿草，

给大路增添几分景致。

如果你不能成为一只麝香鹿，

就做一条鲈鱼，

但必须是湖里最好的一条鱼。

我们不能都做船长，我们得做海员；

世上的事情多得做不完，

工作有大有小，

我们该做的工作，就在手边。

如果你不能做一条公路，就做一条小径；

如果你不能做太阳，就当一颗星星。

不能凭大小来判断你的输赢，

不论做什么，都要做你自己。

第五项规则：保持自我本色。

克服忧虑快乐生活的故事

时间可以解决许多问题

市场销售分析专家 路易斯·蒙坦特

"忧虑"使我丧失了10年光阴，而这10年本来应该是年轻人最有收获、最丰富多彩的岁月——18~28岁的时间。

现在我已经明白，失去这10年不是别人的错，而是我自己造成的。

我对所有的事情忧虑：我的工作、健康、家庭、自卑感。为此，我经常不得不躲避我认识的人。当我在街上碰到某位朋友时，我会假装没有看见，因为我害怕遭到嘲笑。

我非常害怕见到陌生人——在陌生人面前我就会不自在——因此有一次在两个星期当中，我接连失去了3个工作机会，只因为我没有勇气对未来的老板说我能干什么。

然后，8年前的某一天下午，我征服了一切烦恼——从那时开始，我就很少有烦恼了。那天下午，我去了某人办公室。那人似乎没有任何烦恼，而且是我所认识的人当中最快乐的一个。他在1929年发了一笔大财，可是后来却分文不剩。1932年他又东山再起，可是又赔光了。然后在1939年他又大赚一笔，可是又赔光了。他曾多次破产，遭到敌人和债主的逼压。他遇到的烦恼可以使任何人精神崩溃，甚至自杀。

8年前的那一天，我坐在他的办公室，对他充满了羡慕，希望上帝将我也改造得像他一样。

在我们谈话的时候，他把那天早晨收到的一封信递给我，说："你看看这封信。"

那是一封愤怒的来信，提出了一些令人难堪的问题。如果我收到这样一封信，我可要烦死了。我说："比尔，你打算如何回复？"

"哦，"比尔说，"我告诉你一个小秘密。当你下一次碰到令你烦恼的事时，取出一支铅笔和一张纸，详细地写下你的烦恼，然后将那张纸放在你右手下方的抽屉里。一两个礼拜之后，再取出来看看。如果你第二次阅读时，认为那些事情仍让你烦恼，那么再将它放回原来的抽屉，再放上一两个星期。它在那儿绝对安全，不会有什么变化。但与此同时，你的烦恼可能会发生许多变化。而且我发现，只要我有耐心，烦恼总会自动消失。"

比尔的忠告给了我极深的印象。我已经使用比尔的忠告许多年了，结果我真的烦恼少多了。

时间可以解决许多问题。时间也许可以解决你今天的烦恼。

第18章　如果只有柠檬，就做杯柠檬汁

在写这本书的时候，有一天我去芝加哥大学向罗伯特·梅纳德·哈吉斯校长请教如何克服忧虑。他回答说："我一直都在遵循西尔斯公司已故董事长朱利亚斯·罗森沃德告诉我的忠告。他说：'如果你只有一个柠檬，就做一杯柠檬汁。'"

这是一个伟大教育家的做法，而傻子却正好相反。要是他发现人生只给他一个柠檬，他就会自暴自弃地说："我完了。这就是命。我没有任何机会。"然后，他就开始诅咒这个世界，沉溺在自怜之中。而聪明人拿到一个柠檬的时候，会说："我可以从这个不幸中学到什么？我怎样才能改善处境？怎样把这个柠檬做成一杯柠檬汁？"

伟大的心理学家阿尔弗雷德·阿德勒花了毕生精力研究人类未曾开发的潜能之后，认为人类最奇妙的特性之一就是"变负为正的力量"。

下面是一个女人有趣而有意义的故事。我认识她，她正是这样做的。她叫瑟玛·汤普森，住在纽约市黎明街100号。

"在战争期间，"她告诉我她的经历，"我先生在新墨西哥州莫嘉佛沙漠附近的陆军训练营驻防。为了离他近一点，我也搬去那里。我讨厌那个地方，我从未这么烦恼过。我先生被派往莫嘉佛沙漠，我一个人留在那间小破屋里。那儿热得难以忍受——大仙人掌的阴影下温度高达华氏125度。除了墨西哥人和印第安人之外，没有人和你谈话，而且这些人又不会说英语。风不停地吹，所有吃的东西和呼吸的空气中全都是沙子！沙子！沙子！

"我极其沮丧，难过得无法描述，就给我父母写了封信，告诉他们我忍受不了，想要回家。我说我连一分钟也住不下去了，还不如待在监狱里。我父亲的回信只有两行字，这两行字一直萦绕在我的记忆当中，彻底改变了我的生活。

'两个人从监狱的铁窗向外看，一个只看见烂泥，另一个却看到了星星。'

"我把这两行字念了一遍又一遍，自感惭愧。我下定决心，一定要找出那儿还有什么好地方。我要去找星星。

"我和当地人交上了朋友，而他们的反应也令我惊奇不已。当我对他们的织布和陶器表示出兴趣时，他们就把他们最喜欢的、不肯卖给观光客的东西送给我当礼物。我研究仙人掌和各种当地植物，还知道了土拨鼠，看到了沙漠日落，还去寻找300万年前留在这里的贝壳，当时这里还是海床。

"是什么使我产生了如此惊人的改变呢？莫嘉佛沙漠没有变化，印第安人也没有改变。可是我变了，我改变了心态。通过改变心态，我把那些令人颓废的境遇变

成了我生命中最具刺激的冒险。我所发现的这个崭新的世界，使我感动而兴奋，我为此写了一本小说《光明城堡》……我从自己设下的监狱向外望，看到了星星。"

瑟玛·汤普森，你发现了古希腊人在基督降生之前500年所教的一条真理："最好的正是最难得到的。"

在20世纪，哈瑞·爱默生·福斯迪克又重复了这句话："快乐主要并不是享受，而是胜利。"不错，这种胜利来自一种成就感，一种超越，将我们的柠檬做成柠檬汁。

我曾拜访过一位住在佛罗里达的快乐农夫，他甚至把有毒的柠檬做成了柠檬汁。他当初买下那片农场时，非常颓丧。那块地太差了，既不能种水果，也不能养猪，只能生长矮灌木和响尾蛇。后来，他想出了主意，把他所拥有的变成一种资产：他打算好好利用那些响尾蛇。他的做法让大家都很吃惊，因为他开始做起了响尾蛇肉罐头。当我几年前去看他的时候，我发现每年来这里参观他的响尾蛇农场的游客将近两万人。他的生意蓬勃发展。我看到从响尾蛇口里取出来的毒液被送到各大药厂制造蛇毒血清；我还看到响尾蛇皮以很高的价钱卖出去，用来做女士皮鞋和提包；我还看到响尾蛇肉罐头被运到世界各地的顾客手里。我买了一张印有那个地方照片的明信片，从当地邮局寄了出去。现在这个村子已改名为佛罗里达响尾蛇村，以纪念这位把有毒的柠檬做成甜美柠檬汁的人。

因为我一次又一次在全国各地来回旅行，使我有幸见到许多男人和女人表现出"他们变负为正的能力"。《十二个以人胜天的人》一书的作者，已故的威廉·波里索曾这样说：

"生命中最重要的，就是不要把你的收入算资本。任何傻子都会这样做。真正重要的，是要从你的损失中获利。这就需要聪明才智，这正是聪明人和傻子的区别。"

波里索是在一次汽车灾难中摔断一条腿后说这些话的。但我还知道有一个断了双腿的人，也把他的负面变成了正面。他的名字叫本·福特森。我在佐治亚州大西洋城一家旅馆的电梯里遇到的他。在我进入电梯的时候，我注意到了这个看上去非常开心的人，他断了两条腿，坐在电梯角落的一把轮椅上。当电梯停在他要去的那一层时，他笑着问我是否可以给他让一下，好让他出去。"真对不起，"他说，"给您添麻烦了。"——他说这话的时候，露出了深切而温暖的笑容。

当我出了电梯回到房间时，除了这个愉快的残疾人之外，我再也想不起其他事情。于是我去找他，请他把他的故事告诉我。

"事情发生在1929年，"他微笑着告诉我，"我砍了一大堆胡桃木树枝，准备给我花园里的豆子做支架。我把胡桃木树枝装在福特车上，准备回家。突然，一根树枝滑下车，卡在引擎中。当时汽车正急转弯。结果汽车冲出路外，我撞在了一棵树上。我的脊椎受了伤，两条腿都残了。

"出事那年我才24岁，从那以后我再也没有走过一步路。"

24 岁时就被判一辈子要依靠轮椅生活。我问他为什么能够这么勇敢地接受这个事实，他说："我以前并不能这样。"他说他当时充满了怨恨和反抗，抱怨他的命运。但时间仍在一年一年地过去，他发现抱怨不能解决任何问题，只会使他更痛苦。"我终于明白，"他说，"大家都对我很好，很有礼貌，所以我至少应该做到对别人也有礼貌。"

我问他在经过这么多年以后，是否还觉得那次意外是一次巨大的不幸。他当即就说："不。我现在甚至很高兴有那次经历。在克服了懊丧悔恨之后，我开始生活在一个不同的世界。我开始读书，并喜欢上了优秀文学作品。在 14 年时间里，我至少看了 1400 多本书。这些书为我开拓了全新的视野，使我的生活比以前更加丰富多彩。我开始欣赏美妙的音乐，以前让我觉得烦闷的伟大交响乐，现在却让我非常感动。

"但最大的变化是我现在有时间去思考。我有生以来第一次，能仔细地观察这个世界，有了真正的价值观。我开始明白，我以往所追求的事情，实际上大部分一点儿价值都没有。

"看书的结果，是我对政治产生了兴趣，并研究公共问题。坐在轮椅上到处演说，并结识了很多人，很多人也由此认识了我。"

今天，本·福特森仍然坐在他的轮椅上，却已经成为佐治亚州政府的秘书长。

在过去 35 年里，我一直在纽约市开办成人教育课程。我发现许多成年人最大的遗憾是他们从来没有上过大学，他们似乎认为没有接受大学教育是一大缺陷。这不一定对，因为我就知道成千上万的成功人士，他们甚至连中学都没有毕业。所以我常常给这些学员们讲一个我认识的人的故事，这个人甚至小学都没有读完。

这个人的家非常穷，当他父亲去世的时候，还是由他父亲的朋友筹款，才把他父亲安葬的。他父亲死后，他母亲在一家制伞厂上班，一天要干 10 小时，还要带一些活回家，一直干到晚上 11 点。

在这种环境中成长的这个男孩，曾参加过由当地教堂举办的一次业余戏剧表演。演出时他非常开心，因此决定去学当众演讲。这种能力又引导他步入政坛。30 岁时，他当选为纽约州议员。可是他对这项职务一点儿准备也没有。他还告诉我，事实上，他甚至不知道这是怎么回事。他开始研究那些他必须投票表决的冗长而复杂的法案——可是这些法案对他来说，就好像是用印第安文字写的。他当选为森林委员会委员时，他从来没有走进过森林，因此他既忧虑，又迷惑。当他被选为州议会金融委员会委员时，他同样既担心，又惊异，因为他此前甚至不曾在银行开过户。他告诉我，他当时沮丧得差点儿从议会辞职，但他羞于向他的母亲承认他的失败。在绝望之中，他决定每天苦读 16 个小时。结果，他从一个地方政治家变成了一个全国知名的人物，而且使自己变得更加优秀，以至于《纽约时报》称他为"纽约最受欢迎的市民"。

我说的是艾尔·史密斯。当艾尔·史密斯开始这种自我教育的政治课程 10 年之后，他成了纽约州政府的活字典。他 4 次当选为纽约州州长——一个无人打破的纪录。1928 年，他成为民主党总统候选人，还有 6 所大学——包括哥伦比亚大学和哈佛大学——赠予这个甚至连小学都没有毕业的人名誉学位。

艾尔·史密斯亲口告诉我，如果他当年没有一天工作 16 个小时，把负面转化为正面的话，所有这一切都不可能发生。

尼采对超人的定义是："不仅在必要的情况下忍受一切，而且还要喜欢这一切。"

我越研究那些有成就的人，就越深刻地相信他们中之所以有许多人能成功，就是因为他们在刚开始的时候有一些缺陷，从而促使他们加倍努力，获得更多的回报。正如威廉·詹姆斯所说的："我们的缺陷对我们有意外的帮助。"

不错，弥尔顿很可能就是因为双目失明，才写出了更好的诗篇；而贝多芬也可能是因为聋了，才能写出更好的曲子。

海伦·凯勒之所以能有辉煌的成就，也许是因为她的瞎和聋。

如果柴可夫斯基不是那么痛苦——他那悲惨的婚姻几乎使他自杀，如果他的生活不是那么悲惨，也许他永远创作不出那首不朽的《悲怆交响曲》。

如果陀思妥耶夫斯基和托尔斯泰不是过着痛苦的生活，他们也许永远写不出那些不朽的著作。

达尔文这个改变了生命科学基本概念的人写道，"如果我不是有这样的残疾，也许我不会取得这么大的成就。"达尔文承认，他的残疾对他有意想不到的帮助。

当达尔文在英国出生的那一天，另一个孩子也出生在美国肯塔基州一个森林小木屋里，而他的缺陷也对他产生了帮助。他的名字叫林肯——亚伯拉罕·林肯。如果他出生在一个贵族家庭，从哈佛大学获得法学学位，并且有幸福的婚姻生活的话，也许他永远不可能从内心深处找到在葛底斯堡发表的不朽演说，也不会有他第二次就职演说时如诗般的名言——这是美国统治者曾说过的最美也最高贵的话："不要对任何人心存恶意，而应喜爱每一个人……"

哈瑞·爱默生·福斯迪克在《洞视一切》这本书中说："斯堪的那维亚半岛居民有一句俗话，我们可以用来鼓励自己：'北风造就了维京人。'为什么我们会觉得安全舒适的生活，没有任何困难，这些就能够使人变成好人或者变得快乐呢？正好相反，那些可怜自己的人会继续可怜自己，即使他们舒舒服服躺在大垫子上也不例外。可是在历史上，只有不计环境优劣的人才能快乐，他们勇于承担责任。所以让我再说一遍：'北风造就了维京人。'"

假使我们颓丧到了极点，觉得根本不可能把柠檬做成柠檬汁，那么，下面则是我们应该试一试的两条理由——这两条理由告诉我们，为什么我们只会赚而不会赔。

第一条理由：我们可能成功。

第二条理由：即使我们不能成功，但只要我们试着变负为正，就会使我们朝前看，而不会朝后看，它将会用肯定的思想来替代否定的思想；将激发你的创造力，让我们忙得根本没有时间，也没有兴趣去为那些已经过去和已经完成的事情担心。

有一次，世界著名的小提琴家欧利·布尔在巴黎举办一场音乐会，他小提琴上的 A 弦突然断了，但他仍然用另外 3 根弦演奏完了那支曲子。"这就是生活，如果你的 A 弦断了，就用其他 3 根弦演奏完曲子。哈瑞·爱默生·福斯迪克说。

这不仅是生活，它比生活更加可贵——这是一次生命的胜利。

如果我能够做到，我会把威廉·波里索的这些话铭刻在铜牌上，挂在世界上每一所学校里：

"生命中最重要的，就是不要把你的收入算资本。任何傻子都会这样做。真正重要的，是从你的损失中获利。这就需要聪明才智，这正是聪明人和傻子的区别。"

第六项规则：培养积极的心态。

克服忧虑快乐生活的故事

驱逐烦恼的五个方法

威廉·利奥·费尔普教授

（耶鲁大学的费尔普教授在去世之前不久，我曾和他畅谈了一个下午。下面就是他驱除烦恼的 5 个方法，这是我在那次会谈中记下来的。——戴尔·卡耐基）

方法一：

在我 24 岁时，我的视力突然变得很差。看书三四分钟，眼睛就觉得扎满了针一样；即使不看书，眼睛也十分敏感，甚至不敢面对窗口。我去向纽哈芬和纽约市最出色的眼科大夫求医，但收效甚微。

每天下午 4 点以后，我只能坐在房子里最暗的角落的椅子上，等着上床睡觉。我真的吓坏了，害怕自己必须放弃教师职业，去西部当一名伐木工人。

接着，发生了一件奇怪的事，显示了精神意志对肉体疾病的奇迹般影响。

在那个悲惨的冬天，我的眼睛实在是差到了极点，我应邀为一群大学生作演讲。当时，演讲厅的天花板上悬挂了许多大灯，强烈的灯光刺得我的眼睛疼痛难忍，当我坐在台上，等待被介绍上去演讲之前，只能被迫盯着地板。然而，在 30 分钟的演讲时间里，我完全忘了疼痛，同时还可以直接看那几盏灯却不眨眼。但在演讲结束之后，我的眼睛又开始疼痛了。

当时我就想，如果我能专心致志地做某件事——不是短短的 30 分钟，而是一个星期的话，也许我就可以痊愈。很明显，心理上的兴奋战胜了肉体上的不适。

后来，我有一次乘船经过大西洋时，又有过一次类似的经历。那一次，我的腰突然痛得很厉害，走不了路。如果我站直身子，更是痛到了极点。正是在那种情况下，我应邀在甲板上作了一次演讲。当我开始演讲时，所有的疼痛都不见了。我站得笔直，完美地表达自己，讲了一个小时。演讲结束之后，我轻松地走回我的房间。这时，我以为自己已经痊愈了。但那只是暂时的，腰痛不久又来了。

这些经历使我深深领悟到，一个人的心理状态非常重要。它们教导我，要尽一切可能享受生活的美好。所以，我现在每天都在努力地生活，把每一天都当作我一生中的第一天，同时也是最后一天。对于每天这种新奇而冒险的生活，我一直都很兴奋，而一个情绪兴奋的人是永远不会有烦恼的。我很喜欢每天的教学工作，我还写了一本书《教学的乐趣》。对我来说，教学不仅仅是一种艺术或职业，它更是一种爱好。我像画家喜爱绘画、像歌手喜爱唱歌一样喜爱着教学。我每天早上下床之前，只要想到我的学生，心里就充满了无限的喜悦。我一直以为人生成功的最大因素就是"热情"。

方法二：

我发现我可以通过读一本吸引人的书，将烦恼抛除。在我 59 岁那年，曾经历了相当长时间的精神崩溃。在那段日子里，我开始阅读大卫·威尔逊的伟大作品《卡莱尔传》。这对我的恢复很有用，因为我被深深吸引，以至于忘记了精神上的消沉。

方法三：

还有一次，我十分沮丧，因此我强迫自己每天每小时做一次剧烈的运动。我每天早上都要打五六场激烈的网球，然后洗澡，吃中午饭，下午再打 18 洞的高尔夫球。星期五晚上，我会一直跳舞跳到凌晨 1 点。我强迫自己流了许多汗，发现沮丧和忧愁全都随汗水流走了。

方法四：

我很早以前就知道如何避免匆忙，如何避免在紧张的状态下工作。我一直想尝试应用韦伯·克洛斯的哲学。他担任康涅狄格州的州长时曾对我说："我有时候要同时处理很多工作，我会先坐下来放松，抽根烟，在一个小时之内什么事也不干。"

方法五：

我也知道，耐心和时间能解除我们的烦恼。当我为某事而烦恼时，我就从积极的角度来看待它。我会告诉自己："两个月以后，我就不会再为这事烦恼了。所以，我现在又何必为它烦恼呢？为什么我现在不采取两个月以后我会采取的那种态度呢？"

第19章 多替他人着想

　　我在开始写这本书的时候，提出了 200 美元赏金，以"我如何克服忧虑"为题，征求一则对人最有帮助、最能激励人心的真实故事。

　　这次征文比赛的 3 位评审委员，是东方航空公司的董事长艾迪·雷肯贝克、林肯纪念大学的校长史德华·麦克里南博士和广播新闻评论家卡坦波恩。但我们最后收到两篇非常好的故事，连 3 位评审委员也难以取舍。最后不得不平分了这笔奖金。

　　下面就是得到一等奖的故事之———作者是密苏里州斯普林菲尔德的波顿先生。(他为密苏里韦泽尔汽车销售公司工作。)

　　"我 9 岁时没了母亲，12 岁时又没了父亲。"波顿先生写道，"我父亲死于意外，我母亲在 19 年前的某一天离家出走，从此以后我就再也没有见过她，也没有见过被她带走的两个小妹妹。直到离家 7 年之后，母亲才给我写了封信。我父亲在母亲离家 3 年之后死于一次意外。他和一个合伙人在密苏里州一个小镇买了一家咖啡店，这个合伙人趁父亲出差的时候，把咖啡店卖了并卷款潜逃。一个朋友给我父亲发电报，叫他赶快回家。我父亲在匆忙赶回途中，在堪萨斯州沙林那城遭遇车祸丧生。我有 2 个姑姑，她们又穷又老，而且病魔缠身。她们把我们 5 个孩子中的 3 个带到她们家里去。没有人要我和我最小的弟弟，我们只好依靠镇上人的救济度日。我们怕被人家叫孤儿，或被当孤儿来看待。但我们担心的事情很快就发生了。我和一个贫民家庭在镇上共住了一段时间，但日子很艰难，男主人不久又失业，他们没办法再供养我。后来罗福汀先生和夫人收留了我，住在他们的一个离镇子 18 千米远的农庄里。当时罗福汀先生 70 岁，得了带状疱疹躺在床上。他告诉我说，只要我不说谎，不偷窃，能听话做事，我就可以留在那里。这 3 项要求成了我的圣令，我严格遵守。我开始上学了，可是第一个星期我就像婴儿似的躲在家里号啕大哭。其他孩子都来捉弄我，取笑我的大鼻子，说我是个笨蛋，还说我是个'小臭孤儿'。我伤心得想揍他们一顿，可是收养我的罗福汀先生对我说：'要永远记住，能走开而不打架的人要比打架的人伟大得多。'所以我一直没有和人打过架。直到有一天，有个小孩在学校的院子里抓起一把鸡屎朝我脸上扔来。我狠狠地揍了他一顿，结果交上了好几个朋友，他们都说他是自找苦吃。

　　"我非常喜欢罗福汀夫人给我买的一顶新帽子。一天，有个大女孩把我的帽子扯了下来，在里面装满了水，弄坏了帽子。她说她之所以往里面装水，是想让那些水弄湿我的大脑瓜，好让我那玉米花似的脑筋不要乱爆。

"我在学校从来没有哭过，但我常常在家里号啕大哭。然而，有一天，罗福汀夫人给了我一些忠告，消除了我所有的烦恼和忧虑，并使我的敌人变成了朋友。她说：'拉尔夫，只要你对他们感兴趣，而且注意你能够为他们做些什么，他们就不会再捉弄你，或叫你"小臭孤儿"了。'我接受了她的忠告。我努力学习，不久就得了第一名。但从来没有人妒忌我，因为我总是尽力帮助别人。

"我帮过好多男孩子写作文，还为好几个男孩子写过完整的报告。有一个孩子不愿让他父母亲知道我在帮他，所以他常常告诉他母亲，说他要去抓田鼠，然后跑到罗福汀先生的农场来，把他的狗关在谷仓中，让我教他功课。我还替一个孩子写过读书报告，还花了好几个晚上帮另一个女孩子学习数学。

"死神来到了我们附近：两个年老的农夫死了，另一位妇女被丈夫抛弃了。我是这4户人家中唯一的男人。我帮了这些寡妇们两年。上学、放学的路上，我都会去她们的农场，帮她们砍柴、挤牛奶，给她们的家畜喂饲料、喂水。现在，大家都很喜欢我，不再骂我，每个人都把我当朋友。当我从海军退伍回来时，他们向我表达了他们的感情。我到家的第一天，两百多个农夫赶来看我，其中还有许多人从80公里以外开车过来。他们对我的关怀非常真诚，因为我一直很高兴帮助其他人，所以我没有什么忧虑。而且13年来，再也没有人叫我'小臭孤儿'了。"

让我们为波顿喝彩吧！他知道如何赢得朋友！他也知道如何克服忧虑、享受生活。

华盛顿州西雅图市已故博士弗兰克·陆培也是一样。他因为患有风湿病而在床上躺了23年，但是《西雅图之星》的记者史德华·怀特豪斯写信告诉我说："我访问过陆培博士几次。我从未见过哪个人能像他那样无私，那样会享受生活。"

像他这样躺在床上的废人怎么能享受生活呢？我让你猜两次。他是否埋怨和批评呢？不……他是不是充满了自怜，想让他成为所有人注意的中心，要求每个人都来照顾他呢？也不是。他的做法是把威尔士亲王的名言"我为民服务"作为座右铭。

陆培博士搜集了许多病人的姓名和住址，给他们写充满快乐、充满鼓励的信，使他们高兴，并激励他自己。事实上，他创立了一个专供病人通信的俱乐部，使他们能够彼此联络。最后，他创办了一个全国性的组织，即"病房里的社会"。

他躺在床上，每年平均要写1400封信，由别人捐赠给这个组织的收音机和书籍为成千上万的病人带来了快乐。

陆培博士和别人最大的不同是什么呢？就在于他有一种内在的力量，有一种使命感。他知道自己是在为一项高尚而重要的理想服务，并从中获得快乐；他不会做萧伯纳所说的"以自我为中心、又病又苦、成天抱怨这个世界没有好好地使他开心的老家伙"。

下面是我读到的一位伟大的精神病专家所说的、最惊人的论断，这句话出自阿尔弗雷德·阿德勒。他常常对那些精神忧郁症患者说："如果你遵照我开的处方去做，你就可以在两星期之内痊愈：每天想想如何让别人高兴。"

这话有些令人难以相信，所以我觉得应该引用阿德勒医生的名著《生命对你意义何在》里面的几段加以解释。

阿德勒在《生命对你意义何在》中说："忧郁症就像一种长年不止的怒气，以及对别人的反感，虽然患者只是想得到照顾、同情和支持，但他似乎只是因为愧疚而抑郁不乐。忧郁症患者对早期的记忆通常都是这样的：'我记得我想躺在长沙发上，可是我哥哥却躺在那里。我大声哭叫，使他不得不走开。'

"忧郁症患者通常会用自杀来报复他们自己，而医生的第一个方案就是使他们找不到任何自杀的理由。我解除他们情绪紧张的办法，也是治疗的第一条忠告，就是建议他们'不要做你不喜欢的事。'这句话听上去似乎非常简单，但我相信它可以深深触及这种病的根源。如果一个忧郁症患者能够做他想做的任何事情，他还会怪谁呢？他还会报复谁呢？'如果你想去看戏，'我告诉患者说，'或出去度假，那就去吧。如果你走在半路上又不想去了，那就别去。'这是最好的状况，可以满足他所追求的优越感。他就像神仙一样，可以随心所欲。但从另一方面看来，这并不是他所想要的生活方式。

"他想控制别人、责怪别人，而如果大家都随他所愿的话，他就没有办法控制别人了。这种做法可以使人放松。在我的病人当中，从来没有人自杀。

"病人通常会说：'我没有喜欢做的事。'对此我已经准备好了答案，因为我听得太多了。我会说：'那就不要做你不想做的任何事。'不过有时候他们会这样说：'我想整天躺在床上。'这种事我也知道如何回答。如果我说这样很好，他就不会再想这样做了。我知道，如果我反对，他就会和我对着干，所以我总是顺着他们。

"这是一种做法。另外一种做法则可以更直接地触动他们的生活方式。我告诉他们：'你可以在两星期之内治好，如果你照我的话去做：每天想想如何让别人高兴。'这对他们意味着什么呢？他们满脑子只是想'我怎样才能让别人为我担忧'。他们的回答非常有意思。有的人说：'这对我太容易了。我这一辈子都在做让别人高兴的事。'其实他们从来没有做过。我会要求他们仔细考虑，但他们一般都不愿想。我会告诉他们：'当你睡不着的时候，不妨思考如何让别人高兴。这会大大改善你的健康。'当我第二天再见到他们时，会问他们：'你有没有想过我的建议？'他们会回答：'我昨天晚上一上床就睡着了。'当然，在跟他们谈这些事的时候，一定要诚恳而友善，丝毫不能有优越感。

"其他人会说：'我永远也做不到。我太担心了。'我告诉他们：'你可以继续忧虑下去。不过，你有时候也可以想想别人。'我希望引导他们对别人产生兴趣。很多人会说：'我为什么要让别人高兴呢？别人可从来没让我高兴。'我回答说：'你一定得考虑你的健康。别人以后也会受苦的。'我很少会碰到病人说：'我曾想过你建议的事。'我这样做只是希望使病人增加对社会的兴趣。我知道他的病根主要是缺乏合作，而我正想使他看到这一点。一旦他能够和其他人在平等合作的基础上接触，他的病就会治好……宗教中最重要的信条之一就是'爱你的邻居'……那些对别人毫无兴趣的人，在生活中遭到的困难最多，对别人造成的伤害也最大。人类的各种失败也来自这一类人……我们对一个人所要求的以及我们能给他的最高赞美，就是他应该是一个很合作的人，是其他人的朋友，也是爱情与婚姻生活中的真诚伴侣。"

阿德勒医生要求我们每天都做一件好事，但什么是好事呢？先知穆罕默德说："好事，就是能给别人脸上带来开心微笑的事。"

为什么每天做一件好事就能给人带来这么大的影响呢？因为当我们努力使别人高兴的时候，就不会只想到自己——这正是产生忧虑和恐惧以及忧郁症的根源。

威廉·孟恩夫人在纽约经营孟氏秘书学校，她花了不到两星期的时间去想如何让别人高兴，就治好了她的忧郁症。她比阿尔弗雷德·阿德勒更高一筹——不对，她比他甚至要高出 13 倍。她治好忧郁症并没有花 14 天，只花了一天去想如何让两个孤儿高兴。事情是这样的，孟恩夫人说：

"5 年前的 12 月，我正陷入一种悲伤而自怜的情绪之中。在多年的快乐婚姻生活之后，我失去了丈夫。随着圣诞节的来临，我的病情加重了。我这一辈子从来没有一个人过圣诞节，我害怕这次圣诞节的来临。朋友们来请我和他们一起过圣诞，但我一点儿也感受不到快乐。我知道，不管在哪里，我都会变成令人讨厌的人，所以我拒绝了他们仁慈的邀请。快到圣诞夜的时候，我更觉自己可怜。是的，我是有很多值得感恩的事，就像我们所有的人都有很多值得感恩的事一样。圣诞节的前一天，我在下午 3 点钟离开办公室，开始在第五大街上漫无目的地走着，希望可以消除我的自怜和忧郁症。大街上到处都是开心的人群——这景象使我回忆起那已经流逝的欢乐岁月。一想到要回那个孤独而空虚的公寓，我就受不了。我不知道该怎么办，忍不住流下眼泪。这样走了大约一个小时之后，我发现自己站在公共汽车站前。我记得以前我丈夫和我常常随意搭上一辆公共汽车瞎玩，于是，我就走上靠站的一辆公共汽车。汽车过了哈德逊河，又行驶了一段之后，我听到司机说：'到终点站了，夫人。'我下了车，但根本不知道这个小镇的名字。那是一个平静、安宁的小地方。在等下一班车回家时，我走到一个住宅区的街上，路过一座教堂，听见里面传来'平安夜'的优美曲调。我走进教堂，发现教堂里面空空的，只有那个弹风琴的人。我静静地坐在一把椅子上，圣诞树上的灯装饰得非常漂亮，使整棵树看上去像无数星星在月光下跳舞。悠扬的乐曲声，加上我从早上到现在一直没有吃东西，使我打起瞌睡来。我觉得身体虚弱而沉重，不久昏睡过去。

"我醒来的时候，不知身在何处。我吓坏了，这时突然看见我面前有两个小孩，他们显然是进来看圣诞树的。其中一个是小女孩，她正指着我说：'是不是圣诞老人把她带来的。'当我醒来时，那两个小孩也吓坏了。我告诉他们，我不会伤害他们。他们衣着破旧，我问他们的父母在哪里，他们回答说：'我们没有爸爸妈妈。'原来他们是两个小孤儿，而且比我的境况更差。他们使我对自己的忧伤和自怜感到惭愧。我带他们去看那棵圣诞树，然后带他们去了一个小饮食店吃了一些点心，又给他们买了一些糖果和几样礼物。这时，我的孤独魔幻般地消失了。这两个孤儿给我带来了几个月都不曾体验的真正快乐。当我和他们聊天时，我才发现，我是如此幸运。我得感谢上帝，因为我童年时的圣诞节都充满了欢乐，有父母的关爱和照顾。这两个小孤儿带给我的，远比我送给他们的要多得多。这次经历再一次使我认识到，只有让别人快乐，才能让我们自己快乐。我发现快乐是有传染性的，在施予的同时得到回报。通过帮助别人，付出自己的爱，我克服了忧虑、悲伤以及自怜，觉得自己像一个新人。我的确是一个新人了——不仅当时是，而且以后一直都是。"

那些忘记自我并由此获得健康与快乐的人的故事，可以写一本书。例如，我们来看玛格丽特·泰勒·叶慈的故事，她是美国海军中最受欢迎的女性之一。

叶慈夫人是一位小说家，可是她那些神秘小说的趣味性没有一本比得上发生在她身上的真实故事的一半。这件事发生在日本偷袭珍珠港美军舰队的那天早上。

当时，叶慈夫人生病卧床已经一年多了，她得的是严重的心脏病，一天要躺在床上22个小时。她走过的最长的路，就是去花园晒日光浴。即使在那时，她走路还得由一个女佣搀扶。她告诉我，她当时以为这一辈子全完了。她说："要不是日本人轰炸珍珠港，把我从这种不良情绪中惊醒过来，我绝不可能再有真正的生活。"

叶慈夫人告诉我："这件事情发生的时候，一切都陷入混乱状态。一颗炸弹就落在我家附近，爆炸把我从床上震下来。军队的卡车赶到基地附近，把陆军和海军的家属接到公立学校。在那里，红十字会给那些有多余房间的人打电话要求收容这些人。红十字会的人知道我有一个电话正好放在床边，因此要求我为他们记录所有的资料。于是我记下所有陆军和海军家属被送到了哪里。红十字会也通知所有的海军和陆军人员给我打电话，打听他们家人的下落。

"我很快就发现，我丈夫罗伯特·叶慈中校安然无恙。我尽量想办法让那些不知道丈夫音讯的妻子们高兴，试着安慰那些牺牲了丈夫的寡妇——伤亡的人可真不少。海军和陆战队有2117名军官和士兵阵亡，还有960人失踪。

"我刚开始是躺在床上接听所有的电话。后来，我坐在床上接听电话。最后，我忙坏了，完全忘记了我的虚弱，居然走下床坐在桌子旁边。在帮助那些比我更不幸的人时，我完全忘了自己，除了正常的8小时睡眠以外，再也没有回到床上去。我现在知道，如果没有日本人轰炸珍珠港，我也许终生都是一个半残废者。我舒服地躺在床上，一直都有人照顾。而我现在才知道，我那时正在不知不觉地失去痊愈的希望。

"珍珠港事件在美国历史上是一大悲剧，可是对我个人说来，却是我一生中最幸运的一件事。那次可怕的危机给了我未曾预想的力量，它使我不再只注意我自己，而是去关注别人。它给了我一些非常重要而且不可缺少的东西，并成为我的生活目标。我不再有时间去想自己，或为自己担忧。"

那些找精神病医生看病的人，只要肯按照玛格丽特·叶慈的方法去做，1/3 的人都能自我治愈——只要愿意帮助别人。这只是我的看法吗？不，这也是著名心理学家卡尔·荣格说的，而他正是这方面的专家。他说："在我的病人中，大约1/3的人并非真的有病，而是因为他们的生活没有意义和空虚。"换句话说，他们只是想搭别人的顺风车度过一生——可是别人的车子只经过他们却不会停下来，于是他们去找精神病专家，谈他们那些微小的、毫无意义且又毫无用处的生活。他们上不了船，就只好站在码头上，怪这个或怪那个，却不会怪自己，还要求全世界满足他们以自我为中心的欲望。

你也许正对自己说："哦，我觉得这些故事并没有什么意思。如果圣诞夜遇见孤儿，我也会关心他们；如果我本人在珍珠港的话，我也会很高兴地做玛格丽特·叶慈所做的事。但我的情况不同，我过的是一般人的生活，我做的是一天8小时的枯燥工作，从来没有遇到过任何戏剧性的事。我怎么会对帮助别人产生兴趣呢？而且我为什么要这样做呢？这对我又有什么好处？"

问得好，我会尽力解答。首先，不管你的处境多么普通，你每天都会碰到一些人。你是如何对待他们的呢？你只是随便看他们一眼，还是试着去了解他们的生活？比如说一位邮递员，他每年要走几百公里路，把信送到你家门口，而你是否问过他住在哪里？或者看一看他夫人和孩子的照片呢？你是否问过他的脚累不累？是不是觉得心烦呢？

或者是杂货店送货的孩子、卖报的人、那个在街角为你擦鞋的人？这些人也都是人，都有他们的烦恼、梦想和个人野心，他们也渴望有机会与其他人来共享快乐，可是你给没给他们机会呢？你是否曾对他们的生活流露出真诚的兴趣呢？这些事情正是我要说的。你不一定要做南丁格尔或做一个社会改革者，才能帮助改善这个世界。你可以从明天早上开始，从你碰到的那些人做起。

这对你有什么好处呢？这会给你带来更大的快乐、更多的满足以及更多的自豪。亚里士多德称这种态度为"有益于人的自私"。佐罗亚斯特说："为别人做好事并不是一种责任，而是一种快乐，因为这能增加你自己的健康和快乐。"富兰克林的说法则更简单："当你善待别人的时候，就是善待你自己。"

纽约心理治疗中心的负责人亨利·林克说："照我个人的见解，现代心理学最重要的发现，就是以科学的方法证明，必须要有自我牺牲精神或者是自我约束思想，才能达到了解自我与快乐。"

多替别人着想，不仅能使你不再为自己忧虑，也能帮助你结交许多朋友，并获得更多的乐趣。怎样做呢？我曾向耶鲁大学的威廉·李昂·费尔浦教授请教他是如何做的，下面就是他说的：

"每当我去一家旅馆、理发店或者商店的时候，总会说一些我碰到的每一个人都高兴的话。我会把他们当作一个人，而不只是一台大机器中的一个小零件。有时我会赞美一个在店里向我打招呼的小姐，说她的眼睛很漂亮，或者说她的头发很美。我会问一位理发师，他整天这样站着会不会累？我会问他是怎么干上这一行的，干多久了，已经为多少人剃过头？我会帮他算出来。我发现，当你对别人感兴趣的时候，就会使他们非常高兴。我常常和那个帮我搬行李的红帽子握手，这会让他觉得很开心，整天都精神焕发。在一个特别炎热的夏天，我去纽海文铁路餐车吃午饭。餐车中挤满了人，热得难受，服务也非常慢。等到服务员终于把菜单递给我时，我说：'那些在后面闷热的厨房里做饭的人，今天一定很辛苦。'那个服务员开始骂了起来，他的声音充满了怨恨。我开始还以为他是在生气。'天啊！'他大声说，'到这里来的人都埋怨饭菜不好吃，说我们动作太慢，还抱怨这里太热，价钱太高。我听他们这样批评已经有 19 年了。你是第一个，也是唯一一个对在闷热的厨房里做事的厨师表示同情的人。我真希望上帝让我们多一些像你这样的顾客。'

"这个服务员之所以吃惊，是因为我把后面那些黑人厨师也当人看待，而不是把他们看成一个大铁路机构里的小螺丝。一般人所要的，"费尔浦教授继续说，"只是一点点关注。每次当我在街上看到一个人牵着一条漂亮的狗时，我总是夸那条狗漂亮。当我往前走再回过头去时，通常都会看到那个人正欢喜地拍他的狗——我的赞美使他更喜欢那条狗。

"有一次我在英国碰见一个牧羊人，我非常真诚地赞美了他那条聪明的大牧羊犬。我还请他告诉我是如何训练它的。当我离开以后，回头去看时，看见那条狗前脚竖起搭在牧羊人的肩膀上，牧羊人正拍着它。我对那个牧羊人和他的狗只表示了一点点兴趣，就使得牧羊人很快乐，那条狗很快乐，而我自己也很快乐。"

像这样一个会跟搬运工握手，对在闷热的厨房做饭的厨师表示同情，还告诉别人他多么喜欢他的狗的人——像这样的人，如何不会友好待人，而会满怀忧虑，需要去看精神病医生呢？当然不可能，对不对？是的，当然不可能。中国有一句老话说："予人玫瑰，手留余香。"

如果你是一位男士，就可以跳过这一段，因为你不会有兴趣的。它讲了一个忧虑而不快乐的女孩子如何使好几个男人向她求婚的故事。这个女孩现在已为人祖母。我几年前曾去她家里做客。

当时，我正在她的小镇上演讲。第二天早上她开车 50 公里送我去搭车前往纽约中央车站。我们谈起了如何交朋友的事，她说："卡耐基先生，我要告诉你一件以前从未跟任何人说过的事——甚至连我丈夫也没说过。"（顺便说一下，这个故事不及想象的一半有趣。）她告诉我，她出生在费城一个很穷的家庭。"我幼年和少年时的不幸，"她说，"就是我家很穷。我不能像其他女孩子那样玩乐，我的衣服料子从来都不是最好的。我长得太快，衣服总是难得合身，而且也不是流行的式样。我一直觉得很丢脸，常常哭着入睡。最后，我在绝望之中想出了一个办法，就是每次参加晚宴的时候，就请我的男伴将他的经历以及他的一些想法，还有他对未来的计划告诉我。我之所以这么做，并不是因为我对他的回答特别感兴趣，而只是不想让他注意到我穿着难看的衣服。可是奇怪的事情发生了：当我听这些年轻人跟我谈话，并对他们有了较多的认识后，我真的愿意听他们说的话了。有时我甚至会忘记了自己的穿着打扮。可最让我吃惊的，是因为我善于倾听，而且鼓励那些男孩子谈他们自己的事情，这使他们非常快乐，而我渐渐成为我们那里最受欢迎的女孩子，竟然有3个男孩来向我求婚。"

有人看到这里可能会说："对别人感兴趣，真是胡扯！我才不愿过问别人的事呢！我只想赚钱，得到我想要的东西，可不想管别人的闲事！"

啊，你有选择的权利；不过，如果你是对的，那么自古以来的先贤——耶稣、孔子、佛祖、柏拉图、亚里士多德、苏格拉底、圣弗朗西斯——全都错了。但是，如果你对宗教大师有反感，我们就看看无神论者的忠告吧。先看剑桥大学已故的豪斯曼教授，他是当时最知名的学者。1936年，他在剑桥大学演讲《诗名与其实质》时说道："历史上最永恒、最深刻的道德发现，就是耶稣说的：'因我而失去生命的人，将得永生。'"

我们成天听传教士说这些话，而豪斯曼是无神论者，也是一位悲观主义者，曾想过要自杀，可是他仍旧发现，只想着自己的人不可能活得有意义，他会活得很悲惨。但是忘记自我、为人服务的人，却会发现生命的喜悦。

如果豪斯曼的话也不能打动你，那么我们来看看20世纪美国最杰出的无神论者西奥多·德莱塞的忠告。德莱塞把所有的宗教都看成神话，认为人生只是"傻瓜说的故事，毫无意义"。但是德莱塞却倡导耶稣教给我们的一个伟大真理——为人服务。他说："如果人想从人生中得到快乐，就不能只想自己，还要为他人着想，因为快乐来自你为他人，他人为你。"

如果我们打算像德莱塞所宣扬的那样"为他人改善一切"，那就赶快去做，时间不容浪费。"这条路我只能走一次，所以我能做到的任何好事，现在就做。不要拖延，也不要忽视，因为我不会再经过这条路。"

所以，如果你想消除忧虑，获得平安与幸福，第七项规则：要对别人感兴趣，忘掉你自己；每天做一件让别人高兴的事。

第四篇

如何免受批评的忧虑

第 20 章　将不公正的批评当作对你的恭维

1929 年，美国发生了一件震惊教育界的大事，美国各地的学者都赶往芝加哥参加盛会。几年前，一个名叫罗伯特·霍金斯的年轻人，半工半读从耶鲁大学毕业，他当过服务生、伐木工人、家庭教师和成衣推销员。现在，仅仅 8 年之后，他就被任命为美国第四富有的大学——芝加哥大学的校长。他多大了？30 岁！难以置信！老一辈教育人士都大加反对，批评就像山崩石落一样打在这位"神童"头上，说他这样或那样：太年轻了，经验不足。甚至说他的教育观念荒谬，连各大报纸也参与了对他的攻击。

在就任的那一天，有一个朋友对霍金斯的父亲说："我今天早上看见报纸社论攻击你的儿子，真把我吓坏了。"

"不错，"老霍金斯回答说，"攻击得很厉害。可是请记住，从来没有人会踢一只死狗。"

是的，这只狗越贵重，踢它的人就越可以获得满足。后来成为英王爱德华八世的威尔士王子，他也有过这种遭遇。

王子曾就读于德文郡的达特茅斯学院——这个学院相当于美国安那波利斯的海军学院。那时王子只有 14 岁。一天，一位海军军官发现他在哭，就问他出了什么事。他开始不肯说，但最后终于说了真话：他被一位海军幼校生踢了一脚。指挥官把所有的学生都召集起来，向他们解释王子并没有告状，但是他想弄清楚为什么有人如此粗暴地对待王子。

大家相互推诿了半天，踢人者终于承认说：如果他们自己将来成了皇家海军的指挥官或舰长，他们希望能够告诉别人，他们曾踢过国王。

所以，如果你被别人踢了，或者遭到了批评，请记住，因为这样做可以给踢人者一种自重感，这通常意味着你已经有所成就，并且值得注意。有许多人会从批评比他们学历高或更成功的人中获得某种满足感。例如，在我写这部分内容的时候，就接到一个女人的来信，痛骂创建了救世军的威廉·布慈将军。因为我曾在广播中赞扬过布慈将军，所以这个女人给我写信，说布慈将军侵占了他募集用来救济穷人的 800 万美元。尽管这种指责非常荒谬，可是这个女人并不想要真相，她只是想击垮一个比她高贵的人，以此获得满足。我把她那封充满怨恨的信扔进了废纸篓，同时感谢上帝：好在我没有娶她。她那封信并未告诉我布慈将军是什么样的人，可是却让我对她有了更多的了解。叔本华多年前曾说过："庸俗者可以从伟人的错误和愚行中得到巨大的快感。"

很少有人认为耶鲁大学的校长是一个庸俗之辈，但耶鲁大学前校长提摩太·杜威特却显然以贬低某位美国总统候选人为乐。这位耶鲁大学校长警告说，如果这个人当选总统的话，"我们就会看见我们的妻子和女儿成为合法卖淫的牺牲品。我们就会大受羞辱，受到严重伤害，我们的自尊和道德都会消失殆尽，人神共愤"。

这些话听上去是在骂希特勒，对不对？但并不是，而是在骂托马斯·杰弗逊！哪个托马斯·杰弗逊？肯定不是那位不朽的托马斯·杰弗逊吧？是那个起草《独立宣言》、代表民主政体的人物吗？不错，正是这个人。

你是否想过哪一个美国人曾经被骂为"伪君子"、"大骗子"、"只比谋杀犯好一点"呢？但的确有家报纸的漫画画着他站在断头台上，一把大刀正准备砍下他的头；在他骑马从街上走过的时候，一大群人围住他又叫又骂。他是谁呢？乔治·华盛顿。

这些都是很久以前的事了。也许从那以后，人性已经有所改进。就让我们拿震惊全球的探险家佩瑞海军上将做例子。

佩瑞将军于1909年4月6日乘雪橇到达北极——几百年来，无数勇士为了实现这个目标而挨饿受冻，甚至送命。佩瑞也几乎死于饥寒交迫，他的8个脚趾因为冻伤而不得不切除。他在路上所碰到的各种灾难，都使他担心自己会发疯。但是，华盛顿的那些高级海军官员却因为佩瑞大受欢迎和重视而嫉妒他。于是他们诬告他，说他假借科学探险的名义敛财，然后"无所事事地去北极逍遥"。而且他们可能真的相信，因为人们几乎不可能不相信他们想相信的事情。他们想羞辱和阻挠佩瑞的决心如此强烈，以至于最后必须由麦金利总统直接下令，佩瑞才能在北极继续他的研究工作。

如果佩瑞只坐在华盛顿的海军总部工作，他会遭到批评吗？不会，那样他就不会变得如此重要，以致引起别人的嫉妒了。不过，格兰特将军的经历比佩瑞上将更糟。

1862年，格兰特将军赢得了北军第一次决定性的胜利，这使得他立即成为全国的偶像，甚至在遥远的欧洲也引起了强烈的反响。这场胜利，使得从缅因州一直到密西西比河岸，大家都敲钟点火，以示庆贺。但是在这次伟大胜利的6个星期之后，这位北方的英雄却被逮捕，兵权也被剥夺，使他失望地哭了。

为什么格兰特将军会在胜利之巅被捕呢？绝大部分原因是他引起了那些傲慢的上级对他的嫉妒与羡慕。

第一项规则：将不公正的批评当作对你的恭维。

第 21 章　不让批评之箭伤害你

有一次我去拜访史密德里·柏特勒少将——就是那个老"锥子眼"、老"地狱恶魔"柏特勒。还记得他吗？他是统帅过美国海军陆战队的最多彩多姿、最会摆派头的将军。

他告诉我，他年轻的时候竭力想成为最受欢迎的人，想使每一个人都对他有好印象。在那段日子里，一点点批评都会让他难受、伤心。可是他承认，在海军陆战队工作30年，使他变得坚强多了。"我曾被人家责骂和羞辱过，"他说，"被骂成黄狗、毒蛇、臭鼬。我被那些骂人专家骂过，凡是英文中能够想得出来但写不出来的脏字眼，都曾被用来骂过我。我伤心吗？哈哈！我现在要是听到有人骂我，根本不会回头去看是谁在骂我。"

也许只有老"锥子眼"柏特勒对批评不在意。但有一件事情是肯定的，那就是大多数人对这种不值一提的小事都过分认真。我还记得在许多年以前，有一个来自纽约《太阳报》的记者参加我举办的成人教育示范教学会，他攻击了我和我的工作。我真的气坏了，认为这是对我的侮辱。我给《太阳报》执行委员会主席吉尔·霍吉斯打电话，特别要求他发表一篇文章澄清事实。我想让那个人受到相应的处罚。

而我现在却对我当时的做法感到惭愧。我现在才明白，买那份报纸的人有一半不会看那篇文章，而看到的人也只有一半会把它视为小事。真正注意到这篇文章的人，又有一半在几个星期之后会忘记它。

我现在才明白，一般人根本就不会想到你和我，或者关注别人对我们的评论。他们只会想他们自己——早饭前，早饭后，一直到半夜12点10分之后。他们对自己的小问题的关注程度，要远远超过对他人大事的上千倍。

即使你和我被人耍了，被人当成笑柄，被从后面捅一刀，或者被我们最亲密的朋友出卖了，我们也千万不要沉溺在自怜中。我们应该提醒自己，想想耶稣碰到的那些事。他12个最亲密的友人中，有一个背叛了他，而这个人所得到的赏金如果折算成现在的美元，也不过19美元。他最亲密的友人中，还有一个在他遇到麻烦时公开背弃了他，还3次表白他根本不认识耶稣——还一面说一面发誓。出卖他的人占了1/6！这就是耶稣所碰到的，为什么你我希望比他更好呢？

我在很多年以前就已经发现，虽然我难以阻止别人对我的不公正批评，但我却可以做更重要的事情：我可以决定是否让自己受不公正的批评干扰。

让我把这一点说得更清楚些吧：我并不赞成漠视所有的批评；相反，我说的是不要理会不公正的批评。

有一次，我问伊莲娜·罗斯福，她是如何处理不公正的批评的——老天爷知道，她受到的批评太多了。她热心的朋友和凶猛的敌人可能比任何白宫女主人都要多得多。

她告诉我，她小时候非常害羞，害怕别人说她什么。面对批评，她害怕得去向她的姑妈，也就是西奥多·罗斯福的姐姐求助。她说："姑妈，我想做某件事，可是我担心会受到批评。"

老罗斯福的姐姐正视着她说："不要怕别人怎么说，只要你自己心里知道你是对的就行了。"伊莲娜·罗斯福告诉我，当她在多年以后住进白宫时，这一忠告还一直是她的行事原则。她告诉我，避免所有批评的唯一方法，就是——"做你心里认为是对的事——因为无论如何你都会受到批评。'做也该死，不做也该死'。"这就是她的忠告。

当已故的马休·布鲁什还在华尔街40号的美国国际公司担任总裁的时候，我曾问他是否在意别人的批评，他回答说："是的，早年我对这种事情非常敏感。当时我急于使公司的每一个人都认为我十全十美。要是他们不这样认为，我就会忧虑。只要某个人对我稍有怨言，我就会想方设法取悦他；可是我讨好他，总会使另外一个人生气。等我再想要满足另一个人的时候，又会惹恼其他的人。最后，我发现，我越想讨好别人，以避免别人的批评，就越会使我的敌人增加。所以我最后对自己说：'只要你出类拔萃，你就一定会遭到批评，所以还是早点习惯为好。'这对我大有帮助。从此以后，我就决定尽最大的努力去做我认为对的事，然后打开我那把旧伞，让批评的雨水从我身上流下去，而不是滴进我的脖子里。"

狄姆斯·泰勒则更进一步：他不但让批评的雨水流进他的脖子，而且当着别人的面对此大笑一番。

有一段时间，泰勒每个星期天下午都要在纽约爱乐交响乐团空中音乐会休息时间作音乐方面的评论。有一个女人给他写信，说他是"骗子、叛徒、毒蛇和白痴"。泰勒先生在他的书《人与音乐》中说："我猜想她只是随便说的。"

在第二个星期的广播里，泰勒先生向几百万听众读了这封信。他在书中说，几天以后，他又接到这个女人写来的另一封信，"表达她丝毫没有改变她的意见，她仍然认为我是一个骗子、叛徒、毒蛇和白痴。我现在觉得她不是随便说说而已。"我们实在佩服他用这种态度来接受批评。我们佩服他的沉着，他那毫不动摇的态度和幽默感。

查尔斯·施瓦伯曾在普林斯顿大学对大学生发表演讲，说他所学到的最重要的一课，是一个在钢铁厂工作的德国老人教给他的。

原来，那个德国老人和其他工人发生了争执，那些人把他扔进了河里。"当他走进我的办公室时，"施瓦伯先生说，"满身都是泥水。我问他对那些把他丢进河里的人说了什么，他回答说：'我一笑了之。'"

施瓦伯先生说，后来他就把这个德国老人的话当作他的座右铭——"一笑了之。"

当你成为不公正批评的受害者时，这个座右铭尤其有效。当别人骂你时，你可以回骂他；可是对"一笑了之"的人，你能说什么？

如果林肯没有学会对那些骂他的话置之不理，恐怕他早就受不住内战的压力而崩溃了。他是这样说的："如果我只是试着去读——更不用说回答所有对我的攻击，那么我不如去做别的。我尽我所知的最好办法去做，也尽我所能去做，而我也想一直这样把事情做完。如果结果证明我是对的，那么不论别人怎么说我，都无关紧要！如果结果证明我是错的，那么即使我花十倍的力气来说我是对的，也没有用。"

如果我们想培养平安和快乐的心境，就要凡事尽力而为，然后打开你的旧伞，避开批评的雨水。

第二项规则：不让批评之箭伤害你。

克服忧虑快乐生活的故事

寻找人生的绿灯

约瑟夫·柯特

从我还是个小男孩时开始，直到我成年之初，以及在成年阶段，我一直是个"烦恼大王"。我的烦恼太多了，而且千奇百怪。有些是真烦恼，但大部分却是胡思乱想。我几乎很少发现自己没有什么事不烦恼的——从那时起，我就担心我是否遗漏了什么东西。

接着，在两年前，我开始了新的生活方式。这种生活方式要求我对自己的过错及极少数美德作自我分析，对我自己进行全面了解。这样一来，我就把所有烦恼的原因弄清楚了。

事实是这样的：我并不只是为今天而活着；我为昨天的错误而后悔，又对将来心存恐惧。

不断地有人这样告诫我："今天就是你昨天所忧虑的明天。"但这句话对我并不管用。还有人建议我，只活在今天。也有人说，今天是我唯一能掌握并好好利用的时间。还有人说，尽量让自己忙碌起来，这样就没有时间去烦恼了。这些说法都很有道理，但我发现很难把它们用到我身上。

接着，我像从黑暗中突然冲出来一般，终于找到了答案。你知道我是在哪儿找到的吗？那是在1945年5月31日晚上7点，在西北铁路公司的一个站台上。对我来说那是如此重要的时刻，因此我一直记得很清楚。

我们当时在送朋友上火车。他们刚度完假，准备搭"洛杉矶市"号快车离开。

当时战争还未结束，车站上人潮涌动。我没有和太太一起送朋友上车，而是沿着轨道向火车头走去。我站在那里看闪着亮光的庞大引擎，然后目光移向铁道的前方，发现了一座巨大的信号灯台，当时正好显示的是黄灯。

突然，黄灯变成了绿色。这时，火车鸣起了汽笛，我听见站务人员高喊"全部上车!"接着，在几秒钟之内，那巨大的列车开始驶出车站，踏上了2300英里的旅程。

我的大脑开始旋转——似乎要向我证明什么。我正在经历一次奇迹，一切突然真相大白——原来那位火车司机已经为我提供了我一直在找寻的答案。他只看见一盏绿灯，就开始了漫长的旅程。但若换了是我，我会希望整段旅程全都是绿灯。当然，这是不可能的，但我对生活的期望却正是那样——坐在人生的车站里，结果哪儿也去不了，因为我一直想看清楚前面是什么。

我思潮澎湃。那位火车司机并没有为前面旅程中可能遇到的麻烦而忧虑。火车可能会出现延误、故障，但不正是因此而有了信号灯系统吗？黄灯——减速慢行。红灯——前方危险——停车。这可以保证火车安全，因此是一种很好的系统。

我问自己，为什么不为自己的生活制定一套良好的信号灯系统呢？我找到了答案——我本来就有。这是上帝赐给我的。由他进行操纵，因此我会步步安全。

我开始找寻人生的绿灯。到哪里去找呢？如果上帝创造了绿灯，为什么不问他？我也那样做了。

现在，我每天早晨都要为当天祈祷绿灯。有时我也会遇到黄灯，那么我会慢下来。有时我会遇到红灯，我会立即停止，以免崩溃。

当我在两年前发现这个奥秘之后，就不再忧虑了。在这两年中，我遇到了大约700多盏绿灯，使我不必担心下一盏灯是什么颜色，我的人生之旅也更为轻松愉快。不管前面的信号灯是什么颜色，我已经知道怎么办了。

第 22 章　学会自我批评

在我的私人档案柜里有一卷宗夹，上面写着"我做过的傻事"。我把自己做过的所有傻事都记了下来，存在这个夹子里。有时我会用口述方式让我的秘书记录下来。但这些问题有时候太私密，或者太愚蠢，使我不好意思口述，就只好由我自己写下来。

我还记得我 15 年前放在这个夹子里的一些事情。如果我能对我自己绝对诚实，那么我所做过的傻事恐怕会挤破我的档案柜了。我可以在此重复索罗王 2000 年前所说过的："我曾经做过傻事，做过很多傻事。"

每当我拿出"我做过的傻事"卷宗，重读我对自己的批评时，它们都能帮我解决我所面临的最困难的问题，即如何控制自我。

我以前常常把责任推给别人，可是随着年岁渐长，我发现我所有的不幸几乎都应该怪我自己。很多人在年纪大了之后都会发现这一点。拿破仑在被放逐的时候说："除了我之外，没有任何人应该为我的失败承担责任。我是我自己最大的敌人——也是我不幸命运的根源。"

让我告诉你们一个我熟悉的人的事情吧：他在自我评价和自我控制方面，可以称得上艺术家。他叫霍华。1944 年 7 月 31 日，当他在纽约大使酒店突然去世的消息传遍全美国的时候，整个华尔街都震惊了，因为他是美国金融领袖——美国商业银行和信托公司的董事长，同时也是几家大公司的董事。他小的时候没有受过多少正规教育，从一个乡村小店店员干起，后来成为美国钢铁公司贷款部经理——然后达到了顶峰。

"多年来，我一直保留着一个约会本，上面记了我每天所有的约会。"在我请他解释他的成功原因时，霍华先生对我说，"我的家人也从来不在星期六晚上给我安排活动，因为他们都知道我每个星期六晚上都要花一些时间自我反省，回顾和检讨我这一星期的工作。晚饭之后，我一个人关在房里，打开约会本，回想星期一早上以来所有的会谈、讨论和会议。我会问自己：'我哪一次犯了什么错误？''哪些事情我做对了——怎样才能改进？''我能从中学到些什么？'有时我发现这种每星期一次的检讨让我很不高兴，甚至会为自己所犯的过错而吃惊。当然，时间一年年过去，这些错误也渐渐少了。这种自我分析持续了一年又一年，是我曾做过的事情中最有意义的。"

也许霍华的这种做法是从本杰明·富兰克林那里学来的，只不过富兰克林不会等到星期六晚上。他每天晚上都要严厉自省。他发现他有 13 个严重的错误，下面只是其中 3 项：浪费时间、为小事烦恼和与别人争论发生冲突。睿智的富兰克林发现，除非他能减少这类错误，否则他就不可能有出息。因此，他每星期都会用一天时间改正一项缺点，然后把每天的情况做记录。第二天，他会再挑出另一个缺点，准备好了之后，再接下去进行另一场"战斗"。富兰克林这种每周的奋斗持续了两年多时间。

难怪他会成为美国有史以来最受人敬爱，也最具影响力的人。

阿尔伯特·哈伯德说："每个人在每天当中至少有 5 分钟是个大笨蛋。所谓智慧，就是不超过这 5 分钟的限制。"

傻子受到一点点批评就会大发脾气，而聪明人却会从责备和反对他以及"在路上阻碍他"的人那里学到更多的东西。惠特曼这样说："难道你的一切智慧只是从那些羡慕你、讨好你、常常在你身边的人那里学来的吗？你不能从那些反对你、指责你，或站在路上拦你的人那里学到更多的东西吗？"

不要等我们的敌人来批评我们或我们的工作，我们要胜过他们。我们要成为自己最严厉的批评者。我们要在敌人有机会指责我们之前，就找出并改正我们的弱点。

这正是达尔文的做法，事实上，他花了 15 年时间才做到这点。事情是这样的：当达尔文写完他那本不朽巨著《物种起源》的手稿之后，深知要出版这本对生物创造提出了革命性观点的书，一定会动摇整个知识界和宗教界的基础。所以，他成了自己的批评者，又花了 15 年时间检验他的资料，深入研究他的理论，批评他的结论。

假设有人骂你是"一个笨蛋"，你会怎么办呢？生气？觉得受到了侮辱？让我们看林肯是如何做的：

有一次，林肯的国防部长爱德华·史丹顿骂林肯是"一个笨蛋"。史丹顿之所以这么恼火，是因为林肯干涉了他的工作。为了取悦一个自私的政客，林肯签发了一项调动军队的命令。史丹顿不仅拒绝命令，还大骂林肯签发这种命令真是愚蠢。结果如何呢？林肯听到史丹顿的话之后，平静地说："如果史丹顿说我是笨蛋，那我一定是笨蛋，因为他几乎总是对的。我得亲自去看看。"

林肯果然去见了史丹顿。史丹顿让他了解那项命令为何错误，于是林肯收回了成命。只要是以知识为根据并带有建设性的诚恳批评，林肯都欢迎。

你和我也应该欢迎这类批评，因为我们所做的事连 3/4 的正确率都达不到，而这是罗斯福所希望的，他那时候正入主白宫。爱因斯坦是当今世界最著名的思想家，他也承认他的结论 99% 是错的。

罗切冯卡说："我们敌人的意见，比我们自己的意见更接近事实。"

有很多次我都知道这话是对的，可是每当有人开始批评我的时候，只要稍不注意，我马上就会本能地辩护——甚至还不知道别人要批评我什么。每当我这样做的时候，我就会后悔。我们都不喜欢被人批评，而是希望听到赞美，也不管这种批评和赞美是否公正。我们不是逻辑生物，而是感情动物。我们的逻辑就像一艘独木小舟，在深不可测的情感海洋中漂荡。

我曾在前面几章介绍过当你受到不公正的批评时该怎么办，下面是另一个办法：当你因为受到不公正的批评而生气时，先停下来说："等等……我离完美还差很远呢。如果爱因斯坦承认他99％的时候都是错的，那我至少有80％是错的。也许我受到这样的批评是应当的。如果确实如此，我应该感谢别人，并想办法从中受益。"

查尔斯·卢克曼是培素登公司的总裁，他每年赞助100万美元给鲍勃·霍伯的节目。他从来不看那些称赞这个节目的信件，而是看那些批评的信件。他知道自己可以从中学到许多东西。

福特公司也希望找出他们在管理和业务方面的缺点，于是公司最近对全体员工做了一次意见调查，请他们来批评公司。

我认识一个以前推销肥皂的人，他甚至常常请人批评他。他刚开始为柯盖公司推销肥皂时，订单非常少。他担心会失去工作。他知道他的肥皂和价格都没有问题，所以他想问题一定出在他身上。因此，每次他没有做成业务的时候，就在街上散步，希望弄清楚问题出在哪里：是不是他说话太含糊？他缺乏热情？有时他会回去找客户说："我这次回来不是向你推销肥皂，是想得到你的建议和批评。你能否告诉我，我在几分钟前向你推销肥皂时，有什么做得不对的？你的经验比我丰富，也比我成功，请你给我批评，坦诚而不加掩饰地告诉我。"

这种态度使他赢得了很多朋友和宝贵的忠告。

你猜他后来如何了？现在他已经是CPP肥皂公司的董事长——这是全世界最大的肥皂公司，他的名字叫李特。去年，全美国只有14个人的收入超过他的。

只有非常了不起的人才能做到霍华、富兰克林、李特所做的事情。现在，既然没有人看着你，你何不自己照照镜子，问问自己到底是哪一种人？

如果我们想培养平安和快乐的心境，就记下自己做过的傻事，批评自己。因为我们不可能达到完美的程度，就让我们按照李特的办法去做，请别人给我们坦诚、有益、建设性的批评。

第三项规则：学会自我批评。

第五篇

如何让你的生活更快乐

第23章 从事自己喜欢的工作

（这一章是为那些尚未找到理想工作的青年男女写的。如果你现在处于这种状况，阅读本章将会对你未来的生活产生深刻的影响。）

如果你还不到18岁，那么你可能即将面临人生中两项重要的决定：深刻地改变你一生的决定；可能会对你的幸福、收入、健康产生深刻影响的决定；它们既可能造就你，也可能毁灭你。

那么，这两项重大决定是什么？第一，你将如何谋生？你是做一个农夫、邮递员、化学家、森林管理员，还是一名速记员、兽医、大学教授，或是摆一个汉堡摊子？第二，你将选择谁做你孩子的父亲或母亲？

这两项重大决定通常像是赌博。哈瑞·爱默生·福斯迪克在他的著作《透视的力量》中说："每个男孩在决定如何度过一个假期时，都是赌徒，因为他必须以他的日子做赌注。"

怎样才能降低这种赌博风险呢？读下去，我将尽可能地告诉你。

首先，如果可能的话，要尽量寻找你喜欢的工作。有一次我向轮胎制造商古利奇公司的董事长大卫·古利奇请教，做生意成功的第一要素是什么？他回答说："快乐地工作。如果你喜欢你的工作，你即使工作很长时间，但你却丝毫不会觉得是在工作，而是在做游戏。"

爱迪生就是一个很好的例子。这位没有上过什么学的报童，后来却完全改变了美国的工业生活。爱迪生几乎每天在他的实验室辛苦地工作18个小时，在里面吃饭睡觉，但他一点也不觉得辛苦。他宣称，"我一生中从未做过一天工作，我每天其乐无穷。"

怪不得他会成功。

我曾听查尔斯·施瓦伯说过相似的话。他说："一个人从事他无限热爱的工作，都可以成功。"

可是，如果你对自己想做的工作还没有什么概念的话，又怎么能对工作产生热情呢？艾德娜·卡尔夫人曾为杜邦公司雇用过几千名员工，她现在是美国家庭产品公司工业关系部副总经理，她说："我认为这个世界上最大的悲剧就是，许多年轻人从来没有发现他们真正想做什么。我认为，如果一个人从他的工作中得到的除了薪水之外什么也没有，那就可悲了。"甚至有一些大学毕业生到她那儿说："我获得了达特茅斯大学的文学学士学位（或康奈尔大学硕士学位），你公司有没有适合我的职位？"他们不知道自己能做什么，也不知道自己想做什么。正因为如此，有许多人刚开始时雄心勃勃，充满了美丽的梦想，但到了 40 岁以后却一事无成，痛苦懊丧，甚至精神崩溃。

事实上，选择正确的工作甚至会对你的健康产生重要影响。琼斯·霍普金斯医院的雷蒙·皮尔医生配合几家保险公司作了一项调查，研究人们长寿的原因。他把"正确的工作"排在了首位。这一结论正好符合卡莱尔的名言："祝福那些找到自己心爱工作的人，他们不需再祈求其他的幸福。"

最近我和素凡石油公司的人事部经理保罗·波恩顿畅谈了一个晚上。他在过去 20 年中至少面试了 7.5 万名求职者，还写了一本名为《获得工作的六个方法》的书。我问他："现在的年轻人求职时所犯的最大错误是什么？"他回答说："他们不知道他们想干什么。这真是让人吃惊，一个人会费尽心思地选一件穿几年就会破的衣服，但在选择关系他将来命运的工作时却马虎得多——而他将来的全部幸福和安宁全都建立在它之上。"

那该怎么办呢？你该如何解决呢？你可以去向"职业指导"寻找帮助。不过，它也许可以成全你，也许会损害你，这取决于你所找的那位辅导员的能力和个性。这个新行业远远说不上完美，甚至连起步都谈不上，但它的前景十分美好。你该如何利用这项新科学呢？你可以在你家附近找到这类机构，然后接受职业测试，并获得求职指导。

不过他们只能为你提供建议，决定还得由你自己做。要记住，这些辅导员并不一定可靠。他们之间经常相互对立，有时甚至犯荒谬的错误。例如，有一位职业辅导员曾建议我的一位学员当作家，仅仅因为她的词汇很广。多么荒谬！事情并不那么简单，优秀的作品是将你的思想和感情传递给读者——要想达到这个目标，不仅需要丰富的词汇，更需要思想、经验、说服力、事例和激情。职业辅导员建议这位女孩子当作家，实际上只看到一个因素，这样只会把一位出色的速记员变成一位沮丧的准作家。

我在此想说明的一点是，那些职业指导专家——即使是你我这样的人，也不一定可靠。你也许该多找几位辅导员，然后凭你的常识来判断他们的意见。

你也许会觉得奇怪，为什么我在本章总是说一些令人担心的话。可是，一旦你了解到多数人的忧虑、悔恨和沮丧都是由于不重视工作而引起的，那你就不会觉得奇怪了。你可以就此问你的父亲、邻居或老板。最具智慧的人约翰·米勒宣称，工人无法适应工作是"我们这个社会最大的损失之一"。是的，世界上最不快乐的人中就有那些讨厌他们日常工作的"产业工人"。

你认识陆军中"崩溃"的那类人吗？他们就是被分到错误岗位的人！我指的并不是那些在战斗中受伤的人，而是指那些在普通任务中陷入精神崩溃的人。威康·曼尼格医生是当代最伟大的精神病专家之一，他在第二次世界大战期间主管美国陆军精神病诊疗部，他说："我们发现在军队中挑选和安置的重要性，要派适当的人去做适当的工作……最重要的是，要使此人相信他的工作的重要性。当一个人没有兴趣时，就会认为他被放错了地方，并产生不受欣赏和重视的心理，会认为他的才能被埋没了。我们发现，在这种情况下，他若没有患上精神病，也会留下隐患。"

由于同样的原因，一个人也会在工业中陷入崩溃；如果他轻视他的工作，他也可以把它弄得一团糟。菲尔·琼森就是一个很好的例子。

菲尔·琼森的父亲开了一家洗衣店，他叫儿子来店里工作，并希望他将来接管这家洗衣店。但菲尔不喜欢洗衣店的工作，所以他有些懒散消极，对工作应付了事，其他事情一概不管。有时他干脆不来店里。为此他父亲十分伤心，认为自己的儿子不求上进，没有野心，使他在员工面前大丢面子。

一天，菲尔告诉父亲，他希望去机械厂当工人。什么？一切从头开始？老人十分惊讶。但菲尔还是坚持自己的意见。最后，他穿上了油腻的粗布工作服，干起了比洗衣店更辛苦的工作，而且工作时间更长。但他在工作中竟快乐得吹起了口哨。他选修了工程学课程，研究引擎，安装各种机械。当他在 1944 年去世时，已是波音飞机公司的总裁，并且研制出了"空中飞行堡垒"轰炸机，帮助盟军赢得了第二次世界大战。如果他留在洗衣店，那么他和洗衣店——尤其是他父亲死后——会变成什么样子呢？我想他会毁了这个洗衣店。

即使会引起家庭纠纷，但我仍然想奉劝年轻的朋友们：不要因为你的家人希望你做什么，你就勉强自己进入某一行业。不要贸然从事某一行业，除非你真的想去。不过，你仍然要仔细考虑父母的建议。他们的年纪可能比你大一倍，有丰富的人生阅历。但是到了最后阶段，你还得自己决定。因为将来工作时，快乐或悲哀的是你自己。

我已说了许多，现在让我给你提供一些关于选择工作的建议——其中有一些是警告：

第一，阅读并研究以下 5 项关于选择职业辅导员的建议。这些建议是由最权威的人士提供的。它们由美国最成功的职业指导专家、哥伦比亚大学的基森教授拟定。

（1）如果有人对你说他有一套神奇的方法，可以找到你的"职业倾向"，千万不要找他。这些人包括摸骨家、星相家、"个性分析家"和笔迹分析家。他们的方法并不灵。

（2）不要相信这种人，他们说可以给你先作一番测试，然后指出你该选择哪一种职业。这种人违背了职业辅导员必须考虑的原则：被辅导人的健康、社会和经济等各种情况，同时还应该为被辅导人提供就业的具体资料。

（3）找一位有丰富的职业资料藏书的职业辅导员，并在接受辅导期间充分利用它。

（4）充分的就业辅导服务通常需要面谈两次以上。

（5）千万不要接受函授性质的就业辅导。

第二，避免选择那些早就很激烈并且拥挤的职业和行业。在美国，谋生的方法多得是。但年轻人是否知道这一点？除非他们请占卜师透视水晶球，否则他们不会知道。在一所学校内，有 2/3 的男孩子选择了 5 种职业——2 万种职业中的 5 种——而 4/5 的女孩子也是一样。怪不得有少数行业和职业人满为患，也难怪白领阶层会产生不安和忧虑感以及"焦虑性精神病"。需要特别注意的是，如果你想进入法律、新闻、广播、电影以及"光荣职业"等人满为患的行业时，可要下一番工夫。

第三，避免选择只有 1/10 的生存机会的行业。例如，推销人寿保险。每年有数以千计的人——往往是失业者——他们事先未打听清楚，就开始推销人寿保险。根据费城房地产信托大厦的弗兰克·贝特格先生的描述，以下就是这个行业的真实情形：在过去 20 年，贝特格先生一直是美国最杰出而且最成功的人寿保险推销员之一。他指出，90% 的推销员首次推销人寿保险时会既伤心又沮丧，会在一年之内放弃。至于那留下来的 10 个人，只有一个人可以卖出这 10 个人销售总数的 90%，而另外 9 个人只能卖出 10% 的保险。换句话说：如果你去推销人寿保险，那么你在一年之内放弃而退出的机会比例为 9∶1，而留下来的机会只有 1/10。即使你留下来了，成功的机会也只有 10% 而已，否则你仅能勉强度日。

第四，如有必要，在你决定从事某个职业之前，先用几个星期或几个月的时间全面了解该项工作。怎么做呢？你可以去找那些已在这一行业干了 10 年、20 年或 40 年的人士咨询。

这些面谈对你的将来可能会产生极深的影响。我已经从自己的经历中了解到了这一点。我二十多岁时曾向两位老先生请教职业指导。现在回想起来，我发现这两次会谈是我人生的转折点。事实上，如果没有这两次会谈，我的人生将会变成什么样子，真的难以想象。

你该如何获得这种职业指导会谈呢？例如，你打算当一名建筑师。在你做出决定之前，应该花几个星期去拜访城里和附近的建筑师。你可以从电话簿中找到他们的姓名和住址。不管你事先是否有约定，你都可以去他们的办公室找他们。如果你希望约见面时间，你可以给他们写信，内容如下：

"能否麻烦您帮我一个忙？我希望得到您的建议。我现年 18 岁，正考虑当一名建筑师。在我做出决定之前，希望向您请教。

"如果您太忙，不能在办公室见我，是否愿意在您家中给我半小时见我，我将感激不尽。

"以下就是我想向您请教的问题：

"a. 如果您的生命重新开始，您是否愿意再当一名建筑师？

"b. 在您仔细观察我之后，我想请问您是否认为我具备了当一名成功建筑师的条件？

"c. 建筑师这个行业是否已经供过于求？

"d. 如果我学了 4 年的建筑学课程，要找工作是否困难？我应该先接受哪一类工作?

"e. 如果我的能力中等，在第一个5年我有望赚到多少钱?

"f. 当一名建筑师有什么利弊?

"g. 如果我是您儿子，您愿意鼓励我当一名建筑师吗?"

如果你很害羞而不敢单独去见"大人物"，这里还有两项建议可以帮助你：第一，找一个与你同龄的小伙子一起去。你们可以相互增加对方的信心。如果找不到与你同龄的人，你可以请你父亲一同前往。第二，你去向某人请教，等于是在恭维他。你的请求会使他感觉受到了奉承。记住，成年人往往很乐意向年轻人提忠告。因此你求教的建筑师将会很高兴接受这次访问。

如果你不愿写信给对方要求见面，那么你不必约定就可直接去他办公室，对他说，如果他能为你提供一些就业指导，你将十分感激。

假设你已经拜访了5位建筑师，但他们都因为太忙而不能接见你（这种情形并不多），那么你不妨再去拜访另外5位。他们总会有人愿意接见你，给你提供宝贵的意见——这些意见也许可以使你免去多年的迷失和忧虑。

一定要记住，你这是在做生命中最重要、影响最深远的两项决定中的一项。因此，在采取行动之前，务必多花点时间了解事实真相。如果你不这么做，那么你下半辈子可能会后悔。

如果条件许可，你可以付钱给对方，报答他半小时的时间和忠告。

第五，要克服"你只适合一项职业"的错误观念。每个正常人都可以在多项职业上取得成功，当然也可能在多项职业上失败。拿我自己来说，如果我自己研究并准备从事下列各项职业，我相信成功的机会一定很多，而且会喜欢这些职业，这些工作包括：农艺、水果栽培、科学农业、医药、销售、广告、报纸编辑、教学和林业。另一方面，我敢肯定对于以下工作我一定不会喜欢，而且也会失败：簿记、会计、工程、经营旅馆和工厂、建筑、机械事物以及其他几百项职业。

不为工作和金钱而烦恼，记住第一项规则：从事自己喜欢的工作。

第 24 章　处理好你的家庭财务

如果我知道解决每个人的财务困难，我就不会写这本书，而是坐在白宫——坐在总统身边。但我可以给大家做一件事：我可以引述一些权威看法，并提供一些切实可行的建议，提示你可以从何处获得书籍和小册子，给你额外的指导。

根据《妇女家庭月刊》杂志所作的一项调查，我们 70% 的烦恼都和金钱有关。盖洛普调查公司主席乔治·盖洛普说，根据他的研究显示，大部分人都认为，只要他们的收入增加 10%，他们就不会再有经济困难。在很多情况下确实如此，但令人惊讶的是，更多的情况并不是这样。例如，我在写这本书时，曾向预算专家爱尔茜·史塔普里顿夫人请教。她曾担任纽约和金贝尔两地华纳梅克百货公司的财政顾问多年；她还以个人指导员身份，帮助过那些受金钱拖累的人。她帮助过不同收入的人，从每年赚不到 1000 美元的行李搬运工到年薪 10 万美元的公司经理。她告诉我说："对于大多数人而言，多挣些钱并不能解决他们的财务困难。事实上，我经常看到，在他们的收入增加之后，并没有什么大的作用，反而突然增加了开支——也增加了头痛之事。

"使大多数人烦恼的，"她说，"并不是他们没有足够的钱，而是他们不知道如何支配已有的钱！"（你对这最后一句话不屑一听，对不对？好吧，在你再次表示轻视之前，请记住，史塔普里顿夫人并没有说"所有的人"，她只是说"大多数人"。她并不是指你，她指的可能是你的兄弟姐妹，他们的人数可就多了。）

许多读者可能会说："我希望你这家伙自己来试试：拿我的周薪支付我的账款，维持我应有的开支。只要你试一试，我敢保证你会知道我的困难，不再敢夸口。"不错，我也有我的财务困难：我曾在密苏里州的玉米田和粮仓做过每天 10 小时的苦力工作。我辛勤地工作，累得腰酸背痛。我当时所做的那些苦活累活，并不是每小时 1 美元报酬，也不是 50 美分，甚至不是 10 美分——而是每小时 5 美分，每天工作 10 小时。

我知道持续 20 年住在没有浴室和自来水的房子里是什么感受；我知道睡在华氏零下 15 度的卧室中是什么感受；我也知道徒步好几千米，以节省 10 美分，以及鞋底穿洞、袜子打补丁是什么感受；我还尝过在餐厅里只能要最便宜的菜，以及把裤子压在床垫下是什么滋味——因为我没钱把它们拿去洗熨。

然而，我在那段时间仍然勉强自己从收入中省下几个铜板，因为我若不那么做的话，心里就会不安。由于有了这段经历，我终于明白，如果你我希望避免负债，不受金钱的困扰，我们就必须和那些公司一样，拟定一个开支计划，然后根据计划花钱。可惜我们大多数人都不能这样做。例如，我的好朋友利奥·西蒙金就向我指出，人们在处理财务问题时，往往表现得十分盲目。他告诉我，他所认识的一个会计在他公司工作时，对金钱十分精明，但他在处理个人财务时……

就让我们举个例子吧：如果这个人在星期五中午领到薪水，他会走到街上，看到商店橱窗中有一件他很喜欢的大衣，就会毫不犹豫地买下来——他从不考虑房租、电费以及所有杂费迟早都要从这个薪水袋中抽出来支付。不过这个人也知道，如果他所工作的公司也像他这样以贪图目前享受的方式来经营，那么公司一定会破产。

要知道，当某事情涉及你的金钱时，你就是在为自己经营事业。而你如何处理你的金钱，实际上也确实是你"自己"的事。

那么，我们管理金钱的原则是什么呢？我们应该如何进行预算和计划呢？以下有 11 项规则：

规则一：把事实记在纸上。

阿诺德·班尼特 50 年前在伦敦立志当一名小说家时，穷困潦倒，生活压力非常大，所以他把每一便士的用途都作了记录。他是想知道他的钱怎么花掉的吗？不。他想做到心里有数。他很欣赏这个方法，甚至当他成为世界著名作家、富翁，而且拥有一艘私人游艇之后，还保持着这个习惯。

约翰·洛克菲勒也保持了这种习惯。他每天晚上祷告之前，总会记下每便士的用途，然后才上床睡觉。

你和我也一样，应该找一个本子来，开始记录。难道要记一辈子吗？当然没有必要。有关专家建议，我们最起码要记下第一个月的详细开支——如果可能的话，可以记 3 个月。这样做，可以让我们保持精确的记录，知道那些钱是如何花掉的，然后我们可以根据它来做预算。

你也许知道你的钱都花在何处了。但即使你知道，每 1000 个人当中也只有一个像你这样的人。史塔普里顿夫人对我说，当人们用几小时记下他们的详细开支之后，他们通常会惊讶地叫道："天啊！我的钱难道是这样用掉的？"他们真的不敢相信。你是否也会这样呢？可能吧！

规则二：制订一项真正适合你的财务计划。

史塔普里顿夫人告诉我，假定有两家邻居，他们住同样的房子，同样的社区，甚至连家里的收入和人数也一样，但是他们的财务预算却有很大的差异。为什么会这样呢？因为人各不同。她指出，财务计划必须根据每个人的实际情况来制订。

制订计划并不是想赶走生活的乐趣，它可以给我们一种物质上的安全感——在大多数情况下，物质上的安全可以带来精神上的安全和优越感。史塔普里顿夫人说："根据计划生活的人，一般都比较幸福。"

你该如何制订计划呢？首先，你必须列出一切开支，然后要求指导。在许多大城市，都有家庭理财机构，他们会很乐意为你提供免费指导，帮助你量身定做预算方案。

规则三：学习如何明智地花钱。

我指的是学习如何使你的金钱体现出最高价值。所有大公司都设有专门的采购员，他们不做别的事，只为公司买到最合适的物品。你作为你个人财产的主人，何不也这样做呢？

规则四：不要因你的收入而多添烦恼。

史塔普里顿夫人告诉我，她最怕的就是被年薪 5000 美元的家庭请去作财务预算。我问为什么，她说："因为年收入 5000 美元似乎是大多数美国家庭的目标。他们可能经过多年的奋斗才实现这一目标——当他们每年的收入达到 5000 美元后，他们认为自己已经'成功'了，开始大量花销：在郊区买房子，并说'和租房子花一样多的钱'；买新车，添新家具和新衣服——等他们发觉时，已经陷于赤字阶段了。实际上他们比以前更不快乐——因为他们增加的收入全花光了。"

这是很自然的事，因为我们都希望更好地享受生活。但从长远来看，强迫自己在预算之内生活，或是让催账单塞满你的信箱以及债主猛敲你的大门，到底哪一种方式会带给我们更多的幸福？

规则五：如果你必须借贷，就设法建立个人信誉。

现在假设你没有保险可借，也没有任何有价债券，但是你有房、有车或其他担保物，那么你可以到哪里借钱呢？要尽量去银行借。所有银行都很严格规范，它们在社区也有信誉，利率也由法律严格固定，而且会和你公平交易。所以，如果你遇到困难，银行将会与你商讨对策，制订计划，帮你克服忧虑，摆脱财务困境。我必须再次重复：如果你有担保物，就去银行借钱。

规则六：购买疾病、火灾以及意外保险。

对于各种意外、不幸以及可预料的紧急事件，你可以购买小额保险。我并不是建议你对任何事件都投一份保险，但我郑重地建议你为自己投一些主要的意外险；否则出了事，不但花大笔的钱，也很令人烦恼。这些保险都很便宜。

举个例子吧，我认识一个妇女，去年在医院住了 10 天。等她出院之后，她收到的账单只有 8 美元。这是怎么回事呢？因为她有医疗保险。

规则七：不要让保险公司用现金把你的人寿保险支付给你的受益人。

如果你购买人寿险是为了在你死后能使家人有保障，那么我强烈建议你，千万不能一次性支付。"拥有许多钞票的新寡妇"结局会如何？就让马利翁·艾伯利夫人来解答这个问题。

艾伯利夫人是纽约市人寿保险研究所妇女部主任。她曾在全国各地的妇女俱乐部演讲，呼吁不让寡妇领取大笔的人寿保险金，而改为领取终身收入。她说，有一位收到 2 万美元人寿保险金的寡妇，把钱借给儿子从事汽车零件销售，结果失败了，现在她穷困潦倒。她还提到另一位寡妇被一位狡猾的房地产经纪人欺骗，把她的大部分人寿保险金拿来购买"保证在一年之内增值一倍"的空地。当她在 3 年之后卖掉土地时，只拿回当初的 1/10。她又说到另一位寡妇，她领取了 1.5 万美元的人寿保险金 12 个月以后，就不得不向儿童福利基金会申请补助，以抚养她的子女。这样的悲剧真是太多了。

"一个女人有 2.5 万美元，平均不到 7 年就全部花光了。"这是《纽约邮报》金融编辑施维亚·波特在《妇女家庭月刊》中说的。

多年以前，《星期六晚邮》在一篇社论中说："由于普通妇女没有受过商业训练，又没有银行人士替她们出主意，因此她们很可能在第一个狡猾的掮客向她们游说之后，就贸然地把她们丈夫的人寿保险金拿去购买股票。任何律师或银行家都可举出许多类似的例子：节俭的丈夫多年来省吃俭用存下来的钱，只因为他的遗孀或孤儿相信某位专骗女人的骗子，而转眼将其花光。"

如果你想在死后给妻子儿女提供保障，何不向摩根学习呢？他是当代最伟大的金融专家之一。他把自己的遗产分别赠给 16 位法定继承人，其中 12 位都是女性。他留给这些人的是现金吗？不，是有价证券！这样可以使这些女人每月都得到生活补贴。

规则八：养成子女对金钱负责的态度。

我永远都不会忘记我从《你的生活》杂志中看到的一篇文章。它的作者史蒂拉讲述了她如何教育她的小女儿养成对金钱负责的态度：

史蒂拉从银行要了一本特殊支票簿，将它交给了 9 岁的女儿。每当女儿得到了每周的零花钱时，就将这些钱"存进"里面，母亲则成了"银行"。然后，在那个星期之中，每当她要用钱时，就从中"提取"，把余款记下来。小女孩不仅从中得到了乐趣，而且学会了如何处理金钱。

这是一项特殊方法，如果你有上学的孩子，并想让他学会如何处理金钱，我建议你可以考虑这种方法。

规则九：如果有必要，你可以在家中赚一点额外收入。

如果你制定好开支预算之后，发现仍然无法弥补开支，那么你可以做以下两种选择之一：你可以咒骂、发愁、担心和抱怨；或者你可以想办法赚一点额外的收入。怎么做到呢？要想赚钱，可以寻找人们最需要而目前供应不足的东西。家住纽约杰克森山庄的赖莉·斯皮尔夫人就是这么做的。1932 年她一个人住在一套有 3 个房间的公寓里。

斯皮尔夫人的丈夫已经去世，两个儿子也已经结婚。一天，她去一家杂货店的苏打水柜台买冰淇淋，发现那里还卖水果饼，但那些水果饼看上去实在让人不敢恭维。她问老板愿不愿向她买一些真正的家制水果饼，结果他订了 2 份。

"虽然我是个好厨师，"斯皮尔夫人对我说，"但以前我们住在佐治亚州时，一直有女佣，我亲自烘制饼干的次数也不过十几次。在得到 2 份订单之后，我向一位邻居请教了如何做苹果饼的方法。结果，那家杂货店的顾客对我最初的 2 份水果饼赞不绝口——一份是苹果饼，一份是柠檬饼。第二天杂货店又预订了 5 份，接着其他杂货店也陆续向我订货。两年之内，我发展到一年必须烘制 5000 份饼。我单独一人在我自己的小厨房里做这些，我一年纯收入达 1000 美元。除了一些做饼的原料，我一分钱都不乱花。"

由于对斯皮尔夫人家烘烤饼的需求量越来越大，她不得不搬出厨房，租下一间店铺，还雇了两个女孩子帮忙。在第二次世界大战期间，人们常常排一个小时的长队买她的家制食品。

"在我一生中，从未有如此快乐。"斯皮尔夫人说，"我每天在店里工作 12～14 小时，但我从不觉得累，因为对我来说这不是什么工作。那可真是生活中的奇异体验。我只是尽我所能使人们更加快乐。我如此忙碌，以至于无暇忧愁或寂寞。我的工作弥补了自我母亲和丈夫去世后给我留下来的空白。"

我问斯皮尔夫人，是否其他烹调技术高明的家庭主妇也可以在闲暇时，以同样的方式在一个 1 万人以上的小镇上赚钱，她回答说："可以。当然可以。"

奥拉·斯林达夫人也会告诉你同样的故事。她住在伊利诺伊州一个 3 万人口的梅梧小镇。她就在厨房以 10 美分的原料开创了自己的事业。由于她丈夫病了，她必须赚钱。怎么办？她既没有经验，也没有技术，又没有资金，只不过是个家庭主妇。她从一枚鸡蛋中取出蛋清，加上一些白糖，在厨房里做了一些饼干。然后将这些饼干带到学校附近，卖给那些放学回家的学生，一块饼干只卖一分钱。她说，"我每天都会带自制饼干来这儿。"在第一周，她不仅赚了钱，也找到了生活的乐趣。她为自己和孩子们带来了欢乐，再也没有时间忧虑了。

这位来自伊州梅梧镇的家庭主妇有着很大的抱负，她决定往外扩展，找个代理人在繁华的芝加哥市卖她的家制饼干。她羞怯地找到一个在街头卖花生的意大利人。他耸耸肩，说他的顾客只要花生，而不是饼干。她给了他一块样品，他很喜欢，于是开始替她出售饼干，第一天就为她赚了不少钱。4 年后，她在芝加哥开了第一间店铺，只有 2.5 米宽。她晚上做饼，白天销售。这位以前羞怯的家庭主妇，从厨房的炉灶开创饼干工厂，现在拥有 17 家店铺——其中 15 家在芝加哥市最热闹的鲁普区。

我在此想说的是，赖莉·斯皮尔和奥拉·斯林达不仅没有为金钱而烦恼，反而采取积极主动的做法。她们以最小的方式，从厨房开始，没有租金，没有广告费，也没有薪水。在这种情况下创业的女人，是不可能被财务忧虑拖垮的。

看看你四周，你也许会发现许多尚未达到饱和的行业。例如，如果你自己是一名优秀的厨师，你可以开一个烹饪培训班，就在你自己的厨房里教年轻女孩子，说不定上门的学生络绎不绝呢。

有许多书教导你如何利用空闲时间赚钱，你可去公立图书馆借阅。

不管男人、女人，都有许多机会。但我必须警告的是：除非你有天生的推销才能，否则不要尝试去挨家挨户上门推销。因为大部分人都以失败告终。

规则十：不要赌博——永远不要。

我总是不理解那些想从赌赛马和玩吃角子机器上赢钱的人。我认识一个人，他有多台"单手土匪"游戏机，并依靠这些机器为生。他对于那些天真地想打败这些骗钱机器的傻瓜，除了蔑视之外，别无同情。

我还认识美国最出色的一名赌赛马的老手。他是我成人教育班的一名学员。他告诉我，根据他的经验，他并不能从赌赛马中赚到钱。然而，事实是每年都有许多傻瓜在赛马中赌掉了 60 亿美元——刚好是美国 1910 年全国总债务的 6 倍。这位赛马赌徒还告诉我，如果他想毁灭他的敌人，最好的办法就是让对方去赌赛马。我问他，如果有人根据赛马的内部情报来下赌注，那结果会如何？他回答说："照这种方式来赌，会输掉整个美国造币厂。"

规则十一：如果我们不能改善自己的经济状况，不妨宽恕自己。

如果我们不能改善自己的经济状况，也许我们可改进我们的心态。记住，别人也有他们的财务烦恼。我们可能会因为经济条件不如别人而烦恼，但别人也可能因为比不上另一家而烦恼，而这另一家又因为比不上另一家而烦恼。

即使美国历史上最著名的人物，也有他们的财务烦恼。例如，林肯和华盛顿都必须向人借钱，才能上路就任总统。

如果我们得不到我们想要的东西，最好不要让忧虑和悔恨来打搅我们的生活。我们要善待自己。古罗马最伟大的哲学家之一塞尼加说："如果你一直觉得不满足，那么即使你拥有整个世界，你也会伤心。"

记住，即使我们拥有整个世界，我们一天也只吃三餐，一次也只睡一张床。

第二项规则：处理好你的家庭财务。

第25章 年老也有用武之地

我的一位朋友不久前对我说："我怕的并不是人会变老这一事实，而是担心人一旦老了，就会表现出一些令人不快的言行，例如自怜、埋怨、软弱、变成'老小孩'、喜欢追忆往事。如果真是这样，我倒觉得还不如死掉算了！"

谁又不是像他这样怀着同样的心理呢？但事实是，我们未必都会变成那样！除非我们患了老年痴呆症，否则我们就没有理由不允许80岁的老人仍然保持20岁、30岁或40岁时的优雅、风趣和价值。

我们先来了解世界上一些杰出人物的真实例子，看看他们是如何渴望成熟而不是变老的：

身材瘦小、性情豪迈的英国哲学家伯特兰·亚瑟·威廉·罗素在90多岁时，抱怨的居然是自己已经不能毫不觉得疲倦地一口气走5英里以上的路！他这样说："我发现，大多数退休的人，都是在退休之后没过多久，就因为枯燥无聊而死掉的。即使是一个天生就很活跃的人，虽然他相信轻松地度过一生会很快乐，但他还是会发现英雄无用武之地的生活是令人难以忍受的。我也承认，那些善于享受人生的人更容易活下去，但是对于一个生命力足够旺盛的老人来说，除非他能保持活跃，否则他也未必能生活得很快乐。"

再比如，缔结《凡尔赛和约》的意大利已故首相维多利奥·艾曼纽尔·奥兰多在94岁时，每天仍然能工作10个小时。他一人身兼多职，有意大利议会议员、一家法律顾问公司的成功合伙人、律师公会理事长和罗马大学教授。

伟大的外科医生拉斐尔·巴斯安里利博士在90岁时，仍然每天坚持执行一个连那些年轻人都不敢涉足的工作计划。他每个星期都要在他的私人医院为病人做3例手术，每天安排固定的上班时间，坚持进行研究工作，他甚至自己开车或驾驶私人飞机。他的这些做法一直坚持到第二次世界大战。巴斯安里利博士还成功地用自己的行动证明了精神能战胜肉体——他从30岁开始就饱受风湿性关节炎、胃病和失眠症的折磨。

哲学家班尼狄特·格罗斯在89岁时，还能每天坚持工作10个小时，尽管他在几年前得过中风。

另一位意大利首相法兰西斯·尼蒂，也是一位每天坚持工作10个小时的老人——他已经有100岁了。

英国已故国王乔治的医生贺德伯爵，在80岁时还每天工作12个小时，而且工作之后还能收拾花园或写诗。

有些老年女性也表现出了不亚于男性的充沛精力：英国的艾丽丝·海伦·鲍尔博士，是英国科学院临床心理学部的第一位女性领导，但是她竟然住在一间没有水电和煤气的小平房里。鲍尔博士84岁时，还坚持每天工作，忙得没有一点儿空闲。她每天下午休息一个小时，然后一直工作到凌晨2点才能睡觉。

著名翻译家奥莉维亚·罗塞蒂，到了80岁时还每天工作16小时。她一天只睡6个小时！

在美国，不知疲倦的老人还有伟大的指挥家亚图罗·托斯卡尼尼。他担任国家广播公司交响乐团的首席指挥，直到87岁那年才放下了心爱的指挥棒。

诗人卡尔·桑德堡80岁时，还不断地有佳作问世。

摩西祖母，直到78岁才开始学画画，结果成为一个受人欢迎的画家。在96岁高龄时，她的手里还拿着画笔。

芝加哥大学生理学荣誉教授、国家科学院医学研究中心负责人安东尼·朱利斯·卡尔逊博士80岁时，还能每天花9~10个小时研究老龄化问题。这还是因为他考虑到自己年事已高，才采取了这种照顾自己的行为；而在以前，他每天工作的时间是15个小时！

我不想再继续罗列一大堆人物的名单了，因为这样的人实在是太多了。我们或许会说，这些杰出人士的证据并不能说明什么，他们只不过是特例或另类，因为他们是天才。如果真是这样的话，那些不是天才或极其普通的人、那些不愿年华老去而变成废物的人，他们的经历能不能说明问题呢？

洛杉矶的J.W.琼斯顿老人，100岁时还能每天干木匠活。在琼斯顿老人看来，将100磅重的盖屋顶用的材料搬上20英尺高的梯子不是什么难事。他还说，他从来就不知道生病是什么滋味。

家住宾夕法尼亚州特拉克斯维尔市的里昂·华兹特夫人已经70岁了，她的体重只有96磅，而且因为患有神经炎和静脉瘤而常年疼痛难忍。她曾做过13次手术。即使是处于这样的状态，华兹特夫人的儿子告诉我说，华兹特夫人不仅每天心情舒畅，而且忙个不停。她坚持自己收拾那套有9个房间的平房，家中总是保持得井井有条、纤尘不染；她还要修剪大花园里4坛漂亮的灌木和花树，而且亲自下厨房制作精美的糕点，她的糕点可以说是远近闻名的。

俄克拉荷马州普华尔有一个名叫W.A.格拉汉姆的老人，他活了100岁。格拉汉姆先生非常富有，是所在社区的大恩人。临终前，老人的身心还保持着活跃的状态。平时，他每天坚持步行10英里，以证明他坚信不疑的格言："一个站着的人，顶得上两个坐着的人。"

新罕布什尔州的威廉·霍尔先生，在100多岁时还能帮儿子经营农场。他的儿子负责照管奶牛，老人则负责煮饭干家务。

家住缅因州马奇亚斯波特市的尤妮丝·H.巴尔马老夫人已经103岁了，她对于如何享受晚年生活颇有心得。她说："保持忙碌，让你根本没有时间去考虑你的烦恼和病痛。"

上面这些人比大多数人活得都要长，但是他们却都没有表现出老朽、"老小孩"或大多数老年人常见的其他令人讨厌的特征与迹象；相反，他们达到了马丁·甘伯特博士所说的"人生第二高峰"，这是人到70岁以后再现出来的活力。

甘伯特博士说："直到最近我们才发现，老年阶段自有其独特的创造力和激情……我想，如果我们能发掘老年阶段有待挖掘的宝藏，那么每个人的生活都将变得更丰富、更快乐。"

既然有的人能跨越年龄的障碍而走向成熟，并不只是空度岁月，那么我们也能做到这一点。如果我们能驱除心中的恐惧，将全部精力用于培育心灵成长和精神成熟上，那么即使我们的身体日渐衰老，我们也能让心灵永远保持年轻的状态。

社会学家大卫·雷斯曼曾说过一句对我们颇有帮助的话，他说："像伯特兰·罗素或托斯卡尼尼这样的人，他们因为能够在精神上保持基本的活力，从而使得他们的肉体也一直处于活跃的状态……弗洛伊德得了口腔癌而导致饮食困难，可是他仍然能够精力充沛地面对生活，过着活跃而又独立的生活。"

是的，专家和学者们正在不断地获得证据，以改变我们原来认为的"年老就是衰退"的观念。人到了老年，不但不会削弱其原来具备的各项能力，反而会重新获得年轻时曾经梦寐以求的创造力和成熟的人格。如果我们能把获得成熟作为目标，就能真正体会到我们的晚年就像罗伯特·勃朗宁所说的："前半生是为后半生做准备的。"

所以，如果我们想使自己变得更加成熟，就要记住第三项规则：年老并非无所作为，只要精力足够旺盛，也可以像年轻人那样做出一番事业。

第 26 章　百岁人生也有无穷乐趣

两位医生佛兰德斯博士和他哥哥法兰西斯——这两位邓巴家的兄弟——率先进行了医学领域一项独特的关于百岁老人的研究。美国现在约有 1500 多位 100 岁以上的老人，邓巴兄弟及其同事正在对其中 20% 的人进行研究。

邓巴兄弟选择的这些研究对象虽然都已百岁高龄，但是他们全都非常健康，而且热爱生活，能够自己照顾自己，他们对生活的乐趣超过了对死亡的恐惧。除了年龄，他们一点都不老。

在伦敦举行的第三届 "国际老龄化现象" 研讨会上，他们提交了一份研究报告。在这份报告中，他们推翻了一些传统的关于老年问题的观念。他们认为，一个人是否长寿和遗传并没有什么关系，但和这个人的人格以及情感素质却有很大的关系；如果一个人健康、独立、勇敢、善良、富有爱心、热爱工作，他也有可能活到 100 岁，而且能从中体验到快乐。

我认为，邓巴兄弟的这份报告鲜明地证实了没有 "变老" 之说，而是我们的拒绝成长导致了我们的变老。我们的成熟程度决定了这个不断成长的过程：如果我们不再渴望学习，中断人格的发展，我们就会开始衰退，变老落伍，就会躺进摇椅或废物堆中。

邓巴兄弟的报告还明确指出："健康、愉快的老年，和相应的心理及精神状态密切相关。" 所有的百岁老人几乎都有一个共同特征，那就是保持忙碌。邓巴兄弟研究后发现，那些退休后不再找事做的人，根本进不了他们的老年人名单！据此，他们得出推论说："退休和强制休闲制度使得他们不能继续从事他们的工作，但是他们在 65 岁以后还依然很健康，他们都渴望能继续工作，他们的健康也正是因为他们能不断地工作。当这些百岁老人从某一项工作退休以后，又都能找到另一项工作。"

再从感情角度来看：这些百岁老人没有一个是脾气暴躁、性格反复无常、蛮横任性或难以相处的；相反，他们全都性情温和、心情愉快、无忧无虑、身体健康，根本不必为健康担忧。例如，有一位百岁老人竟然不知道她私人医生的名字，因为她从来就没有看过病；还有一位老人说，她 113 岁时头一次患了感冒，因此她的孙子再也不让她在雨天出家门了。

虽然这些百岁老人在饮食、烟酒等方面的习惯各不相同，但是他们没有一个是毫无节制的，他们都懂得适当地克制自己。

在接受调查的百岁老人中，98% 的人已婚，而且他们很少离婚。他们生养的孩子是美国平均水平的 1.6 倍，平均每对夫妻生育子女 3.9 个，其中还有人生了 10 ~

20 个孩子。他们认为抚养孩子是一种乐趣，而不是什么麻烦，他们也从来不抱怨养育孩子多么劳累。

坚持独立自主，是这些百岁老人的另一大特征。他们大多不会选择和子女住在一起，更乐于帮助后代，而不是由后代来赡养他们。他们沉醉于生活忙碌的乐趣，根本不会有时间考虑死亡。他们当中的许多人谈起未来时，似乎觉得自己还能活几十年。

他们善于接受新思想，乐意改变旧观念。他们有很多朋友，能够包容一切，富有幽默感，而且很少追忆以前的美好时光。

总之，邓巴兄弟关于百岁老人的研究报告，给我们带来了希望。无论我们是否能活到 100 岁，但我们至少可以培养一种勇于尝试的态度，度过一个幸福而不是困苦的老年。

生理学家的研究表明，我们身体里面的各个器官并不是以相同的速度衰退。马里兰州巴尔的摩市医院的纳森·W. 萧克博士对此曾做过一项研究，他指出："老化并不是在一瞬间完成的，它是在我们停止成长之后才开始的。"

加拿大麦基尔大学的 N. J. 伯瑞尔博士也说："没有人会在突然之间所有的器官全都变老。例如，一个 65 岁的人，可能由 40 岁的心脏、50 岁的肾脏和 80 岁的肝脏组合而成；一个 90 岁的人，也可能具有 30 岁的神经传导速度、60 岁的肾脏、80 岁的知觉和 90 岁的新陈代谢功能。显然，他不可能像他看上去的那么苍老。"

我们大可不必担心，到了老年会逐渐失去智慧。萧克博士和他的助手们经过研究发现，凡是拥有高度智慧的人，他们的智慧会随着其年龄的增长而增加；相反，那些愚蠢的人则会变得越来越愚蠢。虽然我们的反应速度到了 60 岁以后会逐渐衰减，但是心智功能却不会受任何影响。就肉体而言，我们几乎刚学会走路就开始老化了，但我们的智力却会在 40 岁之前骤然上升，然后趋缓直至 60 岁。

伯瑞尔博士就曾指出："甚至到了 80 岁，人的智力仍然能像 35 岁时一样敏锐。这时候人的心智和 35 岁时有所不同，但并不等于比 35 岁时差……大多数人错误地认为，年龄变大导致了他们学习能力的降低，但事实并非如此，其实是他们的心智已经僵化而不肯接受新东西。俗话说'刀不磨会生锈'，只有经常加以应用，心智才会机敏如常。"

没有任何科学研究证明，人到了老年会成为我们自己和社会的负担。老年人的确有部分机能受到损害，但肯定不是全部机能都受到损害；疾病可能会偏爱老年人，但它有时候也会袭击年轻人；老年人可能会遇到经济和财务困难，但是在人生当中，有哪个阶段不会遇到困难呢？

"大多数人都白白浪费了他们的成年时期，这实在是太可惜了。"美国老年问题研究专家 A. J. 卡尔博士说，"我们任由自己陷入错误的观念和竞争之中，固守那些过时而偏执的看法，却错过了生命的巅峰时期，然后只剩下一具空壳。接下来，我们只好准备做一个令人讨厌的、无知而无助的老人，终年承受各种病痛的折磨而难以自拔。"

毋庸置疑，对于我们的人生来讲，老年时期的确是最丰富多彩的时期：它既是我们享受经验和智慧、积累成熟的丰收时期，也是我们享受由于早年的奋斗和压力而失去的某些生活的时期——简而言之，它是我们享受成熟的回报时期。

所以，如果我们想使自己变得更加成熟，就要记住第四项规则：即使活到100岁，也可以享受无穷的人生乐趣。

克服忧虑快乐生活的故事

逃脱死亡

罗亚尔打字机公司国外部经理 约瑟夫·瑞恩

多年前，我曾在一件官司中担当一名证人，结果导致我精神紧张和烦恼。官司结束之后，我搭火车回到家，突然间病倒了，而且病得非常厉害。心脏病！我发现我几乎喘不过气来。

我回家以后，医生给我打了一针。当时我并不是躺在床上——我只能支撑到客厅，再也走不动了。当我神智恢复之后，发现教区的牧师已经在为我准备最后的洗礼。

我看到了家人脸上的悲伤。我知道我的生命已到了最后时刻。后来，我又发现医生要我妻子面对现实：我可能会在30分钟之内死去。我的心脏如此衰弱，医生警告我不得说话，甚至连手指头也不得动弹。

我并不是什么圣徒，但我学会了一件事——不要和上帝争论！所以，我闭上眼睛，对自己说："该来的，总是会来的。"

有了那个想法之后，我似乎全身放松了。我的恐惧消失了，我镇静地问自己，现在可能会发生的最糟糕的事情是什么？嗯，大不了是心脏痉挛，让我疼痛好一阵子，然后一切都过去了。我知道我马上就要去见上帝，永远安息了。

我躺在沙发上，等了一小时，但是疼痛并没有再次袭击我。最后，我开始问自己，如果我现在不死，我将对生活作何打算。我决定尽一切努力恢复健康，不再用紧张和烦恼来毁灭自己，要重建自己的力量。

那已经是4年前的事了。我的身体恢复得很快，甚至连医生也对我的进步大加赞扬。我不再自寻烦恼，对生命有了新的感受。但我必须承认，如果我不是曾经在死亡线上挣扎过，然后努力进步，我不相信我今天还会健在。如果我没有接受最糟糕的情况，我相信我会因自身的恐惧和惊慌而死去。

（瑞恩先生今天之所以还活着，是因为他采用了"魔法公式"中介绍的法则——勇于面对可能发生的最坏局面。）

第六篇

常葆充沛活力的六种方法

第 27 章　经常休息

　　在这本书里，为什么要写如何防止疲劳呢？很简单，因为疲劳容易使人产生忧虑，或者至少使你比较容易忧虑。任何一个医学院的学生都会告诉你，疲劳会降低身体对一般感冒和上百种其他疾病的抵抗力；任何一位精神病专家也会告诉你，疲劳同样会降低你对忧虑和恐惧的抵抗力。所以，防止疲劳可以防止忧虑。

　　我是说"防止忧虑"吗？这样说也许太温和了。艾德蒙·杰科布森医生说得更清楚。他写过两本放松紧张情绪的书《消除紧张》和《你必须放松》，他还担任芝加哥大学实验心理学实验室的主任。他曾用了许多年时间主持研究放松疗法在医学上的用途。他认为，任何一种精神或情绪紧张"在完全放松之后就不复存在了"。也就是说，如果你能放松，就不会再忧虑。

　　所以，要防止疲劳和忧虑，就要：经常休息，在疲劳之前就休息。

　　这一点为什么如此重要呢？因为疲劳增加的速度非常快。美国陆军曾经做过多次实验，发现即使是经过多年军事训练的强壮年轻人，如果不带背包，而且每小时休息 10 分钟的话，就会走得更远、更持久，所以陆军总是强行要求他们这样做。你的心脏和美国陆军士兵的一样聪明。从你的心脏每天流出来穿过全身的血液，足够装满一节火车车厢；它 24 小时所供应的能量，足够把 20 吨煤铲到 91 厘米高的台上。你的心脏能完成这些令人难以相信的工作量，可以持续 50 年、70 年，甚至 90 年。它怎么承受得了呢？哈佛医学院的瓦尔特·坎农医生解释说："绝大多数人都认为，心脏整天都在跳动。事实上，在每一次收缩之后，它有一段完全静止的时间。当心脏以正常速度每分钟跳 70 次时，它一天 24 小时只实际工作 9 小时。它每天休息了足足 15 个小时。"

　　在第二次世界大战期间，丘吉尔快 70 岁了，却能够每天工作 16 小时，长年指挥英军作战。太了不起了。他的秘诀呢？他每天早晨在床上工作到上午 11 点，看文件、口述命令、打电话、开重要会议。午饭后，他再上床睡 1 个小时。到了晚上 8 点钟吃晚饭以前，他会再上床休息 2 个小时。他这样做并不是消除疲劳，因为事先就防止了，所以根本不必消除。由于他经常休息，所以可以精力充沛地一直工作到后半夜。

　　老约翰·洛克菲勒也创下了两项惊人的纪录：他赚到了当时全世界最庞大的财富，并活到了 98 岁高龄。他如何做到的呢？最主要的原因当然是他家里的人都很长寿，另外一个原因则是他每天中午要躺在办公室的沙发上睡半个小时。即使是美国总统打来电话，他都不会接。

在《为什么会疲倦》这本书里，丹尼尔·约西林说："休息并不是不干任何事；休息就是修补。"短短的休息，具备很强的修补能力，哪怕只打5分钟的盹儿，也有助于防止疲劳。

棒球名将康尼·马克曾告诉我，他每次比赛之前如果不睡午觉，到第五局他就会觉得筋疲力尽了；可是，如果他睡了午觉，哪怕只睡5分钟，他也能够打完全场，而且一点也不会感到疲劳。

我曾问过伊莲娜·罗斯福，在她当白宫第一夫人的12年里是如何应付那么紧张的日程的。她说每次接见一大群人或发表演说之前，她通常都要坐在椅子或沙发上，闭目休息20分钟。

最近我到麦迪逊广场花园金·奥特瑞的休息室拜访了他，他是世界骑术大赛明星。我注意到他休息室里放了一张行军床。"每天下午我都要在那里躺一会儿。"金·奥特瑞说。"我会在两场表演之间睡上1小时。我在好莱坞拍电影时，常常靠坐在一个很大的软椅里，每天睡两三次，每次10分钟，这样可以使我精力充沛。"

爱迪生认为他之所以具有无穷的精力和耐力，要归功于他随时想睡就睡的习惯。

亨利·福特80岁大寿之前不久，我拜访过他。我很惊讶他那么有精神，那么健康。我问他秘诀何在？他说："能坐着我绝不站着，能躺着我绝不坐着。"

"现代教育之父"柯瑞斯·曼年老之后也是如此。在担任安提奥克大学校长的时候，他总是躺在沙发上接见学生。

我曾建议好莱坞一位动作电影导演也试试类似方法，后来他说这种办法可以创造奇迹。这位导演是杰克·查托克，他是好莱坞最有名的导演之一。几年前他来看我的时候，正担任米高梅公司短片部的经理。

由于疲惫不堪，他试过了一切方法：喝矿泉水、吃维生素和补药，但都无效。于是我建议他每天"度度假"。怎么做呢？那就是当他在办公室开会的时候，躺下来放松。

当我两年之后再见到他时，他说："出现奇迹了。这是我的医生说的。以前谈论短片时，我总是坐在椅子里，而且非常紧张。现在每次开会的时候，我总是躺在办公室的沙发上。现在我觉得比20年前还要棒，每天多工作2个小时，却很少感到疲劳。"

你该如何使用这些方法呢？如果你是打字员，当然不能像爱迪生或萨姆·高尔温那样在办公室休息了；如果你是会计，也不可能躺在沙发上和老板讨论账目。可是，如果你住在一个小城市，每天回家吃午饭的话，那你可以在饭后睡上10分钟。这正是马歇尔将军常做的。在第二次世界大战期间，他指挥军队非常忙，所以中午必须休息。如果你已经过了50岁，还觉得忙得连这一点都做不到的话，那就立即买人寿保险。丧葬费用涨得相当高，而你妻子也许正想带着你的保险金去嫁一个更年轻的男人呢！

如果你中午不能，至少也要在晚饭之前躺下来休息 1 小时，这比喝一杯饭前酒要便宜多了。如果算总账，这更有效五千多倍。如果你能在下午五六点钟或者 7 点钟左右睡上 1 小时，你就可以每天多清醒 1 小时。为什么呢？因为晚饭前睡 1 个小时，加上夜里睡 6 个小时，一共是 7 个小时，比连续睡 8 个小时更有益。

体力劳动者如果休息时间足够的话，可以干更多的工作。弗雷德里克·泰勒在贝德汉钢铁公司担任科学管理工程师时，就证明了这一道理。

泰勒发现每个工人每天可以给货车装大约 12.5 吨生铁，而他们到中午时就筋疲力尽了。他对导致疲劳的因素做了科学研究，认为这些工人每天不应该只送 12.5 吨生铁，而是 47 吨！他们应该可以达到目前成绩的 4 倍，而且不会疲劳。不过必须证明这个结论。

于是，泰勒选了一个名叫施密德的人，让他按照马表来工作。一个人站在一边，拿着马表指挥施密德："现在拿起一块生铁，走……现在坐下来休息……现在走……现在休息。"

结果呢？别人每天只能运 12.5 吨生铁，而施密德却能运 47 吨。在泰勒就职于贝德汉钢铁公司的那 3 年里，施密德的工作效力从来都没有降低。他之所以能做到这一点，是因为他在疲劳之前就休息了。他每个小时大约工作 26 分钟，休息 34 分钟。他休息的时间比工作的时间还要多——可是他的工作却是其他人的 4 倍！这是传闻吗？不！你可以从泰勒的《科学管理原理》一书中读到这一记录。

让我再重复一遍：照美国陆军的办法去做——经常休息；照你心脏的办法去做——在感觉疲劳之前休息，然后你每天可以多清醒一个小时。

所以，保持充沛活力的第一种方法：经常休息。

第 28 章　学会放松

这个事实让人吃惊而且非常重要：单纯用脑不会让人疲倦。听起来很荒谬吧？可是科学家们在几年前曾试图了解人的大脑能够工作多久才"工作能量降低"，也就是对疲劳作科学定义时，令这些科学家们吃惊的是，他们发现通过活动中的大脑的血液毫无疲劳迹象！但如果你从一个正在做体力劳动的人的血管里抽出血液，就会发现它充满了"疲劳毒素"和各种废物。但如果从爱因斯坦的脑部抽出血来，即使是一天下来，也不会有任何疲劳毒素。

就人脑而言，它"在 8 小时甚至 12 小时之后，还和开始时一样反应敏捷"，大脑完全不会疲劳……那又是什么使你疲劳的呢？

精神病专家认为，我们的疲劳多半是由精神和情感引起的。英国最著名的精神病专家海德菲在他的《权力心理学》中说："我们所感受到的绝大部分疲劳源自心理。事实上，纯粹由生理导致的疲劳很少。"

美国一位著名的精神病专家布莱尔医生说得更详细。他说："一个坐着工作的人如果健康状况良好，他的疲劳完全来自心理因素，也就是情感因素。"

是哪些心理因素使坐着工作的人感到疲劳呢？快乐？满足？都不是，绝不是！而是烦闷、懊悔，一种得不到欣赏的感觉，一种无用、匆忙、焦急、忧虑的感觉。这些都是导致坐着工作的人心力憔悴，使他容易患感冒、降低他的工作成绩、使他回家时神经性头痛的心理因素。不错，我们之所以疲劳，是因为我们的情绪使我们感到紧张。

大都会人寿保险公司在一本讨论疲劳的小册子中指出："困难工作本身，很少会造成充分休息之后不能消除的疲劳……只有忧虑、紧张和情绪不安，才是导致疲劳的三大因素。通常认为，由于操心劳力所产生的疲劳，都可以归咎于这三者……请记住！放松你那正在工作的紧张肌肉，储备好能量，以应付重要责任。"

现在就停下来！自己检讨一下：在你念这几行字时，是不是还皱着眉头？是否觉得两眼之间有一种压力？是否正放松地坐在椅子里？还是耸起肩膀？你脸上的肌肉是不是紧张？除非你的全身像破旧的布娃娃一样放松，否则你就是在让你的神经和肌肉紧张，就是在给你自己制造神经紧张和疲劳。

为什么我们在干脑力工作时会产生这种不必要的紧张？约西林先生说："我发现主要的原因……就是几乎所有的人都相信，困难的工作需要一种压力感，否则就不能做好。"所以，我们集中精力时就会皱眉，缩肩，让所有的肌肉都来"用力"。但这样做对我们的思考根本没有任何帮助。

一旦出现精神疲劳该怎么办呢？放松！放松！再放松！要学会在工作时放松。

这容易做到吗？不，你也许要改掉一生的习惯才能实现。可是这种努力很值，因为它可以使你的生活发生革命性变化。威廉·詹姆斯在他的文章《论放松情绪》中说："美国人过度紧张、坐立不安、着急以及紧张痛苦的表情……都是不良习惯，不折不扣的坏习惯。"紧张是一种习惯，放松也是一种习惯。坏习惯可以改掉，好习惯可以培养。

怎样才能放松呢？是先从思想开始，还是先从神经开始呢？都不是。应该先放松你的肌肉。让我们来试试该怎么做：

先从你的眼睛开始，读完这一句。读完之后，头向后靠，闭上双眼。然后默默地对你的眼睛说："放松！放松！不要紧张！不要皱眉！放松，放松！"这样慢慢地重复一分钟……

你是否注意到，几秒钟之后你双眼肌肉就开始服从命令了？你不觉得有一只无形的手把你的紧张抚平了吗？这看起来虽然难以置信，可是你在这一分钟里却已经试过了放松的全部关键和秘诀。你可以用同样的办法放松下颌、脸部肌肉、脖子、肩膀、整个身体。但是，最重要的器官还是眼睛。芝加哥大学的艾德蒙·雅科布森博士更是指出：如果你能完全放松眼部肌肉，你就可以忘记所有烦恼。眼睛之所以在消除神经紧张时如此重要，是因为它们消耗了全身能量的1/4。这也正是许多眼力很好的人总是感到"眼部紧张"的原因，因为他们常使眼部感到紧张。

著名作家维基·鲍姆曾说，她小时候遇到一位老人，他教了她人生当中最重要的一课。有一次，她摔了一跤，膝盖碰破了，还扭伤了手腕。这时，一位以前在马戏团演过小丑的老人扶起她，拍干净她身上的灰尘，说："你之所以会碰伤，是因为你不知道如何放松。你应该把自己想象成一只袜子。来，我教你怎么做。"

老人就教鲍姆和其他孩子如何跑跳、翻筋斗，还一直对他们说："要把自己想象成一只旧袜子，然后你们就能放松了。"

在任何时候、任何地方都要放松，但不要太费精力。放松就是要消除所有的紧张和压力，只想到舒适和轻松。刚开始可以放松眼部肌肉和脸部肌肉，不停地对自己说："放松！放松！放松！"要感觉到你的体力正由你的脸部肌肉穿行到你身体的中心。把自己想象成一个没有任何紧张的孩子。

这也是著名女高音嘉莉古琪常用的方法。海伦·吉普生告诉我，她常常看见嘉莉古琪在演出前坐在一把椅子上，放松全身肌肉，而且下颚松得像脱了臼似的。这种方法非常不错，使她在登台前不会感到太紧张，同时还可以防止疲劳。

下面5项建议可以帮你学会放松：

第一，读一本这方面的最好著作，如大卫·哈罗德·芬克博士的《消除神经紧张》。

第二，随时放松，使你的身体像旧袜子一样柔软。我工作的时候，常常在书桌上放一只红褐色的旧袜子，提醒我应该放松。如果找不到旧袜子，也可以找一只猫。你抱过在太阳底下打盹的猫吗？如果抱过，它首尾两头犹如沾湿的报纸一样软。印度的瑜伽术也认为，如果你想掌握放松技巧，要向猫学习。我从未见过疲累、精神崩溃、失眠、忧虑或患溃疡的猫。要是你能像猫一样放松自己，就能避免这些问题了。

第三，工作时采取舒适的姿势。记住，身体的紧张会导致肩膀疼痛和精神疲劳。

第四，每天自我检讨四五次，问问自己："我是否使我的工作比实际上更困难？我是否使用了和工作毫无关系的肌肉？"这些都有助于你培养放松的习惯。就像大卫·哈罗德·芬克博士所说的："那些对心理学最了解的人，都知道疲倦是习惯性的。"

第五，每天晚上再检讨一次，问问自己："我有多疲劳？如果我疲劳了，不是我过分操心的缘故，而是因为方法不对。"

"我衡量自己的成绩，"丹尼尔·约西林说，"不是看我一天下来有多疲倦，而是有多不疲倦。"他说："当一天结束，而我感到特别疲劳时，或者感到精神特别疲乏时，我敢肯定我这一天的工作在质和量上都不理想。"如果每一位做生意的人都能学会这一点，那么由神经紧张而导致的疾病或死亡率马上就会降低，而且我们的精神疗养院再也不会有因为疲劳和忧虑而精神崩溃的人。

第二种方法：学会放松。

第29章　说出心底的烦恼

　　去年秋天的一天，我的助手乘飞机去波士顿参加一次全世界最不寻常的医学课程。是医学课吗？不错。它每周在波士顿医院举办一次，参加者进场之前都接受过定期和彻底的身体检查。可是这个课程实际上是一种心理学临床实验，虽然其正式名称叫应用心理学（以前叫思想控制课程），其真正目的是为忧虑患者提供治疗，而大部分病人都是精神上饱受困扰的家庭主妇。

　　这种专门为忧虑患者开的课程是怎么开始的呢？

　　1930 年，约瑟夫·帕雷特医生，他曾是威廉·奥斯勒爵士的学生注意到，很多前来波士顿医院求医的病人，生理上根本没有任何毛病，可是他们却认为自己的确患了那种病。例如，有一个女人的两只手因为患"关节炎"，而完全无法活动；另一个女人则因为患了"胃癌"，而痛苦不堪。其他人有背痛的、头痛的，她们常年感到疲倦或疼痛。事实上，她们真的能感受到这些痛苦。但即使最彻底的医学检查，也未能发现她们有任何病。很多年老的医生都认为，这完全是出自心理因素——脑子里的毛病。

　　可是帕雷特医生却知道，让那些病人"回家去忘掉这件事"毫无用处。他知道这些女人大多数都不想得病，如果她们的痛苦能够那么容易就忘记，她们早就这样做了。那么，该怎么办呢？

　　于是他办了这个班——虽然医药界其他同仁都深表怀疑，但却收到了奇效。自从开班以来，18 年过去了，成千上万的病人因为参加这个班而治好了病。有些病人参加了好几年，就像去教堂一样虔诚。我的助手曾和一位前后来了 9 年并且很少缺课的女士交谈过一次。她说她第一次来的时候，深信自己患有肾脏病和心脏病。她既忧虑，又紧张，有时会看不清东西，因此担心会失明。可是现在她却充满了自信，心情愉快，身体健康。她看上去只有 40 来岁，可是怀里却抱着熟睡的孙子。"我以前总为家里的事情而忧虑，"她说，"甚至想一死了之。可是我在这里知道了忧虑的害处，学会了如何停止忧虑。现在我可以说，我的生活很平静。"

　　这个班的医学顾问罗丝·海芬婷医生说："减轻忧虑的最好药剂，就是跟你信任的人谈论你的问题，我们称之为精神发泄。病人到这里来的时候，可以尽量谈她们的问题，直到她们把这些问题完全赶出她们的大脑。忧虑憋在心里而不告诉任何人，会造成极度精神紧张。我们必须让别人分担我们的问题，也必须分担别人的忧虑。我们必须感觉到这个世界还有人愿意倾听和了解我们。"

　　我的助手就亲眼看到一个女人在说出了忧虑之后，感到了巨大的解脱。她在家事方面有许多烦恼，在她刚开始谈这些问题的时候，就像一个压紧的弹簧，后来一面讲，一面逐渐地平静下来。谈完之后，她居然笑了。她的问题解决了吗？没有，不会这么容易。她之所以出现这样的改观，是因为她能和别人谈心，并得到别人的忠告和同情。而真正造成这种变化的，是具有强大治疗功能的语言。

从某种程度来说，心理分析就是以语言治疗功能为基础的。从弗洛伊德时代开始，心理分析学家就知道，一个病人只要能够说话——仅仅是说话，就能够解除心中的忧虑。为什么呢？这也许是因为通过说话，我们就可以更深入地看到问题，找到更好的解决方法。没有人知道确切答案，可是我们所有人都知道，"畅谈一番"或"发发胸中的闷气"，就能使人立刻舒畅。

所以，下一次我们有情感上的困难时，为什么不去找人聊聊呢？当然，我并不是说随便找一个人去大吐苦水和发牢骚。我们要找一个自己信任的人，如找一位亲戚、医生、律师、教士或神父，和他约好时间，然后对他说："我希望得到你的忠告。我有个问题，我希望你能听我谈谈，也许你可以给我一点忠告。俗话说旁观者清，你也许可以看到我看不到的问题。但即使你做不到这一点，只要你坐在这儿听我谈，也是帮了我一个大忙。"

把心里的烦恼说出来，正是波士顿医院课程中最主要的治疗方法之一。下面是我们从那个课程班里整理出来的方法，家庭主妇在家里就可以做。

第一，准备一个"灵感"剪贴本。你可以在上面贴上自己喜欢的、令人鼓舞、诗或名人格言。以后如果你感到精神颓丧时，翻开这个本子也许可以找到治疗方法。波士顿医院的很多病人都把这种剪贴本保存好多年，她们说这等于替你在精神上"打了一针"。

第二，不要为别人的缺点太过操心。不错，你丈夫有很多缺点！如果他是个圣人，他根本就不会娶你，对吗？那个班上有一个女人，她发现自己变成了一个尖酸刻薄、整天拉着一张脸的女人，当有人问她"如果你丈夫死了，你怎么办"时，她才惊醒过来，连忙坐下来，把她丈夫所有的优点列举出来。那张单子真是太长了。所以，如果你下一次觉得嫁错了人的话，何不这样试试呢？也许在看过他所有的优点之后，你会发现他正是你希望嫁的那个人呢。

第三，对你的邻居有兴趣。对那些和你共同生活在一条街上的人持一种友善而健康的兴趣。有一个孤独的女人，她觉得自己非常"孤立"，一个朋友都没有。有人建议她试着把她下一个将要碰到的人当成主角编个故事。于是，她开始在公共汽车上为她看到的人编故事，设想那个人的生活。后来，她一遇到别人就聊天——现在她活得非常开心，成了一个令人喜欢的人，也治好了她的"痛苦"。

第四，晚上上床之前，安排好明天的工作。很多家庭主妇因为做不完的家务而感到疲倦不堪。她们永远也做不完她们的工作，老是被时间追来赶去。为了治好这种匆忙的感觉和忧虑，她们最好在头一天晚上就把第二天的工作安排好。结果如何呢？她们能完成更多工作，疲劳却更少了；她们有了成绩和自豪感；还有时间休息和"打扮"。（每一个女人每天都应该抽出时间来打扮自己，让自己看上去漂亮一些。我认为，当一个女人知道她很漂亮时，就不会紧张了。）

第五，避免紧张和疲劳的唯一办法，就是放松！再没有什么比紧张和疲劳更容易使你苍老的，再也不会有什么对你的外表更有害的。我的助手在波士顿医院举办的那个课程班上坐了一个小时，听负责人保罗·琼森教授谈了许多我们在前面已经讨论过的原则——放松的方法。在 10 分钟的放松训练结束之后，我的助手也和其他人一起做了这些练习，坐在椅子上差点睡着了。为什么生理上的放松如此管用呢？因为这家医院知道，如果人们要消除忧虑，就必须放松。

是的，作为一个家庭主妇，一定要放松。你有一个优势——要想躺下随时都可以。而且你还可以躺在地上。奇怪的是，硬地板比里面装着弹簧的床更有助于放松。因为地板的抗力比较大，对脊椎有好处。

下面就是一些你可以在家里做的运动。先试一个星期，看看对你的外表有何好处：

第一，只要你觉得疲倦了，就平躺在地板上。尽量伸展身体，如果想打滚就打滚。每天做两次。

第二，闭上双眼。像琼森教授建议的那样对自己说："太阳当头照，天空蓝得发亮。大自然一片寂静，控制着全世界——而我是大自然之子，和宇宙协调一致。"或者也可以祈祷！

第三，如果你因为正在炉子上煮菜而没有时间躺下来，那么坐在椅子上，效果也相同。硬直背椅子里最适合放松。像古埃及坐像那样，双手掌向下平放在大腿上。

第四，现在，慢慢蜷缩十个脚趾头，然后放松。收紧腿部肌肉，然后放松。慢慢地朝上运动各部分肌肉，最后直到颈部。然后让你的头向四周转动，就像足球一样。不断地对你的肌肉说："放松……放松……"

第五，用缓慢而平稳的呼吸来安抚你的神经。从丹田吸气。印度的瑜伽就很不错：有规律的呼吸是安抚神经的最好方法之一。

第六，想想你脸上的皱纹，尽量抚平它们；松开皱紧的眉头，微微张开嘴巴。这样每天做两次，你也许不必再去美容院做按摩，而这些皱纹就会从此消失。

第三种方法：说出心底的烦恼。

第30章　养成良好的工作习惯

第一种良好的工作习惯：将你桌上所有的文件收拾好，只留下正要处理的文件。

芝加哥西北铁路公司董事长罗南·威廉姆斯说："一个桌上堆满了很多文件的人，如果能把他的桌子清理一下，只留下正要处理的，就会发现他的工作更容易，也更有效。我称之为料理家务，这是提高工作效率的第一步。"

如果你参观华盛顿国立图书馆，就会看到天花板上的几个字，这是诗人波浦的话："秩序是天国的第一法则。"

讲究秩序也应该是做生意的首要法则。但在现实中是否如此呢？不，普通生意人的桌上堆满了几个星期都不会看的文件。新奥尔良一家报纸的老板曾告诉我，他的秘书帮他清理了一张桌子，找到了一部两年来一直没有找到的打字机。

仅仅看到桌上堆满了还没有回的信、报告和备忘录，就足以使人心烦意乱，紧张忧虑。更糟的是，经常想到"有上百万件事情需要去做，可是没有时间去做"，不但会使你忧虑和疲倦，还会使你因为忧虑而患高血压、心脏病和胃溃疡。

宾夕法尼亚大学医学院教授约翰·史托克博士曾在美国医学会全国大会上宣读过一篇论文《生理疾病导致的功能性精神并发症》。在这篇论文里，史托克博士在"如何分析病人的心理"中列出了11种病例，下面就是第一种："一种必要或强迫的感觉，好像必须要做却永远都做不完的事情。"

清理桌子、做各种决定，这些最基本的事情怎么能帮你避免心理重压——"必须做却永远也做不完"的感觉呢？著名精神病专家威廉·桑德尔博士就采用这种简单的办法，使一个病人避免了精神崩溃。

这个病人是芝加哥一家大公司的总经理，他刚去桑德尔博士的诊所时，紧张不安，而且很忧虑。他知道他可能会精神崩溃，但是他不能辞去工作。他需要帮助。

"当这个人正把他的问题告诉我时，"桑德尔博士说，"我的电话响了，是医院打来的。我没有拖延时间，当场作了回答。我总是尽可能立即解决问题。我刚挂上电话，电话又响了。这次是一件很紧迫的事情，我花了一点时间和对方讨论。第三次中断，则是我的一个同事，他为了一个重症患者而来我办公室征求我的意见。我和他讨论完了之后，转过身来正想向来访者道歉让他久等了，可是他由阴转晴，显得非常开心。"

"不必道歉了，大夫！"这个人对桑德尔说，"在刚才的那10分钟里，我想我已经知道我的问题了。现在我要回办公室，改掉我的工作习惯……可是，在我走之前能不能让我看看你的桌子?"

桑德尔博士打开他办公桌的几个抽屉,里面全都是空的,只放了一些文具。"请告诉我,你没有办完的事情在哪里?"那人说。

"都做完了。"桑德尔说。

"那你还没有回的信放在哪里呢?"

"都回了!"山德尔告诉他。"我的原则是,信不回复绝不放下。我一般都是马上向秘书口述回信。"

6个星期之后,那位总经理把桑德尔博士请到他办公室。他完全变了,他的办公桌也不同以往了。他打开办公桌的抽屉,里面不再有还未完成的工作。"6个星期以前,"他说,"我在两个办公室有3张写字台,整个人都埋在工作里,事情永远也做不完。那次和你谈过以后,我回到办公室,清理出了一大车的报表和旧文件。现在我只需要一张桌子,事情一出现就立即处理。这样就不再有堆积如山的工作等我去做,让我紧张和忧虑。可是,最让我高兴的是,我完全恢复了健康,我现在一点病都没有了。"

美国前最高法院大法官查尔斯·伊文斯·休斯说:"人不会死于工作过度,而会死于精力耗费和忧虑。"不错,会死于精力耗费和忧虑,因为他们的工作似乎永远都做不完。

第二种良好的工作习惯:根据事情的重要程度来安排先后。

分公司遍及全美的市务公司的创始人亨利·杜哈提说,不论他出多少钱,都找不到具备两种能力的人。这两种宝贵能力是:第一,思想能力;第二,按事情的重要程度来安排先后顺序的能力。

查尔斯·卢克曼在12年之内,从一个默默无闻的人一跃而成为培素登公司的董事长,年薪10万美元,另外还能赚100万美元。他说这都归功于自己培养了亨利·杜哈提所说的几乎不可能找到的两种能力。查尔斯·卢克曼说:"就我记忆所及,我每天早上都是5点钟起床,因为我那时候比其他时间思考都更清晰。那时我可以考虑周到,计划一天的工作,按事情的重要程度来做事。"

弗兰克·贝特格是美国最成功的保险推销员之一,他不会每天早上5点钟才计划当天的工作,而是在头天晚上就计划好了——给自己订下目标,那天要卖出多少保险。要是没有做到,就将差额加到第二天……依此类推。

通过长期经验,我知道一个人不可能总是按事情的重要程度来做事;但我也知道,按计划做事绝对比随兴趣做事好得多。

如果萧伯纳不严格遵守先做重要事情的原则,他也许不可能成为作家,一辈子只能做一个银行出纳员。他计划每天写5页。这一计划及坚定的决心救了他。他坚持了9年。虽然他在这9年里只存了30美元——每天大约10美分。

第三种良好的工作习惯:当你遇到必须当场做决定的问题时,当场解决,不要拖延。

　　我以前的一个学员、已故的霍威尔先生告诉我，在他担任美国钢铁公司董事的时候，开董事会总要花很长时间，讨论很多问题，但是达成的决议却很少。结果董事会的每一人都得带一大堆报表回家去看。

　　最后，霍威尔先生说服董事会，每次开会只讨论一个问题并做出决定，绝不拖延。这样做也许需要看更多的资料，也许会取得成效，也许没有；但无论如何，在讨论下一个问题之前，这个问题一定能够达成某种决议。霍威尔先生告诉我，这样做的结果令人惊讶，也很有效：所有的陈年老账都清理了，工作日历干干净净，董事们再也不必带一大堆报表回家，再也不会为没有解决的问题而忧虑。

　　这个办法很好，不仅适合美国钢铁公司董事会，也适合你我。

　　第四种良好的工作习惯：学会组织、授权和监督。

　　很多商人替自己挖下了一个坟墓，因为他不懂得把责任分给他人，而是事必躬亲，其结果是被琐事包围。他总觉得匆忙、忧虑、焦急和紧张。要学会授权很难。我以前就觉得这个很难——非常难。我也从经验中知道，如果授权不当，将会产生灾难。可是授权虽难，但上司要想避免忧虑、紧张和疲劳，却非得这样做不可。

　　创建了大企业却不懂得组织、授权和监督的人，通常会在五六十岁时死于心脏病——由紧张、忧虑导致的心脏病。想要具体例子吗？只需看看地方报纸就知道了。

　　第四种方法：养成良好的工作习惯。

第31章　使工作变得有意思

产生疲劳的主要原因之一就是烦闷。就以住在我附近的速记员艾莉丝为例吧。一天晚上，艾莉丝筋疲力尽地回到家里，头痛，背痛，困得连饭都不想吃就要上床睡觉。她母亲再三恳求，她才坐在饭桌边。这时，电话铃响了，是她男朋友，请她去跳舞。她的眼睛立刻亮了，精神焕发。她飞快地冲上楼，穿上那件天蓝色的服装，一直跳到凌晨3点钟。当她回到家时，却一点也不觉得疲倦，事实上她还兴奋得睡不着觉呢！

8小时以前，也就是艾莉丝的外表和动作看上去精疲力竭的时候，她是否真的那么疲劳呢？不错，她那时之所以疲劳，是因为她厌烦工作，甚至厌倦生活。我们这个世界上有无数艾莉丝这样的人，你也许就是其中之一。

情绪心理比体力劳动更容易让人产生疲劳，这是人尽皆知的事实。几年前，约瑟夫·巴马克博士在《心理学学报》上发表了一篇论文，谈到他的一些实验证明了烦闷会产生疲劳。

巴马克博士让一群学生做了一连串实验，而他知道这些实验都是他们不感兴趣的。实验结果呢？所有的学生都觉得疲倦欲睡，头痛，眼睛容易疲劳，容易发脾气，还有几个人甚至觉得胃不舒服。所有这些是"幻觉"吗？不是，这些学生都做过新陈代谢实验。结果显示，当一个人烦闷时，体内血压和氧化作用实际上会降低；而一旦他觉得工作有趣时，整个新陈代谢会立刻加速。

当我们做感兴趣而且令人兴奋的事情时，很少会疲倦。例如，我最近在加拿大落基山的路易斯湖畔度假，在克莱尔小溪边钓了好几天鲑鱼。为此，我要穿过比我还高的树丛，爬过横躺在地的原木。可是即使这样辛苦了8小时，我一点都不疲倦。为什么呢？因为我非常兴奋，而且觉得很有成绩：钓到了6条鲑鱼。可是，如果我讨厌钓鱼的话，那么你想我会有何感受呢？我一定会因为在海拔2134米高的山上奔波而累垮的。

即使像登山这类消耗体力的活动，可能也不如烦闷那样容易使你疲劳。明尼阿波利斯市农工储蓄银行总裁金曼先生曾告诉我一件事，正好可以说明这一事实：

1953年7月，加拿大政府要求加拿大阿尔卑斯登山俱乐部协助威尔斯军团进行登山训练。金曼先生当时被选为训练士兵的教练之一。他告诉我，他和其他年龄从42～59岁不等的教练带着那些年轻的士兵，长途跋涉，经过冰河和雪地，再借用绳索和一些小型登山设备爬上12米高的悬崖。他们在加拿大落基山的小月河山谷中爬上了米高峰、副总统峰以及其他许多没有名字的山峰。经过15个小时的登山，那些非常健壮的年轻人全都累垮了，而他们刚完成6周的强化突击训练。

他们的疲劳，是因为军事训练时肌肉没有锻炼结实吗？任何一个受过严格军事训练的人都会对这种荒谬的观点嗤之以鼻。他们之所以筋疲力尽，是因为他们厌烦登山。他们太累了，很多人来不及吃饭就睡着了。可是那些年龄比他们要大两三倍的教练是否疲倦呢？不错，可是他们不会筋疲力尽。教练们吃过晚饭后，还坐了几个小时，谈论这一天的事情。他们之所以没有筋疲力尽，是因为他们喜欢登山。

哥伦比亚大学的爱德华·桑戴克博士在主持疲劳实验时，通过让那些年轻人持续感兴趣的方法，使他们维持清醒长达一星期。经过多次调查，桑戴克博士表示："工作能量降低的唯一真正原因就是烦闷。"

如果你是一个脑力劳动者，使你感觉疲劳的原因很少是因为工作超量，相反是由于工作量不足。例如，还记不记得上星期那天，你不断地被人打扰。一封信也没有回，约好的事情一件也没有做，到处都是麻烦，所有的事情都不对头，你什么也没做成。可是回到家时，却筋疲力尽，而且头痛欲裂。第二天，工作一切顺利。你完成的工作是头一天的40倍，可是回到家却神采奕奕。你一定有过这种经历。我也有过。

我们从中可以学到什么呢？那就是：我们的疲劳通常不是由工作，而是由忧虑、紧张和不快引起的。

在写这一章的时候，我看了重演的杰罗米·凯恩的音乐喜剧《表演船》。剧中的主角安迪船长在一段颇有哲理的话里说："能做他们喜欢做的事情的人，是最幸运的人。"这种人之所以幸运，是因为他们更有精力、更快乐，而忧虑和疲劳更少。你兴趣所在的地方，也就是你能力所在的地方。陪着一路唠叨不休的太太穿街过巷，一定比陪着心爱的情人走16千米路感觉更疲劳。

怎么办？你该采取什么办法呢？下面是俄克拉荷马州托沙城一家石油公司的一位速记员的做法。

这位速记员每个月总有几天要填写一份已经印好的、有关石油销售的报表。这是一件最枯燥的工作。为了提高工作情绪，她决定把它变成一件非常有趣的工作。她是怎么做的呢？她每天和自己竞赛，在每天早上点出当天要填的报表数量，然后努力在下午超出纪录；然后再点出当天完成的总数，第二天再努力超出前一天的纪录。结果呢？她比她那个部门的其他速记员完成的都快得多，很快就把许多很没意思的报表填完了。这样做对她有什么好处吗？赞美？没有……感激？也没有……升迁？也没有……加薪？当然也没有……可是，这样做却有助于她防止因烦闷而产生的疲劳，使她能保持很高的兴致。因为她尽了最大的努力，把一件没有意思的工作变得有意思，这样她就有了更多的体力和热情，休息时可以获得更多快乐。

我之所以知道这个故事是真的，因为我娶了这个女孩。

下面是另外一位速记员的故事。她发现假装工作很有意思，会有意想不到的回报。她以前很讨厌她的工作，可是现在变了。她叫维莉·哥顿，住在伊利诺伊州埃默斯特市南凯尼沃斯大道473号。下面就是她在信中告诉我的故事：

"我办公室有4位速记员，每个人都要负责替几个人打印信件，每过一段时间我们就会因为工作太多而忙不过来。有一天，有一个部门的副经理坚持让我把一封长信重打一遍，我非常恼火。我告诉他，这封信只要改一改就可以，不必重打。而他却说，如果我不想干，他就找愿意做的人！我气得不得了！可是当我开始重新打印这封信时，我突然发现其实有很多人都会跳起来抓住这个机会，做我现在正在做的事。而且，人家付我薪水，也是要我做这份工作。我感觉好多了。我突然决定，尽管我不喜欢这份工作，但我要假装喜欢它的样子去做。接着，我有了一个重大发现：如果我假装很喜欢我的工作，那我就真的能喜欢到某种程度；我还发现，当我开始喜欢我的工作时，我工作的速度快了许多。所以，我现在很少加班了。这种工作态度使大家都认为我是一个好职员。后来，有一个单位主管需要一位私人秘书，他就让我担任那个职务——因为他认为我很愿意做额外的工作而从不抱怨。转变心态能产生巨大的力量。"哥顿小姐写道，"对我来说，这是非常重要的发现。它创造了奇迹。"

哥顿小姐无意中用了著名的"假装"哲学。威廉·詹姆斯建议说："假装"勇敢，我们就会勇敢；"假装"快乐，我们就会快乐；等等。

如果你"假装"对你的工作感兴趣，这一点点努力就会使你的兴趣变成真的，它会减少你的疲劳、紧张以及你的忧虑。

许多年前，哈南·霍华德做了一个决定，这个决定完全改变了他的生活，把一个乏味的工作变得富有趣味。他那份工作的确很乏味，就是在高中的食堂洗盘子、擦柜台、装冰淇淋，而其他男孩子则在打球，或与女孩子约会。哈南·霍华德很不喜欢他的工作，可是他必须干下去。于是他决定研究冰淇淋是怎么做成的，里面有什么成分，为什么有些冰淇淋比别的好吃。他研究了冰淇淋的化学成分，结果成为学校化学课的奇才。他还对食物化学产生了极大兴趣，于是进了马萨诸塞州立大学，专门研究食物营养学。后来纽约的可可公司设立了100美元奖金，奖励关于可可和巧克力应用的最佳论文。你猜谁得了头奖？不错，哈南·霍华德。

后来他发现工作很难找，就在自己家的地下室里开了一间私人实验室。不久，一项新法案通过：牛奶里面所含的细菌必须计数。于是，哈南·霍华德开始为安荷斯特城14家牛奶公司数细菌——而且还必须再雇两名助手。

假设25年之后，他会在哪里呢？是的，这几位现在还从事食品化学生意的先生，到那时候或者会退休，或者已经过世，但他们的位置将会由许多刚开始学习并充满了热诚的年轻人来接替。25年之后，哈南·霍华德很可能成为他这一行的领袖。而当年从他手里买冰淇淋的那些同学，可能穷困潦倒，甚至失业。只会一味责怪政府，抱怨他们没有机会。哈南·霍华德若不是当初决定将乏味的工作变得有意思，恐怕也不会有什么机会。

几年前，另一个年轻人厌倦了整天站在车床旁边做螺丝的工作。他的名字叫山姆。他想辞职，但是又担心找不到其他工作。既然他必须做这件乏味的工作，他决定把它变得有意思。于是，他开始和旁边一个机器工作的工人比赛，由其中一个先在自己的机器上做出粗坯，再交给另一个把它磨成要求的直径。有时，他们也互换机器，看谁做出来的螺丝多。领班对山姆的工作速度和准确度非常欣赏，不久将他调到一个更好的职位，而这只是一连串升迁的开头。

30 年后，山姆——塞缪尔·瓦克莱恩——成了包尔温火车头制造公司的董事长。要是他没有想到将乏味的工作变得有意思的话，也许他一辈子只是一名工人。

著名的无线电新闻分析家卡腾堡曾告诉我，他是如何将一件毫无意思的工作变得有趣的。

22 岁那年，卡腾堡在一艘横渡大西洋的牲口运输轮船上工作，给牲口喂水、喂食。后来他骑自行车周游了英国，接着到了巴黎。这时他身无分文，又没有饭吃，就把他的照相机当了 5 美元，在巴黎版的《纽约先驱报》上登了一个求职广告，找到了一份推销立体观测镜的工作。如果你四十多岁，可能还记得那种老式立体观测镜，我们经常放在眼前看两张完全相同的照片，这时会产生奇迹：观测镜的两个镜头会把两张照片叠合成一张立体照片，可以看出前后的距离，并产生非常真实的立体感。

卡腾堡刚开始在巴黎挨家挨户地推销这种观测镜时，连法语都不会说，可是他第一年就赚到 5000 美元，而且使他成为那一年法国收入最高的推销员。卡腾堡告诉我，这次经历对他的成功能力的提升而言，不逊于他在哈佛大学上一年学。自信心吗？他亲口告诉我，有了那次经历以后，他觉得自己可以把《美国国会纪录》推销给法国的家庭主妇们。

这次经历，使他对法国人的生活有了深刻的了解，这对他后来在广播中分析欧洲事件时特别有价值。

他既不懂法语，又怎么能成为推销专家呢？原来，他先请老板用纯正的法语把他该说的那些话写下来，然后他再背下来。当他按响门铃之后，就会有一个家庭主妇来开门，于是卡腾堡开始用滑稽的口音背那一套推销词。他会把那些照片拿给家庭主妇们看。要是对方提问题，他就会耸耸肩说："我是美国人……我是美国人！"然后把帽子脱下来，用手指着贴在他帽子里面的那张用纯正法文写成的推销词。家庭主妇一般会大笑起来，他也一起大笑，然后再让对方看更多的照片。当卡腾堡告诉我这些事情的时候，他承认这份工作实在太难了。他告诉我，他之所以能撑下来，完全是靠一点信念——决心使这份工作变得有意思。每天早上出门之前，他都要对着镜子对自己说："卡腾堡，如果你要吃饭，就必须干好这件事。既然你非做不可，为什么不做得痛快一点呢？为什么不在每次按响门铃的时候，假想自己是一个演员，正站在舞台上，有许多观众正在看着你呢？因为你现在做的事情，也像在舞台上演戏一样滑稽。所以为什么不投入巨大的热情和兴趣呢？"

卡腾堡告诉我，每天给自己打气很有用，这使他把以前既恨又怕的工作变成了喜欢做的事情，而且赚了很多钱。

我问卡腾堡先生是否可以给急于成功的美国年轻人一些忠告？他说："可以。每天早上和自己打一个赌。我们常常觉得需要做一些运动，好让我们从半睡半醒的状态中清醒过来；可是我们更需要精神和思想上的运动，使我们每天早上真正行动起来。因此每天要给自己打打气。"

每天早上给自己打打气！是不是很傻、很孩子气？不是；恰好相反，这从心理学来说非常必要。"我们的生活是由我们的思想形成的。"这句话今天仍然像马可·奥勒留 1800 年前在他的《沉思录》中所写的一样真实："我们的生活是由我们的思想形成的。"

每天的每小时都对自己说一遍，你就可以指引自己去想勇敢而快乐的事情和强大而平和的事情。对自己谈一些值得感激的事情，你的脑子就会充满积极向上的思想。

只要你的想法正确，任何工作都会变得不那么讨厌。你的老板希望你对自己的工作感兴趣，那样他才能赚更多的钱；可是我们姑且不管老板需要什么，只需想想，如果你对自己的工作感兴趣的话，你会得到什么好处。常常提醒自己，这样可以使你得到加倍的快乐，因为你每天清醒的时间，有一半以上要花在工作上，如果你在工作中得不到快乐，那么你在别的地方也不可能找到。

要不停地提醒自己，对自己的工作感兴趣能使你不再忧虑，最后可能给你带来升迁和加薪。即使没有这么好的结果，也可以使你的疲劳降到最低程度，使你充分享受闲暇时光。

第五种方法：使工作变得有意思。

第32章　不因失眠而忧虑

如果你睡眠不好的话，会不会忧虑呢？那么你也许会乐意知道国际知名大律师撒姆尔·安特梅尔一辈子从来没有好好睡过一晚上。

撒姆尔·安特梅尔上大学的时候，一直担心两件事情——气喘病和失眠症。他这两种病似乎都难以治愈，于是他决定退而求其次——充分利用他的清醒时间。他不再在床上翻来覆去，不再让自己忧虑到精神崩溃的程度，而是起床读书。结果他每门功课都在班上名列前茅，成为纽约市立大学的一位奇才。

即使当了律师以后，他的失眠症仍未治好。然而安特梅尔没有丝毫忧虑。他说："大自然会照顾我的。"事实果然如此。虽然他每天睡的时间很少，但他的健康却很好，而且能像纽约法律界所有的年轻律师一样工作，甚至超过其他人，因为别人睡觉的时候，他还在工作。

撒姆尔·安特梅尔21岁时，年收入就有7.5万美元，因此其他年轻律师都去法庭研究他的方法。1931年，他在一起诉讼案中得到的酬劳可能是有史以来律师所得酬劳最高——整整100万美元，而且全是现金。

可他还是失眠。他晚上一半的时间都在看书，然后早上5点钟起床，开始口述信件。当大多数人刚开始工作的时候，他一天的工作几乎干了一半。他一直活到81岁，却难得有一天晚上睡得很熟。如果他一直为失眠症忧虑的话，恐怕早就完了。

我们一生中有1/3的时间用于睡眠，可是却没有人知道睡眠到底是怎么一回事。我们只知道这是一种习惯，也是一种休息状态，可是我们并不知道每一个人需要几小时的睡眠，甚至不知道人是否非要睡觉。这奇怪吗？

第一次世界大战期间，有一个名叫保罗·柯恩的匈牙利士兵，他的脑前叶被子弹打穿。伤好之后，出现了一件怪事——他再也睡不着了。不论医生用什么办法——他们用过各种镇静剂和麻醉药，甚至催眠术——保罗·柯恩就是睡不着，甚至不觉得困倦。

医生都认为他活不久了，可是他瞒过了所有人。他找到了一份工作，而且非常健康地活了好多年。有时候他会躺下来闭上眼睛休息，可是从未睡着过。他的病例还是医学史上的未解之谜，推翻了我们对睡眠的很多观点。

还有些人比别人睡的时间更长。托斯卡尼尼每天晚上只需要睡5个小时，但柯立芝总统却需要他2倍的时间，一天睡11个小时。换一句话说，托斯卡尼尼的一生大概只睡了1/5的时间，而柯立芝却几乎睡掉了他人生的一半时间。

为失眠而忧虑对你的伤害，要远远超过失眠本身。就拿我的一个学生、新泽西瑞奇菲尔德公园欧维佩克大道173号的伊拉·桑德勒来说吧，他就几乎因为严重的失眠症而自杀。

"我真的以为我会精神失常。"伊拉·桑德勒告诉我,"因为我最初是个睡得很沉的人,就连闹钟响了也不会醒,结果每天早上上班都会迟到。我非常忧虑。事实上,我的老板也警告我必须准时上班。我知道如果我再这样睡过头,就会丢了饭碗。

"我把这件事告诉了我的朋友。有一个人建议我,睡觉时要注意闹钟,结果导致了失眠。那个该死的闹钟的滴滴答答声缠着我不放,让我整晚都睡不着,在床上翻来覆去。到了早上,我几乎动弹不了,又疲劳又忧虑。这样持续了8个星期,我所受到的折磨难以言表。我深信自己会精神失常。有时候我会在房间里走上好几个小时,甚至想从窗口跳下去,一了百了。

"最后,我去看一个我认识的医生。他说:'伊拉,我没有办法帮你,也没有人能帮你,因为这是你自己造成的。每天晚上上床后,如果睡不着,也别理它,只对你自己说:"我才不在乎睡得着睡不着呢,就算是醒着直到天亮也没有关系。"闭上你的眼睛对自己说:"只要我躺在这里不动,不为这件事担忧,就能得到休息。"'

"我照着他的话去做。"桑德勒说,"结果,不到两个星期,我就能安稳地睡着了。不到一个月,我就能每天睡8个小时,精神也正常了。"

使伊拉·桑德勒饱受折磨的不是失眠,而是他的忧虑。

芝加哥大学教授萨尼尔·克里特曼博士曾对睡眠问题做过很多研究,他也是全世界研究睡眠问题的专家。他说从来没有听说有人死于失眠症。实际上,可能有人会因为失眠而忧虑,以致体力下降,受到细菌的侵袭。但这种伤害是由忧虑造成的,而不是由失眠本身造成的。

克里特曼博士还说,那些担心失眠的人,睡眠通常比他们想象的要多。那些发誓说"我昨晚上连眼睛都没有闭一下"的人,可能睡了好几个小时却自己不知道。

例如,19世纪最有名的思想家之一斯宾塞先生在老年的时候还是独身一人,住在一间公寓里。整天谈论他的失眠,使周围的人都烦得要命。他甚至会在耳朵里塞上耳塞,以避免外面的吵闹声,有时还吃鸦片催眠。一天晚上,他和牛津大学教授塞士住在一家旅馆的同一个房间。第二天早上,斯宾塞说他整夜没有睡着,可实际上却是塞士教授根本没有睡着,因为斯宾塞的鼾声吵了他一夜。

睡个好觉的首要条件,就是要有安全感。我们必须感到有一种比我们强大得多的力量,它可以一直照顾我们到天亮。托马斯·海斯罗浦医生在英国医药协会的一次演讲中,就特别强调这一点。他说:"我从自己多年行医的经验中发现,使你入睡的最好办法之一就是祈祷。我这纯粹是以一个医生的身份说的。对那些有祈祷习惯的人来说,祈祷是镇定思想和神经的最适当也最常用的方法。把自己托付给上帝——然后放松自己。"

詹妮特·麦当娜告诉我说,每当她感觉精神颓丧而忧虑得难以入睡的时候,她就会诵读《诗篇》第23篇,让自己得到"一种安全感":"耶和华是我的牧者,我必不致缺乏。他令我躺在青草地上,将我引到可安憩的水边……"

但你若没有宗教信仰,不能轻松地解决问题的话,你还可以采用另一种方法来放松。大卫·哈罗德·芬克医生写过《消除神经紧张》，提出最好的方法就是和你自己的身体交谈。芬克医生认为，语言是所有催眠法的关键，如果你一直不能睡着，那是因为你自己"说"得太多，而使自己得了失眠症。解决的方法，就是使你从这种失眠状态中解脱出来——你可以对你的肌肉说："放松！放松！放松所有的紧张！"我们已经知道，当人的肌肉紧张的时候，思想和神经就不可能放松。所以，如果我们想要入睡，必须先放松肌肉。芬克医生推荐的有效方法，就是把枕头放在膝盖下，减轻双脚的紧张。然后，把几个小枕头垫在手臂底下，放松下颚、眼睛、两个手臂和两腿，最后我们就会在不知不觉中入睡了。我自己曾经试过，所以知道这个方法很有效。

治疗失眠症的最好办法之一，就是干体力劳动，直到疲倦为止。如种花、游泳、打网球、打高尔夫球、滑雪或做一些需要耗费很多体力的工作。

这正是著名作家德莱塞的做法。当他还是一个为生活而挣扎的年轻作家时，就为失眠而忧虑。于是，他到纽约中央铁路公司找了一份铁路工人的工作。当他每天干完打钉子和铲石子的工作之后，就会累得甚至没有办法坐在那里吃完晚饭。

如果我们疲倦至极的话，即使我们是在走路也会睡着的。例如：我13岁那年，我父亲要运一车猪去密苏里州的圣乔治城，他当时有2张免费的火车票，所以带了我一同去。在那之前，我从来没有去过人口超过4000的城市。当我到了有6万人的圣乔治城时，兴奋得难以形容。我看到了6层高的楼——更让我惊奇的是，我还看到了一辆电车。我现在闭上眼睛，好像还能看到、听到那辆电车。在经历了我一生当中最兴奋的一天之后，父亲和我坐火车回家。到家的时候是半夜2点钟，我们还要走6千米路回到农庄。下面就是这个故事的要点：我疲倦到了一面走一面打瞌睡的程度，而且还做着梦。我还常常骑在马背上就睡着了。这些都是我的亲身经历。

当人们筋疲力尽时，即使是打雷或面临战争的危险，也能够安然入睡。著名的神经科医生弗斯特·肯尼迪告诉我说，当英国第五军在1918年撤退的时候，他就看到过精疲力竭的士兵随地倒下，睡得昏死过去。当他用手拨开他们的眼皮时，他们也没醒过来。他说他注意到所有人的眼球都在眼眶里向上翻去。肯尼迪医生说："从那以后，每当我睡不着的时候，我就会把我的眼珠翻到那个位置。我发现只要几秒钟，我就会开始打哈欠，感到困倦难耐。这是一种无法控制的自然反应。"

从来没有人会用不睡觉来自杀。一个人不论毅力多强，大自然都会强迫他入睡。大自然可以让我们长久吃不到东西、喝不到水，却不会让我们不睡觉。

谈到自杀，我想起了亨利·林克博士在他那本《人的再发现》中谈到的一个例子。

林克博士是心理问题公司副总裁，曾和很多因为忧虑而颓丧的人交谈过。在"消除恐惧和忧虑"这一章，他谈到了一个想要自杀的病人。林克博士知道争论只会使情况变得更坏，所以他对这个人说："如果你真的要自杀，至少要做得英雄些。你可以绕着这条街跑到累死为止。"

这个人果然试了，不止一次，而是好几次。结果每一次他都会觉得好过一点，不过这种感觉是在心理上，而不是在生理上。到第三天晚上，他终于达到了林克博士最初想要达到的目的——由于体力疲劳（身体放松了），他睡得很沉。后来他参加了某个体育俱乐部，参加各种比赛，不久就开心得想永远活下去。

所以，你若想不为失眠而忧虑，下面是 5 项规则：

第一，如果睡不着，就起来工作或看书，直到打瞌睡为止。

第二，从来没有人会因为缺乏睡眠而死。担心失眠而忧虑，这种伤害通常比失眠更厉害。

第三，试着祈祷——或者像詹妮特·麦当娜那样诵读《诗篇》第 23 篇。

第四，放松全身。看看《消除神经紧张》这本书。

第五，运动。参加体力劳动，直到累得酣然入睡。

第六种方法：不因失眠而忧虑。

克服忧虑快乐生活的故事

一次只做一件事

《自我反思》作者　约翰·荷马·米勒

几年前我发现我并不能以逃避忧虑的方式来摆脱忧虑，但我可以改变心态来消除忧虑。我发现我的忧虑不是来自外部，而在我自身。

岁月流逝，我发现时间会自动消除我大部分忧虑。事实上，我经常发现要记住一个星期以前的忧虑很难。于是我定下一条原则：绝不为一个问题而烦恼一个星期。当然，我不可能一次就将一个问题从大脑中清除一个星期，但我不会让它控制我的思想，或者让问题自行解决，或者我改变心态，让它不再来烦我。

读威廉·奥斯勒爵士的名言对我助益匪浅。他不仅是伟大的医生，还是生活这门最伟大的艺术的艺术家。他的一句话对我消除忧虑帮助极大。在一次欢迎晚宴上，他说："我的成就归功于有能力解决今天的问题，尽力干好工作，让将来去照料它。"

在处理烦恼时，我将父亲常对我讲的一只老鹦鹉说的话当作我的座右铭。父亲告诉我，在宾夕法尼亚，有一只鹦鹉被挂在猎人俱乐部门廊上方的笼子里。每当俱乐部的成员穿过门廊时，这只鹦鹉会一再重复它唯一会说的话："一次只做一件事，先生！一次只做一件事！"父亲教我那样处理我和烦恼："一次只做一件事！"我发现一次处理一件事情有助于我保持平静，承受重压和繁杂的工作。"一次只做一件事！"

（我们在此又看到了克服忧虑的基本原则："活在完全独立的今天。"为什么不再翻回去看那一章呢？）

第七篇

如何使你的家庭更幸福

第33章 千万不要唠叨

　　75年前，法国的拿破仑三世——拿破仑·波拿巴的侄子，爱上了全世界最美貌的女人、特巴女伯爵玛利亚·欧仁妮，并和她结了婚。他的顾问指出，她不过是一位地位并不显赫的西班牙伯爵之女，但拿破仑三世反驳说："这有什么关系？"她的高雅、青春及迷人的美貌使他感觉如神仙般幸福，他甚至在一篇皇家公告中公然宣称，即使全国人民反对，他也绝不后悔。他说："我已经爱上了一位我敬重的女士，我从未见过她这样的女士。"

　　拿破仑和他的新娘拥有健康、财富、势力、名声、美丽、爱情和敬仰——所有这一切都完全符合浪漫的情调。婚姻的圣火在人世间从来没有燃烧得如此炽热。

　　然而，这"圣火"很快就摇曳不定，而且热度也有所下降，终于只剩下灰烬。尽管拿破仑可以让欧仁妮当上皇后，但即使他倾尽法国的全部财富，献出他全身心的爱和皇帝的权威，也无法阻止这个女人的唠叨。

　　由于嫉妒和猜疑，欧仁妮根本无视拿破仑的命令，甚至不许他有一点个人隐私。有时他正在处理国务，她会冲进他的办公室；当他正讨论重要事务时，她也会进来干扰。她不想让他一个人独处，担心他会和别的女人鬼混。

　　她经常去她姐姐家，埋怨自己的丈夫，不停地唠叨哭闹，还会说些威胁性的话。她还会强行冲进他的书房，大发雷霆，辱骂自己的丈夫。拿破仑虽然贵为法国皇帝，拥有无数财富，却没有一处安身之地。

　　欧仁妮这样做的结果是什么呢？下面就是答案。我就引用莱哈德的巨著《拿破仑三世与欧仁妮——一个帝国的悲剧》来说吧："从此以后，拿破仑经常半夜三更在一个亲信的陪伴之下，从一个小侧门悄悄溜出去。用一顶小软帽遮住双眼，真的去找一位正在等他的美貌女士；或者是去游览巴黎这座古老的城市，欣赏神仙故事中连皇帝也见不到的街道美景，呼吸本来应该拥有的自由空气。"这就是欧仁妮唠叨的结果。不错，她是坐在法国皇后的宝座上，她也的确是全世界最美丽的女人，但在她喋喋不休的唠叨中，美丽和尊贵都不能维系爱情。欧仁妮失声痛哭，说："我最害怕的事情终于发生了。"这种事降临到她身上了吗？这是她自找的。可怜的女人，一切都起源于她的嫉妒和唠叨。

　　地狱中的魔鬼所发明的破坏爱情的所有恶毒手段中，最厉害的要算唠叨了。这种方法总是会得逞，它就像眼镜蛇毒一样，总是置人于死地。

　　托尔斯泰伯爵的妻子也发现了这点——但可惜太晚了。

　　她在临死前向女儿们坦承："你们的父亲是因我而死的。"她的女儿们没有回答，全都失声痛哭，她们清楚母亲是在说实话。她们知道，正是她用那没完没了的埋怨、批评以及唠叨，才使父亲走向死亡的。照常理来说，托尔斯泰伯爵及其夫人本应该是幸福美满的一对。

托尔斯泰是世界上最著名的小说家之一，他的两部巨著《战争与和平》、《安娜·卡列尼娜》在世界文学中大放光芒。托尔斯泰太有名了，以至于他的崇拜者整天追随左右，记下他所说的每一句话。哪怕他只是说"我想要上床睡觉了"这样的日常碎语，也会被逐字记录下来。现在，俄国政府正计划印行他所写的每一句话，合计有100卷。

除了名声之外，托尔斯泰和他的夫人还拥有财产、社会地位及孩子。可以说天底下没有比这更美好的婚姻了。起初，他们的幸福似乎完美至极，也甜蜜至极，他们相信一定会白头到老。所以他们甚至一同跪拜在地，祈祷万能的上帝永远将这种幸福赐予他们。然而，不幸的怪事发生了。托尔斯泰慢慢变了，几乎完全不同于以前了。他对自己所写的鸿篇巨制感到羞耻，并从那时开始专心写作宣传和平的小册子，呼吁废除战争消除贫穷。

这个曾经承认在年轻时犯过各种可以想象得出的罪恶——甚至包括谋杀的人，想要真正遵奉耶稣的教导。他捐出了所有的财产，过着清贫的生活。他在田里耕作，砍柴堆草。他自己动手做鞋子，打扫房间，用木碗吃饭，并尽量爱他的敌人。

托尔斯泰的一生是个悲剧，其根源正在于他的婚姻。他夫人喜欢奢华，而他对此却不屑一顾。她渴望名声和社会的赞誉，但对他而言这些虚浮之物毫无意义。她渴求金钱与财富，而他认为财富及私人财产是罪恶的东西。多年以来，由于他坚持放弃作品的出版权，不收任何版税，她一直吵闹不休。她希望得到这些著作能赚到的钱。当他反对时，她就歇斯底里地在地上打滚，拿着一瓶鸦片，扬言要自杀，并威胁要跳井。

在他们的生活中，有一幕我认为是历史上最凄惨的场面。我已经说过，他们结婚之初非常幸福。但48年过后，他一看到她就不舒服。有一天晚上，这位年老色衰的女人渴望得到丈夫的爱情，就跪在他的面前，请求他为她大声朗读50年前他写给她的日记，这份日记饱含了浓情厚谊。当他读完那早已一去不复返的美丽而愉快的往事时，两个人都哭了。生活的现实和他们许久以前所拥有的浪漫梦想简直天差地别！

最后，当托尔斯泰82岁时，他再也忍受不了家庭的悲惨和不快，就在1910年10月的一个大雪之夜，逃离了他的夫人——闯进了寒冷的黑夜，不知去向。

11天之后，托尔斯泰因肺炎在一个火车站死去。他临死的要求，竟然是不让夫人来到他身边！这就是托尔斯泰伯爵夫人喋喋不休、抱怨及疯狂所付出的代价。

你也许会认为她的唠叨是应该的。当然！但这并不是要点。问题在于，唠叨对她有什么好处？是不是把事情弄得更糟了呢？"我想我真的是神经错乱了。"

这是托尔斯泰伯爵夫人对那段经历的看法，但太晚了。

林肯一生最大的悲剧，也是他的婚姻。

请注意，不是他的被刺，而是他的婚姻。布斯开枪之后，林肯甚至不知道自己遇刺了，因为他几乎每天都活在痛苦中。

23 年来，林肯的处境正像他的律师合伙人荷恩敦所说的，是"婚姻不幸的苦果"。说"婚姻不幸"还是轻描淡写而已，因为林肯夫人二十多年来一直对他喋喋不休，让他难得安宁。

她总是抱怨，总是批评自己的丈夫，认为他的一切都不对：他伛偻缩肩、走路难看，抬脚放步简直呆板得像个印第安人。

她数落他走路没有弹性，举止不优雅。她会模仿他走路的样子讥笑他，并让他走路时先将脚尖着地，就像她从莱克星顿市曼特尔夫人的寄宿学校学到的那样。

她还不喜欢他那两只大耳朵和他的头长成直角的模样。甚至说他的鼻子不直，嘴唇前突，而且外表看上去像个肺结核病人，手和脚太大，而头又太小。

林肯和他夫人玛丽·托德几乎在任何方面都完全不同：教育、出身、性格、爱好以及思想观念。他们常常会憎恨对方。

当代最著名的林肯研究权威专家、已故参议员阿尔伯特·贝弗里奇写道，"林肯夫人那高而尖锐的声音，在街的对面都能听得见。她愤怒的责骂声，所有邻居都能听到。而且她的暴怒常常不只是通过言语来表达，她发泄暴怒的方式多得难以胜数。"

举例来说吧：林肯夫妇结婚不久，和尔莱夫人住在一起——她是斯普林菲尔德镇一个医生的遗孀，因生活所迫而不得不以出租房屋维生。

一天早上，林肯夫妇正在吃早餐，林肯可能做错了某件事，使他夫人立即暴跳如雷。究竟什么原因，现在已经无人记得。只见林肯夫人在盛怒之下，将一杯热咖啡泼到了丈夫脸上，而当时还有许多房客在场。林肯忍气吞声地呆坐在那里，一言不发。尔莱夫人进来了，用一块湿毛巾替他擦净了脸和衣服。

林肯夫人的嫉妒是如此的愚蠢和凶暴，让人难以相信，只要读过她在公众场合所做的这些有失风度的事情——即使是在 75 年后的今天，也会让人惊讶不已。最后她终于精神失常。对于她这个人，我们用一句最宽容的说法，只能认为她是"性情使然"。

所有这些唠叨、斥责和发怒是否改变了林肯呢？从某些方面来说确实如此，那就是改变了他对她的态度，使他后悔自己婚姻的不幸，并竭力避免和她见面。

当时，斯普林菲尔德镇有 11 位律师，在那里谋生并不容易。所以，当大法官大卫·戴维斯去各地开庭审理案件的时候，这些律师就会骑马从一个县到另一个县地追随他，因为他们只有这样才能设法找到一些业务。

每当星期六来临时，其他律师都会尽量赶回斯普林菲尔德镇，和家人共度周末。但是林肯却不想回去，他害怕回家。每年春季 3 个月，秋季又是 3 个月，他都跟随巡回法庭到各地审案，从不走近斯普林菲尔德镇。他就这样年复一年地生活。尽管乡村旅馆的条件非常恶劣，但林肯宁愿待在那里，也不愿回家面对妻子那喋喋不休的话语和暴怒的脾气。

这就是林肯夫人、欧仁妮皇后、托尔斯泰伯爵夫人唠叨不休所获得的结果。她们给自己的生活所带来的，除了悲剧，什么也没有。她们毁了她们最珍爱的一切。

贝丝·亨博格在纽约一家家政法庭工作 11 年，审理过好几千件案子。她说男人离弃家庭的一个重要原因，就是他们妻子的唠叨。或者像《波士顿邮报》所说的："许多妻子正在慢慢地挖掘她们婚姻的坟墓。"

如果你想使你的家庭生活幸福，就请记住第一项规则：千万不要唠叨！

克服忧虑快乐生活的故事

既然昨天已经度过，今天也不会难熬

陶乐丝·迪克斯

我曾经历过极其严峻的贫困和疾病。有人问我是如何渡过那些难关的，我总是回答说："我已经度过了昨天，今天也不会难熬。我不会让自己去猜想明天将发生什么。"

我深知什么是需要、奋斗、焦虑和失望。我经常会以超乎自己的能力拼命地工作。我回顾自己的生活，觉得像是一个战场，它充满了破灭的梦想、残败的希望和残缺的幻想——在那场战斗中，我的获胜机会非常小，我在战斗中全身是伤，手脚残缺，显得苍老了许多。

然而，我没有为自己哀怜，也不为过去的烦恼而哭泣，也不嫉妒那些不曾遭遇我这些苦难的女性。因为我确实生活过了，而她们只是一种简单的存在。我已饮尽了生活的苦酒，而她们只是尝到上面的一层泡沫。我经历的事情她们永远不会理解。我看到的东西她们永远不会看到。只有泪水洗净了眼睛的妇人，视野才会开阔。

我从这种困苦的环境中学到了一种哲学，而这是那些生活在舒适环境中的女人所学不到的。我学会了珍惜每一天，不必因为担心明天的来到而自寻烦恼。恐惧只会令人懦弱。我将恐惧感从自己身上排除出去，因为经验告诉我，当我害怕的那一刻来临时，我自然而然地会产生勇气和智慧去应对它。那些小的不愉快不再对我有任何影响。当你经历过这种极度的不幸之后，即使是仆人服侍不周，或者是厨师弄坏了一锅汤，你也不会再恼怒了。

我已经学会不要对人期望太高，因此当有朋友对我不忠，或是有人说我的坏话时，我也不会介意，仍然乐于和他们交往。除此之外，我还学会了幽默，因为让我哭笑不得的事情实在是太多了。而当一个女人遇到烦恼时，如果能不焦急，就能变不利为有利，没有东西可以伤害她了。

对于遭遇的困难，我并不遗憾，因为通过这些东西，我可以接触生活的每一个层面。而这已经值得我为之付出了。

陶乐丝·迪克斯通过生活在今天克服了忧虑。

第34章　爱对方，并给其自由

"我一生做过许多愚蠢的事，但我从来没有想过为爱情而结婚。"狄斯累利说。他确实没有为爱情而结婚。35 岁以前，他一直过着单身汉的生活，后来才向一位有钱的寡妇求婚。这位寡妇竟比他大 15 岁，已经年过半百，而且满头白发。他娶她是出于爱情吗？才不是呢。她知道他并不爱她，而且也知道他是为了她的财产而娶她的。因此，她只有一个要求：她让他再等一年，以便她有机会考察他的人品。一年之后，她嫁给了他。

这故事听起来很俗气，特别商业化，是不是？但令人奇怪的是，在所有破碎而污浊的婚姻中，狄斯累利的婚姻却是最闪光的成功典范之一。

狄斯累利选择的这位有钱寡妇，既不年轻，也不漂亮，更不聪明，甚至还蠢得很。她的谈话常常错误百出，显示出她在文学和历史知识方面的贫乏。例如，她"从来都不知道历史上是先有希腊人，还是先有罗马人"。她对服饰的审美观也十分古怪，她对家庭装饰的偏好也很奇特。但是在处理婚姻生活中最重要的事情——如何对待男人方面，她却是一个天才，一个真正的天才。

她并不想在智慧方面和狄斯累利一较高低。当狄斯累利和那些机智的女公爵们周旋了一个下午，精疲力竭地回到家中后，妻子玛丽·安妮说的那些家常话能让他放松。家变成了狄斯累利寻求心神安宁的地方，而且他还可以沐浴在玛丽宠爱的温暖之中。他越来越喜欢这个家了。和年长的妻子在家中共同相处，成了狄斯累利一生中最快乐的时光。她是他的伴侣，是他的亲信，是他的顾问。每天晚上，他从众议院匆匆忙忙赶回家，把这一天的新闻告诉她。而且重要的是，不论他做什么事情，玛丽都相信他不会失败。

30 年来，玛丽只为狄斯累利一个人而活着。甚至她所有的财产也只是因为让他生活得更加舒适而变得有价值。她得到的回报呢？她成了他的女神。在玛丽去世后，狄斯累利才受封为伯爵。而当狄斯累利是一介平民时，他就请求维多利亚女王晋封玛丽为贵族。于是，玛丽在 1868 年被封为贝肯菲尔德女爵。

尽管玛丽在公共场合中显得既愚蠢又笨拙，但狄斯累利从来都不批评她，从未说过一句责怪她的话。如果有人敢讥笑她，他会立即站出来，激烈而忠诚地为她辩护。玛丽并非十全十美，但是 30 年来她总是不知疲倦地谈论她的丈夫，赞美他，夸奖他。结果呢？"我们结婚 30 年，但是我从来都没有厌烦过她。"狄斯累利说。（有的人因为玛丽不懂历史，就认为她必定很愚笨。）

就狄斯累利个人而言，他经常说玛丽是他一生中最重要的人。结果呢？"我很感谢他的恩爱。"玛丽经常告诉她的朋友们，"我的生活成了永不谢幕的喜剧。"他们经常会开一个小玩笑。狄斯累利说："你知道，不论如何，我只是为了你的金钱才和你结婚的。"玛丽则会笑着回敬道："确实不错。但如果你必须再从头开始的话，你就会因为爱情而和我结婚，是不是?"而狄斯累利也明确承认。玛丽并非十全十美，但狄斯累利非常聪明，让她保持了自我本色。

正如亨利·詹姆斯所说的："和别人相处所要学习的第一课，就是不要干涉别人寻找快乐的特殊方式，如果这些方式并没有对我们产生强烈妨碍的话。"

这些话非常重要，值得重复一次："和别人相处所要学习的第一课，就是不要干涉别人寻找快乐的特殊方式，如果这些方式并没有对我们产生强烈妨碍的话。"

或者像里兰·弗斯特·伍德在他的著作《在家庭中共同成长》中所说的："若想婚姻成功，绝不只是找一个好配偶，你自己也要成为一个好配偶。"

第二项规则：爱对方，并给其自由。

克服忧虑快乐生活的故事

做一个乐观的人

著名经济学家　罗杰·巴伯森

每当我发现自己对眼前的景况感到沮丧时，我可以在一小时之内抛弃所有的烦恼，使自己成为一个高高兴兴的乐观者。

下面就是我的办法：

我走进书房，闭上眼睛，走向专放历史书的书架前。我仍旧闭着眼睛，随手取出一本书——根本不知道是普里斯科特写的《墨西哥征服史》，还是史东尼所著的《恺撒传》。我仍然把眼睛闭上，随便翻到一页。然后，我睁开眼睛，读上一个小时。我越往下读，就越能体会到这个世界总是痛苦不断，人类文明总是濒临毁灭的边缘。历史上充满了悲剧故事：战争、饥荒、穷困、瘟疫、惨无人道。

读了一小时的历史之后，我就会明白，即使是目前处境恶劣，实际上也比以前好许多。这使我能够朝好的方面看我现在所遇到的困难，明白这个世界正在不断地朝着更好的方向发展。

上述方法值得用一整章来介绍。读读历史吧！试着将你的眼光扩展到一万年——从永恒的角度来看，"你的"烦恼真是微不足道。

第35章 不要批评你的家人

在政治生涯中，狄斯累利最强有力的对手是格莱斯顿。这两个人对于大英帝国的每一件事情都可能会发生争论。但是他们有一个共同点，他们的个人生活都非常幸福。

格莱斯顿和他妻子凯瑟琳共同生活了59年，在近60年的时间里，他们一直互敬互爱。我喜欢想象这位英国历史上最尊贵的首相：握着他妻子的手，围着炉边地毯跳舞，唱着这首歌：

丈夫衣衫褴褛，妻子服饰亦陋。人生总有沉浮，需要同甘共苦。

格莱斯顿在公开场合是一位值得敬畏的人物，但他在家里从不批评人。

当他到楼下吃早饭，而全家人却还在睡懒觉时，他就会以温和的方式来表达他的不满。他会提高声音，使整座房屋都充满神秘的歌声，以此提醒他的家人：全英国最忙的人独自一人在楼下等着吃早餐。他总是保持外交家的风度，体谅别人，并竭力自我克制，不在家里批评任何人和事。

俄国女皇凯瑟琳也经常如此。她统治着历史上最大的帝国之一，掌握了千百万人的生杀大权。她在政治上是一个暴君，发动过毫无意义的战争，判处仇敌死刑。但是，如果厨师把肉烤焦了，她却什么也不说，而是微笑着吃下去。她这种宽容的做法，值得做丈夫的学习。

陶乐斯·迪克丝是美国不幸婚姻研究的权威专家，她认为在所有婚姻中，50%以上是失败的。许多充满浪漫色彩的梦想之所以破灭，原因之一就是那些毫无用处却令人心碎的批评。

第三项规则：不要批评你的家人。

第 36 章　给予对方真诚的欣赏

洛杉矶家庭关系研究所所长保罗·鲍比诺说，"大多数男子在寻找对象的时候，不是找高级职员，而是想找一位既迷人又可以满足他们的虚荣心，并使他们感觉超人一等的人。所以，某位办公室女主管可能会被人邀请去吃饭，但也只有一次。她很可能会把她在大学所学的《现代哲学主要思潮》拿出来作为话题，甚至坚持付自己的餐费。结果呢？从此她就一个人吃饭了。

"相反，那些没有上过大学的打字员被人邀请共进午餐的时候，会用热情的眼光注视着她身边的男子，深情地说：'能不能把你的情况多告诉我一些？'结果这个男人会告诉别人：'她并不是很漂亮，但我从未遇到比她更会说话的人。'"

对于女性在追求美丽方面所花的精力，男人应该表示赞赏。所有的男人常常会忘记——尽管他们也知道——女人非常在意自己的衣着打扮。例如，一个男人和一个女人在大街上遇到另一个男人和一个女人时，这女人很少会注意男人，而通常会注意另一个女人的穿着。

几年前，我的祖母在 98 岁高龄时离开了人世。就在她去世前不久，我们把一张她在三十几年前照的照片给她看。尽管她的眼神已经不太好，看不清照片，但她问的唯一问题是："我那时候穿的什么衣服？"请想想！一位风烛残年的老太太，久病在床，年事已高，近一个世纪的时光将她的全部精力几乎耗尽，记忆力甚至衰退到连自己的女儿都认不出来，可是还想知道她在三十几年前穿什么衣服！她问这个问题的时候，我正好在她床边。这件事给我留下了异常深刻的印象。

本书的男读者不会记得他们在 5 年前穿的什么衣服，而且也根本没有心思去记。但是女人就不同了——我们男人应该注意这一点。法国上层社会的男人就会对女人的衣服、帽子表示赞美，而且一个晚上会赞美多次。5000 万法国男人这么做自有道理。

在我的剪报中有一篇故事。尽管我知道这件事从未发生过，但它却说明了一个道理，我复述如下：

一个农村妇女干了一天活，回到家后，在男人们面前放了一大堆草。当这些男人生气地问她是否发疯时，她回答说："哼！我怎么知道你们会在意？我为你们这些男人做了 20 年饭，可我从未听到你们说过一句话，好让我知道你们吃的不是草。"

从前，莫斯科和圣彼得堡那些养尊处优的上层人物在这方面很有教养。在沙皇俄国时代，上层社会有一种习惯，当他们享受了一顿美味佳肴之后，一定会请来厨师，当面褒奖他们。

为什么不这样对待你的妻子呢？下次她把鸡排做得非常脆嫩可口时，就要这样告诉她，让她知道你非常欣赏她的手艺——你不是在吃草。正如得克萨斯·吉恩常说的："大大地夸奖那个小女人。"

如果你想这样做，不妨让她知道，她对于你的幸福和快乐是多么的重要。狄斯累利是英国最伟大的政治家，但如前所述，他会对世人毫不害羞地承认·"非常感激那个小女人"。

有一天，我在看一本杂志，看到一段采访艾迪·康德的文字：

"我从我妻子那里获益良多，"艾迪·康德说，"比从任何其他人那里得到的都要多。她是我儿时最好的伙伴，帮助我努力进取。我们结婚之后，她省下每一美元，拿去投资、再投资。她为我积累了一大笔财富。我们有5个可爱的孩子，她为我营造了一个温暖舒适的家。假如说我有所成就的话，全都归功于她。"

在好莱坞，婚姻就是一种冒险，即使伦敦的路易保险公司也不敢承保。华纳·巴斯特的婚姻是少数特别幸福的婚姻中的一个。

巴斯特夫人婚前的名字是威尼弗雷德·布莱逊，她放弃了如日中天的表演生涯，和巴斯特结了婚。但是，她的这种牺牲从未破坏他们的幸福。"她失去了在舞台上成功的机会，"华纳·巴斯特说，"但我已经尽了最大努力，使她知道我对她的赞美。如果一个女人要从她丈夫那里得到幸福，就一定要从他的赞美和热爱中去找。如果这种赞美和热爱发自内心，那么他也会从中得到爱与幸福。"

第四项规则：给予对方真诚的欣赏。

第 37 章　多从小事上关心你的配偶

自古以来，鲜花就被认为是爱情的语言。买花用不了几个钱，尤其是在开花季节，街头巷尾都能买到。但是，一般来说，丈夫很少会买一束水仙花回家。你也许会认为水仙花和兰花一样昂贵，或者像开在高耸入云的阿尔卑斯山陡峭悬崖上的火绒花那样稀有。

为什么要等你的妻子生病住院了才给她买花呢？为什么不在今天晚上就买一束玫瑰花送给她？如果你愿意，不妨立即去做，看看结果如何。

乔治·柯恩是百老汇的大忙人，却每天和他母亲通两次电话，直至她去世。你是不是认为他每次都会告诉她一些新鲜事？没有。这种小事的意义在于，向你所爱的人表达你的思念，你想让她幸福快乐，她的幸福快乐对你来说是非常宝贵和重要的。

女人对于自己的生日和纪念日非常在意——为什么呢？这可能是一个永远无人知晓的女性之谜。男人们即使不记得许多有意义的日子，他们也仍然可以将就地过一辈子，但是有些日子是应该记住的，如 1492 年（哥伦布发现美洲新大陆）、1776 年（美国《独立宣言》）、妻子的生日以及他自己的结婚纪念日。如果实在记不住，那可以不记前面两个时间——而不是后面两个！

芝加哥大法官塞巴斯曾审过 4 万件离婚案，并使 2 千对夫妇达成和解。他说："大多数婚姻生活的不和，根本原因在于琐事。例如，早上丈夫离家上班的时候，如果妻子能向丈夫挥手再见，就可以使许多夫妻免于离婚。"

罗伯特·布朗宁和他妻子伊丽莎白·巴瑞特·布朗宁的婚姻生活，可以说是有史以来最值得称颂的。即使他再忙，也不会忘记从细微之处来表达他的爱意。由于他体贴入微地照顾患病的妻子，以至于妻子有一次写信给她妹妹说："现在我开始觉得，我或许真的是一位天使。"

许多男人总是小瞧这种日常关注的重要性。正如盖罗·麦道斯在《图书评论》的一篇文章中所说的："美国家庭真的需要一些新的东西。例如，在床上吃早餐，是许多女人喜欢的一种自我放纵。在床上吃早餐对于女人犹如私人俱乐部对于男人一样重要。"

这才是婚姻持续稳定的原因———连串小事。忽视这些琐事的夫妻，必定会发生不幸。艾德娜·圣·文森特·米莱在她的一篇押韵短诗中说得很好："并不是失去所爱破坏了我的美好时光，而是生活小事导致了爱的消亡。"

这首诗太好了，值得记住。在雷诺，法院每星期有 6 天办理离婚案件，是结婚登记的 1/10。

这些破碎的婚姻，你认为有多少是由于真正的悲剧导致的呢？太少了，我敢保证。如果你有时间从早到晚坐在那里，听那些婚姻不愉快的夫妻们的述说，你就会知道，爱情正是由生活琐事而导致消亡的。

现在，请将下面这段引语剪下来，贴在你的帽子里或镜子上，以便你每天早晨刮脸时都可以看见：

"机会只有一次。因此，凡是我能做的善事或我能向人表达的善心，就让我现在去做。不要拖延，不要忽视，因为机不可失，时不再来。"

第五项规则：多从小事上关心你的配偶。

克服忧虑快乐生活的故事

我住在安拉的乐园

《撒哈拉之风》、《先知》作者　伯德莱

我于1918年离开我所熟悉的世界，前往非洲西北部，和阿拉伯人住在撒哈拉这个"安拉的乐园"。我在那儿住了7年，掌握了那些游牧民族的语言。我穿他们的服装，吃他们的食物，按照他们的方式生活，过去20年间很少改变。我成了羊群的主人，睡在阿拉伯人的帐篷里。我还深入研究了他们的宗教。事实上，我后来写了一本有关穆罕默德的书，书名为《先知》。

和这群流浪牧羊人在一起的7年，是我一生中最安详、充实的日子。

我本来过着富裕而多姿多彩的生活：我父母是英国人，而我却出生在巴黎，在法国待了9年。后来，我在伊顿学院和皇家军事学院上学。然后，我以英国陆军军官的身份在印度待过6年，在那里打马球、打猎，并到喜马拉雅山探险。我参加过第一次世界大战，战争结束时，我被选派参加巴黎和会，当了一名助理军事武官。在当地的所见所闻，令我震惊和失望。我在西方前线的4年战斗中，深信我们是为了维护人类文明而战。可是在巴黎和会上，我亲眼目睹了自私自利的政客给第二次世界大战埋下了导火线——每个国家都在竭力为自己争夺土地，制造国家之间的仇恨，并再度掀起秘密外交的各种阴谋活动。

我开始厌倦战争，厌倦军队，并厌倦这个社会。我生命中第一次无法入睡，不知该做什么。洛伊·乔治建议我从政当官，我考虑接受他的劝告，可是这时候发生了一件奇怪的事，它改变了我后来7年的人生道路。这件事发生在一次不到4分钟的谈话中——这次的谈话对象是"泰德"劳伦斯，也即第一次世界大战中最富浪漫色彩的"阿拉伯的劳伦斯"。他曾同阿拉伯人一起住在沙漠里，他还建议我也这么做。起初，这个建议有些奇异。

不过，我已经决定离开军队，所以必须再找点事情做。私人老板可不想雇用像我这种从正规军队退伍的军官——尤其当时求职者多如牛毛。所以我听了劳伦斯的建议，和阿拉伯人住在一起。我很高兴这么做。他们教会了我如何克服忧虑。

　　他们相信穆罕默德在《古兰经》上写的每一句话都是安拉的圣言。因此，当《古兰经》上说"上帝创造了你及你所有的行为"时，他们完完全全地接受下来。这也正是他们能够安详地生活，当事情出了差错时也不发火的原因。他们知道，除了上帝，没有人能够改变任何事情。不过，这并不是说他们在面临灾难时只坐在那里毫不作为。我可以把我住在撒哈拉时经历的一场炙热暴风的事情告诉大家。那场暴风连刮了三天三夜，风势强劲而猛烈，甚至把撒哈拉的沙子带过地中海，吹到了几百里远的法国的隆河河谷。那次暴风酷热难耐，我觉得我的头发似乎烧焦了，喉咙又干又痛，眼睛刺痛，嘴里全都是沙子。我觉得自己好像站在玻璃厂的熔炉前，被折磨得几近疯狂，但还勉强保持着清醒。不过阿拉伯人并不抱怨，他们只是耸耸肩说："麦克托伯！"……"一切都已注定。"

　　暴风过后，他们立即行动起来：杀死所有的羊羔，因为他们知道那些小羊反正活不下去了，杀死小羊还可以挽救母羊。在杀死小羊之后，他们就把羊群赶到南方喝水。所有这一切都是在平静中完成的，他们对于自己的损失没有任何抱怨或哀伤。一位部落酋长说："这还算不错的。我们本来会损失一切，但是感谢上帝，我们还留下了40%的羊群，一切可以从头开始。"

　　我还记得另外一件事：有一次我们乘车横越大沙漠，一只汽车轮胎爆裂，而司机又忘了带备用胎，所以我们的汽车只剩下3只轮胎。我又急又怒，烦躁不已，问阿拉伯人我们该怎么办。他们对我说，着急也无济于事，只会让人更加燥热。他们说，车胎爆裂是安拉的意思，别无办法。于是，我们就靠3只轮胎又开始往前走，没过多久，车又停了下来——原来汽油没有了。但酋长只说了一声："麦克托伯！"他们并没有对司机所带的汽油不足而向他大声怒吼，而是保持冷静。我们徒步到达目的地，一路上高歌不停。

　　和阿拉伯人在一起的7年，使我相信发生在美国和欧洲的精神错乱、疯狂和酗酒，都是由于我们所谓的匆忙、烦扰的文明生活造成的。

　　只要我住在撒哈拉，我就不会有烦恼。我在这个"安拉的乐园"找到了心理满足和肉体健康，而这正是我们许多人努力寻找却难以找到的。

　　许多人讥笑宿命论。也许他们有道理。谁知道呢？但是，我们大家一定可以从许多事情上看出，我们的命运是早已注定的。例如，如果我不在1919年8月一个闷热的下午和"阿拉伯的劳伦斯"交谈3分钟，那么我以后的人生道路也许将完全不同。回顾过去，我发现我的生活一直受到许多我无法控制的事情的影响。阿拉伯人认为这就是"麦克托伯，吉斯米特"——安拉的意旨。你可以按照你的方式来称呼它。它对你的确有奇异的影响。我只知道，在我离开撒哈拉17年后的今天，我依然保持着从阿拉伯人那里学来的处事态度：愉快地接受不可避免的事情。这种人生哲理比上千支镇静剂更能安抚我的紧张和不安。

　　也许你和我都不是伊斯兰教徒。但当猛烈而酷热的狂风吹进我们的生活中，而我们又无法阻止时，我们不妨接受这种不可避免的命运，然后再收拾残局。

第38章　对家人也要有礼貌

瓦特·丹鲁什娶了詹姆斯·布莱恩的女儿。布雷恩是美国最伟大的演说家之一，曾经是美国总统候选人。

自从他们多年前在苏格兰的安德鲁·卡内基家中相识之后，丹鲁什夫妇就过着非常幸福的生活。他们的秘诀是什么呢？

"除了谨慎地挑选伴侣之外，"丹鲁什夫人说，"我认为婚后的殷勤有礼是最重要的。希望那些年轻的妻子对待她们的丈夫，就像对待陌生人那样有礼。如果泼辣蛮横，任何男人都会被吓跑。"

蛮横是腐蚀爱情的毒瘤。每个人都知道这一点，但是我们对待自己的亲人有时竟然不如对陌生人那样有礼貌。我们绝对不会打断陌生人的话，说："天啊，你又搬出那些陈芝麻烂谷子的事来了！"如果没有得到允许，我们绝不会拆开朋友的信，或者打听他们的私事。只有对我们自己家里的人，也就是我们最亲近的人，我们才会责怪他们的小错误。

再次引用迪克丝的话："令人吃惊却又千真万确的一件事就是，唯一对我们说出那些刻薄难听、带有侮辱性的话的人，正是我们自己家中的人。"

亨利·克雷·雷森纳说："礼貌，是一种内在的品质。它可以弥补服饰和外表的缺陷，使那些比你优越的人也不敢小瞧你。"殷勤有礼，对于婚姻就像机油对于发动机一样重要。

奥利弗·温德尔·霍尔姆斯写了广受读者喜爱的《早餐桌上的独裁者》，但是他在自己家里绝不会这样。事实上，他非常体贴别人，即使他心情郁闷，他也总是尽量掩藏，而不让家人知道。既要自己忍受这些痛苦，又不影响其他人，这可真让他难受。

这是霍尔姆斯的做法。但是一般人又是怎样做的呢？在办公室出了点差错、丢了一笔业务、被上司责骂了一顿、累得头昏脑涨，或者错过了火车——几乎还没回到家，就想着如何向家人撒气。

在荷兰，进入屋子之前要先把鞋子脱在门外。我们应该向荷兰人学习，在进家门之前，把一天的工作烦恼甩在门外。

威廉·詹姆斯曾写过一篇文章《人类的某种盲目》，很值得去最近的图书馆借来读读。他写道，"这篇文章所要讨论的人类的盲目，就是不知道动物和人的感情区别何在。这种盲目使我们都深受其苦。"

"这种盲目使我们都深受其苦。"许多男人绝不会对自己的顾客或业务合伙人说出难听的话，却会对自己的妻子怒吼。然而，就其个人幸福而言，婚姻比事业更重要，也更密切。

婚姻幸福的普通人比独身幽居的天才更加愉快。俄国伟大的小说家屠格涅夫广受文明世界的赞誉，但他也认为："如果什么地方有个女人关心我是否回家吃晚饭，我情愿放弃我所有的天才和所有的作品。"

婚姻幸福的机会究竟有多少？如前所述，迪克丝认为50%以上的婚姻都是不成功的，但保罗·鲍比诺博士却持相反的观点。他认为："男人在婚姻上成功的机会，远比在任何行业中成功的机会大。从事杂货生意的男人，70%都会失败；而步入婚姻殿堂的男人和女人，70%会成功。"

迪克丝是这样解释这件事的：

"和婚姻相比，出生只不过是人生的一小幕，死亡也不过是小事一桩。女人永远都不明白，为什么男人不愿花同样的精力把他的家庭营造成幸福的乐园，就像他在生意或事业上的成功那样。

"但是，对男人而言，虽然有一个令人满意的妻子和一个幸福美满的家庭比赚100万美元还重要，可是只有不到百分之一的男人认真地想过或真诚地努力使他的婚姻走向成功。他把自己一生中最重要的事情交给了命运，其成败只能听天由命。女人也永远不明白，为什么她们的丈夫不温和地对待她们，以平息本来可以平息的冲突。

"每个男人都知道，只要让他的妻子高兴，就可以让她无条件地干任何事情。他也知道，如果夸她把家中安排得井井有条、她帮了他大忙，她就会心甘情愿地掏出最后一分钱。每个男人都知道，如果他告诉妻子，说她穿上去年那件衣服多么美丽可爱，她就会放弃购买从巴黎进口的最新服装。每个男人也都知道，他可以用亲吻让妻子闭上眼睛，直到她像蝙蝠那样看不见东西；他只要在她嘴唇上热情地吻一下，她就会不再说话。

"每一个妻子都知道她丈夫也明白这些，因为她早就将这些明明白白地告诉了他。但是她的丈夫宁愿和她争吵，吃难以下咽的饭菜，或者花钱为她买新衣服、汽车、珠宝，却不愿意夸她几句，不愿以她希望的方式来满足她。对此她不知是该喜欢他，还是该讨厌他。"

第六项规则：对家人也要有礼貌。

第39章 不要做"婚姻的文盲"

社会卫生局总干事凯瑟琳·贝蒙特·戴维斯博士有一次曾说服1000位已婚妇女，请她们毫不隐讳地回答一些个人问题。结果令人吃惊——一般的美国成年人在性生活方面并不愉快。戴维斯博士研究了这1000位已婚妇女的回答之后，立刻发表了自己的观点——美国离婚的主要原因之一，就是性生活的不和谐。

乔治·汉密尔顿博士的调查也证实了这一发现。汉密尔顿博士花了4年时间，研究了100个男人和100个女人的婚姻生活。他曾单独问了这些男女400个婚姻生活方面的问题，并对这些问题进行了详细研究——其细致程度使这项工作花了4年时间。由于这项工作在社会学方面具有重要价值，因此许多著名慈善家出钱赞助了这一活动。你可以从汉密尔顿博士和麦克高文合著的《婚姻的症结》这本书中读到这次调查的结果。

那么，婚姻的症结是什么呢？汉密尔顿博士说："只有那些极端偏执或非常莽撞的精神病医生，才会说婚姻生活的大部分摩擦不是由性生活的不和谐引起的。无论如何，如果性生活本身令人满意，那么许多由其他因素导致的冲突将会迎刃而解。"

洛杉矶家庭关系研究所所长保罗·鲍比诺博士曾分析过几千件婚姻纠纷官司，他是美国家庭生活方面最著名的专家之一。根据他的观点，婚姻的失败常常是由4种因素导致的。他将这些因素排序如下：

1. 性生活不和谐。

2. 对如何休闲娱乐存在分歧。

3. 经济拮据。

4. 心理、生理或情绪上的反常现象。

请注意，性生活居第一位。非常奇怪的是，经济拮据只排在第三位。

所有研究离婚问题的专家都一致认为，性生活的相互配合绝对必要。例如，几年前，辛辛那提家庭关系法院的哈夫曼法官听过几千个家庭悲剧，他宣称："离婚的原因，十之八九是性生活不协调。"

著名心理学家约翰·沃特森曾说："性被认为是生活中最重要的事情，而且被认为是导致婚姻失败的主要原因。"

我还听过许多执业医生在我班上的演讲，他们说的几乎相同。那么，在20世纪，我们有这么多的书和教育，却因为对这种最原始、自然的本能缺乏了解而导致婚姻失败，难道不可悲吗？

奥利弗·布特费尔博士在担任卫理会的牧师 18 年之后，放弃了他的传教事业，去纽约市家庭指导服务中心主持工作。他的婚姻也许比许多年轻人的年龄还大，他说：

"根据我早年担任牧师的经验，我发现许多人虽然有着美好的罗曼史和对美好生活的向往，但是他们走进婚姻的殿堂时，仍然是'婚姻的文盲'。"婚姻的文盲！

他又说："当你想到我们对婚姻的极度不协调只能听天由命，而离婚率只有16% 时，或许会认为这是个奇迹！其实，许多丈夫和妻子并没有真正结婚，他们只不过没有离婚而已：他们生活在地狱中。"

布特费尔博士说，"幸福的婚姻，很少是靠机遇获得的：它们是靠人营造的，而且还要理智、审慎地计划。"

为了帮助制订这种计划，布特费尔博士多年来都坚持一点，即凡是由他主持的婚礼，夫妇双方必须坦诚地和他谈他们未来的计划。他从这些谈话中得出的结论是，许多急于结婚的人其实是"婚姻的文盲"。

布特费尔博士说，"性，只是婚姻生活中诸多惬意事情的一种，但只有把这层关系理顺了，其他方面才会顺利。"

但如何才能做好呢？"碍于情面而不好意思说。"我还在引用布特费尔博士的话——"必须代之以客观的讨论，并以超然的态度来对待婚姻。要获得这种能力，除了看一本内容丰富的好书之外，别无良方。除了我自己写的《婚姻与性的和谐》这本小册子之外，我手边还有几本这方面的书。

"在所有这类书中，我认为有 3 本最适合大众阅读：伊莎贝尔·哈顿的《婚姻中的性技巧》，马克思·爱克斯纳的《婚姻中的性》，赫勒拿·莱特的《婚姻中的性因素》。"

所以，为了使你的家庭生活更快乐，请读一本关于婚姻中性生活的好书。

在 1933 年 6 月出版的一期《美国杂志》中，刊登了埃麦特·克鲁齐尔的一篇文章《为什么婚姻会出问题》。下面这些问题是从这篇文章中转载的，或许你会觉得这些问题值得回答。如果你对某个问题做出肯定回答，可以给自己打 10 分。

问丈夫的问题：

1. 你是不是还在"追求"你的妻子？偶尔送她一束鲜花，记住她的生日和结婚纪念日？或给她一些出乎意料的体贴？

2. 你是否注意从来不在别人面前批评她？

3. 除了家庭开支以外，你是否还给她一些钱让她随意使用？

4. 你是否尽量了解她的各种女性方面的情绪问题，并帮助她度过疲乏、紧张和不安的时期？

5. 你是否至少一半的休闲时间与妻子共处？

6. 除非可以显示她的长处，你是否会巧妙地避免将你妻子的烹饪手艺或理家本领与你母亲或别人的妻子做比较？

7. 你是否对她的学习生活、她的社交、她所读的书和她对公共问题的看法也有一定的兴趣？

8. 你是否让她和别的男人跳舞并接受他们的殷勤照顾而不说嫉妒话？

9. 你是否经常找机会赞美她，并表达你对她的赞赏？

10. 你是否感激她为你做的各种小事，如钉扣子、补袜子，送你的衣服去洗衣店等？

问妻子的问题：

1. 你是否让你丈夫完全自由地处理公务，绝不批评他的同事，不干涉他选择秘书，或让他有自己的时间？

2. 你是否尽力使你的家庭幸福融洽？

3. 你是否总是变换菜谱，使他坐到饭桌前时还不清楚吃什么？

4. 你是否对丈夫的事业有所了解，并和他进行有益的探讨？

5. 你是否能勇敢、轻松地面对经济困难而不批评你的丈夫，或将他和其他更成功的男人做不利的比较？

6. 你是否特别努力地和他的母亲或其他亲属和睦相处？

7. 你穿衣服时，是否注意你丈夫对颜色及款式的喜好？

8. 为了家庭和睦，你是否会做出一些让步？

9. 你是否努力学习丈夫喜欢的东西，以便和他共度休闲时间？

10. 你是否关注最新新闻、新书和新思想，以使自己在知识、兴趣等方面与丈夫一致？

第七项规则：不要做"婚姻的文盲"。

第40章 学会与妻子相处

"男人一旦娶妻生子，就意味着失去了财运和机遇。"这是弗兰西斯·培根对婚姻的观点。他不赞成男人结婚生子、背负家庭的重担，认为他们那样做，就要承担命运之神随时夺走家人生命的风险，是一种"很愚蠢"的行为。

虽然这表现了培根对已婚者的悲观态度，但是它也从反面揭示了一个道理，那就是男人结婚是需要勇气的。过去的看法认为，单身男子更勇敢而无所顾忌，而那些结了婚的男人则显得谨慎呆板。但是现在看来，这个观念需要加以修正了。

事实上，单身男子和已婚男人相比，更显得拘泥呆板，这一点可以从他们不敢冒险去婚姻登记处、以避免破坏他们拘谨的计划中看得出来。他们谨小而慎微，性情捉摸不定，就像未婚女性向你描述的那样。他们更不敢跳入婚姻的海洋，只是在海滩上散步，偶尔用脚试探一下海水，一旦遇到大浪涌来，他们就会立即逃到安全的地方去。

至于结婚的男人，则具备了独行大盗杰西·詹姆斯那样的胆子，受伤的犀牛那样的勇气和赌徒那样的性情。那些在蒙特卡洛因赌博而破产的人和这种赌徒般的性情相比，只能算小儿科，因为他们把自己的生命、未来和金钱等赌注全都押在一个女人身上，并保证让这个女人永远快乐。他的对手就是命运之神，他把一切都抵押给了命运之神，然后还冲着命运之神做怪脸。

我们在此并不想批评这些已婚男人，而是向他们提出一些小建议，以增加他们婚后生活的快乐，表达对这些富有冒险精神的男人的敬意。康奈尔大学文理学院院长列奥纳多·S. 柯瑞尔博士曾给美好的姻缘设计了一幅蓝图：

"幸福的婚姻只属于那些心灵成熟、了解自己、善于和他人建立良好的关系，而且任何事情都能为他人的幸福着想的、富有责任感的人。

"一家人是通过内在价值，例如情爱和伴侣等的满足而结合在一起的，这种内在价值是无法强求的。"

柯瑞尔院长这里所说的内在价值，是可以通过一些手段加以发展、呵护和加强的。以下是我们搜集到的关于"妻子的情报"，可以作为丈夫如何与妻子相处的几点建议。

一、不断地感谢和赞美她

即使你必须节省开支以维持生活的话，千万也不要吝惜给你妻子"嘴上的蜂蜜"。如果你总是夸奖她，称赞她是多么的贤惠，那么她就会对你报以忠心。无论你是失业，还是变得又老又胖，她都会坚持留在你身边，即使一年到头总穿一身旧外套也不会有任何怨言。但可惜的是，在那些聪明的男士当中，不了解女性这一特点的人大有人在。

他们认为他们能娶她，算是她一辈子的福气。这些男士们一点也不知道，妻子是从不会厌烦丈夫赞美她们的。男人们都很容易获悉自己在各方面的表现如何，例如工作上出现了失误会有上司来提醒他，成交了一笔大买卖会有加薪或红利，或至少是上司当众予以嘉奖。可是成天待在家里的妻子又如何呢？如果丈夫不告诉她的话，她们根本就不知道自己的表现如何。因此，丈夫的赞美就是对她最好的奖赏。

你不妨仔细观察一下你所熟悉的那些幸福快乐的丈夫们，以及那些由贤惠的妻子料理家务而尽情地享受人生乐趣的丈夫们，他们之所以快乐，全都是因为他们深谙赢得女人芳心的技巧——让女人愿意永远为他们效劳的最有效、最妥当的方法，就是毫不吝啬地、经常性地给予她们真诚的赞美。

罗伯特·N. 普拉尔是我的朋友，他是纽约《世界电报》的专栏作家，也是曾经勇敢地揭露都市腐败现象的《大贿赂》一书的作者。罗伯特最令人羡慕的地方，就是他拥有一个几乎所有男人都想得到的理想妻子；而他的妻子珍妮也认为，他就是这个世界上最伟大的男人，而且她逢人就夸自己的丈夫。

罗伯特有的是让妻子保持美好感受的方法。例如，当出版商将封面由手工精制的特别赠本送给罗伯特时，罗伯特会当场在书上题写赠言："献给珍妮——我亲爱的妻子和我的生命。"这样的赠言，显然要比在支票上签名更容易让女人心花怒放，因为这是对她辛勤料理家务的真诚而由衷的赞美。

二、对妻子要慷慨和体贴

许多男人错误地认为，慷慨大方就是当女人有需要时，不假思索地帮她付账单，并且经常给她一些零花钱。可是现在我要告诉你的是，金钱和女人所看重的慷慨大方只不过是附属关系，她们更在意你这样对她说："好的，亲爱的，接你妈妈过来，和我们共度一段美好时光吧。"这样表现出来的慷慨大方，对她们也许更有效。她们希望丈夫能在公共场所多关心体贴自己，就像他对一个陌生的美丽女子应该表现的那样，关怀和尊重自己。

你是否在餐厅里玩过猜测哪一对男女已经结婚的那种游戏？你应该找时间试一试：

两个人默默地坐在一起，男士只是专注地看着他盘中的小牛排和服务员，而女士则无聊地翻弄盘中的食物，这一对乍看上去好像互不相识，其实他们必然是已经结了婚的一对。相反，男士小心谨慎地为女士拉开椅子，让她坐下，仿佛她是玻璃制品，话题也是事先精选过的，那么这位男士如果不是在追求这位女士，就是在陪一位女客户吃饭。

有一次，我参加了一次欢迎某位名人的宴会，这位名人几乎对所有人都表现得异常热情——可是除了他的夫人，他甚至没看过她一眼，好像她根本不存在似的。其实，适当地对妻子表现出殷勤，并不会对他的公共形象造成任何损害，反而会促进他们夫妻之间的感情。后来他们离婚了，当然这一结局在任何人看来都不惊讶。

就像爱一样、体贴、仁慈和善良，应该先从自己的家人开始。

三、保持衣着整洁

许多男士总认为，只有女人才应该保持迷人的风采和适宜的仪表。例如，女人总会受到这类警告：不要涂冷霜、不能带着满头发卷上床睡觉，还有就是不能有体臭、不能手指粗糙、体重超常和懒散成性。女人之所以如此在意年轻和身材苗条，是因为害怕自己一旦失去青春，就会失去自己的丈夫。

但是那些男人又怎么样呢？也许他是个时装模特儿，可是回到家里一看，他就像一张没有清理的床。到了周末，他会怡然自得地穿一件衬衫埋头看报纸，穿着奇臭无比的拖鞋到处走动；既不洗澡，也不刮脸，还自以为是地认为自己俏得很，他夫人能嫁给他真是她的福分。

再从妻子的角度来看：她不会在意她丈夫穿的是粗布工作服还是笔挺的西装，而且无论怎样她都会爱他。然而，即使丈夫在家闲着没事干的时候，她也愿意看到丈夫洗了澡、剃过胡子，穿着和居家生活相协调的衣服。

虽然外表决定不了一个男人的地位，但是它能改变女人眼中的男人形象。下面提供的一份问题清单，是那些企图博得女孩子（包括自己夫人）青睐的男士应该注意的：

及时理发，不要拖延。

不要在大白天留着胡子不刮，除非你陪孩子到湖边去钓鱼。

一定要保持仪表的整洁，要知道香皂和除臭剂不是专门为女人生产的。

让你的裤子保持笔挺，只有颓废丧气的男人才会容忍自己的裤子皱巴巴的。

永远保持皮鞋的光亮，袜子要穿挺直了，脸上要常带笑容。

四、了解妻子的工作

现在，不少女性对挣钱和打理家务都有切身体验，随着职业女性越来越多，她们在婚前或婚后对工作的压力也都或多或少地有了一定的了解。

因此，男士们就应该对以前曾习惯于在厨房、菜市场和洗衣店之间奔忙的主妇的世界多了解一些。他必须体谅妻子，要知道她比他更容易受环境的限制，她的日子过得并不比他轻松，她也要为这个家庭的各种日常需求而操劳。

做丈夫的至少应该明白每天做那些例行家务是多么的枯燥乏味。此外，妻子还要照顾孩子，如果家中有人病了就更离不开她们。有时，她们还要安排全家的娱乐活动。她们常常是终年劳累过度，而最大的动力和回报，就是家人的幸福和赞美。

妻子需要和外界多多接触，以增加对她的刺激，消除因工作枯燥而产生的无聊乏味。做丈夫的也应该经常带妻子出去，和别家的主妇进行交流。男人由于工作上的关系，使得他有机会参加各种社交活动，因此他希望通过休闲来获得宁静。这时，就要求丈夫把自己的需求和妻子所需要的、富有刺激性的社交活动协调起来，将两者处理得相对平衡。要做好这一点，完全看他如何合理地安排。

五、支持妻子，做她的后盾

我的一个朋友曾向我谈起她经历的一次小小的危机，那是她最亲爱的姑妈第一次到她家时发生的：

姑妈刚到她家，正遇上她孩子得了支气管炎，病得只能躺在床上，眼看招待客人的所有计划都要泡汤了。

她告诉我说，"如果不是汤姆，我真的不知道该怎么办才好。他每天晚上都陪我的葛瑞丝姑妈出去散步，让她感觉过得很愉快。到了周末，他们就一起出去看风景。姑妈玩得很高兴，这样也减轻了我的心理压力。虽然汤姆有些缺点，可是到了紧急关头，因为有他在身边，我就觉得自己有了依靠。"

当遇到麻烦时，如果我们有一个可以全身心依靠的丈夫，那将比浪漫小说中的英雄救美还要强过百倍。因此，丈夫不仅要在妻子遇到重大危机时能挺身而出，即使是日常小事上也要多多支持和帮助妻子。例如：

参加家长会和妇女俱乐部的各种活动时，妻子需要得到丈夫的支持和鼓励。

参加教堂唱诗班或缝纫班的活动时，妻子也同样会有这样的需求。

教育孩子时，妻子需要丈夫的帮助。

在社交场合，妻子希望丈夫能成为她的骄傲；她愿意看到他玩得愉快，而不是洋相百出。

她需要知道，无论出现什么紧急情况，无论发生什么事情，丈夫都能永远和她站在一起，让她的内心有一种安全感。

六、分享妻子的嗜好

婚姻的成功与否，取决于夫妻双方的"分享"和"合作"。当两人在处理家庭问题时，必须试着把"你"和"我"转变成"我们"。例如，我们去哪里度假？我们的椅套和电视机是否都要换成新的？诸如此类。一旦夫妻双方了解对方在生活中所扮演的角色之后，所有问题都能迎刃而解。

也许男人会认为，买礼物、做家务之类的事情让他们参加的话，会有失男性的尊严。但是，如果他想使家庭充满温馨和睦，就应该先放下股市行情分析，尽量帮妻子做一些家务。既然希望妻子对他提升为销售经理而高兴，那么他为什么不能关注一下妻子今天说的一些家务事，对她在旧货市场捡到的一个大便宜感兴趣呢？

安德烈·莫罗斯是一位善于洞悉人情世故的作家，他在建议男人如何与女人相处时说："对女人认为重要的东西表示感兴趣，例如她们的穿着、她们为家庭所做的努力、她们对感情和人物深入细致的分析……当你有空时，不妨陪夫人去逛逛街、买些东西……在某些事情上为她出谋划策……对生活中的小事表示感兴趣，多和她交流，例如养育孩子的经验、她所参加的俱乐部、她的朋友，等等。如果她喜欢音乐、美术或读书，就要设法了解她的这些嗜好。相信过不了多久，你就会惊奇地发现，你也对她的嗜好感兴趣了"。

七、向妻子表达你的爱

作家维奇·鲍姆曾说："得到爱的女人，更容易获得成功。"丈夫一定要保证爱他的妻子，这可不像将结婚戒指戴在她手指上那么简单，而且要做到只要她高兴，他就应该每天都将结婚戒指戴在她的手指上。梅托·德这样写道："男人喜欢感觉到他被爱着，而女人却喜欢男人说他爱她。"

不知为什么，许多丈夫在刚刚度完蜜月之后，就会对向妻子说"我爱你"感到尴尬。其实，你完全可以放松，即使你不必像欧洲的男人那样殷勤，也照样可以打动你的妻子。作为女人，她们总是有其独特的感知力，她们能通过无数种无言的暗示来感受到你的爱。例如，你能在满屋子的人当中很快找到她，在电影院里紧握着她的小手，出乎意料的拥抱，温柔体贴，等等。

然而，很多女人却不明白，为什么男人在婚前对她追求得那么热烈，可是婚后却不愿对她表露他的爱。我办公桌上就放着一封信，它来自安大略多伦多市的一个青年，他名叫杰克·F. 坦蒙，他在信中就承认自己犯了这样的错误：

"我妻子是我精心挑选出来的、理想而完美的女性。结婚后，我一心忙于工作，我们生活的全部事情则由我妻子承担。

"然而，这种生活模式显然行不通。我们 5 年的婚姻生活是不幸和失败的。终于有一天，我和妻子吵了一架，4 岁的儿子问我：'爸爸，你难道不喜欢妈妈吗？我相信她是个好妈妈。'

"我突然明白，原来自己是个大笨蛋。我其实真心真意地爱着我孩子的母亲。我既爱她这个人，又爱她为我所做的一切。正是有了她的精心照顾，我们的儿子才长得那么健康可爱，而我却一直没有承担起一个做父亲和丈夫的责任。

"我受到惩罚是应该的，但我决定尽力弥补错误。我找到妻子，希望她能帮助我，使我成为一个称职的丈夫和父亲。

"感谢上帝，她成功了。现在我们又过起了真正意义上的婚姻生活，这种生活是建立在互敬互爱基础上的。她又为我生了一个女儿，我们的幸福价值千金。

"现在，我的孩子再也没有问过我为什么不喜欢他们的妈妈了！"

爱一个女人，绝不只是有火热的感情就足够了，它还应该涵盖许多内容，例如理解、殷勤、敏感和尊重。可是，那些不懂得如何经营爱情的男人总喜欢寻找借口，说什么"没有人能真正了解女人"。他们顽固地认为，男人用的是直流电，而女人则用的是交流电，双方永远没有沟通的可能。于是，他们就省掉了许多尝试的麻烦。

我在这里只想敬告这些先生：女人可不是来自外层太空，也不是用另一种波长做沟通，她们更不是什么怪物。她们虽然性别不同，但仍然是人。女人并不是什么难解之谜，很多男人都已经了解了女人，而且都是在他们结婚之后做到这一点的。

但是，假如你真的想了解你的夫人，就最好由爱她开始做起，并且让她知道你爱她。否则，婚姻对你们双方都不是什么好事。

对于美国的女性来说，无论你指责她有什么缺点，她都不会介意，但是你不能说她自大或自满。她非常希望能改善自我，由此形成了一个涵盖面极广的咨询市场。例如，会有人指导她如何吸引男人、如何挑选丈夫、结婚以后该做什么、如何养育下一代、如何将家务料理得井井有条，如果她真的还能腾出 10 分钟空闲来的话，她还要咨询在闲暇时间该干什么。她不但要去听演讲，还要订阅各种刊物来为她的生活提供有意义的指导，参加各种自我完善的课程……此外，90% 的广告产品都是针对她们这种人的。

我们再来看看她们的丈夫：这些男人也会积极进修，但通常只是局限于如何多赚一些钱，使自己在工作中超出他人，成为一个优秀人物。至于如何处理与家人的关系，他只希望维持原状。他们很少读书看报，也很少去听演讲，也不关心如何吸引妻子或者维持与她的感情常新。在他们看来，增进夫妻之间的感情都是那些小女人的事。至于如何适应对方的个性，这些男人永远只会说："应该让女人来适应我们。"

男人也许会这样解释说：我们要养家糊口，必须出去赚钱，必须将全部的心思和精力放到工作上，而不是如何更好地扮演丈夫这个角色上。然而，无论是男人还是女人，婚姻并不能只靠钱来维持。衣食无忧，只是男性责任的开端，而不是全部，而且事情也不完全局限于此。

几年前，米尔斯学院院长利恩·怀特写了一本很好的书《教育我们的女儿》，他在这本书中批评了学校教育，认为将女人和男人完全等同起来教育的做法是不对的。他提出，应该在课程中安排一些适合女性实际需要的内容——也就是说，教育不能脱离现实，那就是大多数女人总是要成为妻子和母亲的。

他的提议的确收效不错，但这并不能为幸福的婚姻提供一个样板。我们将女儿教育成为一个好妻子和好母亲，却让她们嫁给那些只知道赚钱养家的不合格丈夫和父亲，那又有什么用呢？为什么不将我们的女儿嫁给一个有着丰富经验、知道如何做一个好丈夫和好父亲的男人呢？

法国伟大的小说家巴尔扎克曾这样写道："大多数已婚男人都会让我想起那些'想拉小提琴的大猩猩'。"

假如我们将婚姻当成男女双方都需了解的事，那么我们就可以了解婚姻，那些已婚男人就不会再像大猩猩，而是应该像著名小提琴家弗瑞斯·克莱斯勒了。

"家"自古以来就一直是人类的基本单位，它不仅能让人保持对未来的希望，维持目前的现实，还能保卫、滋养和教导人类。家，其实就是一座神圣的城堡。

为什么只有男人才能承担起保护家庭的重要担子呢？虽然女人待在家里的时间比男人多，但这并不等于男人就不需要家。

家不仅仅是一个物质概念，它还包括温暖、分享、欢笑、眼泪、幸福和忧伤等诸多精神方面的含义。而正是这些精神含义为家增添了丰富的意义和价值。显然，只靠女人是无法创造这一切的，它是男女双方共同携手、努力创造的结果。

所以，我真诚地告诫男人，要给女人一个机会，好好思考自己该如何扮演"丈夫"和"父亲"这个特殊的双重角色，将自己创造成功事业的才智和精力适当地分给家人一部分。

第八项规则：学会与妻子相处。

克服忧虑快乐生活的故事

我最大的对手是忧虑

杰克·邓普赛

在我的拳击生涯中，我发现"忧虑"比我所遇到的任何重量级拳手都更难对付。我知道我必须学会停止忧虑，否则忧虑会削弱我的活力，毁坏我的成就。于是，我给自己草拟了一项制度，以下就是其中的几部分：

第一，为了保持在比赛中的勇气，我总是在比赛时自我打气。例如，当我和佛波比赛时，我不断地告诉自己："没有人打得过我！他伤不了我！他的拳头伤不了我！我不会受伤！不论发生什么事，我一定要勇往直前！"这样不断地为自己鼓气，使内心的想法变得主动积极，对我帮助很大，甚至使我不觉得对方的拳头打到了我。在我的拳击生涯中，我的嘴唇曾被击裂，眼睛被打伤，肋骨被打断，而且佛波有一次还将我打出场外，摔倒在一位记者的打字机上，压坏了打字机。但我对佛波的拳头甚至没有任何感觉。只有一次，我真的感觉到了拳击。那天晚上，李斯特·约翰逊一拳打断了我3根肋骨。虽然那一拳伤不了我，但影响到了我的呼吸。我可以坦白地说，除此之外，我从未在比赛中对任何拳击有过感觉。

第二，另外一个方法就是不断地提醒自己，烦恼毫无益处。我的大部分烦恼都出现在大型比赛之前，也就是我接受训练期间。我经常会在半夜醒来，一连好几个钟头辗转反侧，无法入睡。我担心自己会在第一回合被对方打断手，或扭伤脚，或眼睛被严重击伤，这样我就不能尽情发挥攻势了。当我有了这种烦恼时，我总是爬下床，对着镜子，好好训斥自己一顿。我会说："你真是一个大笨蛋，竟然会为一些尚未发生而且可能永远都不会发生的事情担心！人生苦短，你的时间只有几年，所以你必须尽情享受。"我又对自己说："你的健康是最重要的。除了你的健康，没有任何东西比它更重要。"我不断地提醒自己，失眠和忧虑会损害我的健康。我发现，当我不停地提醒自己这些事的时候，它们最后终于渗透到我的内心当中了，因此我可以很容易地消除所有的烦恼。

第三，最后一种方法——也是最好的——就是祈祷！在接受比赛训练时，我每天会祈祷好几次。在比赛中，我总是会在每一回合铃响之前祈祷，这使我有了继续比赛的信心和勇气。我从未不祈祷就睡觉，也从未不祈祷就吃饭……我的祈祷有用吗？千百次事实已做了回答！

第41章 学会与丈夫相处

我最喜欢的一个现代人是奥格登·纳屈尔，他在《献给女婴之父的颂歌》中抒发了一种感慨之情，说是在这个世界的某个角落，有一个男婴正在长大成为娶走他可爱的小女儿的男人。既然大多数可爱女婴的父亲都与纳屈尔有同样的感想，那我们就不妨勇敢地面对它。但是对于一个女人来说，比一辈子容忍男人的任性更可悲的则是没有男人可以让她去容忍。

为什么我要这么说呢？要知道，这个世界上有一半人是男性，所以如何与男人相处，成为每个女人都要面临的问题。女人一生中要接触无数的男人，例如丈夫、父亲、儿子和女婿，或者老板、客户、朋友、追求者和色情狂，或者医生、律师、军人和职员，或者屠夫、面包师和工人。

既然男人和女人之间存在差异，而我们也不得不接受这个事实，那么作为女人，多考虑一下如何与男人相处应该不是一件坏事。

男人希望女人能为他做什么事呢？

当然是舒适！你可能会认为我是从一群喝腻了香槟酒、又老套又落伍的花花公子那儿得来的答案吧？错了，让我来告诉你一个事实吧：

第二次世界大战结束时，那些继续留在军中服役的男人曾接受过一次问卷调查，其中有一个问题问："你希望婚姻生活给你带来什么？"几乎所有人都给出了同样的答案——既不是令人心旌摇荡的富有女性魅力的女人，也不是刺激，更不是兴奋，而是异常普通的舒适！

这个答案也许会让那些盲目迷信化妆品和香水广告的小姐们失望透顶。但是，既然男人只需要舒适，为什么不给他们舒适呢？显然，对男人来说，一盎司的舒适比一磅的性感更加值钱。不过，男人理想中的舒适究竟是什么呢？是某个让他所有的感官都能放松的女人，还是一个知书达理的贤惠女子，或者是像玛丽莲·梦露那样的性感尤物呢？

一些参加了某项课程的女士们，根据她们与男人在一起的经历，经过讨论之后，总结出以下几条行之有效的规则，这些规则完全可以作为女人如何与男人相处的有效法则。

一、要有一个好性情

家庭问题专家陶乐丝·迪克斯曾说过："男人选择女人的第一个要求，就是女人要有一个好性情。"任何女人如果想和男人愉快相处的话，那么无论这个男人是她的丈夫、老板、水电工，还是她只有 3 个月的儿子，她都应该多注意自己的性情，而不必刻意注重自己的过失。因为男人们情愿在愉快的气氛中吃罐装的青豆，也不会乐意面对一个满脸愁容、唠叨不休的女人吃牛排。

一个单身汉曾经这样坦率地说，如果他有机会在一个快乐、温柔、性情温和的女人和一个愁苦、愚钝、性情暴躁的女人之间进行选择的话，他将会选择前者！

我曾雇用过一个女速记员，如果仅从职业技能来看，她不能算合格——她的拼写很差，打字的速度又慢，而且经常会出错误。但是她却能一直保住她的工作，甚至干到结婚和退休，这完全得益于她那快乐天使般的性情。

她不害怕别人的牢骚、抱怨和批评，就像是办公室里的阳光一样令人感到温暖。只要有她在，即使她不做任何事情，你也会觉得应该给她付薪水。我不知道她做饭的手艺是否比速记的能力强，但是我经常能见到她和她丈夫在一起，而且每当他看着她时，脸上总是光彩四溢——显然，他并不在意她能不能做一手好饭菜。

二、做个好伴侣

美国高尔夫球公开赛冠军杰克·弗里克曾为纽约《世界电报》撰写文章，介绍了他如何克服不利局面、获得艾奥瓦州达文波特两个市立高尔夫球场特许经营权的经过：

当时，摆在杰克面前的是一项艰巨的任务，他既要保住特许经营权，又不能放松比赛训练。幸运的是，他娶了芝加哥的丽·伯恩斯泰做妻子，她给他带来了好运气。丽成了杰克的事业帮手，这使得他可以专心提高球技了。

后来，也就是 1952 年，杰克一家开始奔赴全国各地。丽负责照顾 13 个月大的儿子克瑞罗，而杰克则参加巡回公开赛。杰克说："我从来都不让丽跟我进赛场。你们没有见过邮差带着妻子去送信的吧？"

这个妻子虽然没有积极参与杰克·弗里克挚爱的球赛事业，但是她总停留在他附近，使他没有了后顾之忧。像丽这样的女人，才是男人真正的好伴侣。

弗洛伦斯·梅纳德住在纽约州北部的一个小镇，她是一个普通的家庭主妇。在过去 16 年的婚姻生活中，她只会做一些家务，所以她总觉得自己的生活似乎缺少了什么东西。后来，她终于知道那是伴侣的亲情。然而，梅纳德夫妇的共同兴趣和爱好实在是太少了。梅纳德夫人开始采取行动，以改变这种状况。

"我丈夫的一项主要爱好就是职业曲棍球。"梅纳德夫人说，"所以，我首先要培养自己这方面的兴趣。当我对曲棍球的知识十分精通之后，我对这项运动也有了浓厚的兴趣。我和我丈夫怀着同样的热情去观看曲棍球比赛，还记下了电视转播曲棍球比赛的时间。从此，我不仅喜欢上了这项运动，而且还发现自己有事情可做了。我从中所得到的，不仅仅是陪丈夫观看这项运动的乐趣，而且还包括充实的生活——我再也不会一个人无聊地坐在家里无事可做了……除了曲棍球之外，我现在又找到了一些新的兴趣，这样我又可以和我丈夫一同分享更多的乐趣了。"

三、善于倾听

几乎所有男人都认为女人的话太多，他们这话的意思是指女人抢走了他们说话的机会。

许多女人错误地认为，听男人说话就是默不作声地坐在那里，耐心地听男人说个没完。其实，听人说话也要表现出积极的态度，如果你是一个善于倾听的人，就会在适当的时刻加入谈话当中去。

倾听别人谈话，首先要集中精力。眼睛不能飘移不定，或神色紧张、坐立不安。如果你真的能集中思想，或许还能学到许多东西。

倾听别人谈话的时候，表情要尽量放松，而且要随着对方所讲的内容有所变化。一个面无表情的听众，是最让说话的人觉得扫兴的。对于舞台导演来说，最困难的工作就是训练演员如何表演好倾听其他演员说话的形象。如果你想成为一个令人满意的听众，就努力训练自己吧。

成功的倾听还需要集中心思和积极配合。以前曾有人戏称，一个女孩子如果想赢得男人的欢心，只需要在他介绍自己某次成功的经历时，目光专注地看着他，并适时地插上一句"你真是太棒了！天啊，你简直是个天才！"之类的话就足够了。她表现得越笨拙，他就越喜欢她。不过，现在这种情况有了些许变化：许多女孩子也能在生活中取得成功，她们觉得很难完成从精明的女强人向愚蠢的小女孩角色的转变；而男人们也比以前精明多了，他们能分辨得出谁是真正懂得倾听的女孩，谁又是故意装傻、吹捧奉承他的女孩。因此请记住，当一个男人真正需要一个女孩听他说话，而你又想赢得这个男人的心，并希望影响他时，就不要再玩"假装倾听"那一套老把戏。

这时，最好的沟通办法就是不时地问他一个问题，以表明你正在听他说话，而且想知道一些更详细的情况。有时候，你还可以偶尔提出你的不同见解。如果你支持他的说法，并且在某方面颇有经验的话，就不妨在他停下来的间隙提出来，但是要注意一定要简洁，然后再将主导谈话的权利交给他。

像这样的倾听，就不是单调的独白，而是一种积极的双向沟通。然而，大多数人都不是理想的听众，因为他们不了解沟通的规则。不过这些都是能通过练习加以改进的。

女人一旦掌握了倾听的艺术，就会与男人相处得更加愉快，进而与其他人相处得更融洽，而这也将会促进女人的成熟——这正是获得成熟的途径之一。

四、学会适应男人

也许我们似曾见过这种场面：

"今晚我们请吉米和玛贝尔来家里吧，我们有很长时间没见到吉米了。"一家之主的丈夫说。

"好的。"妻子回答说，"但是，最好也请海伦和汤姆来，因为最近我们已经去他们家做过两次客了。"

然后——

"噢，天啊——海伦的妹妹在她那儿住，我们还得再找一个男宾来陪她。你去熟食店多买些啤酒和乳酪脆饼。我负责打电话，然后化妆换衣服，再收拾收拾房间。我换衣服的时候，你最好用吸尘器清理一下地毯。"

这时，丈夫真希望当初自己没开口。他原本只想安静地陪一两个朋友聊聊天，没想到却招来了一屋子的客人。

不知为何，女人一般都不会因为一时的兴起而去做某件事情，除非是为了给自己买一顶帽子——这一点是男人无论如何都弄不明白的。他不明白的事情还有，女人去看一场戏为什么要花几个星期的时间做准备，或者当他临时提议去乡下过周末时，女人为什么会说没有合适的衣服，等到下个周末再说以及好让她有机会通知送奶工人……

不错，男人的一时兴起有时的确会让那些喜欢按计划办事的女人厌烦，但偶尔做出"好的，我们……"而不是"好的，但是……"的回答其实也不会有任何损失。我就认识一个非常快乐的妻子，她嫁给了一个喜欢临时决定度假的丈夫。丈夫经常是在看过一份旅游广告之后，就给妻子打电话说："收拾好行李，亲爱的！明天早上我们去洛杉矶。"这时，早已习惯的妻子会很快收拾好放了泳装的手提箱，请邻居帮忙照顾她的小鹦鹉，然后将所有的约会推掉，等着第二天早上上船。她还会说："这没什么大不了的。任何一个女人，只要稍加训练，都可以做到的。"

我年轻的时候流行的风气是这样的：如果女孩子直到最后时刻才有男孩子来约她，她就会被认为是很不招男孩子喜欢的女孩。也许成为一个难约的女孩可以给人留下一个好名声，但作为女孩子，她同时也失掉了许多乐趣。不过，如果那个男孩子约过别的女孩子之后再来约请你的话，你该怎么办呢？这就给了你一个极好的机会，你可以向男孩子证明他的第二次选择才是最佳的。要学会适应男人的心情，这是女人赢得男人青睐的最好办法。

当男人突然产生一个想法时，他喜欢立即付诸实施！假如女人不能适应男人的这种冲动，无疑会令他们感到气愤。只有很快就学会适应男人情绪的女孩，才能在与男人相处的道路上迈出成功的一步。

五、能干但不失女性魅力

一次上课时，一位女学员对我说，她因为太能干而失去了一个出色的男人。

这个女孩在公司担任主管，负责制订计划，发号施令，一切都是尽职尽责。但是在社交场合，她可没有这么一帆风顺。

她说："我经常是当我男朋友还没有打开雨伞时，我就叫好了出租车；总是要比他早一步按下电梯按钮；共进晚餐时，我会推荐他点肝脏和熏肉，以预防他的高血压；他从没有机会帮我拉开椅子或为我脱下外套、替我穿上鞋子。因为我是如此能干，总是抢先做好了一切。我不只是能干——而是太能干了，所以我失去了他，这一切都是我造成的。"

现在出来工作的女孩子实在是太可怜了。她们为了嫁给一个自己喜欢的丈夫，除了要追求成功和独立之外，还要时时刻刻提醒自己做一个富有女人味的女孩。可是现在的男人已经被宠坏了，他们想娶的女人不仅要具备女性的魅力，还要有足够聪明的头脑去发现他——如果可能的话，最好还能帮助他增加家庭收入。

让你中意的男人看上你，并让他觉得你就是他理想中的女孩，这并没有什么困难的。你可以这么做：工作时，充分展现你的才能，争取老板的赏识；下班之后，则要让那个与你约会的男人觉得你是女人，而不是一部高效运转的机器。

和前面提到的那个女孩一样，海伦也是从一个逃之夭夭的男士那里学到这一点的。

多年以前，海伦结识了一个年轻男子，他会经常陪伴她，至少有一段时间是这样的。那段日子，海伦对她所在地方的政治产生了浓厚的兴趣，经常在休息时间参与这项活动。在不用帮人竞选或去参加集会时，海伦和男友谈论的全是政治话题，例如某某法官说过什么话，或行政管理上存在什么问题，等等。

最后，男友忍无可忍，大声对海伦说："你原本是个女孩子，可是现在你却成了一份活的竞选宣传单。如果我需要政治或哲学方面说教的话，我会给国会议员写信的。而我现在需要的，是能够给我的夜晚增添愉快气氛的好女人。"

后来，男友离开了海伦，娶了一个美丽动人的金发女郎，她既能把家料理得有条不紊还会做一个玲珑可爱的小女人。

六、做真正的自己

最让男人感到滑稽可笑的，就是见到一个老女人穿着少妇紧绷绷的服装，还戴着一头假发，蹬一双8厘米高的高跟鞋，戴着连傻子都骗不过的假乳在大街上横冲直撞了。在所有让人感到悲哀的事情中，拒绝接受成熟的女人可能是最可悲的。她会固执地认为，女人的魅力全在于年龄，只要肯努力，没有人会知道她已经过了39岁。如果看到这样的女人妖媚做作，用她那早已失去性感和魅力的身体向男人大献殷勤时，真会令人恶心。

除此之外，还有一些看起来文静典雅的女孩子会突发奇想地以为，通过超常规的怪诞举动可以显示自己不拘小节的魅力。其实恰好相反，男人可没有她想象的那么笨，他们清楚得很，知道如何去判断一个女孩子。

还有许多表面看上去很聪明的女人，她们也都认为，女人可以通过打扮来"偶尔改变性格"，把男人弄得神魂颠倒。然而，本质才是最好的东西，既然上帝赐予我们现在的性格，又有什么不好的，为什么要掩饰呢？

我们要做的就是剥去伪装，让真诚重见天日。我们可以发挥自己的特性，克服自己不能吸引人的缺点，达到最佳的自我状态。只要努力，任何人都可以做到这一点，无论男人还是女人。

七、乐于做女人

提出"两性之间的战争将一直存在"这个危言耸听的论点的人，一定是个争强好胜的人。我一直弄不明白，为什么男女之间的性别差异会成为他们彼此斗争的原因？在我看来，还有许多其他的事更值得去斗争呢。

想和男人建立和谐关系的女人，首先必须乐于接受当一个母亲的角色，承认母亲在人类社会担任的是一个特殊的角色，同时了解女性的基本作用。而那些拒绝接受母亲角色的女人，并不仅仅限于所谓的未出嫁的"老姑娘"，还包括一些已婚女性，她们总是抱怨"身为女人就低人一等"、"自然在创造男人和女人时实在太偏心"，等等。这正好为"两性战争"提供了证据。

一个人能否坦然接受自己的性别角色，和结不结婚并没有多大关系，它是态度端正、感情成熟的自然结果。如果不能接受这种基本思想，男人和女人在一起时就不会得到幸福，结果就可能出现男人和女人之间的战争了。

如何与男人相处，很难总结出一套精确的公式，因为人与人之间的性格总是存在各种差异。但是这里提出来的意见，至少可以指导你加深对男人的了解。

在我们理想的美好世界中，男人和女人将不会像天生的敌人，而是携手并进、在友谊和爱情中共同工作、共同游乐、爱到永远的一对。

第九项规则：学会与丈夫相处。

第 42 章 提升爱情的深度

爱是一种最好的食粮，我们的精神靠它生存和成长。如果没有爱情，我们的道德心就会弯曲变质。"小孩子觉得没有人爱他，这是少年犯罪的主要原因之一。"纽约市少年家庭董事会秘书、社会工作专家艾西尔·H. 怀斯先生在麻州社会工作讨论会上这样说。

我也认为这种说法是真的，我曾经在奥克拉荷马州艾尔·雷诺的联邦少年感化院，为少年犯们讲授有关人际关系的课程。

渴望爱心，似乎是这些不幸的男孩子普遍存在的问题。有一个少年说，他的母亲从不给他回信，后来他写信告诉他母亲，说他正在上一些课，他觉得自己的外貌改变得好多了。可是不久他母亲写信给他，说监狱是他最适合待的地方。

另一个 19 岁的男孩汤米，他有 10 年以上的时间在孤儿院、监狱和感化院度过。他说："我们最需要的，就是有人来爱我们。但是从来没有人爱我或要我。我在十六岁以前，从没有得到过一件圣诞礼物。"

毫无疑问，这些忍受着情感缺乏的孩子们，常常会开始犯罪，以补偿这种爱的缺陷——就像一个饿昏了的人，当他找不到好食物的时候，即使对身体有害的东西也会吃。

爱是最好的食粮，我们的精神靠它生存和成长。如果没有爱情，我们的道德心就会弯曲变质。"一个普通人所能说的最正确的话，"心理学家沃尔波特说，"就是他从来不会觉得，他的爱或别人给他的爱已经使他满足了。"

爱在人类社会的潜力，就像原子能那样巨大。爱情能够产生，而且的确每天都在产生奇迹。你给你丈夫的爱，是他成功的原动力。因为，如果你真心爱他，你就会心甘情愿地尽你的一切能力去做每一件事，使他快乐和成功。你给你丈夫的那种爱情，也会影响到子女的幸福。保罗·柏派诺博士在全国教师家长联谊会中说："教师家长联谊会，如果愿意在年会里完全不谈小孩子的事情，而只讨论如何使丈夫和妻子更加相爱，也许对孩子的幸福会有更大的贡献。"

那么，我们该怎么做，才能提升爱情的深度呢？以下有一些特殊的建议：

（1）每天都要表现出爱心

许多女人碰到危机的时候，都能够应付自如，可是，她却不知道带给丈夫最渴望的爱情面包。假如丈夫失业了，患上结核病或是被关进监狱里，她都能够像岩石那么坚强，不断地帮助丈夫。但是，当生活正常平稳地进行的时候，她就忙得忘了告诉自己的丈夫，他在她的心目中是何等重要。

大部分女人都相信，她们是应该被爱护、被人讲些甜言蜜语的。我经常见到一些妻子抱怨丈夫忽略她们，不知道赞扬她们。其实，她们往往也吝于对丈夫表示关爱。她们时常挑剔和批评丈夫的错误，她们正是威廉·伯林吉尔博士所描述的那种女人："有些人太爱自己了，她们愿意分给别人的爱实在太少。"反过来说，最能够体贴地表示出爱心的女人，也能从她的丈夫那里得到最多的关注。

迪克斯说："妻子们总是抱怨说，她们的丈夫把自己的存在看成是理所当然，从来不赞美她们，或注意她身上所穿的衣服，或是给她们任何明确的爱。但是，这些女人对待她们丈夫的态度也是同样冷淡。她们奇怪，为什么自己的丈夫会追求那些懂得称赞他们英俊、雄伟、健壮与奇妙的女人。爱情的饥渴并不是女人专有的一种疾病，男人也会患这种疾病的。"

曾经有人把夫妻间对爱情的冷淡叫做"精神食粮不足"。这是一个很恰当的比喻。因为男人不是只靠面包就能活下去的；有时候，他也需要一块爱的蛋糕——最好还在上面加一点糖霜。

（2）培养一种好心情，对事情看开一点

有责任心的妻子，常常会患有一种完美主义者的毛病，例如孩子们的行为总是要管教好，晚餐要做得美味可口，家里要一尘不染。她们常常过分注重细节，而忽略了重要的事情。当事情发生的时候，要以好的心情去接受，而不要把小事搅得天翻地覆，这样就可以加强夫妇之间的爱情。

我的朋友乔治·吉恩·纳杉在谈到提升爱情的深度时说："我从经验里发现，爱情和整理完好的家务常常是无法并存的。当我看到一个家庭整理得太谨慎时，通常我会觉得，而且接着就发现，他们夫妇之间的爱情就像他们机械化的家庭那样，已经达到冰点了。真可惜，从来没有一个深挚而热情地爱着自己丈夫的女人，能够做一个完美的家庭主妇。"

听了这些话，我们马上可以猜到纳杉先生是个单身汉。但是，他所说的话是值得我们深思的，尤其对那些只注视着树木，而忽略了整座森林的妻子更是如此。

（3）要有宽大的胸怀

爱情就是给予，要给得丰富与慷慨。有些妻子愿意在许多事情上面做出牺牲，但是却常常在许多小事情上缺乏精神上的慷慨，例如嫉妒丈夫从前的女朋友。如果你的丈夫无意间提到他今天碰见了过去的一个女友，而如果你问他："那个女孩子是不是还扎着辫子，说着不成熟的话？"那你就太吝啬、太不够慷慨了。你应该赞美她，如果你能够想开一些，你丈夫会更欣赏你了。

我父亲和我母亲结婚以前，曾经和一个迷人的金发少女订了婚。我记得每当母亲赞美那个女孩的美丽和好人缘的时候，父亲总是会不好意思地笑着，一面又装做若无其事的样子。父亲觉得母亲比较漂亮，母亲也知道这一点——但是母亲能够欣赏父亲的眼光，这总是很让父亲高兴。

（4）对丈夫也要表示谢意

男人在结婚以后，带妻子到戏院看一场电影，或送给妻子一束紫罗兰，甚至只是每天早晨倒一次垃圾，他也很希望听到妻子的道谢。如果他所做的每件事情妻子都视为理所当然而不表示感谢，丈夫很快就会停止取悦他的妻子了。

（5）**互相谅解和体贴**

当丈夫想要换上拖鞋休息一会儿的时候，妻子却穿上衣服想要出门，这是不行的。具有深挚爱心的妻子，应该先了解丈夫每天在外面工作后的需要，然后才盘算自己的需要。妻子在一生中慷慨地奉献给丈夫的爱情，难道丈夫不知道感谢吗？我敢打赌丈夫会感谢的！我就看过一个十全十美的妻子，她得到了丈夫的敬爱。现在，我的桌上就有一封信，是华伟克·C.安格斯寄来的。安格斯先生在信中说："很可能因为我娶了这个女孩子，所以我才比大部分男人更加幸福。我所能给她的最大赞赏，就是对她说，如果我还能够回到32年前，而且了解我现在了解的事情，我仍然愿意再和她结婚——只要她愿意再嫁给我！我所获得的任何成功，都归功于这位可爱的妻子。"

如果没有爱情，成功又有什么意思呢？缺乏爱情，财富和权势也就等于废物和灰烬。如果你的丈夫从你深挚的爱情里得到了幸福和安心，那么，他带给你更高的生活水准的机会也会大大地增加。

因此，如果你想使自己的婚姻家庭更幸福，就要注意第十项法则：

提升爱情的深度。你可以按照以下几点去做：

（1）每天都要表现出爱心；

（2）培养一种好心情，对事情看开一点；

（3）要有宽大的胸怀；

（4）对丈夫也要表示谢意；

（5）互相谅解和体贴。

第43章　享受真正成熟的爱

爱是世界上被人们谈论最多，也是最难弄清楚的问题之一。它既可以激发艺术家的创作灵感，又是婚姻幸福和家庭美满的基础。如果失去了爱或缺乏爱，都会使人格破碎，或影响人格的正常发展。

然而，我们大多数人对爱的理解都是狭隘的，而且总是脱离不了家庭或性关系；同时，这种情感常常与占有、自负、纵容、依赖等纠缠在一起。直到最近，爱才被定性为一个严肃的科学课题，情况这才有所转变。许多心理学家、医生和科学家开始投入大量的精力，对"爱"这一课题进行思考和研究，把它当作人类的基本需求和影响人类发展的力量源泉。因此，我们将不得不对"爱"的传统观念加以修正和扩充。

那么，爱和成熟究竟有着怎样的关系呢？劳罗·梅伊博士在他的新著《人的自我追求》中说："能够付出和接受成熟的爱，是衡量一个人是否具备完全人格的标准。"梅伊博士还肯定地指出："大多数人都达不到这个标准。一般人对爱的理解，既暧昧又幼稚。"

例如，一个女人将毕生都奉献给了她的丈夫和子女，以至于和这个世界完全隔绝，这只不过是她的占有欲超过了她的爱。爱的真谛并不是限制，而是向外延伸。

再比如，一个男人对某个女人是如此的崇拜，以至于找不出可以与之相比的其他女人，这个男人也不能算有爱心的男人的榜样；相反，他是感情发展受到局限，强迫自己仍然停留在婴儿时期、保持依赖心态的典型。这是一种依恋，而不是爱。

也许只有先弄明白了什么不是爱，再来理解那种有助于人格完善的"成熟"就会相对容易了。首先，爱并不等同于电影中经常出现的男女约会、玫瑰加香槟式的浪漫故事，或作家笔下关于性剥削的激情。

泌尿科专家、美国婚姻顾问协会主席亚伯拉罕·斯通博士曾指出：大多数人所谓的"我爱……"，其真实含义往往是指"我要……"、"我渴望拥有……"、"我从……获得了满足"、"我利用……"或者"我深感罪恶"。科学家们认为，这些都是不真实的"假爱"。

还有许多父母把"爱"当成了放纵孩子的借口，实际上他们这样做只是溺爱，对于孩子的成长并没有什么好处。纽约的杜布斯波克儿童村，一直致力于重新训练那些需要指导的问题儿童。该机构主任哈罗德·P.史泰龙说："我们每天都要解决好几起因为父母将'爱'与'姑息'搞混淆而导致儿童受伤害的事件。"

成熟的爱，就是耶稣所说的"爱邻如爱己"，也是柏拉图在《对话录》中所阐释的爱："从对一个人的关系开始，延伸到全人类和整个宇宙。"无论是夫妻之间、父母与子女之间，还是个人与全人类之间，爱的要素都是永远不变的。人与人之间的真爱不会阻碍人的成长，它肯定了人类其他方面的人格，有助于促进人的成长和发展。

我就认识这样一些父母，他们常常对女儿的婚姻感到不平——没别的，就因为他们的女儿想要嫁到某个遥远的地方。我还记得有一位母亲曾悲叹说："为什么詹妮就不能找一个本地的男孩子结婚呢？那样我们也能常常见到她啊。你看，我们为她操劳了一辈子，而她却这么来报答我们，嫁给了一个把她带到千里以外的男人！"

如果你说她这样做不是在爱她的女儿，她一定会很吃惊。的确没错，她混淆了"占有"和"满足自我"与"爱"之间的区别。

爱的真谛，不在于紧紧守住自己所爱的人，而是放手让他远走高飞。一个成熟的人，不会占有任何人的感情，他会让自己所爱的人得到自由，就如同让自己获得自由一样。"爱"是存在于自由之中的。

作家普瑞西拉·罗伯逊曾给"爱"做过这样的定义：

"爱，包含了给你所爱的人需要的东西，是为了他，而不是为了你自己，想想当别人把你需要的东西送给你时的感受吧；爱，包含了给孩子们所需要的独立，而不是那种'家长作风'式的剥削和专制；爱，包含了各种性关系，但这并不是对自负或青春期的狂乱追求的利用。我的定义还包括爱那些曾经让你了解自己是哪种人、你会成为哪种人的少数几个人，例如你的老师和朋友。它还包含了善良，包含了对全人类的关怀；它不是在一个人需要面包时投之以石头，也不是在他需要理解时给他面包。我们认识许多自作聪明的'善心'人，他们总是把我们不想要的东西硬塞给我们，而把我们需要的东西愚蠢地留着不给。我认为，这些人不应列入有爱心者行列；而且我认为，心理学家们也会得出这样的结论，那就是他们无用的爱心在不经意间制造了敌意。"

人们总是说"爱是盲目的"，这句老话其实是最容易误导人的，我们只有擦亮爱的眼睛，才能看清楚身边的人。在我们身体内部，都有一个"冷漠的自我"，一个因为担心受到伤害或误解而宁愿隐藏起来的"敏感而封闭的自我"，我们会采用各种方式来伪装和保护它，例如沉默、害羞、进取、坚强等等；然而，我们内心却又一直希望能有人帮助我们发掘这种内在的真正自我。爱就具备这种力量，它可以透视人心，具有特殊的洞察力，能为"她爱他什么？"这个永恒的问题找到答案。

要想学会爱，我们就应该关心我们所爱的人的成长和发展，肯定和鼓励他们个性化的存在，尊重他们的本性，创造自由自在的气氛——这些都是"爱"所应具备的态度。爱，可以为他人提供在"爱"中成长的土壤、环境和营养。

"嫉妒"经常被人们拿来和"爱"相提并论。实际上，嫉妒是人们缺乏激发自己情爱能力的结果，是占有和驾驭他人的消极欲望。如果用付出来取代这种消极欲望，我们就能克服嫉妒。

　　我们来看一个女人是如何克服嫉妒、学会爱别人的。这个女人在我班上说：

　　"10 年前，我陷入了嫉妒的深渊而难以自拔。我担心失去我的丈夫，虽然他并没有任何迹象值得我嫉妒的。如果真是这样的话，我反而不会那么痛苦了，因为这样一来，我就可以减轻自己因为恐惧和神经质而想像出来的羞辱感。我就像所有愚蠢可笑的妻子做的那样，搜查丈夫的口袋，检查他的汽车烟灰缸里的东西。我还经常整夜整夜地哭，到了白天又会产生新的猜忌。

　　"一天，我一照镜子，突然看见了一个令人讨厌的人，这个人就是我——头发乱糟糟的、脸色灰暗、衣服像套在一个扫帚把上的大袋子！'海伦，'我问自己，'你担心丈夫离开你。可是，这是他的过错吗？你该怎么办？'我决心制定计划，来改变自己。

　　"我开始减少做家务的时间，更加注意自己的仪表。我每天还会适当地休息，好增加自己的体重。我还找到了一份化妆品推销的工作，学会了如何使用化妆品。当我的外表开始出现变化时，我内心的感觉也逐渐变得好起来，我的态度也渐渐改变了。我丈夫也看出了我的各种变化，他做出了相应的反应，彻底打消了我的疑虑。就这样，我将原来浪费在嫉妒上的精力放在了别处，使自己成了丈夫希望看到的妻子。"

　　这个女人在明白了爱不是强迫，而是需要肯定之后，又重新获得了爱的能力。

　　当占有、嫉妒和支配之类的消极因素占据我们内心的时候，我们对他人真实的爱就会逐渐消失。这就好像任由野草蔓生而不去清除，那么世界上最漂亮的花园也会一片荒芜。

　　家庭关系中的一个悲剧，就是我们会经常在无意之中以"爱"的名义对他人造成伤害。例如，我们经常可以见到的现象是：苛求的父母会说，他们之所以那样做，全都是"为了孩子好"；宠爱孩子的父母也会说，他们这样做也全都是为了孩子的"幸福"。俄亥俄州哥伦布城的 S. F. 艾伦夫人就给我们讲了一个这方面的动人故事：

　　几年前，艾伦夫人和她的丈夫离婚之后，面临着独自承担照顾自己和两个孩子的责任，她顿时被压得喘不过气来。在她看来，要想培养好孩子，就需要严厉的管教。

　　"我定下了规矩，"艾伦夫人说，"绝不听他们找的任何借口。我从不找孩子商量，不愿听取他们的意见，而且还规定他们什么时候应该做什么事。他们没有机会独立思考，有的只是一套必须遵守的规矩。

　　"于是，我们家开始出现微妙的变化，孩子们总想躲开我。他们还对我任何爱的表示进行躲避。我知道，他们是怕我，是怕我这个当母亲的！

　　"我开始自我反省，明白了我所做的一切根本不是为孩子着想，而不过是把离婚所造成的压抑情绪发泄到了他们身上——是我让孩子们在无形中承担因为我自己的过错而造成的苦难。怪不得他们会有那么明显的反应，虽然他们还不明白这些。

"我开始努力消除他们身上这种无形的压力。我祈求上帝，试着从新的角度来对待我的孩子。首先，我把他们当作人来看待，而不是当作负担或责任。我放弃了一些家务，抽出时间来陪伴孩子，和他们一起做游戏，或者是去一些有趣的地方玩。我学会了如何指导他们，而不是只会对他们下命令。

"当我的心情放松之后，欢笑和歌声又重新回到了我们中间。爱、亲情与快乐，这些都反映在了我和孩子们的身上。我们的关系恢复了，而且正在日益加强。有了这样的气氛，所有的问题也都变得简单而容易解决了。"

艾伦夫人不仅学到了"爱"，而且学会了用"爱"来治疗家庭生活中的创伤。

爱的能力，不仅决定了我们和家人的亲密程度，而且决定了我们和其他人的关系。例如，我们对朋友、工作、居住地以及世界的态度，也往往和我们在家庭中付出和受到的爱成正比关系。

心理学家弥尔顿·格林布拉特说："如果一个孩子能接受爱的教育，那么他就能懂得自爱和爱他的家人，直至他能够以博爱的胸怀去真诚地爱所有的人。"

亚希莱·孟德斯博士在他的著作《人类发展的方向》中指出，几乎所有的宗教都认为，"生活"和"爱"其实是同一个概念。他总结指出："现在看来，人类能够依赖的、能够指引他们未来发展方向的主要原则，很明显，只能是爱。"

那种只把"爱"留给家人和好朋友的观念是错误的，因为我们越是爱别人，就越容易获得爱的能力。爱，是存在于整个人格之中的，它是给一切活动送去光辉的伟大能源。有爱心的人，对工作、对同胞和生命总是充满了热情，他们能够健康长寿。

对于我们每个人来说，拥有成熟的爱的观念非常重要。在美国，每年有40万对夫妻离异，还有成千上万桩婚姻到了破裂的边缘。就全世界来讲，则一直存在国家分裂、种族对抗、国家与国家之间的对立和战争。如果人类还想继续存在，就必须学会爱，学会和谐相处。

因此，如果你想要获得幸福的婚姻家庭生活，就请记住第十项法则：要学会享受真正成熟的爱，不要被嫉妒和占有欲支配了你。

第44章　如何做一个称职的父亲

　　这是不久前在一个社区的教育委员会召开的一次秘密会议：一个上高中的16岁男孩由于旷课太多，教育委员们正在讨论决定是否将他开除。他每一科的成绩都很差，其中还有两科成绩不及格。

　　男孩及其父母都被带进会议室接受问话。尽管男孩子的脸上满是年轻人犯错误之后那种常见的卑屈和悔恨表情，但也遮掩不住他的帅气。男孩的母亲在接受问话时显得紧张而尴尬，但她始终在解释自己确实尽了最大的努力。而这个男孩子的父亲——这是一个59岁的很体面的生意人——却一直保持沉默，直到有一位委员问他和他的儿子关系如何。

　　这位父亲就开始解释说他非常忙，几乎所有的时间都是在工作。"我吩咐我夫人要管好孩子！而且，"他接着说，"督促孩子学习并设法通过考试，应该是学校的职责所在啊！"

　　于是这些全都做了父亲的教育委员又问他是否看过他儿子的成绩单，以及采取了什么措施？这位父亲说他看过了，而且他也给校长打过电话。"可是，"他补充说，"电话占线，所以我就没再打过。"

　　这家人离开之后，校方经讨论决定，再给那个男孩子一次机会。他们认为，究竟哪里出了差错已经是很明显的事情，如果再给那个男孩子一次机会，也许他就能改好了。

　　然而，还是来不及了。这孩子的坏习惯已经形成，他父母的疏于管教才是问题的关键所在。没过多久，这孩子就被开除了。但令人感到可悲的是，这孩子的父亲却一直都没有真正弄清楚他为孩子做了哪些，或者准确地说是他没有做到哪些，而这正是导致他儿子被开除的原因。

　　在这里，我并不是要说什么行凶少年因为抢劫或杀人而被逮捕的案子，只是想分析这位父亲因为忙得没有时间关心他儿子是否按时上学，结果导致儿子被开除的原因。

　　令人遗憾的是，这样的故事到处可见。越来越多的孩子正在缺乏父亲关爱的环境下长大。虽然他们有父亲，但那个父亲只是一个住在他们家里的男人，除此之外并没有太多的实际意义。他们总是见不到他，和他的感情也不深。父亲每天总是早出晚归，有时还要加班，实在忙不过来就把文件带回家来处理。总而言之，他很忙很累，不得不躺下来看晚报，直到孩子们都睡了还在忙他的事情。他的休息时间也很少留给孩子，因为他平时要和公司的同事出去打保龄球，周末则要出去打高尔夫球，或者陪客户参加什么鸡尾酒会。

　　可是对于女人呢？如果女人为了工作和事业而放下家庭和孩子不管，就会受到各种非议。所有人都会这么说，会有什么工作既高尚又报酬丰厚，竟然值得她们付出如此大的代价而使孩子失去关怀、遭受冷落呢？然而，在这个世界上却很少有人会指责经常不在家的父亲，只要他保证自己的家庭能够衣食无忧，就不会有人在意他是否应该从道德和感情上对孩子负有什么责任。这种只承担经济上的责任而抛弃其他做父亲的所应负责任的男人，在我们周围是如此常见，以至于人们都认为这是一种合理的存在。

我认识一家大公司的一位高级主管，他说他事业上的成功完全归功于他的夫人。因为他的妻子为他营造了一个异常温馨的家，那种祥和宁静的家庭气氛足以减轻他所有的工作压力。她还能非常周到地款待他的朋友和同事。

我问他，他的两个儿子之所以让他感到自豪，一定和他们在学校和军队服役时的优良表现有很大关系。

"哦，不，不，"他说，"抚养孩子的事情全部由我夫人来管，我从不插手。我只需把养育他们、让他们接受教育的钱交给她就可以了。"这位受人尊敬的成功男士，对自己没有养育儿子并不感到尴尬，也不为没有亲自帮助儿子们获得优良的成绩而觉得惭愧。如果这种冷漠的态度是由两个孩子的母亲表现出来的，那么人们一定会认为不可思议。

如果孩子在成长过程中只需要获得物质上的满足，那么这个世界就可以不需要父亲或母亲。然而，人的成长还有感情的需要，所以父亲的存在就像母亲一样，不可或缺。辛辛那提大学医学院儿童精神病科诊疗所理事理查德·E.沃尔夫博士是这样诠释父亲的作用的，他说：

"孩子需要自己的父母亲，而且需要他们各自扮演好自己的角色。无论对男孩还是女孩来说，父亲所代表的首先是一种男人的力量和智慧，他将会影响到子女对外部世界的认识，教会子女如何借助外界经验进行各种判断。在家庭的重要决定中，子女需要他和母亲有共同的声音，而且一直需要他成为母亲和他们的保护者和供养者。他们希望从父亲身上看到理想男人的典范，从他身上学习男人如何对待女人。所有这些该由男人来做的事情如果都是母亲来完成，做父亲的只顾忙着他自己的事情的话，那么子女将可能对自己的身份感到困惑，而这也必将影响到他们长大成人之后的人际关系。"

在产业革命之前，丈夫、妻子和孩子全家人都在家里工作。无论在广场还是在田间劳动，男人总不离开家人的视野范围，因此，当时的家庭成员之间存在一种身体上的亲近感，而这种亲近感在现在的工业社会已经不复存在了。如今，大多数男人和妻子儿女在一起的时间比和同事在一起的时间还要少，虽然他们不能增加在家里待的时间，却可以决定他在家时的质量。例如，一位已经很疲倦的父亲在周末带着孩子去看一场球赛，以作为他经常不在家陪孩子的补偿，但他从内心觉得这样很无聊，结果看球赛对孩子来说也毫无乐趣可言。曾引起轰动的《养儿育女常识大全》一书的作者本杰明·史伯克博士说，如果每个父亲每天能抽出15分钟，将心思专注地放在孩子身上，比起一整天都没精打采地陪孩子逛动物园要更有质量。

和母亲相比，父亲陪孩子的时间必然更少，这是不容置疑的事实，所以父亲和孩子相处的每一分钟都变得更加重要。父亲不应该认为这是一种繁累的义务，而是要把它当作促进父子之间感情的良机。

妻子在某种程度上能帮丈夫做一个称职的父亲。例如，她可以在白天处理关于孩子的教育问题，而不必等到丈夫晚上回家时让他来处理；她可以怀着爱和尊敬与丈夫共同探讨孩子的问题，孩子也会因为母亲对待父亲的态度而受到影响；她可以试着和孩子交朋友，以增加家庭成员之间的亲密感；她还可以组织野餐、安排家庭旅行，使丈夫和孩子乐意共同生活。我就认识这样一个家庭，这家人的关系因为一次露营而彻底改变。

12 岁的儿子和 10 岁的女儿已经纠缠了父亲好几个星期，吵着要父亲带他们去露营，然而每天忙于工作的父亲实在是太累了，一直都没有答应孩子。结果还是母亲促成了这件事。

她悄悄地租好了营帐，买好了地图，又准备好了露营所需要的各种工具。于是，孩子的父亲只好惋惜地告别了他的周末计划表，启程前往露营地，同意带他们去露营了。孩子的母亲则一个人待在家里，焦虑不安地等待着。

第二天傍晚，当他们 3 人回来的时候，虽然全身都是脏兮兮的，但却异常兴奋，他们都在反反复复地谈论那些有趣的事，例如他们是如何发现那片湖泊的，还有那令人讨厌的蚊子、被风吹垮的帐篷，以及爸爸煎的鸡蛋。

事情就到此结束了吗？不，这还只是个开始。孩子的母亲很快也加入进来了。这家人后来每年夏天都要去离露营地不远的一处民居度假。他们购买了小船和滑水板，一到周末，孩子的父亲就特意从纽约赶来和家人团聚，他当然没有带公文包。

这个从前忙得抽不出时间陪孩子玩的男人，在一夜之间变得成熟了，他开始明白为人之父的意义。他的这种成熟，都是母亲精心策划的结果。

现在到了我们这些家长转变不成熟的观念的时候了，我们都应该改变思维，将"你的事"和"我的事"当作"我们的事"。虽然父亲和母亲的角色对孩子来说的确不同，但他们的最终目标以及从中获得的满足应该是相同的。他们在孩子的成长和教育中分别扮演着各自不同的角色，但是无论哪一方推卸责任，都会使家庭关系变得糟糕。

"能做个好父亲，就能做个好丈夫。"《婚姻——永恒之爱的艺术》这本书的作者大卫·R. 梅斯曾这样说。他曾因为第一个女儿出生而获得灵感，写下了这样的诗句：

我有两个爱人，尽管有些不可思议。

我爱第二个越深，第一个就爱我越多！

没错，对于女人来说，最开心的时刻正是看着孩子跑到门口，扑进下班回家的爸爸怀里的那一刻。

那么，父亲对于孩子的成长能做出什么特殊贡献呢？儿童研究协会理事甘纳·狄波瓦博士认为，作为一家之长，父亲不仅对所有家庭成员具有重要的意义，而且对全社会也有同样重要的意义。让我们来看看他的一些观点："对于孩子来说……去教堂的意义可能也不过是随着父亲去做一件很普通的事，但是这件事能培养孩子的共同参与感，孩子很可能在今后培养出自己的宗教兴趣。同样道理，孩子还可以有机会从父母那里学会如何欣赏文学、美术和音乐。一般情况下，都是母亲先参与到孩子们的兴趣中来……然后是父亲加入进来，并赋予它们更丰富的内涵和更深远的意义……"

狄波瓦博士认为，作为父亲，还有义务向孩子解释他为之工作的团体："他应该带孩子到办公室去、休息天去参观工厂、一起坐卡车去送牛奶……让孩子对父亲的工作有一个更加直观的感受……孩子可能不明白父亲为什么要去那里做那些事，但是他将明白，父亲所做的不仅对他，同时对别人也是有益的事。"

如果一个男人想做一个真正意义上的父亲，就应该抽出时间来陪孩子，必要时还要付出自己。不错，他是有工作要做，但工作不是逃避做父亲的责任的借口。那些总是忙得没时间陪孩子的父亲，就像 H. L. 门肯活着时所说的："那些将工作当作逃避痛苦的人……他们的工作和他们的玩乐有着同样的作用，都不过是他们逃避现实的可笑符咒罢了。"

戈登·H. 史克罗德在《基督教先驱论坛报》开展的一次调查中说，他曾连续两个星期让 300 个读初一和初二的男生记录下他们和父亲待在一起的时间，结果竟然令人恐怖，因为平均每个星期父子相处的时间才 7 分半钟。

这一结果似乎可以为严厉批评社会现象的评论家菲利浦·威利的评论提供证据了。他说："绝大多数的美国男人，都是不合格的父亲。"威利先生曾作过估计，即使是那些最忙的人，每个星期也必须花 57 个小时去吃饭、休息，或做自己喜欢做的事情。而在这 57 个小时中，他肯定能抽出 7 分半钟来陪自己的孩子。"但是爸爸不在家，"威利先生有些伤感地说，"他不会回家，除非他明白一个男人一生最大的幸福首先应该是做一个好父亲，然后才是成为最好的高尔夫球手，或事业成功的风云人物。"

在父亲的身份中，还隐含着一个成人的身份，它是男人们在身体达到成熟之后的外在表现。然而，不幸的是，从对待孩子的角度来说，这个父亲的心灵和精神却不一定会像他的身体一样成熟，这种成熟是需要男人通过努力才能获得的。

是的，爸爸们，该回家了！就像生孩子是两个人的事一样，要想培养出一个健康愉快的孩子也需要两个人——母亲和父亲——共同在精神上对他施加影响。

因此，如果你想要获得幸福的婚姻家庭生活，就请记住第十二项法则：学会做一个称职的父亲。

第45章 共同追求新的目标

婚姻生活的最大乐趣，就是夫妇两人共同实现一个又一个目标。在携手实现这些目标的过程中，你们的感觉会像再次度蜜月一样的甜蜜无比。

尼克·亚历山大最渴望实现的目标是上大学。因为他从小在孤儿院长大——那是一种老式的孤儿院，孤儿们从早上五点工作到日落，伙食既差，量又不够，尼克根本没有条件上大学。

尼克是一个聪明的孩子——太聪明了，因此他14岁就从中学毕业。为了生存他开始步入社会谋生。他所能找到的工作，是在一家裁缝店里操作一台缝纫机。14年来，他一直在这家裁缝店工作。然而，尼克始终没有攒足上大学的钱。虽然如此，尼克还是幸运地娶了一个女孩，她愿意帮助他实现上大学的梦想。但事情可并不如他们想像的那么容易。在他们结婚之后没多久，也就是1931年，裁缝店开始裁员，尼克丢掉了工作。于是，这对年轻的夫妇决定自己去闯天下。他们把存款聚集在一起，开了一家"亚历山大房地产公司"。尼克的太太特丽莎甚至把订婚戒指也卖掉了，以便增加他们那笔小小的资本。

在两年之内，他们的生意十分兴隆，于是特丽莎坚持让尼克去上大学。在他36岁的时候，尼克终于获得了学位——这是他在人生道路上所抵达的第一个里程碑。

尼克又回到了房地产事业——成为他夫人的生意合作伙伴。不久，他们又有了一个新目标——海边的一幢房子。终于，他们也实现了这个梦想。

他们就这样坐下来享受轻松了吗？呵，才不会呢。他们还有一个小女孩需要教育。如果他们能把他们商业大楼的分期付款缴清，并把大楼变成公寓出租，那么所得到的租金就能付他们孩子上大学的费用了。因为他们一心一意要达到这个目标，后来他们也终于做到了。

亚历山大夫人告诉我，他们目前正在为他们的退休保险金努力。现在尼克单独主持事业，特丽莎则照顾自己的家。

亚历山大夫妇过着一种忙碌、幸福、成功的生活，因为他们前面总是有一个目标，使他们有一个努力的方向。他们已经发现了萧伯纳这句话的真理："我厌弃成功；成功就是在世上完成一个人所做的事，正如雄蜘蛛一旦授精完毕，立即被雌蜘蛛刺死一样。我喜欢不断地进步，目标永远在前面，而不是在后面。"

许多男人一辈子迷迷糊糊，因为他们没有真正的目标，他们得过且过。而那些从人生中收获最多的人，都是警觉性高、积极等待机会，机会一到马上就能看出来并抓住它的人。他们都有一个确定的目标。

为了帮助丈夫制定长期计划，妻子最好是把每5年划分为一个阶段。你可以这么计划："在5年之内，拿到他的大学文凭，准备好升迁；在10年内，他就可以升为业务主管了。"

我的学员安·海沃德曾引用了她一位顾客所说的话："我希望我丈夫永远不会感到自我满足而停滞下来。我们结婚5年了，每年都有一个目标——首先，是他的学位；接着是进修课程；然后是一年的自由投稿工作；现在是他自己的事业。他对自己充满了自信，我也相信他能成功。而一旦他告诉我他的钱够了，教育够了，经验够了，我就知道蜜月已经结束了。"

有一句古语说："不论你抓在手里的是什么，别忘了最终的结果，那你就不会失去什么了。"

因此，如果你想使自己的婚姻家庭更幸福，就要牢记第十三项法则：当一个目标实现之后，马上定下另一个新目标，这才是成功的人生模式。夫妻之间要亲密合作，共同追求新的目标。

克服忧虑快乐生活的故事

锻炼可以消除忧虑

奥林匹克前次重量级拳王　艾迪·伊甘上校

如果我发现自己有了烦恼，或者在精神上像埃及骆驼寻找水源那样猛绕圈子转个不停，我就会利用激烈的体能训练来帮助我驱除这些烦恼。这些活动可能是跑步，或是在乡村徒步远足，或是打半个小时的沙袋，或是去体育馆打网球。不管是什么体育活动，都会使我的精神为之振奋。

每到周末，我就去做多项运动，例如绕高尔夫球场跑一圈，打一场激烈的网球，或去阿第伦达克山滑雪。当我的肉体疲倦时，我的精神也会随之得到休息，因此等我再度回去工作时，我就会神清气爽，充满活力。

在我工作的纽约，我经常有机会去俱乐部健身房，在那里待上一个小时。没有任何人会在滑雪或激烈运动的时候还会烦恼。因为他忙得没时间去忧虑。这时，烦恼的大山很快就变成微不足道的小丘，一个新念头和新行动很容易就能将它"抚平"。

我发现，运动是烦恼的最佳"消毒剂"。当你烦恼时，就多用肌肉，少用大脑，其结果将会令你惊讶不已。这种方法对我来说极其有效——当我开始运动时，烦恼就会消失。

第46章 共同迎接挑战

约瑟夫·艾森堡在一家洗衣店当了25年的送货员，但是他在突然间被老板解雇了。像他这样一个没有受过特殊职业训练的人，想要再找个工作是很困难的，对中年人来说尤其不容易。当艾森堡夫妇正在为找不到工作而发愁的时候，恰好有一家面包店准备转让。价钱还算合理，但是他们却必须把自己所有的积蓄都投进去。这还只是刚开始。艾森堡太太知道，在生意还没有做稳之前，他们是没有能力雇人帮忙的，于是她便全身心投入进来，努力拓展这个新业务。那时候，除了做家务以外，她还必须在面包店中长时间工作，帮丈夫招待客人。除了打扫卫生、洗刷碗柜、做饭之外，她每天还要在面包店里站上8到10个小时——这些劳累就足已经使任何人感到泄气了。

"但是，"珍妮·艾森堡说，"我高高兴兴地做着这些事，因为我知道，这是我丈夫重新闯出一片天下的大好机会。现在，我们的面包店已经开业5年了，生意十分好。我们的经营很成功，而且扩展到了足够应付一切需要的规模。我们能够以自己的努力来开展这个事业，实在很值得骄傲。"

然而，有许多家庭在碰到了像艾森堡先生失业的这种难题以后，由于妻子不愿意帮助丈夫渡过难关，以致家庭的整个经济开始走下坡。

许多女人都认为，丈夫应该肩负所有的责任，而不论他的处境是好是坏。然而她们忘了，夫妻是一个共同体，有时候为了拖出陷在泥潭中的车子，当妻子的也需要付出额外的努力。这儿还有另一位女士的故事，她也是在必要的时候付出了自己所有的能力。

威廉·R.柯门太太不仅帮助她丈夫的生意，还同时拥有自己的事业，使他们的家庭有了很好的经济基础。

柯门太太是一名护士。当她嫁给比尔·柯门先生的时候，比尔白天在公司工作，晚上则去夜校上课，以便获得高中毕业证书。为了使比尔不放弃在夜校的学习，柯门太太婚后仍然继续当护士。她很希望丈夫保持不缺课的纪录，所以她在生下小女儿的那个晚上，她仍然坚持让丈夫送她到医院以后再赶去上课。在6年之中，比尔从没有错过一堂课——终于，在他的母亲、妻子和女儿骄傲的注视中，他得到了毕业证书。

当比尔找到了推销不锈钢厨具的工作以后，他的妻子就充当他的助手。他们一起举办示范餐会，妻子做菜，比尔则在一边向人们推销。后来，比尔的父亲去世了。在此之前比尔和他的兄弟承包了一家印刷厂，这时，比尔和妻子便从比尔的兄弟那儿买下了这家印刷厂。为了付款，他们必须向银行借一笔钱。于是柯门太太又去当护士，帮助丈夫偿还这笔债款；而每个晚上和周末，她都在印刷厂给比尔当助手。

"我很高兴，"她写道，"如果我们能够继续健康地工作，那么在5年以内，我们就可以付清房子和生意上的债款。然后我将辞掉工作，为比尔和孩子们做好家务。"

柯门太太的确是一个能够在关键时刻和丈夫一起工作，并且善于为丈夫工作的好妻子，就像艾森堡太太那样。由于这种助手只是临时的，因此她们的工作效率都特别高。

家庭生活里的某些危机，例如欠债、疾病，或是丈夫失业，常常需要妻子暂时到外面去工作。这时，作为妻子，你就需要挺身而出，因为你是在为家庭的幸福而工作，而不是想以拥有自己的事业来获得自我满足。我认识一位女士，她在这种情况下做得很好，甚至为整个家庭创造了新的生活意义，她就是乔纳森·威特·史坦太太。

史坦太太和她先生及5个孩子住在新泽西州。史坦先生是推销员。好几年前，一场重病的袭击，使他没有办法去全力工作。为了养活这个大家庭，他妻子必须和他共同面对挑战。

史坦太太很快把她拿得出手的本事回顾了一遍：她对于办公室的工作没有任何经验，也没有才能；她做得最好和最喜爱做的事情，就是特制餐点，例如小孩子的生日点心、结婚蛋糕、宴会甜点。她以前常常替朋友们做一些特别的餐点，但那只是因为她喜欢做而已。于是玛格丽特·史坦把她心里的想法告诉了一些人，当她的朋友开宴会的时候，都特意请她去帮忙。她做出来的精致而不寻常的餐点总是这么可口，使她很快得到了人们的称赞——更多的订单开始源源而来，她不得不训练助手来帮助她。由于所有的餐点都是在她自己的厨房做的，所以她的丈夫和孩子们全都来帮她。后来，她的生意愈做愈大，玛格丽特就成为一个专为酒席制作餐点的名人，并且担任了她所在城市的宴席顾问。

现在，她的生意已经发展到必须长期雇请一位帮手的规模了。她把自己最著名的开胃菜做好包装后，送到冷冻食品市场去卖，并且为半径50英里之内的宴会准备餐点。

玛格丽特·史坦取得了如此的成功，史坦先生也全身心投入到了她的事业中来，现在已经当上了营业经理，可以说他和他的妻子有最完美的合作。

"我讨厌价钱、成本和开账单，"史坦太太说，"我忙着创造新的方法，来准备供应我的特制餐点。我只能让我的丈夫来照料所有生意上的细节，这可真是一项最伟大的事业。"

家庭主妇无法预料将会发生什么意料之外的困难，使家庭的经济来源突然中断，迫使自己必须亲自去赚取部分或全部的家庭开支。那你为什么不马上寻找自己可以应用的才能？一旦将来发生意外，你就会有足够的准备，去面对这个紧急变化。

因此，如果你想使自己的婚姻家庭更幸福，就要牢记第十四项法则：共同迎接挑战，开创美好的未来。

第 47 章 家庭理财的六条建议

对于金钱，有一种易赚易花、毫不看重的乐天派哲学观点，曾经在书本上和戏院里带给了我们许多有趣的笑料。当大卫·科波菲尔德想让他的年轻新娘朵拉按照收入预计开销的时候，朵拉就翘起嘴撒娇，她是个可爱动人的角色。我们也喜爱著名的《与父亲一起生活》所描写的母亲节，母亲每个月把家庭预算弄得一团糟，而父亲在母亲节那天表现了良好的风度。狄更斯笔下的浪费大王麦考伯先生，也是文学作品中最讨人喜爱的角色之一。

是的，在小说中，外表迷人和不负责任常常是一个吸引人的角色身上的两种表现。但是，在现实生活中，没有事情会比财务上的失误而更令人伤心或讨厌的。开销大于收入的人无法令人发笑——他是个糟糕的冒险者。头脑糊涂、奢侈浪费的妻子，也不会是迷人的——她只是丈夫肩膀上的一个重担。

现在，我们的钱能买到的东西，比 10 年前或 5 年前都少得多。女士们面对一个不成比例的挑战，必须好好利用那些钱。价格上涨了——生活水准提高——孩子所需要的教育费用也变得更加复杂和昂贵。大家认为，只要我们的收入增加一些，我们所有的担心就都可以解决了，这是一个普遍的错误观点。专家们说事情并不是这样。艾尔西·史泰普来顿曾经担任华纳梅克和吉姆贝尔百货公司的财务顾问。他认为，对大多数人来说，增加收入只不过是造成花费的增加而已。

加拿大的蒙特利尔银行奉劝顾客们，要精明地消费他们的收入——也许他们会有处理一大笔收入的机会。当我写本书的时候，无意中找到一本有关家庭关系的好书。写这本书的人是个知名的心理学家。可是，这位作者有个很大的缺点：他对于家庭预算似乎不是内行。"处理家庭的收入是个很简单的问题，"他写道，"有钱的时候就多花一点，没有钱的时候就少花一些。"

他的理论的确很简单，但是这种做法等于没有处理家庭的收入。在他的话里，有一种毫不在乎的意味，使我们想起小说里那些迷人的放任的人物——等到我们过后静下心来想他话里的含义时，才发觉有点儿不对劲。

毫无计划地花费，意思是说每一个人——包括肉贩商、面包商和烛台制造商——都可以分走你的收入——即除了你本人以外的每个人。有计划的或有预算的花费，可以保证你和你的家人能够从收入里得到公平的分享。

预算并不是一件束缚手脚的紧身衣，也不是毫无目的地把花掉的每一分钱都做个记录。预算是一幅蓝图、一个经过计划的消费，可以帮助你从收入中得到更大的益处。正确的预算方式，将会告诉你如何完成目标——你的家庭目标、孩子们的教育费用、你的老年保险金、你梦想的假期。

预算开销计划将会告诉你，可以删减那些相比而言不重要的项目，去填补你想要的大花费项目。如果你从没有做过开销预算，就应该开始学习如何处理家庭财产。帮助丈夫成功的一个最重要方法，就是知道如何使他的收入得到最大的利用。如果他只会赚钱但不会节省，你就可以帮助他管紧一些钱包。如果他本来就很节省，你可以在用钱方面表现出与他相同的看法，为他增加信心。如何才能使你成为家庭财产的管理专家呢？这里提供一个好消息：你家附近的银行可能有一种预算或咨询服务，他们将会告诉你如何做好预算，以适应你特殊的需要。这种服务一般都是免费的。

《妇女时代》杂志对于家庭经济知识的宣传，是一个很好的普及方式。它将会告诉你如何缝补旧衣服，如何烹煮有营养而价格便宜的餐点，甚至还会告诉你如何制造家具。

不要依赖你无意中发现的，或者是一种已经印好的预算计划表。为了效果更好，预算计划必须是专门为你订做的，它不适合于其他任何人，因为没有其他家庭会和你的家庭情况完全相同。你的经济问题就像你的脸孔和身材那样，是与别人完全不同而独特的。以下一些建议，可以帮助你完成你的家庭预算计划：

（1）**记录每一次开销，了解支出情况**

除非我们知道错误的开销在哪里，否则我们就无法予以改进。如果我们不知道从何处删减，为什么要予以删减，以及删减什么，那么节约就是毫无意义的。所以，我们应该在一段时期内，记录下所有的家庭开销——例如，试着记录 3 个月。亚尔诺德·白尼特和约翰·D. 洛克菲勒都是坚定的记账专家。我也是如此。虽然我都以开支票的方式付款，但我仍然喜欢每月把我的花费记录下来，形成一张整齐的单子。每年一次，我把这些每月的花费加起来。结果呢？我能够很精确地告诉你，在某年我们在食物方面花了多少钱，以及燃料费、水电费、娱乐费各是多少，等等。我还可以通过这些记录，查出我的生活费用增加的情形。当你知道你的钱花到哪里去之后，就不必再做这种记录了。但是，我仍很喜欢手边有这种资料。例如，如果我怀疑我花太多的钱买衣服了，我只要瞥一眼我的记录就知道了。

我认识一对夫妻，当他们开始记录家庭花费情形以后，很惊讶地发现他们每个月花掉了近 70 美元去买酒！然而，他们并不是酒鬼——他们只不过是一对热情的夫妇，欢迎他们的朋友在兴致高的时候就"到他们家里来喝一杯"——这种事情时常发生。于是他们做了一个明智的决定，认为他们不能再开免费酒吧了，于是那每月的 70 美元就有了更好的用途。

（2）**按照家庭的特殊需要进行预算**

首先，把你这一年里固定的开销列出来，例如房租、食物预算、利息、水电费、保险金。然后计划其他的必要开销，如衣服、医药费、教育费、交通费、交际费等等。每个人都知道，这是一件不容易的事情。制定计划需要决心，家庭合作有时候还需要严谨的自制力。我们不可能买下所有的东西——但是我们可以决定什么东西对我们最重要，从而放弃最不重要的东西。你愿意拥有一个舒适而温馨的家而放弃买昂贵的衣服吗？你会选择自己做衣服，将节省下来的钱买电视机吗？显然，这些决定必须由你和你的家人来做——印制好的预算表都列上了固定的数额，对于你个人的需要来说，是没有帮助的。

（3）把每年收入的至少百分之十储蓄起来

确定你自己以及你的家庭一个固定的开销，至少要把 1/10 的收入储蓄起来，或者拿去投资。也许你还可以想办法设立一笔额外的资金，拿来做特殊用途，譬如买房子或汽车。理财专家说过，如果你能节省出你丈夫收入的 1/10，虽然物价不断地上涨，不到几年你也就可以获得经济上的宽裕。

我认识一位女性，她嫁给一个顽固而保守的新英格兰人。她的丈夫宁可在中央车站广场脱光了衣服，也不愿放弃节省 1/10 薪水的理财计划。这位太太告诉我，在经济不景气的那几年，他们可真吃足了苦头，她先生的薪水被减得太多了。当她买日用品的时候，必须想尽办法节省下每一毛钱——她丈夫每天要步行 20 多条街，以便省下公共汽车费。之后，这个节省 1/10 薪水的老习惯，仍然照样进行。

"有时候，"这位太太承认，"当我们非常需要钱的时候，我还要坚定地把钱存起来放在一边。但是，我现在很高兴我们坚持了储蓄计划。节约的结果，使我们到中年的时候拥有了自己幸福的家和一些应有的享受。"

（4）准备一笔账外或紧急用途的资金

大部分的财政预算专家都会劝告每一个年轻家庭，至少要存下 1 到 3 个月的收入，用于应付紧急事件。但是这些专家也警告说，想要存很多钱的人，会发觉这很难办到，结果根本就存不了钱。与其要断断续续地隔几周才存 5 美元，倒不如每周固定地存 2.5 美元，这样效果会更好。

（5）使理财计划成为全家人的事

预算专家们认为预算计划必须得到全家人的配合。经常举行家庭预算讨论会，往往可以减除一些情绪上的不吻合——因为我们大家对于金钱的态度，与自己的经验、气质与教育程度有很大关系。

（6）考虑购买人寿保险

玛莉昂·史蒂芬斯·艾巴利是人寿保险协会妇女部的主任。对所有的女士来说，她所说的话就代表了人寿保险专家的看法，具有相当的权威性。当我访问艾巴利女士的时候，她建议一个做妻子的人应该自问以下一些问题：

你知道通过人寿保险，你的家庭能够得到哪些基本需要吗？你知道一次付款和分期付款有什么不同——而且各有各的好处？你知道关于付款的方法有许多不同的选择吗？你可知道现代人寿保险的双重目的吗？如果一个家庭中的男人太早去世了，人寿保险就可以保护好这个家庭，如果他活着要享受天年，那么人寿保险就可以给他一份独立的基金。

这些问题以及其他许多相似的问题，对于你的家庭来说都非常重要。如果只有你的丈夫知道所有的保险事项，这还不够，你也应该知道这些事项。也许有一天你变成了寡妇——那么有关人寿保险的知识，就可以解除你的困难和忧虑。

嘉德森和玛丽·南狄斯在他们合写的《建立成功的婚姻》一书中告诉我们，家庭收入的花费问题，往往是婚姻生活中必须调节和适应的主要方面。

金钱并非是万能的，这句话的确不错。但是，如果知道如何明智地处理我们的金钱，就可以给我们的丈夫和家庭带来更多的安宁、幸福与利益。所以，我们不必去幻想着自己的丈夫能够像我们本来想嫁，但是后来没嫁成的那个男人那样，能带回来一大笔薪水，这只会浪费我们的时间，损耗我们的青春。我们的工作就是要使自己变成理财能手，好好处理他赚回来的钱——如果我们想要激励他赚更多的钱的话。

因此，如果你想使自己的婚姻家庭更幸福，就要牢记第十五项法则：

做好家庭理财规划，只要依照以下规则去做：

（1）记录每一次开销，使你了解花费的整体情形；

（2）以一年为单位，设计出一个预算计划；

（3）储蓄所有家庭收入的十分之一；

（4）准备一笔应对意外事件的资金；

（5）使你的预算计划成为全家人的事情；

（6）考虑购买人寿保险。

第八篇

如何让你变得更成熟

第 48 章　要勇于承担责任

我的小女儿唐娜·戴尔刚刚学会走路。有一天，因为她想爬到冰箱上去，于是她就搬了一把小椅子到厨房里去。我急忙跑过去想扶住她，但是来不及了，她已经跌倒在地。

当我把她抱起来后，她狠狠地朝那把椅子踢了一脚，骂道："破椅子，都怪你!"

其实，这样的事情常有发生。小孩子比较任性，明明是她自己犯的错误，却要迁怒于那些没有生命的东西或是无辜的旁观者，甚至认为这种行为是很正常的。

但是，如果我们学小孩子的做法，也把这种行为带入成年，那可就麻烦大了。自古以来，一直就不乏将自己的失败和过错推到别人身上的例子，就连亚当也曾责怪夏娃说："由于这个女人的诱惑，我才吃了禁果的。"

成熟的第一步，是要勇于承担责任。我们都已经脱离了将自己的跌倒迁怒到椅子的孩童阶段，我们应该直面人生，对自己负责。不过，这样做的确比较困难，而怪罪我们的家长、老板、师长、环境、丈夫、妻子、子女则容易得多。而且如果有必要的话，我们还可以怪罪祖先、政府，或者我们还可以有一个最好的借口，那就是责怪幸运之神的不公平。

不成熟的人，总能为他们的缺点和不幸找到各种理由——没错，这些理由仍然是他们自身之外的理由。例如：

他们的童年很悲惨；

他们的父母太贫穷或太富有；

他们的父母对他们的管教过于严厉或过于放纵；

他们缺少教育；

他们身体虚弱，饱受疾病的折磨；

……

总之，她（或他）们会埋怨丈夫（或妻子）不了解她（或他）们，认为命运之神跟她（或他）们过不去，总是让她（或他）们缺少运气，仿佛整个世界都在与自己为敌。其实，她（或他）们是在为自己的过错寻找替罪羊，而不是去想方设法克服困难。

我们班上有一位女学员，一天下课后她来找我。那天的课程是训练记忆人名。

这位小姐对我说："我希望你不要奢望我能记住一个人的名字。这是绝对不可能的。"

我问她："为什么?"

"遗传!"她回答说,"我们家里没有一个人的记忆力是好的,这来自我父母的遗传。所以,你要知道,我在这方面是不可能有什么进展的。"

"小姐,"我说,"这并不是什么遗传问题,而是一种懒惰。与提高你的记忆力比起来,责怪你的父母显然要容易得多。来,我现在就给你证明这一点。"

仅仅几分钟,我就帮这位小姐进行了几个简单的记忆训练,由于她非常专一,所以效果也不错。

经过一段时间的训练,她消除了以前的观念,觉得可以通过训练来提高记忆力。对此我很高兴,因为她已经学会了积极提高自己的记忆力,而不再为自己寻找任何借口。

父母如果只是因为糟糕的记忆力而遭到子女的责怪,这还算是幸运的。小到脱发,大到遭受挫折,将一切都怪罪到父母头上,这好像已经成了儿女们最好的借口。

还有一个女孩子,她也谈到她母亲对她生活的影响:她刚出生不久,她母亲就成了寡妇,但是她母亲能力不凡,加上工作又勤恳努力,很快就成为一位女实业家。

有了这样一位了不起的母亲,她注定会备受疼爱与呵护,并接受良好的教育。但是,这并不是最主要的,她说她还要承受一种巨大的压力!

你猜这种压力来自哪里? 竟然是来自她母亲的成功! 这个女孩子说:"我从青年时期就生活在母亲的阴影里,因为我感觉到自己与母亲之间存在一种'竞争'。"

对此,她的母亲很困惑。这位母亲说:"我一直都不能理解她。多年来,我辛辛苦苦地工作,为她创造了比我当初好得多的条件,没料想却给她造成了心理上的阴影!"

如果换成是我,我真想打这女孩30大板,但可惜我不能。

乔治·华盛顿同样有着良好的出身、富裕的家境,可是他却成为美国第一任总统,我们曾听到他抱怨父母给他造成了什么心理压力吗?

再看一个相反的例子:

亚伯拉罕·林肯虽然出身贫寒,却能超越这种极其不利的环境。林肯从来不怪罪他人,他在1864年发表的声明中说:"我要对所有美国人、对基督、对历史,以至对上帝负责。"

在人类所发出的一切声明中,这是最勇敢的声明。如果不能以同样的精神为上帝和人类承担起责任,我们就永远不能说自己成熟了。

为了逃避自己的过错和责任,我们通常都会去看心理医生。舒适地躺在医院的长椅上,谈自己和自己之所以变成这样的原因。这样做,显然比较昂贵,也比较奢侈。

如果有人这样对你说:"你所有的烦恼都是因为你幼年时期近乎病态地迷恋保

姆，或者是因为你的母亲占有欲过强，或者是你的父亲对你要求过于严厉。"

假如你听了这话觉得很有道理，那你就去看心理医生吧！如果你不在乎治疗费用，你就一辈子依靠它吧！而且这显然又是你的一个很好的借口。

威廉·考夫曼博士有一篇文章《愚人的精神病医学》，它揭露了那些利用大众的愚蠢来发横财的"心理分析医生"。考夫曼博士还指出，那些去看心理医生的病人总是借口说"他们的弱点和古怪行为是因为心理有问题，需要借助心理分析"。

精神病学也乐于为那些面对成人生活显得手足无措的人提供合理的解释，人们也更是乐于接受这种解释，于是所有的困难都可以归咎于外部因素了。

以前，也就是16世纪，当人们面对迷惘或失败时，总是将怪罪的对象推到星座上，例如说：

——"我出生在一个坏星座"；

——"对发展没有帮助的星座"。

但是莎士比亚在《恺撒大帝》中借卡西阿斯之口大胆地宣称："亲爱的布鲁特斯不是我们的星座，正是我们自己，使我们位卑人低。"

在英国历史上，都德王朝的王子有自己的"替罪男孩"。这是因为王子不能受惩罚挨打，所以不论幼年的王子多么调皮，当他因为调皮而必须接受惩罚时，就只能花钱雇一个小孩，来替王子受罚挨打。当时有许多人都渴望得到这个替身的职位，因为其薪水极高，又能获得晋升的特权和机会。尽管"王子的替罪羊"这个传统早已消亡，但是那些不成熟的人仍然具有寻找"替罪羊"的本能的冲动。如果他们找不到合适的人，便迁怒于他人，或者就会说现代生活不稳定、不安全，或者说这个世界太混乱。总之，他们会给自己找到各种合适的借口。

前不久，我陪同一位对现代艺术很有研究的朋友去参观一个艺术展。在一幅看上去很另类的画前面，我因为无知而对朋友说："我的女儿刚3岁，画得都比他要好。如果这也算是艺术，那人人都可以成为艺术家了。"

我的朋友立刻回答说："难道你不理解精神折磨这回事吗？这幅画反映的是原子时代给人造成的压力和困惑！"

不错，任何画家缺乏才气，都可以说这是因为自己生活在原子时代。但是，有一点可以确定的是，如果原子时代能给人类带来希望和成就，而不是相反的负面影响，那么一个坚强而成熟的人、一个愿意并能够对自己和自己的行为负责的人，才是这个时代所需的。

因此，一个渴望成熟的人一定要记住第一项规则：要勇于承担责任。

第 49 章　困难并不意味着不幸

我很佩服一个人，他叫爱德华·特霍，靠开出租车为生。

爱德华·特霍多才多艺，思想活跃，而且乐于助人，懂得如何倾听别人的谈话。一天，我们谈到了一些扭转逆境并为世界做出了伟大贡献的人。爱德华问我："您听说过纳撒尼尔·鲍迪奇其人吗？"我说："我知道鲍迪奇，他是个航海家。"

"一点儿也没错！"爱德华说，"纳撒尼尔·鲍迪奇出生在 1733 年，活了 65 岁。他 10 岁就开始自学拉丁文，研究牛顿数学理论。21 岁时，鲍迪奇就已经成为一位数学家。他出海研究航海知识，还教会了所有船员观察月亮，以确定航船每天的位置。他写了一本航海书，成为经典名著。他在那些没有受过多少正式教育的人当中，是不是很伟大？"

"当然。"我表示了赞同。因为对于鲍迪奇博士来说，他根本不知道什么是困难。他并没有想到大学教育是成为科学家的首要条件，而是坚韧不拔地勇往直前，获取一切必需的知识。纳撒尼尔·鲍迪奇在大海上航行，与爱德华·特霍在城市的街道上穿行一样，"困难"这个词在他们的词典中是找不到的。

但是，一个人如果想逃避失败的责任，"困难"这个词当然可以派上用场。也许有人会说，他们没上过大学，常常会遇到各种困难。但即使上了大学，他们也可能因为自己未能在人生的战场上占有一席之地而找到诸多的借口。

而成熟的人，只会想到如何去排除困难，从不会用困难作为自己失败的借口。

有一次，著名发明家亚历山大·格拉汉姆·贝尔博士向他的朋友、华盛顿特区美国国立博物馆馆长约瑟夫·亨利抱怨说，他工作中遇到了困难，因为他不懂电学方面的知识。但是亨利却没有同情贝尔，也没有安慰他，而是说："的确很遗憾！小伙子，你没花时间学习电学方面的知识，真是太可惜了！"

你猜一下，亨利接下来会向贝尔说些什么？他没有说贝尔需要一份奖学金，或是需要父母的帮助；相反，他只是告诉贝尔："那就去学吧！"

结果，亚历山大·格拉汉姆·贝尔真的去上学了，他掌握了这门知识，并研究出了电话，这可以称得上人类通讯史上最伟大的贡献之一。

不错，贫穷的确是一种障碍，但我们有理由因为贫穷而逃避责任、甘愿俯首认输吗？

美国前总统赫伯特·胡佛，只是艾奥瓦州一个铁匠的儿子，他的父亲死得很早。

国际商用机器公司（IBM）的总裁托马斯·J. 沃特森曾是一个小小的书记员，

每星期只能挣到 2 美元，一部机器都没有。

电影界泰斗阿道夫·朱柯起初也只是一位毛皮商的助手，刚开始时经营着他的第一家小游乐场。

上面这些人，从没有强调他们受到贫穷的阻碍，他们只是想着如何克服困难，而从没有将时间浪费在自怜自艾上。

著名作家罗伯特·路易斯·斯蒂文森，从小就体弱多病，但他并没有因病而厌弃生活和工作。在他的精神里面焕发出许多积极向上的东西——阳光、力量、健康和成年人的活力，在他的作品里有一种旺盛的生命力。斯蒂文森战胜了病痛的折磨，也在文学界赢得了一席之地。

世界上还有很多虽然遭遇困难，却仍然值得仰慕的伟大人物：

文学家拜伦是个跛脚。

政治家朱利阿斯·恺撒患有癫痫症。

作曲家贝多芬的耳朵后天失聪。

军事家拿破仑身材矮小。

音乐家莫扎特为哮喘病所苦。

政治家富兰克林·D. 罗斯福患有小儿麻痹症。

社会活动家兼作家海伦·凯勒在盲聋中度过一生。

歌唱家珍妮·弗洛曼因飞机失事而严重受伤，但她奋力康复，终于重放异彩。

女演员苏珊·鲍尔虽然因为截去一肢而影响了幸福的婚姻，却在电影界大获成功。

再看看女演员"伟大的莎拉"——莎拉·巴恩哈特，又怎么样呢？她是个小时候遭尽了别人白眼的丑陋的私生女，本来她可以把早年的恶劣环境当作逃避的最好的借口，但是她却走上了演艺界的成功道路。

再来看另一个普通人，他是我朋友高大英俊的儿子巴比。

巴比从小就患有口吃，但是他学习很努力，每次考试成绩都是出类拔萃的，朋友们都很喜欢他。读小学期间，我朋友曾带着儿子去找过许多治疗口吃的专家和精神病医生，希望能纠正儿子的口吃毛病，但都无功而返。

有一天放学，巴比宣布他将代表全校毕业生，上台致毕业典礼告别辞。他一路欢跳着跑上了楼，回房间做准备。我朋友夫妇俩对巴比的告别辞提出了一些建议，但没有指出他发言时可能会遇到困难之类的事情。

到了毕业典礼那天晚上，小巴比走上讲台，代表毕业年级致告别辞。他挺直了腰板，耸了耸肩膀，开始致辞。听众们都凝神倾听，因为他们当中的许多人都知道他有语言障碍。

他满怀信心，在 15 分钟内流利地读完了告别辞。

从准备告别辞开始，巴比就决心战胜语言障碍。结束时，所有到场人士都为他鼓掌，掌声如雷，这正是对他成就的肯定和奖赏。

　　这里还有一个真实的故事，讲的是一个人从一只导盲犬身上有所领悟的故事。

　　新泽西实业家约翰·卡里顿·葛瑞菲斯一次开车经过莫瑞斯城，正好有一个人要横穿路口。葛瑞菲斯发现那是一个年轻女子，她由导盲犬领路，显然是个瞎子，于是葛瑞菲斯就远远地停了车。这时，一个人走过来，向他介绍说自己是那个女子的指导员，然后说："今后请不要再远远地停车。这只狗就是要接受训练，来帮助她避开车辆的。如果开车的人远远地停车，时间长了，这狗就会习惯这种情况，以为这是正常的。那么总有一天，会有盲人因为汽车没有停下来而被撞死。"

　　我对这个故事的印象尤其深，因为不仅是那个指导员的话非常有道理，而且我还从中了解到现在的盲人，在一些动物的帮助下可以过上正常的生活，例如穿过马路，到一些公共场所去。

　　这些人都是不甘屈服于困难的人，他们才是心智成熟的人。虽然身处黑暗之中，但是仍然能对自己负责。他们不求乞为生，也不绝望，更不为自己寻找借口。

　　罗伊·L. 史密斯曾经写过一本《圆满的一生——死神门前的徘徊》的传记，这本书非常富有启发性。它写的是艾莫·何姆斯的故事：

　　艾莫·何姆斯出生在俄亥俄州的汉特斯维尔，曾有一个乡村医生断定说："这孩子不可能活下来。"

　　但是他说错了，艾莫·何姆斯忍受着生命中不断遭受折磨的痛苦，承载着他受到严重伤害的右肺，顽强地活了下来，而且享年90岁。他干不了重活，只好转向阅读。1891年，28岁的他成为卫理公会的牧师。虽然有两次旧病复发，却都不能夺取他继续生活的勇气。

　　巧克力制造商约翰·S. 胡伊勒开始关注艾莫·何姆斯，为他提供金钱，帮助他治疗疾病。几个月以后，这个被断定必死的人康复了，离开了疗养院。

　　艾莫·何姆斯来到教堂，通过传道来筹集基金，资助各所大学和医院，结果筹募到300多万美元。当他69岁退休时，传道1000多次，写了两本书，为宗教和慈善机构筹募了50万美元，还担任了20家机构的董事。他自己还捐出了5万美元，在加州大学附近建了一座教堂。

　　艾莫·何姆斯从没想过什么是"困难"。他只是紧抱着生命和生命的目的，不舍昼夜地生活了90年，可以说他的名字就是"勇气"的代名词。

　　在这个过分强调"年轻"的国家和时代，许多老年人渐渐感觉到了年龄的障碍，他们经常会产生一种被架空或被抛弃的感觉。

　　几年前，我的学员中有一个74岁的矮个子老夫人，她就不知道该如何度过剩下的日子。这位老夫人退休前曾是一位教师，但是她没有什么积蓄，她需要继续工作，好给她的精神和经济带来帮助。她说："除了教书之外，我还能给小朋友讲故事听，还能为故事配上精心挑选出来的幻灯片。"

　　我觉得这正是她应该做的事情啊，为什么她不重新开始她的事业，去讲她的故事呢？

我向她讲了我的想法。老夫人备受鼓舞，重新高兴地投入事业中去。她不再认为年龄是障碍；相反，她的能力甚至超过了年轻的时候，而且由于具有丰富的经验，她讲的故事更为动人。

她亲自找到福特基金会，这个组织曾为促进美国文化做出了许多贡献，宣传她为幼儿园小朋友制订的各种"说故事时间"的计划。她找的人都要求她"证明给我看"，于是她介绍了她的计划，说服了他们。她故事中蕴含的温情、戏剧性和诉求的力量，正是他们接受她整个计划的关键所在。

如今，这位老夫人像个年轻人，满怀热情和信心。通过讲故事，她给无数孩子送去了欢乐。对于她来说，年龄不再是借口，她不会说："我太老了，不能赚钱了。"她重新衡量自己的才能与经验，制订了详细的计划，运用它所拥有的才能和经验，脚踏实地地营造着她的梦想。74岁，她不是变老了，而是变得更加成熟了。一般人认定的障碍，也就是她的年龄，对于她来说却是一种激励和诱因。

萧伯纳十分鄙视那些总是抱怨环境阻碍的人。"老是抱怨环境只能使他们成为今天这样，"他写道，"我不相信环境之类的借口。世界上有所成就的人，都是主动寻找适宜他们的环境的人，如果找不到这种环境，他们会自己去创造。"

其实，如果刻意去找的话，我们每个人都可以找到各种值得抱怨的"困难"。例如，我年轻时，就为自己的烦恼找到了一个理由：我当时比大多数同学个子都要高。但是过了几年之后，我认识到这非常可笑。个子高可能是个短处，也可能是个长处，这全靠你如何去看这个问题了。

与我们的邻居相比，如果我们只有一条腿而他有两条；如果我们比他更穷或比他更有钱；如果我们肥胖、瘦弱、美丽、丑陋、金发、黑发、内向或外向……只要我们想给自己制造障碍，只需找出我们和别人之间的任何一点不同之处，就可以如愿以偿了。

那些不成熟的人，愿意把自己和别人的不同之处当作障碍，渴望别人对自己特别加以考虑。相反，那些成熟的人，能认清自己不同于他人的特征，或者改进自己的不足，以求进步。

第二项规则：困难并不意味着不幸。

第50章 摆脱生活中的不幸

1945年8月，第二次世界大战对日作战胜利纪念日之后的第三天，玛丽·艾丽丝·布朗夫人回到她位于渥太华的家中，独自站在空寂的房间里，出神发呆。

她丈夫在几年前因车祸身故，接着与她相伴的母亲也去世了。布朗夫人这样描述当时的情况说："钟声与哨笛宣布了和平的到来，可是我的独子唐纳却不在了。我的丈夫和母亲在那之前也去世了，整个家里就只剩下我一个人。孩子的葬礼结束后回到家中，那种难以言喻的孤独寂寞感，是我这一辈子都忘不了的——没有哪里比我家更空寂的。我差点儿让悲伤和恐惧窒息了。现在，除了学会一个人生活之外，我还要改变生活方式。而我最大的恐惧，则是怕自己因伤心而发疯。"

接连好几个星期，布朗夫人都深陷在悲伤、恐惧和孤独之中，痛苦和惶惑使她感到茫然无措，不愿意接受现实。

她说："我相信，时间会帮助我抚平创伤的。但是，时间过得太慢了，我心想，必须找点事情来打发时间，于是我就出去工作。

"就这样，时间慢慢地消逝，我发现我对生活、同事、朋友们又重新产生了兴趣。我渐渐明白，不幸的事情已经离我悄然远去，未来的一切正在渐渐地变好。而我曾经是那么的愚蠢，埋怨上天对我不公平，不肯接受现实。但是，时间改变了我。

"虽然这一天来得很缓慢，不是几天，也不是几个星期，它是逐渐来到的；但最重要的是，我终于学会了如何面对残酷的现实。

"现在，每当我回忆起这些往事时，就觉得自己像一艘航船，在历经风雨之后，终于航行在平静的大海上。"

正如布朗夫人所亲身经历的，有些哀痛的确到了常人所难以承受的程度，但我们最终还是要接受。当布朗夫人做出决定，准备接受亲人离世的不幸事实时，她已经做好了准备，让时间来治愈自己的这种伤痛。但她起初只是抗拒和埋怨命运，结果难以自拔，时间也无法为其治疗。

失去亲人当然是不幸的，我们只能接受它。有时，我们的生活被割裂得七零八散的，也只有时间才能将它缝合，但前提是我们必须给自己时间。当悲剧刚刚降临时，世界仿佛也停滞不前了，我们的悲痛将会一直持续下去。但是，我们一定要克服悲哀，继续上路。只要回忆那些快乐的往事，我们就会感到幸福终将会到来，取代我们内心的悲痛。因此，我们应该在心中停止悲伤和怨恨，勇于接受无法逃避的不幸事实，时间自然会帮助我们摆脱这些不幸。

有时候，不幸也不完全是坏事，它会成为一种动力，促使我们采取行动，提高我们自身的素质，我们的智慧也将因此而变得更加敏锐，从而促使我们最终摆脱困境。

据说印度的讫哩什那神说过一句箴言：

"人生真正的圆满，并不是平静乏味的幸福，而是勇敢地面对所有的不幸。"

人性会因为"英勇地面对所有的不幸"而变得深邃和顽强，并从中获益匪浅。"不幸"可以激发潜藏在我们体内的能量，如果不是情势所逼，需要我们对这种潜能善加运用，我们将有可能永远埋没自身所具有的这种巨大能量。

哈姆雷特的不朽名言"行动起来！对抗所有的困难，将它们排除出去！"

这是摆脱不幸的一种方法。

我再来举一个例子，我称之为"沙尘之祸"。

在美国西南部的沙尘暴肆虐地区，无情的风沙经常席卷农场，夺走人的生命。生活在沙尘暴地区的人，每天所见、所闻、所吃的无不和沙尘有关。下面是一个人亲身经历的故事：

一个年轻人，他在21岁的时候就成了一家之主。他住在沙尘暴地区，其父母在与风沙和干旱进行了一辈子的艰苦搏斗之后，最终离开了人世。

一天，这个年轻人也终于一无所有了：土地上既没有收成，谷仓里也没有一点儿存粮，家里一点儿能吃的东西也没有了。沙尘落在屋瓦上，他懊丧地坐在家里，一筹莫展。

突然，门被推开了，他8岁的小妹妹领着她的同学走进屋来。

"吉米，"她饥渴地看着她的兄长，"你能给我一个银币吗？我们想买些饼干吃。"

吉米愣在那里，久久不能回答。他能从哪里弄来一个银币呢？

他双手伸进口袋，可是什么也没有掏出来。他满脸温柔而不无歉意地说："小家伙，对不起，我实在没有。"

吉米那天晚上无法入睡，因为他的眼前一直闪现着小妹妹那失望的表情。他已身处绝境，竟然连一个银币都拿不出！吉米只能以沉默来承受这一切！父母的去世、农活的劳累、被摧毁的庄稼，这一切都怪那可恨的沙尘。而拿不出小妹妹向他要的银币将是最后一个不幸，这件事迫使吉米振作起来，决定采取行动。

天将破晓，吉米终于下定了决心。他本打算当一名教师的，但是父母死后，他又觉得自己应该继续留在家里经营农场。然而，沙尘像击败他的父母一样，接着又击败了他，因此他必须试试其他的途径了。

第二天，吉米在城里找到了一份工作。为了实现教书的梦想，他每天借书回家，等弟弟、妹妹晚上睡着后再看书。后来，吉米获得了当地乡村学校的教师职位，乡亲们都很尊敬和羡慕他。

正是一个小女孩向她的哥哥讨要一个银币而未能如愿的这种"不幸"，激发了吉米，使他振作起来，并发愤图强，逐渐摆脱了困境。

理智的行动也能够帮助我们，减少因所爱之人的离去而给我们带来的痛苦。密西西比州的奈丽·柯文顿夫人为我们提供了一个例子：

柯文顿夫人的3个孩子生病后，才刚刚度过危险期，这时候医生又告诉她，说她丈夫的心脏病很严重，随时都有生命危险。

"我害怕极了，整天心急如焚，"柯文顿夫人在信中这样告诉我，"我根本睡不着觉，没过多久就掉了整整7公斤肉。医生说，我这样下去将会精神崩溃。

"一天晚上，我又失眠了。我问自己：'忧虑能解决什么问题？'第二天早上，我就开始着手我的计划。我丈夫很会做家具，所以我向他提出我想要一个小床头柜，希望他能给我做一个，但是他让我先画出图纸给他看。第二天，我将设计图给了他，他只用了几个下午就做好了。事实上，他很高兴做这项工作。于是，他又为我的朋友们做了很多件小家具。

"之后，我们把花园种满了蔬菜和鲜花。我们把最好的蔬菜送给朋友。凡是能够给别人带来帮助的事情，我们都尽量去做。只要我们一有空，就会坐下来讨论在花园里种些什么东西。

"终于有一天，我丈夫突然离开了我。也正是那时，我才终于感觉到过去的一年是我生命中最快乐的一年，而不是恐怖压抑、随时为我的丈夫离开我而担心的一年。面对悲剧，我已经尽了最大的努力。"

柯文顿夫人勇敢地面对不幸，使她的丈夫在生命的最后一年度过了最快乐、最有意义的时光，而且为她自己留下了美好的回忆。他们夫妻俩共同参加了各种有意义的活动，这使他们的那段生活充满了爱。

减轻不幸所造成的痛苦的最保险的途径之一，就是帮助别人，从而使自己得到升华。

我认识威斯康星州的一个女人，对于社区居民来说，她是一个富有激励性的人物，因为她超越了个人的悲伤，给那些有同样烦恼的人带去了安慰。

她25岁的儿子在第二次世界大战中牺牲了，虽然她悲痛异常，但她并没有让别人怜悯她，正如她所说的：

"我了解那些从不知道什么是真正意义的幸福的母亲。在她们当中，有些人的子女得了神经痉挛性麻痹，有些人的子女因为精神或身体上的障碍而不能为国尽忠，还有许多女人渴望养育子女却未能生育。而我曾有过一个出色的儿子，他和我一起度过了23年的快乐时光，我的余生就拥有了这23年的美好回忆。因此，我必须顺从上帝的旨意，尽我所能地去帮助那些有儿子在军队中服役的母亲。"

她不仅做到了这一点，而且毫不厌倦地给那些有儿子在军队中服役的父母以及正在军队中服役的军人带去安慰。她知道走向成熟的重要方法，将心思和精力用于帮助别人，让自己没有多余的精力为自己的烦恼和不幸而忧虑。

人生的旅程并不是幸福欢乐绵延不断的，它既有光明也有黑暗，既有高峰也有低谷，既有阳光也有阴影。烦恼可不会因为我们扯上被子蒙住双眼、拒绝面对它而放过我们，它也是人生的一部分。我们成熟与否，和我们对待烦恼、不幸的态度有密切的关系。不成熟的人有一个共同的弱点，那就是在出了差错之后便退却下来，躲在营帐中独自生闷气，就像荷马史诗中的希腊英雄阿喀留斯一样。骄纵的孩子在做游戏时，如果知道自己赢不了时就不会再玩了；而成熟的人即使在形势非常不利的情况下，仍然顽强坚持，继续努力。

住在康涅狄格州诺威尔奇的梅尔·西蒙先生有个大学同学杰克，这是个热衷业余戏剧表演、整天朝气蓬勃的青年。西蒙先生向我讲了杰克的故事，他没有因为遭遇不幸而自甘堕落。西蒙先生说：

"杰克为人很热心，而且精力充沛。在他的体内流淌着演员的血，在读大学时，他曾负责所有戏剧演出的幕后工作，还能上场表演。他不仅是年度各项表演的导演之一，还在乐团中担任鼓手。毕业后，杰克先到一家电视制作公司，后来又到某家电视台当节目制作人，他还从事了许多其他的工作。由于他工作努力，积极肯干，所以他的生活过得非常的充实。

"一天，我的一个朋友在电话中告诉我说杰克死了。他是死于一种罕见的绝症，而且他早就知道自己得了病。在上大学时，他就知道自己没有几年可活的了。每当想到杰克的热情、欢笑、幽默和精神时，我就想到了他带给我的启示，那就是'坚持到底，永不言弃！'"

杰克珍惜生命、善待生命的生活态度，激励了所有认识他、了解他的人。他选择了最成熟的方式，勇敢地面对生命中难以避免的不幸。

我班上的一个学员为我们讲述了另一个与上面相似的故事，故事的主人公叫迈克。

1948 年，21 岁的迈克参加了以色列和阿拉伯战争。在一次战斗中，他的双眼受伤，痛苦在瞬间降临到他身上，但他仍然乐观地生活着。在军队医院，他和其他的病人谈笑，还经常把分给他的香烟和糖果送给其他的病友。

医生为了治好迈克的眼睛，尽了全力。一天早上，主治医生来到迈克的病房对他说："你好，迈克，我不喜欢对病人隐瞒实情，欺骗他们。迈克，我想告诉你一个很不幸的消息，你将永远失明了。"

迈克沉默了，时间也仿佛在这一瞬间凝固不动了。过了一会儿，迈克平静地说："哦，医生，我想我早有准备。谢谢你为我做了这么多努力。"

几分钟之后，迈克转过头来，对他的朋友说："毕竟我还找不出绝望的理由来。虽然我失去了视觉，但是我还能听、能说，还有脚能走路，而且我还有一双手。政府也会帮助我，让我学会一门技艺，能够独立地生活下去。我要改变自己，迎接新的生活。"

迈克就是这样一个人，虽然他的眼睛失明了，但他对未来却充满了梦想，他宁愿为幸福而努力，也不愿意诅咒那不幸的残酷事实。如果进行成熟测试，他一定能获得满分。我们每个人迟早都会遭遇这种或那种不幸，那时，我们将接受真正的考验。

或许有人会这样问："为什么这种不幸的事会发生在我的身上？"

我想他只能得到一种回答："为什么就不能呢？"

因为上天不会偏爱任何人，只要是人，就免不了要历经各种痛苦和欢乐。生活就是要教会我们明白，在痛苦这个民主国度中，每个人都是平等的。当悲伤、死亡、烦恼和不幸降临时，国王和乞丐、诗人和农民，他们所经历的都是同样的折磨。一些年轻人和那些虽然已经不年轻但却仍旧不成熟的人，往往只会怨恨和愤懑，他们不会明白，悲剧的产生就像人的出生、死亡以及缴税一样，都是生活中不可或缺的一部分。

第三项规则：学会摆脱生活中的不幸。

克服忧虑快乐生活的故事

我找到了答案

会计师 迪尔·休斯

我在 1943 年住进了新墨西哥州阿布奎基市一家军队医院。当时我的肋骨 3 根折断，肺部穿孔。这发生在夏威夷岛的一次陆战队两栖登陆大演习中。当时我正准备从小艇跳到沙滩上，碰巧一阵大浪扑来，托起了小艇，我失去了平衡，跌倒在沙滩上。由于摔下来力量很大，我折断了肋骨，并且其中一根刺进了我的右肺。

我在医院待了 3 个月之后，经历了一生中最严重的惊吓——医生说我的伤势绝不可能好转。在经过谨慎思考之后，我认为是过度的烦恼使我无法康复。我以前的生活活跃而多姿多彩，可是这 3 个月我却必须一天 24 小时躺在病床上，无事可做，只能胡思乱想。想得越多，就越烦恼：担心自己是否能恢复以前的地位；担心是否会终生残废，以及是否还能结婚并过正常的生活。

于是我要求医生将我安排到隔壁病房，这是一间被称为"乡间俱乐部"的病房，因为那儿的病人几乎可以完全自由地活动。

在这个"乡村俱乐部"病房，我对"合约桥牌"发生了兴趣。我用了 6 个星期学会这个游戏，和其他伙伴一起搭档，还阅读了一些桥牌书。6 个星期之后，我几乎每天晚上都打桥牌。我还对油画产生了兴趣：在每天下午 3～5 点，我都在一位老师的指导下学习画画。我的一些作品画得极好，你甚至一眼就可以看出我画的是什么。我还尝试雕刻肥皂和木头，并读了许多有关的书籍，觉得十分有趣。我让自己变得十分忙碌，因此没有时间去担心我的伤势。我甚至花许多时间阅读红十字会赠送给我的心理学书。到了第三个月末，全体医护人员来向我道贺，说我伤势恢复极佳。那是我自出生以来所听见的最甜蜜的话。我高兴得真想放声大叫。

我在此想说明的一点是，当我无所事事，成天只能躺在床上为我的将来烦恼时，我没有任何进步。我那只是用烦恼来残害我的身体，甚至折断的肋骨也难以好起来。但等我专心地打桥牌、画画、雕刻，忘记了身体的伤痛时，医生就说我"进步极大"。

我现在过着正常而健康的生活，我的肺也和你的一样好。

你是否还记得萧伯纳说过的一句话？"悲哀的根源，在于你有余暇去想你是否快乐。"活跃起来，让自己忙起来！

第51章 拥有坚定的信念并付诸行动

　　如果说在美国到处都有机会，每个人都可以尽情地施展自己的才能，你是否会赞同我所说的呢？也许你会大声赞同。但是，对此你能确信到何种程度呢？如果你处于失业、破产或者找不到工作的情况下，那么你对我的话还抱有信心吗？

　　我认识一个人，他能够坚持信念、矢志不渝。这个人来自密苏里州，名叫里奥纳德·A.崔吉亚。1928年，父亲留给崔吉亚价值10万美元的财产。但是10年之后，崔吉亚破产了。

　　这一过程非常简单，崔吉亚先生给我来信写道：

　　"我父亲非常有钱，出手也很大方。当我还在读高中时，只要我没有钱花了，他就会让我去银行，从他的名下取出一张支票。到我上了大学之后，我更是可以随便往支票上填数额了。大学毕业了，我仍不懂得金钱有什么价值，而我自己也不会赚钱，只知道如何开支票。

　　"当父亲去世时，我对生活没有做好任何准备。他给我在密苏里河下游靠近密苏里州里辛顿的地方留下了一片肥沃的土地，我就开始经营农场。在经济大萧条席卷全美国的第一年，我的账户就出现了赤字。我只好用一块土地做抵押，用来还债，并重新补充我的存款。由于经济继续萧条，我只好卖掉了那块被抵押的土地，用来还了贷款。我就这样生活着，需要用钱时，就去抵押或是出卖土地。

　　"我破产的这一天终于来了，我不再拥有任何财产了。我必须找一份工作，赚钱过日子，否则将无法生活下去。然而，我这一辈子根本没有做过什么事情，我急得几乎难以入睡——曾经作为支柱的支票已经没有了，求助也找不到人了。

　　"一天晚上，我终于想清楚了，那就是我必须面对现实。'好日子一去不复返了，我的朋友，'我对自己说，'作为一个成年人，你应该表现得像一个成年人。成熟起来，去找一份工作吧！'

　　"我开始思考我的处境，尤其是我的一些信念。我一直相信这句话：'只要你愿意努力，在美国，机会总是均等的。'但是，我从来都没有亲自去验证过这句话。虽然当时的整体环境不好，工作机会也少，但是我有我的长处：身体健康，大学毕业，又接受过职业培训，而且我的失败和错误给了我宝贵的经验和教训。现在，我需要做的就是避免将时间浪费在抱怨和悔恨上，立即开始行动。

　　"我安排好生活，理清了我的思路。要知道，当时要找一份工作可不是件容易的事情——无论找什么工作。一旦颓丧情绪涌现出来时，我就强迫自己消除怀疑和恐惧的想法，增强自己的信念，让自己相信：对于每一个有信念的人来说，美国都是一个可以找到自己位置的国家。我必须坚守这个信念。

"我的信念终于得到了实现。我在堪萨斯城的联合财务公司找到了工作。我在那里愉快地工作了4年，之后辞职，又回到农业方面来。这一次，情况出现了转机。我慢慢地建立起信誉，拓展了我的业务。我不仅从事农场买卖业务，还兼顾做些其他的生意。经过这些努力，我获得了较大的成功。不过，这些都受益于我的失败，是失败给了我宝贵的教训，使我做好了迈向成功的准备。

"我赎回了我的财产，这是靠我的努力赚回来的。更可贵的是，我获得了可以留给我两个儿子的伟大真理——我们必须拥有信念，但是如果我们有信念却不采取行动的话，这信念就跟没有一样。这一真理远远超出了金钱的价值。"

崔吉亚先生的故事，正是一个人如何走向成熟过程的例证。在此过程中，崔吉亚先生从一个被宠溺而不负责任的孩子，成长为一个抱有信念、坚持信念，并将信念付诸实践的男人。在初受挫折时，崔吉亚先生曾像孩子一样逃避现实，但信念却使他像一个真正的男人那样，敢于面对现实。

《如何度过一年365天》这本书的作者约翰·A. 辛德勒博士曾说过："成熟需要通过学习才能达到，而且往往要经历痛苦方能见效。"家住加拿大的丽莲·海德莱恩夫人走向成熟的过程，正是这一真理的极好印证。

海德莱恩夫人是一个普通的家庭主妇和母亲，但是她性格开朗乐观。一天，海德莱恩夫人开车外出，不小心翻进了一条深沟中。

海德莱恩夫人的脊椎最初被误诊为已经摔断，但是从X光照片上看不出她的脊椎折断的情况，不过能看到骨刺脱离了外面的附着物。医生认为海德莱恩夫人至少需要卧床休息3个星期，并将这个不幸的消息告诉了她。

"做好心理准备。"医生说，"你的脊椎已经严重硬化。也许在5年之后，你就不能动弹了。"

下面是海德莱恩夫人回忆的当时的情形：

"当时，我被吓坏了。我一直都是活泼开朗的人，喜欢克服一切困难，可是现在却遇到了一个无法克服的困难，我的勇气和斗志也因为卧床的时间从3个星期向无限期延长而逐渐丧失了。我的内心越来越恐惧，也越来越软弱。

"有一天早上，我的神智十分清醒。我对自己说：'5年时间并不短啊！我还能帮助家人做很多的事情呢。如果配合医生的治疗，再加上我的决心，或许我的病情能有所改善。我不想未经奋斗就投降，我要尽一切努力，行动起来。'

"一旦有了这种信念和决心，我突然有了力量。我要马上行动。软弱和恐惧已经不复存在！我挣扎着下了床……就这样，我的新生活开始了。

"我不断地用这个字来激励自己：'继续！继续！继续！'

"大约5年后的一个清爽的早晨，我重新照了X光，发现即使再过5年，我的脊椎也不会有什么问题。医生建议我要积极乐观，对生活充满兴趣，勇敢地活下去。而我也正是保持这种念头，只要身上有一块肌肉还能活动，我就要继续活下去。"

海德莱恩夫人的故事，又是一个因为拥有信念、坚持信念而走向成熟的具有启发性的实例。当然，仅仅拥有信念还不足以使人走向成熟。勇敢的确比怯懦要好，但假如我们面临考验时却转身而逃，那么勇敢就失去了作用。除非我们能够坚守信念，否则所有理论都将毫无价值。

有时候，我们会言行不一，当面说一套，背后却另做一套。例如，有一个妇女因为一位女店员多找给她 50 美分而暗自高兴。她把这件事情告诉了我，我就问她是否将钱退还给了那位女店员，没料想她却很生气。她对我说："当然没有！是她自己犯的错误，应该让她自己来赔。如果她少找钱给我，我也会遭受损失的。"

如果有人严肃地对这个女人的诚实提出质问，她肯定会蒙羞受辱，但她似乎对于这种因别人的过失而使自己占便宜的小事非常得意。然而，无论她从外表看去社会地位有多高，但这种小事表明她基本上不是一个诚实的人。

有一个会计师给我讲述了他的一次经历：

这位会计师去应聘一份有机会经手大笔现金的工作。那家公司请了心理学家和他见面，以便多了解一些他的人品和性格。心理学家问了他这样一个问题："假如你有机会偷偷溜进电影院，不需买票就能看一部你非常想看的电影，你会那样做吗？"很明显，一个小处不够诚实的人，只要他认为有可能占便宜就占的话，那么当他面对大笔金钱时是不会不动心的。

我们的信念是否起作用，关键在于我们如何去做事。基督耶稣说："观其果而知其因。"重要的是我们如何去做。如果我们不采取行动去做的话，那么即使再深刻的哲理对于我们都不会起作用，我们的生活将处处充满了虚伪，不再真实。如果我们拥有坚定的信念，就必须坚定信念，做好每一件事情。

第四项规则：拥有坚定的信念并付诸行动。

第52章　相信自己是这个世界上独一无二的

如果我们看过玫瑰花的话，总会觉得那些玫瑰花看上去好像都是一样的，对吧？可事实却不是这样！如果仔细分辨，你就会发现，虽然这些花在颜色和品种上都一样，但是它们之间仍然存在细微的差别，例如生长速度、花瓣的卷曲程度和颜色的鲜艳程度等等，几乎每一朵花都存在细微的不同。

自然界到处都充满了多样性，而人类自身更是千差万别。原英国科学促进协会主席、古人类学专家亚瑟·凯斯爵士曾说过："没有任何人曾经或即将与另一个人度过完全相同的人生旅程……每个人的人生经历都将是独一无二的。"

不错，每一个人的人生经历都是独一无二的，即使我们的本质都是由相同的材料组合而成。

要想获得成熟的智慧，就必须认识并理解这个事实，这是一座引导我们和我们的同胞之间进行沟通的桥梁。在我们尊重对方是个"个体"，就好比我们知道自己是个"个体"之前，我们无法与对方沟通，或与对方建立起任何有意义的联系。

这话听起来似乎很容易，但要真正做到却非常困难。虽然我们喜欢自认为是一个已经废除了阶级意识的国家，可实际上我们仍然受着阶级意识的支配。我们创造出来的一套特殊的用语，就反映出我们不喜欢把一个人当成个体来看待，而是愿意将他纳入我们认为他应该归属的阶层，例如在统计栏或调查问卷中，就有"普通人"、"中下阶层"、"普通消费者"、"低收入群体"、"白领阶层"、"蓝领阶层"和"咖啡座人士"等，这一切"标签"无不显示出我们不愿或缺乏将他人看成是"个体"的倾向。

事实上，我们已经被分门别类，然后被归属于某一个群体当中。在现实生活中，我们的每个方面都在接受别人的调查。社会调查员对我们再熟悉不过：我们喝几杯咖啡、多少人拥有汽车以及什么牌子的汽车、听什么广播或看什么电视，甚至包括我们每年要过多少次性生活以及过得如何，等等。

大家都在强调"调整适应"、"群体整合"和"社会机动性"，都在削弱自己的个性，以适应他们所属的群体。绝对的"个人主义"已不复存在，怪不得我们总觉得自己已经失去了独立性，一旦自己的思想和行为与别人的思想和行为出现差异时，心里就会感到很不舒服。然而在内心当中，每个人还是希望自己能够独一无二地生活的。分类的压力、认同的压力，这些并不能阻止人们在内心深处渴望与别人有所不同，一旦这种渴望通过外在表现挣脱出来时，我们也许就会被带进精神病医生办公室的长椅，或者被关进精神病院，或者沉迷于酒色和毒品。若是这样的话，我们就永远无法找回迷失的自我了。

那么，我们该如何解决这个问题呢？我们如何才能做一个与众不同的个体呢？

我们如何才能得到一种相对的成熟呢？在此，我们有3条建议。

一、在孤独和退隐中认识自己

过度紧张的生活容易使人失去自我反省的机会，因此我们必须为孤独创造机会。

不同的人对"孤独"的含义有不同的理解。有一个朋友就说，如果他需要思考，就会到街上做长距离散步，让自己消失在人群中，"在这种情况下思考问题，我就可以避免分心了"。

当我住在纽约时，我经常去附近的一家教堂，因为那里非常安静，这样我就能获得内心的平静，使自己保持活力，让精神更加振奋。

我最难得的孤独时刻，便是沉浸于大自然的那一刻。我很少做长距离散步或进行户外活动，但是我经常在花园中散步，因为在那里我至少还能不时地抬头望一眼那棵大树或天空。对我来说，四季的更迭真是个永恒的奇迹；方寸大小的土地和广袤的田野也可以让我体验到欣赏自然的乐趣。此时，我会感到自己已经和大自然交融于一体了。

或许有的人喜欢一个人待在安静的房间里，或者只是让肉体孤独地存在。但是不管怎样，每天都要创造一段孤独的时光，抛弃一切电话和干扰事物，则是我们探索自己的生活、信念和行动所必须做到的。许多哲学家和思想家都强调过孤独的价值，耶稣、佛陀、施洗者约翰、笛卡尔、蒙田和班扬等人，也正是在孤独中获得了启示的。

二、摆脱习惯的枷锁

有谁愿意被习惯和惰性的枷锁套住，而整天沉闷无望地苟且活命呢？但是我们已经被活活地埋在习惯和无聊的事物里面，只有通过异常的努力，才能把我们解救出来。

有一个年轻的女学员，她对我讲了她和她丈夫破除习惯枷锁的故事：

"我丈夫和我都喜欢看电视。"她说，"我们每天下班后所做的第一件事情就是打开电视机，一边看电视节目，一边吃晚饭，直到困得必须睡觉才罢休。为了不错过那些好节目，我们既不去看朋友，也不看书，当然也不一同出去享受美好的时光。当别人来拜访时，我们就巴不得他快点走，以便继续看被中断的电视节目。有一天，我和我的朋友们一起吃午饭，这时我发现我已经和她们无法交谈了，因为我根本插不上嘴。我哪儿都没去过，也没看过什么书，没做过什么事。我生命的黄金时期都被那间黑屋子里的电视机浪费了。

"回家后，我劝我丈夫说，既然有的人都能成功地戒掉毒瘾，我们也应该能从电视节目中解脱出来。他很赞同我的意见，于是我们开始努力去做其他的事情，以便转移我们的注意力。我们报名参加了成人教育课程班，还经常去打保龄球，出门去拜访朋友；我们还从图书馆借来许多书，然后互相读给对方听。我很满意我们能戒除掉电视瘾，我们的工作和婚姻也因此得到了改善。我们感受到了生活中的许多乐趣，而且无论对自己还是对别人来说，我们的生活价值都提高了。"

这两个曾被习惯活埋的人，终于获得了解放，而他们却曾经将自己包裹得紧紧的。

三、发掘生活中最满意的东西

心理学家威廉·詹姆斯在 1878 年写给妻子的信中，有一段最为精彩的描述："……我坚持认为，要正确评价一个人，最好的时机就是观察当他处于最活跃、最得意时刻的精神或道德状态，因为这时他的内心所传达出来的声音是'这就是真正的我!'"

这句话简单地说，就是当人们处于兴奋状态时，"真我"自然就浮现出来，因为当一个人处于"最活跃、最得意"的状态时，也是他最兴奋的时刻；不论他是对哪种想法、对哪个人或对哪种情况的哪种形式的兴奋，都会使他摆脱无聊的事情、习惯和压力，从而形成对真我的刺激。

兴奋是使我们的工作走向成功的最基本要素，它还能激发我们的热情，使我们发挥最大的潜力。伟大的物理学家、诺贝尔奖获得者爱德华·维克多·艾波顿爵士曾说过一句话，这句话听起来颇令人吃惊："谈到科学成功的秘诀，我甚至要将'热情'放在专业技术之前。"

当然，爱德华爵士并不是说专业技术在科学研究中不重要，而是说"热情"、"兴奋"会激励一个人更努力地掌握专业技术。

我根据自己 44 年的演讲和成人教育经验，得出了"演讲的效果取决于演讲者对他的演讲题目的兴奋程度"这一结论。无论演讲者是讲氢弹，还是讲他的岳母大人，或者是讲埃塞俄比亚地区的降雨量，他对听众的冲击力总是与他对演讲题目的感受力成正比。

一个人的性格很难改变，要想找出我们身上有别于其他人的优点，我们就必须从心底里抛弃恐惧、畏缩、猜疑、迷惘和恶习，等等，而兴奋正是烧毁这些东西，使我们的真性情、真性格得以显露出来的大火。

兴奋的形式多种多样。爱就是这样一种形式，它可以使我们敞开自我。凡是看过电影《玛蒂》的人，都能体会到原本孤独无聊的人是如何通过爱而得到改造，并进而开创他们崭新的世界的。

兴奋是人们不断刺激自己工作和活动的源泉。耶鲁大学教授威廉·里昂·费尔普斯有一本书《工作的兴奋》，这本书到处洋溢着他对工作的兴趣。

生活危机也能刺激一些人，使他们重新活跃起来。例如，规模较大的战争、洪水或地震等灾难降临时，会对人们产生强烈的刺激；而家庭危机等较小的危机，往往能对那些和子女同住、看上去已经老朽的人产生一种力量，对他们发挥重要作用。

本章介绍了三种使我们和他人区别开来、培养自己独特个性的方法。心灵的成熟需要不断地自我发掘，这将是一个持续不断的过程。如果我们不能了解自己，也就无法了解别人。

"了解自己"，正是智慧的源头，这就像苏格拉底所说的："你是这世界上独一无二的你"。

第五项规则：相信自己是这个世界上独一无二的。

克服忧虑快乐生活的故事

我曾是"烦恼大王"

穆勒公司工厂主任 吉姆·勃德索

17年前，当我在弗吉尼亚州的布莱克斯堡军事学院上学时，是人人皆知的"弗吉尼亚烦恼大王"。我的烦恼如此严重，以至于经常生病。事实上，由于我常常生病，所以学校的医院经常为我保留一张病床。每当护士看到我又上门时，就会跑上前来为我注射一针。我对任何事情都会忧虑。有时我甚至会忘了自己担心什么。我会担心因为成绩不好而被学校开除，我的物理学和其他科目考试不及格，我知道我的平均分必须维持在75~84分之间。我还担心我的健康：急性消化不良、失眠。我担心我的收入状况。我还会因为不能经常买礼物送给我的女朋友，或是带她去跳舞而烦恼。我担心她会嫁给另外一位军校学生。我整天整夜地担心各种无形的问题。

在绝望之下，我向杜克·巴德教授倾诉了我的烦恼。巴德教授是企业管理学教授。

见巴德教授的那15分钟，对我的健康及幸福的帮助远远超过我在大学4年所学的一切。"吉姆，"他说，"你应该坐下来，面对现实。如果你能把你用于烦恼的一半时间和精力去解决你的问题，那么你将不会再有烦恼。而你以前只学会烦恼这一项不良习惯。"

他为我订了3项消除烦恼的规则。第一，准确查明忧虑的究竟是什么问题。第二，找出问题的真正原因。第三，立刻采取建设性的行动，以解决问题。

这次会谈之后，我拟定了一些积极的计划。我不再因为物理考试不及格而烦恼，而是反问自己为什么会不及格。我知道那并不是因为我天资愚笨，因为当时我已经当上了校刊的总编辑。

我发现我之所以考试不及格，是因为我对这门功课没有什么兴趣。而我之所以对它不感兴趣，是因为我认为它对我将来从事工业工程师并没有多大帮助。但我现在改变了态度。我告诉自己："如果学院要求我们通过物理考试才能取得学位，我怎么能对他们的智慧产生怀疑呢？"

所以，我又埋头研究物理。这一次我通过了考试，因为我不再花时间去想物理多么困难，改而专心致志地学习。

我还以打工的方式——例如在学院的舞会上推销果汁——解决了我的经济困难。同时我又向父亲贷款，毕业不久就还清了贷款。我还解决了我的爱情难题：我向当初担心会移情别嫁的那位女子求婚，现在她已是吉姆·勃德索夫人。

现在回想起来，我发现我当时的问题在于不愿去寻找烦恼的原因，并勇敢地面对它们。

（吉姆·勃德索因为分析了他的烦恼而学会了停止忧虑。事实上，他应用的正是"如何分析和解除烦恼"这一章规则。）

第 53 章 了解并喜欢自己

斯曼莱恩·布兰顿博士有一本书《爱，或者寂灭》，书中这样写道："适度的自爱，是一个人健康的反映；适度的自重，对工作和成功都将大有裨益。"这话说得很对。"爱自己"是健康成熟地生活的一个重要标志，这不能理解成自以为是。

爱自己，就是要接受自己，要冷静、客观、怀着自尊心和人类的尊严感来接受自己。

心理学家马斯洛在《刺激和性格》这本书中，也曾提到人类需要自我接受："……要自然舒放、自我接受、冲动知觉、自满自足。"

一个成熟的人，根本不会有时间去想自己在哪些方面不如别人。例如他不会因为自己不具备比尔·史密斯的自信或缺乏吉米·琼斯的积极态度和进取精神而担忧；他总是能进行自我批评，也清楚地了解自己的弱点，但是他也知道自己具有基本的目标和动机，然后他会花精力去改进自己的弱点，而不是空自哀叹；无论是对自己还是对别人，他都有同样的宽容之心，因此他一个人独处时不会有什么苦恼。

那么，喜欢自己和喜欢别人是不是同样重要呢？心理学家们认为，如果我们不能喜欢自己，那么我们就不会喜欢别人。仇恨一切事物和别人、厌弃和虐待自己同胞的人，必然也会更强烈地表现出自我厌弃。

哥伦比亚大学教育学院的教育学教授亚瑟·T. 杰西尔博士也指出，应该通过教育来帮助儿童甚至成年人了解自己，帮助他们建立起自我接受的成熟态度。他在新作《当教师与自己面对面时》中写道："教师的生活和工作，充满了奋斗和欣慰、希望和苦痛，自我接受对于教师来说尤其重要。"

现在，医院一半以上的病房都被那些自我厌弃的人占据着，而成千上万遭遇感情和精神困扰的人则还在外面排队等候——这些人都是不能自处的人。

我在这里并不想分析产生这种不幸情况的原因，我只是觉得，在我们生活的这个激烈竞争的社会里，只强调物质上的成功和社会地位的价值，强调赶超别人、让自己成为所有人的目标，这些都是造成现代人精神疾病的根源。

哈佛大学心理学教授罗伯特·W. 怀特在《进步的生活：性格自然成长的研究》一书中，曾这样写道：

"现在普遍流行的一种观念认为，任何人都应该调整好自己，使自己适应周围的环境。"怀特博士说："然而，这种观念却误导了人们，认为最理想的人都善于调整自己，以适应原来固定的生活模式、乏味的生活规则、苛刻的外界限制，或者是屈从于成就感的压力，尽一切可能去努力适应周围环境。事实上，这样做的结果，只能使人迷失方向，失去成长和创造的可能性。简而言之，就是让人屈服于压力，丧失自身的创造力与发展的潜力。"

我非常赞同怀特博士所说的。很少有人具备卓越超群的勇气或清楚地知道自己能代表什么，我们的行为由社会和经济群体支配着，我们与我们的邻居有着相似的生活和思想，一旦我们任由自己的个性和周围的环境发生冲突，我们就会神经过敏，患得患失，迷茫失措，从而不再喜欢自己。

几年前，我们的一个女学员就曾因为这种冲突而感到困惑。她那当律师的丈夫是一位野心家，喜欢积极进取，做事独断专行。他们的社交圈子也由那些和他类似的所谓名流人士所组成，他们喜欢以社会地位来衡量一个人的成就。这位夫人看上去很文静、很谦虚，但是她在这种圈子里只感到一种压抑和卑微，而周围那些人也不懂得欣赏她所具有的优良品质。这使她变得异常沮丧，失去了自信，因为她觉得自己总是达不到别人对她的要求。她也越来越不喜欢自己。

其实，这个女人大可不必这么苦恼。她不应该改变自己去适应环境，而是应该适应她自己，愉快地接受自己，不要企图改变自己，并忘记这种压力。她还应该明白"天生我才必有用"的道理，知道每个人只能按自己的性格行事，而不是照搬别人的路子。

对于她来说，重塑自我的第一步，就是不要用别人的标准来衡量她自己，而是要建立起她自己的价值观，并把它应用到自己的生活中去。同时，她还要学会独处，少进行自我批评。

不喜欢自己的人，总喜欢挑剔自己身上的毛病。虽然适度的自我检讨可以促进人的健康，并且富有建设性，也是提高自我所必需的，但是绝不能让它成为一种强制性的观念，否则将会使我们陷入困境，妨碍我们积极行动。

一天晚上，我讲完课之后，班上一位女学员来找我，抱怨说她讲话总是不能达到预期的水平。

她告诉我说："一登上讲台，我就感到特别心虚和别扭。其他同学看起来都是那么沉着自信，而我一想到自己的缺点就泄气，这就使我更说不出事先准备好的话来了。"

听完她的抱怨，我只用了一句很简单的话来回答她的问题："把你的缺点放在一边，导致你的演讲失败的不是它的缺点，而是因为它缺乏优点。"

不错，一篇演讲、一个人或一件艺术品的失败，往往并不是由缺点导致的。在莎士比亚的戏剧中，历史和地理方面的错误比比皆是；狄更斯小说中的某些段落也描写得过于煽情。然而，又有谁在意这些呢？这些伟大的作品仍然长盛不衰，并闪耀着光芒；它们的优点掩盖了缺点，使这些缺点可以被忽略。同样，我们结交朋友也是因为他们有某些优点，我们大可不必考虑他们有什么缺点。

要想获得进步、突出自我，就要集中精力发挥自己的优点，展现自己最优秀的一面，抛开自己的缺点。当然，我们一定要纠正自己的错误，并迅速忘掉它们。同样，负罪感和自卑感也是万万不可有的心态。如果我们陷入了这两种心态之中，就不可能尊重或喜欢自己。我们要做的就是彻底和过去决裂，重新开始。

在尝试喜欢自己的过程中，我们必须要培养出能容纳自己缺点的气度。当然，这并不意味着对自己降低标准，任由自己变得懒散或消极。我们都明白，没有人能永远做到最好。因此，强行要求别人达到完美既不符合实际，苛求自己完美也就更是以自我为中心了。

几年前，我曾参加了一个组织。其中有一位绝对完美主义的女士，凡是由她经办的每一件事都必须尽善尽美，毫厘不差。可是在别人看来，她所做的工作却很少是成功的，例如，即使是一份简单的报告，她也要斟酌好几个小时才能交上去；发表演讲时，她会围绕演讲题目毫无休止地说下去，让听众觉得厌烦劳累；她家从来不欢迎那些不速之客；举办宴会时，她会事先安排好所有的细节。

尽管这位女士费尽了心思，达到了近乎机械式的完美，但是她却以付出欢乐、自然和温暖为代价，所以这样的完美并没有多少实际用处，反而让人觉得无聊之极。

要求自己不断追求完美，这其实是一种冷漠无情的自负。这种人不能忍受自己只是和别人一样好，他们要求自己一定要超越别人，一定要令人瞩目。他们不是把精力放在全力以赴地做好每一件事，而是一心只顾着如何超过别人，把自己置于完美的架子上。

完美主义者也是凡人，所以他也会像其他人一样遭遇失败，但是他无法容忍自己的失败，而是想极力超越失败，一旦不能如愿以偿时，结果就只有痛苦。因此，对待自己不要太苛刻，如果能偶尔停下来作一番自我解嘲的话，也许你将会更喜欢自己。

我曾经提出每天给自己一段独处的时间，以便我们能够了解自己，这是很有必要的，因为孤独对于尝试喜欢自己有着巨大的帮助。马里兰州巴尔的摩谢尔顿精神病学会董事里奥·巴蒂梅尔博士曾说："过去的人们习惯于晚上入睡之前，反省自己当天的所作所为。现在看来，这种方法仍不失为了解如何善待他人和自己的好方法。"

如果我们连自己都容忍不了自己，就更不要指望别人会高兴我们待在他们身边了。哈瑞·艾默生·福斯狄克曾说："忍受不了独处生活的人，就像被风吹拂的池塘，风不停歇，就永远无法平静，不能展现自己美好的东西。"

在尝试独处时，我们可以为心灵找到一个驿站、一个参照物、一个让我们和外界保持联系的本垒位置。安妮·莫洛·林伯格在《来自大海的礼物》这本书中说过一句话："一个人只有在与自己的内心发生联系时，才能找到与他人的联系。我认为，孤独能让我最快地找到我的内心和我的内在本质。"

孤独为我们提供了一个观察生活的相对客观的条件。"安静下来，同时体会我就是上帝。"这是《圣经》诗篇中的建议，也是一个好建议。孤独对于灵魂的益处，犹如新鲜空气对身体的益处。

将满足和快乐寄托在别人身上，就好像将重担压在我们所爱的人身上，然后从中获取快乐，两者毫无区别。喜欢、尊重和欣赏我们自己，与喜欢、尊重和欣赏别人一样，都是健全人格的一部分。

第六项规则：了解并喜欢自己。

第54章 不要盲目因袭

"想要做人，就要永远做一个不服从主义者。最终你将获得心灵的完美，除此之外，一切都不再神圣……我之所以犯下无数的错误，都是因我放弃了自己的立场，而从别人的视觉来看待事物所致。"

这是拉尔夫·华托·爱默生这位伟大的不服从主义者说过的话，这对于那些喜欢"从别人的视觉来看待事物"的人来说，无疑会产生极大的震撼作用。

我们可以试着将爱默生这句话的意义进行延伸："可以从别人的视觉来看待事物，但是一定要从你自己的视觉出发去做事。"

如果说成熟有什么益处的话，那就是它能发掘我们的信念，并赋予我们根据这种信念去做事的勇气。

那些年轻而缺乏经验的人，总是害怕自己和别人不同。例如，他们害怕自己的穿着、言行或思想不能被他所属的群体所包容……青少年子女的中年家长们总是会受到下面这些问题的困扰：

"莎莉的母亲强迫她擦口红。"

"我们这样年龄的女孩子都出去和男孩子约会。"

"哦！你们想把我变成怪物吗？没有谁会在11点以前回家的。"

……

小孩子都活在他的群体中，同学和朋友们如何看他以及他们对他的接受程度如何，这正是他最看重的一个社交现象。这个群体的标准和父母希望他遵守的标准之间所产生的差距，恰好构成了孩子们青春期的最大障碍。无论对父母还是孩子来说，这都是一个很难处理的问题。

假如我们置身于一个不熟悉的环境，而且毫无经验可以借鉴时，如果我们很明智的话，就应该遵循被广泛认可的标准，并等待我们的信念和标准足以使我们产生经验和信心的那一刻的到来。只有傻子才会在还不清楚自己反叛的事物和反叛的原因之前就起来反叛。

然而，我们终有一天会形成自己的价值观。例如，我们知道诚实的确对我们有莫大的帮助，我们从小就这样接受大人的教导，长大后我们能更深地体会到诚实的重要性。幸运的是，大多数人都能遵守最基本的原则进行生活，否则我们会一直生活在无政府状态中。当然，最基本的原则有时也会受到挑战，这时，那些不盲从一般思想的人会成为推动文明前进的动力。这就好比奴隶制度，在激进分子主张废除奴隶制之前，奴隶制度一直正当地存在着，而没有人提出过任何反对意见；当时，可怜的童工、残酷的惩罚、可恶的仿冒品等一系列不合理的现象，也曾被人们普遍愚蠢地接受。只是在少数意志坚定的人极力抗争之后，这些现象才逐渐减少，奴隶制度才最终被废除。

不盲从一般人的思想，并不是一件轻松容易的事，它往往会给人带来不愉快，甚至是生命危险。正因为如此，大多数人宁愿紧紧地地跟在大众后面，由大众保护着，接受大众的指引，既不怀疑，也不抗争。然而，殊不知这种安全感是在自欺欺人，因为最容易受到伤害的恰恰是这些追随大众而毫无主见的人。

如果完全顺从和趋利避害，那么人就会变成奴隶。只有勇敢地接受生活的挑战，投入生活中去，努力奋斗，敢于参加任何决议的讨论，这样的人才能获得真正的自由。著名的战地记者和作家艾德格·莫瑞先生曾说过这样的话："在这个世界上，任何男女都不能靠拥有'隐忍'这种美德（例如自我调整适应、未雨绸缪或知足常乐等），来达到诚实、正直的理想状态……他们必须通过重重难关，才能达到卓越（或幸福的极致），完美的人都曾经踏上我们祖先走过的路，在历经磨难之后，成长壮大。"

我们曾说过，勇于承担责任正是一个人成熟的标志。长大成人，就意味着离开父母的羽翼保护，开始步入一个更加广阔的天地。因此，如果我们能真正成熟起来，就不必因害怕而盲目顺从，也不必在群体中掩藏我们的个性，更不必毫无主见地接受别人的思想。

能够安排自己的人生、具有使命感的人，不需要别人来提醒他在必要时坚持立场、与全人类抗争的重大意义。相反，他一定会狂热地全力以赴，而不做其他的选择。因为在他的内心当中，有一股强大的力量在鼓舞他，使他能够排除所有的障碍，勇往直前。

但另一些人，比如我们却常常会被群体的力量所控制。我们往往会这么认为，既然有这么多人不赞同我们，那我们当然是错了，于是我们迫于人数的压力而放弃了自己的信念。也就是说，当反对的人数达到足够多时，我们就会缺乏对自己的判断甚至失去信心。

成熟有利于我们建立自己的信念，并奉行不渝。为了自己、为了人类、为了上帝，我们每个人都有义务选择最佳的方式，尽心尽力为人类谋取幸福。我最欣赏爱默生在这方面所坚持的立场。爱默生之所以一直支持反对奴隶制的运动，这是因为他认为这些工作能为社会做更多的贡献。正是这一崇高的思想，激励他不停地为废除奴隶制度而奋斗。他的态度正是源于自己的原则，他也愿意为了这一原则而失去虚名。

坚持不被大众认可的目标，或站在大众的对立面，这些都需要勇气。一个不盲从大众思想、处于劣势而依然能坚守信念的人，才是最勇敢的人。

我最近参加了一场社交聚会。当时，人们的话题都聚集在近来经常见诸报纸的一个争议纷纷的问题上。除了一个人很有礼貌地回避谈论它之外，几乎所有的客人对此都持相同的观点。这时，有一个人要他说出自己的看法。

"我本来希望您最好是不要问我的，"这位客人微笑着说，"因为我和大家持截然相反的观点，而这又是社交场合。不过，既然您问到了我，我也就只好说说我的观点了。"

于是，他大概谈了谈他的观点，果然遭到了众人的围攻，但是他并没有退让，即使没有任何人支持他，他还是坚持自己的观点。虽然他没有赢得一个人的赞同，但人们对他非常尊敬，因为他在完全可以附和大多数人观点的情况下，坚持了自己的信念。

从前的人为了生存，完全依靠自己的判断进行决策。例如，那些当初到西部去的拓荒者，他们根本找不到专家给他们指导，或可以追随前人的足迹，如果遇到了危机或紧急状况，他们只能靠自己去解决：

病了怎么办？那里根本就找不到医生，他们只能根据常识，使用自制的药品。

印第安人来偷袭怎么办？在这大草原上可找不到一个警察，他们必须靠自己的力气和谋略来保护自己。

如何为家人搭建庇护所？那里找不到建筑承包商，他们只能靠自己的双手和技术。

到哪里去找食物呢？他们也只能靠自己去种植或寻找。

……

几乎生活中所有的问题都需要他们自己来解决，事实上，他们也解决得非常好。可是现在呢？在我们生活的这个时代，因为有了专家的存在，所以我们已习惯于任何事情都去听取这些权威的意见，结果我们渐渐失去了独立发表意见或建立信念的信心，而那些专家似乎也习惯了这一切。这种结果，其实正是我们拱手相让所导致的。

我们现在的教育，奉行的是先入为主的人格模式理念。例如"领导统率训练"风靡一时，却忽略了一个事实，那就是我们大多数人只是追随者，而不是领导者。虽然我们有必要接受关于领导统率的训练，但我们更有可能被人领导，更需要知道如何做人，更需要知道如何聪明而富有思考地追随领导者，而不是像一群牛那样盲目地走进屠宰场任人宰割。

对此，教育家华尔特·B.巴伯曾这样评论说："我们的后代正在接受训练，以发展他们外在的人格特征，接近我们国家理想中的完美人格，例如群居性强、受人欢迎和善于适应群体等。这使得那些胆小畏缩的孩子无处容身。他们的胆小畏缩，是因为感情上不适应。

"每个孩子都应该参与游戏，而且要想当领导；每个孩子都应该对讨论的问题提出自己明确的意见；每个孩子都应该争取让别的孩子喜欢他。在我们的教育制度下，若想培养出最快乐、最有潜质的公民，就必须让那些孩子——他们不盲从一般思想、对阅读的兴趣超过打棒球、对音乐的兴趣超过踢足球——有一个可以容身的地方。我们必须鼓励这类孩子与众不同，而不被训练成适应不良习性的孩子。"

把孩子送到公立学校接受教育，需要孩子的父母具备很大的勇气。遇到这种情况时，有人会建议他们向教育专家请教。但是，这时有一个年轻人却挺身而出，对他儿子接受教育的方式提出了异议。他没有盲从一般的做法，而是对自己的信念充满了信心。他毫无保留地说出了他的疑问，并在一天晚上的集会中争取到了教育改革的权利。一年之后，他成为社区的一名教育委员。现在，包括他自己的子女在内的数百个孩子从中获得了益处。

可是，我们平常所见到的普遍现象却是这样的：儿科医生会教我们如何喂养、照顾孩子；儿童心理专家会教我们如何帮助孩子养成适当的行为模式；商业顾问会教我们如何经营生意；参政议政时，我们不是代表自己，而是以某个政党成员的身份进行投票；甚至我们的爱情生活也已经有专家介入其中，当它被研究之后，将会被描绘成一些图表，然后详细地给人们分析，而人们也认可那些结果，并把它应用于自己的爱情生活。

人们敢于承认自己就是世界上最权威专家的时代已经成为历史了。我实在是佩服有些人在"专家"的指引下去追赶潮流，这就像一场鼓舞人心的演说，但我真的是难以苟同。

艾德格·莫瑞曾通过他的书，对我们生活在其中的"兽群国家"提出了忠告："不要否定个人至高无上的价值。"他在《周六文学评论》的一篇文章中这样写道：

"这种否定，就像纳粹主义的专制。如果美国人的个性会因为威胁恐吓或贿赂收买而放弃的话，那么他们对以普通百姓为基础的政府的敬意又从何而来呢？"莫瑞先生文章的结论这样说道："即使你做不成天使，但是也不能做蚂蚁。"

现在，"成为你自己"这个目标是我们最难实现的了。在我们这个以生产过剩、科技发达和教育一体化为基础的社会中，要想了解我们自己已经很难了，而要想"成为你自己"当然就更难了。我们已经习惯于按照一定的类别来划分人，例如："他是工会的人"、"她是公司职员的妻子"、"他是自由派人士"或"一个持不同政见者"。这就像孩子们玩的"警察捉小偷"的游戏，我们不仅给自己贴上了标签，也给别人贴上了标签。

普林斯顿大学校长哈罗德·W. 杜斯先生非常担心"不顺从"会屈服于"顺从"，所以他在 1955 年 6 月发表的普林斯顿大学毕业生训词中，选择了"作为个人而存在的重要性"作为题目。杜斯校长告诫毕业生说：

"不论强迫你顺从于他人的压力有多大，如果你能够真正成为你自己的话，你就能体会到，无论你对于屈服做多么合理的解释，你都不会成功，除非你愿意舍弃你最后的资本——自尊。"

杜斯校长的结论也是发人深省：

"人类只能在自己的内心当中找到答案：他为什么来到这个世界，他在这个世界上应该做什么，以及他将去往何处。"

澳大利亚驻美国大使帕西·斯宾德爵士，曾担任过纽约基尼克塔迪联合学院和联合大学的名誉校长。他曾说：

"只有拥有生命，我们才能完全施展我们的才华。我们对国家、社会和家庭，都有应尽的特殊义务，因为我们知道，如果我们想让自己的生命富有价值，那么履行适当的义务就是正当的；而且，如果我们能够承担起这些义务，那么在这个注重秩序的社会，我们也就有权利和机会去表现我们的才能和个性，进而在为我们自己和我们所爱的人、我们的同胞以至全人类创造幸福的过程中发展自己的特性。"

只有成熟的心灵才更容易感知这种潜能，也只有成熟的人才有可能拥有"宁可只比天使低一点，也不能只比猴子高一点"的自豪感，顽强而勇敢地活下去。

对于成熟的心灵和成熟的人来说，"顺从"将只是一个遥远的概念，它只不过是那些茫然无从者的护身符，而成熟的人的心灵则早已和爱默生达成了一致："个人心灵的完美，是最为神圣的。"

第七项规则：不要盲目因袭。

克服忧虑快乐生活的故事

不要把烦恼叠加在一起

牧师　威廉·伍德

多年来，我因为患上了严重的胃病而十分痛苦。我每晚会痛醒两三次，无法入睡。我曾见到我父亲死于胃癌，我担心自己也会得胃癌——或者至少也是胃溃疡。因此，我去了一家诊所接受检查。胃科专家利伽医生用荧光镜和 X 光检查了我的胃部。他给我开了一些药帮助我入睡；并且向我保证，我并没有得胃溃疡或胃癌，他说我的胃痛是由精神紧张所引起的。由于我是牧师，因此他的第一个问题是："你在教堂是不是很忙？"

他问我的我其实早已知道：我总是想做太多的事。除了每个星期天的讲道及主持教堂的各种活动之外，我还担任了红十字会主席、吉瓦尼斯俱乐部会长；同时每周还要主持两三次葬礼以及各种其他活动。

我在持续压力下工作，永远都无法放松。我总是紧张匆忙地生活着，几乎到了凡事皆烦恼的地步。我一直生活在紧张不安中，因此当然乐于接受医生的忠告。我每个星期一都自动休假，同时减少了各种社会工作及活动。

一天，我在清理桌子时，突然产生一个念头，结果证明这个念头极其有效。当时，我正在看抽屉里一大堆以前讲道的旧笔记，以及一些已经过时的备忘录。我将它们全都拿出来，然后扔进了废纸篓里。突然，我停了下来，对自己说："为什么你对自己的烦恼不能像对这些旧笔记一样呢？为什么不将昨天的全部烦恼拣出来扔进废纸篓呢？"这个念头立刻起了作用——我顿时觉得肩头的重担减轻了不少。从那天起直到今天，我已将它当成一项铁则：把我无力解决的问题都扔进废纸篓。

接着，有一天，我太太在洗盘子，我帮她擦干，我又产生了另一个念头。当时我太太一面洗盘子，一面唱着歌。我对自己说："瞧，你太太多么快乐。我们已结婚18年，而她洗盘子也洗了 18 年。假如我们结婚时，她就看到她在这期间要洗的盘子堆起来可以装满一个谷仓的话，一定会吓走任何一个女人。"

然后，我告诉自己："我太太之所以不介意洗盘子，是因为她一次只洗一天的盘子。"我终于找到了我的问题所在——我企图一次洗完今天和昨天甚至尚未使用的盘子。

我发现我的行动实在是太傻了。每个星期天的早晨，我都会站在讲台上，告诉人们如何生活，而我自己却一味地紧张、匆忙和烦恼。我对自己感到惭愧。

从此以后，烦恼再也不来打扰我了，胃也不再痛了，而且我不再失眠。我现在将昨天的烦恼全揉成一团，然后将它们扔进废纸篓；同时，我开始停止为未来担忧。

你是否还记得这句话："明天的烦恼，加上昨天的烦恼，和今天的合起来，于是造成了最沉重的负担。"为什么要这样做呢？

第 55 章　不做令人讨厌的人

有的人总喜欢故意侮辱他人，这种故意愚弄别人的行为让人觉得讨厌无聊。可是你会发现，许多人每天都在这样做。在社交中，最大的威胁往往来自这类无聊乏味的人。可悲的是，对于这种人我们目前除了逃避之外，还没有找到有效的途径使其绝迹，在法律上也找不出条款来制裁这些无聊乏味的人。尽管我们能有效地隔绝口蹄疫，却无法隔绝这种"无聊乏味"的病，或者控制它蔓延。我们可以从广告中了解治疗脚癣、口臭、便秘、喉痒、头痛、鸡眼和脱发等各种疾病的药物，可是却没有人能为我们治疗让我们感到讨厌无聊的疾病。

如果对于这种疾病来说，预防是最好的治疗的话，就让我们先来了解一下这些严重的"无聊乏味症"有哪些症状。如果你的行为和这些症状中的任何一种相吻合的话，你就能明白为什么柯雷尔太太上次举行宴会时不邀请你了。

一、不停地谈论孩子或其他自己感兴趣的话题

"孩子们都好吧？"这句简单的礼节性问候语就足以引出无聊乏味的人滔滔不绝的话题，可是他说的全都是废话。然而，谁又让你打开了这个水龙头呢？这时，你只能身不由己地坐下来，任由那滔滔口水将你淹没在其中，例如：

"啊，乔尼吗？你知道，他是我家最小的。不知为什么，他最近就是不吃麦片，昨天他还把整整一大碗麦片扣在了头上。你觉得好笑？我打电话问我们的儿科医生。'医生，'我说，'我试过了各种办法，但他还是把麦片吐出来，或倒在地上，有时还弄得自己全身都是。'

"他问我是否试过将麦片和香蕉混在一起喂他吃。但是，庄尼他从来就不喜欢吃香蕉的。他会俏皮地把香蕉称作'兰妮'。'我不要兰妮！'他说，然后一边挥动小胖手一边打哈欠。

"当然，他比我们家附近的孩子都早熟，他们没有一个能像他那样富于表达，这是多令人惊奇呀！你瞧，前天他还把桌布扯了下来，还瞪着又黑又亮的大眼睛说：'庄尼把桌上的东西都弄掉到地上了。'他爸爸和我简直都笑死了。"

唉！遇到这种没完没了的唠叨，这时你可能会厌烦死了，而不是像她那样笑死吧？

这些人总有本事将那些毫不沾边的话题，扯到他自己感兴趣的话题上去。例如，也许你正在和他谈论政治或艺术，但是他（她）真正感兴趣的是他（她）的孩子。

我就认识这样一个人，即使我们谈论的是国际关系或牛肉价钱上涨，她也能神

奇地把话题扯到她的女儿黛芬妮上面来。她会说：

"的确没错！你根本无法相信那些俄国人。去年夏天，黛芬妮的大学同学邀请她一同去欧洲旅行。她们并不想去参观俄罗斯，她们只想去西柏林。黛芬妮征求我的意见：'我……您觉得怎样？'我就告诉她……"接下来就是没完没了的啰唆。

准确地说，令人感到无聊乏味的人基本上都不成熟，他们不明白，交朋友首先就应该替别人着想。

不幸的是，并不只有那些过度溺爱孩子的父母才让人感到无聊乏味。例如，一个汽车轮胎推销员完成了一次成功的巡回推销之后，刚从水牛城回来，他所做的第一件事，就是毫无遗漏地向我讲了他如何和一家百货公司签下1万美元业务的整个过程。

还有，你是否曾被一个桥牌玩家强行拉住，向你讲述他在某次玩牌时如何打出一个小满贯的复杂过程的？不过，最可怕的还是那些影迷，他喜欢一滴不漏地向你描述一部最新的悬念电影的情节，以至于你厌烦得想把台灯砸到他头上。

不仅仅是上述这些，无聊乏味的话题数不胜数：可能是某个人喜欢翻新家具的嗜好，或者是某个人如何给水果保鲜；也可能是与他哥哥的工作有关，或者希望你能同情他表妹罗拉的可怜遭遇；也可能是小狗或小猫的一些趣事。有一次，我甚至被某个人缠住二十多分钟，让我停下来听她没完没了地讲她家的金丝雀的肠子如何作怪。

二、没有主题，不着边际

马克·吐温曾写过一篇文章，嘲弄一个无聊乏味的人：

"我有没有对你说过我曾去西部看赫必族印第安人的事？我们是在休假时到那里去的，那是一个星期五的早晨——哦，不，是星期四——你记得，艾拉，我之所以决定星期四出发，是因为我必须在星期三去看牙医，是吧？我上面一排假牙有点松动，我想让他为我固定。天啊，那个牙医太啰唆了，他的话一说起来就没完没了。好在他的医术还不错，真的！我还向我的老板提到过他呢。我那个老板可真有趣。告诉你吧，他什么事都离不开我，总是神不守舍的。我那天对一位同事说：'如果我现在就辞职不干了，你想老板会怎样？'没想到她竟然说：'比尔，如果你走了，我马上回家把我妈妈找来！'真是太逗了！"

他就一直这样说下去，你永远也别想从他那里知道赫必族印第安人是什么样子。不过这样反倒好了，否则你还不知道要听到什么时候呢。

三、木讷呆板，不善言谈

这类人虽然也让人觉得无聊乏味，但比唠叨啰唆的人要少让人心烦，这正是他唯一可取之处。

当你和他交谈时，你必须极力寻找话题，表示你对他非常感兴趣，以便让他开口说话。可是你会发现自己这一切都将徒劳无功，你的辛苦和努力只会换来他冷漠的面孔和偶尔一两声的"嗯"。即使是最幸运的——可惜我从来没遇到过这种幸运——你会赢得他一句"是吗?"作为对你的报偿。

他是个凡事无动于衷、彻彻底底的呆板木讷之人,要想从他那里得到哪怕是一点点聪慧或礼貌的回应,竟比登天还难。他那张马铃薯一样的脸永远不会有任何表情,他就是威廉·史泰格笔下的卡通人物在生活中的翻版——如果我们还可以把他称为"活人"的话。

四、对任何问题都喜欢争论

和这种类型的人交谈,无论什么话题都会遭到他的反驳和争论,结果让你措手不及。

这种人自以为懂得一切,所以他往往非常武断,不希望别人和他讨论。如果你的观点和他不同的话,他会不假思索地说你的观点是荒谬错误的。

例如,他会冲着你大声吼道:"你疯了!我的朋友,难道你不知道这个事实已被证明了吗……"

如果赶上他比较温和时,他会说:"不,很显然是你错了!我可以告诉你……"

这种人最令人讨厌之处在于,他作为结论的那些明显、武断而粗俗的话,都是你特别不喜欢听到的。

遇到这种人时,最好的办法就是同意他所说的一切观点。因为只要你稍做反驳的话,你就会陷入一场势不两立的论战。对于这种人来说,讨论或交换彼此之间的看法是根本不可能的,因为他只想以"摩西十诫"般的权威迫使你同意他的观点。

五、永远意志消沉

这类人的行事原则只有一条,那就是世上众生都已深陷地狱,生命完全是多余的、失败的,整个人类是由傻子、骗子和懒鬼组成的,凶恶的命运之神已经盯上他们了。在他看来,甚至连气候也变得越来越糟。

你只要和这种人待在一起一刻钟,就会不知不觉地有一大堆的不幸要向他表述,因为你已经被他的想法感染了。本来你的心情还很好的,可是和这种天生意志消沉者交谈之后,就会被搞得颓废、懊丧。

我认识的一个女人正是这种人的典型。我们每次相遇时,她总是没完没了地向我倾诉她最近的遭遇——当然,她所说的全是坏事。

"我去买窗帘,"她可怜巴巴地说,"可是我等了十多分钟,售货员才过来应酬我。其实她们一点儿都不忙,只是她们觉得我没钱,所以不怕得罪我。所有的商店都一样。你看,我的生活简直糟透了!你再看看我的健康状况!医生说,他不相信我竟然还能活到现在。我的整个消化系统都不行了,一遇到这种天气,我全身就会疼痛得很。你可能会想,我的家人总该知道关心体贴我吧?但那只是我的奢望罢了!"

上面只是"无聊乏味症"患者的几种类型而已。类似这种人不胜枚举,例如感情丰富的女孩子、身体壮硕的大男人,都有可能是"无聊乏味症"患者,而人们对此也已习以为常。但是，最可恶的是，这些无聊乏味的人却毫无自知之明，他们不知道自己有多无聊。他们还自以为是社会活跃分子、消息灵通人士，或受人欢迎的人，并以此而感到自豪。更恐怖的是，也许我们自己就是无聊乏味的人，却丝毫没有察觉。

幸运的是，如果我们能仔细观察，还是可以从某些迹象和征兆中得到暗示，分辨出哪些行为是让人觉得无聊乏味的。

1. 听者流露出凝固的微笑和灰暗的眼神

当我们谈论所谓的有关孩子的趣事时，如果听者的身体仿佛已经凝滞，微笑和眼神都变得呆板时，那么我们就应该立即停止，不要继续讲下去了。

2. 注意观察听者暗中看手表的动作

如果在交谈中听者不断地摇晃手表，然后把它贴近耳朵去听，很显然他已经开始在诅咒我们了。优秀的演说家对这种动作就非常敏感，这也是应该引起注意的。

3. 听者的眼光游移不定

如果遇到这种情况，就是对方在提醒我们，我们所说的话已经失去吸引力了。例如，当我们应邀参加宾朋满座的鸡尾酒会时，偶尔会在某个角落捕获谈话的对象，使对方成为我们啰唆唠叨的牺牲品。对方借以逃脱的希望全部寄托在那急切恳求的眼光中，他可能会用目光向每一个经过的人求救。但是这并不管用，谁会愿意替这个傻瓜受罪呢？这时，我们不妨设身处地地替对方着想，应该立即住口，不要再折磨对方了。

一些善于诡辩的人可能会反问：""无聊乏味症'和成熟、心灵健全又有什么关系?"没错，一个极其无聊乏味的人，也许同时是一个生活美满、关爱家人、依法纳税、资本雄厚的人，不过这种人毕竟还是少数。为什么这么说呢？因为一个人既然被称为"无聊乏味症"患者，就表明他的智慧、他的想象力和敏感性一定会很贫乏，而这些正是一个人建立健全的人格、获得他人良好反馈的最基本要素。

无聊乏味的人，既不可能了解自己，也不会喜欢自己，当然也就更无法成为他自己。他不知道自己需要什么，因此也不知道别人在人际交往中需要什么。他的全部精力都放在那些无聊而且微不足道的生活琐事上，让这些琐事进驻内心，填补心灵的空虚。他根本不善于构筑自己的心智，他的言谈就像他的心智一样无聊乏味，他正是现代人迷失自我的悲剧性象征。

"无聊乏味症"不过是一种人格上的疾病，它是拒绝成长的病态人格的症状之一。而不断成长和成熟的人，由于善于化平凡为神奇，所以虽然无所不谈，但绝不会令人厌烦。相反，从成熟的人口中说出来的本来光芒四射的话题，一旦由无聊乏味的人口中说出来时，就会变得无聊乏味，了无生气。

这个社会存在无聊乏味的人或许有一个好处，那就是他们也许正是我们所需要的、促进我们成熟的催化剂，因为他们可以成为我们的参照物，如果我们不努力的话，我们就有可能沦为和他们一样的人。

第八项规则：不做令人讨厌的人。

第 56 章 赢得友谊的秘诀

当我 15 岁的时候，还是个爱幻想的孩子。我常常想自己总有一天会写出一部全美国最伟大的小说，于是，我就开始沉浸在梦想中：似乎已看到周日报纸上连篇累牍的好评，似乎听到了经久不息的掌声，似乎闻到了袅袅传来的香火味。我还幻想着去巴黎参观时应该穿什么样的衣服，高兴地看到人们到处引用我的文字，凡是我所到之处总有人追随和敬仰我。

就在我做这些梦的时候，我根本没有想过创作必须付出血泪和汗水，必须用辛劳来换取。在我梦想的天堂中，有的只是荣耀，而没有荣耀背后的付出。

所以，你们不可能在美国伟大作家的名录中找到我的名字。我也渐渐明白，伟大的作品都是由那些只顾埋头写作，而不图任何回报的人创作出来的。

我在年轻时曾有一种愚蠢的心态，既渴望友情，可是却又只愿意和别人保持某种比较满意的关系。我这种心态正好和许多人一样：既想要别人对自己感兴趣，但是却不肯花精力让别人来接受自己。

在我的成人教育课程培训班上，我发现许多人都很自卑，他们总是这么想："我过于害羞胆小，不能吸引别人的注意"；"看来没有人愿意对我感兴趣"；"别人并不渴望认识我"……

别人凭什么要对你感兴趣呢？在这个世界上，也没有人有义务去必须喜欢别人。无论是做生意还是在社会交往中，假如我们不能拿出别人想要的东西，我们就没有任何理由让别人来主动讨好我们。

中国的思想家孔子曾经说过："不患人之不己知，患其不能也。"因此，要想赢得别人的友情，就必须甩掉包袱，不要担心别人是否会喜欢我们，而且要尽量发掘我们身上潜藏的基本素质，激发别人来赏识我们。

著名女歌唱家玛丽安·安德森曾对她生命早期的某个阶段做了感人的描述。在那段日子里，她因为深陷失败和颓丧的心境而难以自拔，她觉得自己将永远不能唱歌了。但是，经过一番祈祷和心灵的探索之后，她逐渐找回了继续奋斗的信心和勇气。

一天，她满心欢喜地对母亲说："我想要歌唱！我希望大家都能爱我！我渴望追求完美！"

母亲郑重地对她说："这是一个伟大的目标。但是，孩子，在这个世界上，即使是我们最完美的主，也没有赢得每一个人的爱。要知道，恩宠是永远位于伟大之前的。"

母亲的话深深地刻在了安德森的心中。她重新开始了歌唱事业，并为实现完美这一目标而奋斗不止。她并没有停留在空想阶段，她明白了"恩宠先于伟大"的道理。

J. 艾伦·布恩是好莱坞著名喜剧片《狗明星"强心"》的主演。在观察那条名叫"强心"的明星狗表演的过程中，他学到了不少东西，还为此而特意写了一本书《给"强心"的信》，结果大为畅销。

根据布恩先生介绍，强心是一只很了不起的狗，它总是能非常愉快地执行他的各种命令，在电影中表演剧情所需的各种动作。更难得的是，强心这么做并不是为了得到什么报酬，而是出于爱及享受做好事情所带来的快乐。有好几次，强心纯粹为了自身的乐趣而表演。布恩认为，这也许正是强心能成为电影明星的原因。

布恩先生还谈到了他曾接触过的一个跳舞蹈的年轻女孩子。当她和他第一次试跳的时候，紧张得就像新娘子出嫁，生怕自己会失败！

于是布恩轻声地安慰地说："不要在意结果，你就只当纯粹是为了享受跳舞的乐趣，是为上帝而跳。"

结果，女孩的心态很快就发生了彻底的改变。

同样的道理，获得友谊的全部秘诀，也在于不要担心结果，不要在意别人是否会喜欢我们，而是要立即行动，努力去做那些能激发爱和友谊的事情。

在这方面，威廉·奥斯勒爵士的话很值得我们深思，他说："我们应该做的，不是观望那虚无缥缈的未来，而是要脚踏实地，做好眼前的每一件事情。"

作家荷马·克洛伊是我最要好的朋友之一，他的人缘非常好，凡是和他接触过的人——无论是清洁工还是百万富翁，无论是男人、女人还是小孩——当他们和他在一起待了15分钟之后，就一定能感受到他的温情。因为克洛伊能让他们迅速知道一件事，那就是他真的喜欢他们。

小孩子们都喜欢和克洛伊玩，朋友家的佣人也愿意极力施展厨艺，为他做各种好吃的饭菜。如果主人说"荷马·克洛伊要来！"没有人会感觉不愉快的。回到家里时，荷马·克洛伊也是深受夫人、女儿和孙子爱戴的对象。

尽管克洛伊如此深受欢迎，但是他的秘诀说出来却非常简单，那就是他真诚地爱别人。这个人是什么身份、做什么工作，他都觉得无关紧要；在他看来，只要他们属于人类这一点就足够了。

当克洛伊和一个陌生人相遇时，总是能立即和对方交上朋友。他靠的不是吹嘘标榜自己，而是询问那个人的一切，甚至是一些听起来很琐碎的问题。他并不是一个琐碎的人，但是他的确对每一个新结识的人都感兴趣，而且是真心想了解他们。

我就曾亲眼见过一些倔强而玩世不恭的人，他们在和克洛伊初次接触之后，就像花儿见到阳光一样立即盛开。这正如约瑟夫·格洛大使所说的："外交的秘诀可以概括为一句话：'我喜欢你。'"

荷马·克洛伊从来没有为交朋友的事情而烦恼过，他把每一个人都当作朋友，而他并不在意别人是否喜欢他这样做；他只是集中心思去喜欢别人，而没有浪费精力去思考这样做将会产生什么结果。

对于一个富有经验的推销员来说，他知道如果担心自己不能成功地向客户推销产品的话，将会给自己造成心理障碍，从而会影响他介绍产品。

通用制造公司前董事长哈瑞·布雷斯在大学期间，曾靠推销缝纫机为生，他总结说：

"要想在推销员这个岗位上取得成功，就不能刻意去想自己能推销出多少产品，而是要集中精力，向客户介绍自己能为他提供什么样的服务。

"如果一个人将精力用在为他人更好地服务上，就会拥有难以抗拒的力量。想想看，你怎么会拒绝一个想要帮助你解决问题的人呢？

"我对那些推销员说，如果他们一天到晚心中想的都是'我今天要尽量多帮助一些人'，而不是'我今天要尽量多推销出去一些产品'，那么他们将会发现，要接近客户并不是什么难事，然后他们的推销成绩也会好得出奇。能够帮助同胞获得快乐、轻松生活的推销员，才是最棒的推销员。"

打高尔夫球时，教练会叮嘱我们眼睛不能离开球；向成年人传授说话技巧时，我们也会告诫学生，要将心思集中在他想要表达的信息上。紧张、害怕都是因为担心结果而导致的，所以当然也是不可取的。

我自己就曾吃过这种苦头，并学到了这一点。我年轻的时候，曾是一个腼腆害羞的人，天生就不善于在公开场所讲话，如果让我面对一群听众说话，简直比让一个普通人面对国会调查委员会还要难。

有一次，因为过两天我就要面对一群特别挑剔的听众做一场演讲。我非常紧张，担心效果不好。于是，我就去找一位最要好的朋友商量。

"如果他们反对我的看法，我该怎么办才好？"我神色紧张地问我的朋友，"如果他们不喜欢我呢？"

"哦，"他说，"他们为什么要喜欢你？你能为他们做什么呢？你认为你要告诉他们的事情很重要吗？"

我说："当然。我认为我要讲的内容是很重要的。"

"那好吧，"他直截了当地告诉我，"你不妨把你想要讲的内容全部讲出来，我觉得这与他们如何看待你个人并没有什么关系。只要你把要讲的讲清楚了，即使他们不喜欢你，也无关紧要，因为你已经做了你该做的事。"

在朋友的启发下，我终于放松下来，成功地做了这次演讲。

我相信，由于担心自己是否受人喜欢、是否受人赞美而导致不能发挥正常水平，这种经历可能每个人都曾遇到过。但是，要想赢得友谊，就像其他任何一种成功一样，也必须付出全部努力，而不能只靠被动地等待和接受。它必须靠我们主动去赢得，而不是被动地吸引。赢得朋友的能力和善于交际应酬的能力并没有什么关系，它更多的是一种心态，是一种面对生活和别人时的态度，还是一种想要付出的欲望。

《史诺普郡的少年人》一书的作者 A. E. 霍斯曼，可以说是英国最伟大的知识分子之一。他是一位诗人、评论家、演讲家和教师，他对于自己敢蔑视教会教条和被他称为"宗教民俗"的东西而感到骄傲。

但是，当霍斯曼在牛津大学发表题为《诗名与诗性》的演讲时，他这样说道："我认为，人类最深刻、最真实的话，就是'吝惜生命的人，必将失去生命；而为我失去生命的人，则必将获得生命'。"

霍斯曼这篇演讲主要讲的是艺术和美学的关系。他提醒艺术家们，要致力于创作，而不要贪图创作可能带来的报偿。其实，他的这些话不仅对艺术创作来说是确切中肯的，而且对于获得事业的成功、对于获得友谊、对于所有人类的努力也都同样适用的。

我们必须弄清楚"因"和"果"之间的关系：我们要想获得爱，首先必须付出爱；要想获得友谊，必须先待人友好；要想吸引别人，使别人对我们感兴趣，就必须先向对方表达我们的兴趣。

如果我们为了获得友谊和真情，已经采取了付出而不是接受的态度，那么我们接下来要做的就是把这种态度表现出来，使它获得实效。光凭心灵的纯真善良还远远不够，只有付诸实践，我们才能获得令自己满意的结果。

我们就以夫妻为例来说明这个问题。虽然夫妻双方的感情不必每天都用言语表达出来，但如果我们不用某种合适的方式来表达的话，这种感情就有可能因为缺乏滋养而渐趋枯萎。我们不就经常听到一些做妻子的说，她只希望自己的丈夫能偶尔夸奖一下她在某些小事上的贡献吗？

当然，还有许多形式可以帮助我们表达这种赢得朋友的态度，例如敏锐地获悉他人的需要，待人慷慨、热情机敏，等等，这些都是内在态度的外在表现。如果能做到这些，你也就能获得友谊。友谊确实是要经过赢取才能获得的。

爱是人类不断进步的基础。我们与别人的友谊如何，也是衡量我们的感情是否成熟的一个标准。我们必须明确别人的感受；我们还必须明白，当我们伤害他人的同时，我们自己也会受到伤害。这样，我们就能成为心理学中的"神人"，也即与他人的"同感"，这也是成熟的一个基本要素。友谊正是对"人类之爱"真实含义的领悟，是人与人之间感情的契合，它划清了文明和野蛮的界限。如果我们带着成熟与他人交往，就一定能获得这种友谊。

友谊是要经过努力才能获得的。要想别人喜欢你，就得先使自己让人喜欢。

第九项规则：掌握赢得友谊的秘诀。

第九篇

如何从实际行动中受益

第57章 凡事三思而后行

对于那些做事喜欢冲动的人来说，"知而后行"是最好的指导思想。一定要先"知"！从做决定到决定去做事，这正是走向成熟的过程，但做事之前必须小心谨慎地分析论证，以掌握和你的决定有关的一切因素。

"三思而后行"以及"投资之前先调查"，这并不表明我们已陷入犹豫和彷徨，而是要求我们应该抽出时间进行认真的分析和思考，以避免采取违背事实的仓促行动。这好比医生还没有对病人进行确诊就给病人做紧急手术，所以结果就难免不理想了。的确，类似这种事情，直接行动非常必要，但行动的结果往往取决于医生的前期诊断。我们来看一个例子：

西奥图·E.考斯夫人住在墨西哥州阿尔布魁克市。几年前，为了维持卧病在床的母亲的医药费用，她伤透了脑筋。一直在经济上资助她们的舅舅曾打来电话，问考斯夫人能不能缩减开支，比如减少两位护士的薪水。但考斯夫人认为这并不是解决问题的最好办法。她告诉舅舅，说她需要考虑一会儿，并对他深表感谢，也愿意减轻他的负担。

"我善于把思考的内容写出来，"考斯夫人说，"我将母亲的收入列成了一张表，包括那些有价证券的收入，以及我舅舅资助的钱；我又将她的一切支出列成另一张表。我发现母亲在吃和穿方面的开支并不大，但她有一幢大房子，加上两位护士，还要支付其他的一些费用，如税金、保险费等等，因此支出非常惊人。显然，这幢房子应该处理掉。

"我唯一的顾虑就是母亲的健康状况越来越差，我担心移动她会对她的身体不利，况且她也不愿意离开她那幢房子到别的地方度过余生。我不知道该怎么办，只好去找一位医生朋友，请他帮我出出主意。他建议我去找一家私人疗养院的女主人，她离我自己的家很近。

"这个女人既仁慈又能干，她接受了我预算之内的价格，答应照顾我母亲。于是，我决定将母亲送进这家疗养院。事后证明，这是一个明智的选择。母亲一直不知道她已住进了疗养院，还以为她仍住在家里；而我也能天天而不是一个星期才去看她一次。她被照顾得很好，我舅舅的财务困难也很自然地解决了。这是我的经验，一旦遇到了问题，我就将它写在纸上，进行分析，然后努力去解决。我一直在使用这个方法。"

考斯夫人的例子说明，如果事先详细地分析，就没有解决不了的问题。假如考斯夫人事先没有经过分析就直接采取行动，那么她很可能会使她母亲的福利遭受严重损害，更不要说财务问题能得到妥善解决了。

　　这世上谁没有遇到过经济上的困难呢？如果你在财务上遇到了困难，也最好是将你的收支列在一张纸上，每一笔账都清楚地摆在你眼前，这一点是十分必要的。

　　我们再来看看住在伊利诺州奥尔尼市的杰克·吉姆夫妇，他们又是如何应付这种问题的？刚结婚的吉姆夫妇还没有度完他们的蜜月，就开始为尚未支付的账单而苦恼了。当时正值二战期间，杰克马上就要参军了，可是他们却欠了一大堆债务。杰克·吉姆告诉我说：

　　"当然，我们知道烦恼是没有用的，我们最好坐下来清算一下。结果我们发现，镇上每个商人我都欠了不多的钱，但是这些钱加起来却超出了我入伍前能清偿的能力。因此，我们正大光明地去找这些商人，告诉他们我们只能每个月还一部分钱。

　　"最难的是面对第一个商人。当我告诉他，说我马上就要离开了，但是我无法还清对他的欠款，我只能每个月还他一小笔钱时，他深表同情地接受了。我这才长出了一口气。其他的商人也都很仁慈。就这样，我逐渐还清了我的债务。当我战后回家时，还有一个商人来我家，感谢我的诚实。

　　"对困难进行分析，有利于我们成功地做出决策，然后果断地行动，而且这样的决策通常都是正确的。"

　　然而，没有多少人能像杰克·吉姆那样，愿意坐下来正视问题，所以他们总是愁眉不展，犹犹豫豫，拖拖拉拉，不能做出决定；直到无法再拖时，才在诚惶诚恐中仓促采取行动。他们总是不敢直面现实，不愿意认真分析问题，所以永远都不能摆脱艰难的处境。

　　有一次，我去拜访哥伦比亚大学哥伦比亚学院的已故院长霍伯特·E. 霍克斯先生，发现霍克斯院长这样的大忙人的办公桌上竟然见不到任何文件或档案，我当然非常惊讶。

　　"有这么多学生的问题需要处理，"我说，"您一定是经常要做决定的，可是您却非常沉着冷静，不慌不忙。请问您是如何做到这一点的？"

　　"哦，"霍克斯院长说，"是这样。如果我需要做什么决定的话，我会先收集我所需要的一切资料，我是唯一的资料收集委员会委员。无论我的决定是什么，我只分析跟问题有关的一切事实。这样，决定自然会自己产生了。你看，很简单，对吧？"

　　是的，这种方法的确很简单，而且效果也非常明显，但是这也如同许多常识一样容易被人被忽略。

　　只靠情绪、偏见而匆匆忙忙地采取行动，而不分析事实，这也是不成熟的表现，这和小孩子"现在就要"的任性欲望没有什么区别。

　　有一次，一位妇女向我说出她的担心：她怀疑丈夫对自己不忠，但是她不知道如何和他谈这个问题，有时干脆带着孩子离开他，回娘家去住。

　　"为什么你相信他有别的女人？"我问她。

　　"啊，"她说，"他最近做事和平常有些不一样。以前他很容易相处，可是现在他却总是骂我，批评我；他还说他下班太晚，所以很累，没有精力陪我逛街。很多小事也表明了这一点。他甚至不记得我们的结婚纪念日。他完全变了！"

这听起来确实有些奇怪，但我劝她还是不要鲁莽行事，而是先查明一些情况。我首先建议她去找医生，为她丈夫安排一次身体检查；然后，我又建议她想办法查查他是否在工作中出了差错。

我的第一个建议起到了帮助。结果医生检查出他身体有病，需要紧急动手术。手术康复之后，他又恢复了以前和善的面目，而他太太也消除了对他的怀疑。然而，这个女人不久以前还差点因为多疑而仓促地采取偏激的行动，抛弃她的婚姻和家庭呢。

行动能力的强弱，是人的心灵走向成熟的一个标志。我们必须通过我们现有的知识，在经过分析之后再采取行动，而不能想到什么就做什么，这只是鲁莽和草率的表现。

因此，如果你想通过自己的实际行动来获得终身的益处的话，就请记住第一项法则：凡事要三思而后行。

克服忧虑快乐生活的故事

紧张就等于慢性自杀

直邮广告商　保罗·辛普森

在6个月以前，我的生活高度紧张。我总是紧紧张张的，从不会轻松。我每天晚上下班回到家时，总是忧心忡忡，精疲力竭。这是为什么呢？因为从来没有人对我说："保罗，你正在自杀。为什么不慢慢来？为什么不放松？"

每天早上，我总是急急忙忙地起床、吃早餐、刮脸、穿衣服，然后又匆匆忙忙地开车上班。我紧握方向盘，好像它随时会飞出窗外一样。我迅速工作，又匆匆忙忙地赶回家。到了晚上，我甚至匆匆忙忙地入睡。

我这种状况太严重了，因此我去找了底特律一位著名的精神科专家。他建议我放松，还建议我随时都要想到放松——也就是在工作、开车、吃饭、入睡时，都要想到放松。他说，我正在慢性自杀，因为我不知道如何放松。

从那时候起，我就开始学习放松。我每天晚上上床时，并不急着入睡，而是先使自己的身体和呼吸放松。现在，我每天早上醒来时会觉得休息充分。这是一大进步，因为我以前每天早上醒来时总觉得又累又紧张。而现在，我开车、吃饭时也很轻松。为了安全，我驾车时提高了注意力，却不如以前那样紧张。最重要的是，我上班时也能放松。一天当中，我总要将手中的工作停几次，仔细检讨自己是否已经彻底放松了。现在，当电话铃响时，我不再像以前那样急着去接听；有人对我讲话时，我也会使自己轻松得像熟睡的婴儿一样。

结果呢？我的生活更轻松愉快了，我完全不再紧张烦恼了。

第58章　积极行动是成功的基础

1946年，住在加拿大尼亚加拉瀑布边上一个小镇的青年C. W. 卡斯特罗，从军队退役回了家。不久，他在安大略水力发电公司找到了一份机械工的工作。18个月后的一天，老板找到了卡斯特罗，说他将被升为本公司重型柴油机械部的工头。

"可是我当时却非常担心，"卡斯特罗先生说，"我原来当机械工的时候感到很快乐，然而我现在却成了一个可怜的工头，因为责任就像一股无形的压力，无论白天还是晚上，是在家里还是在工厂，忧虑就像影子一样紧跟着我。

"终于，我一直担心的可怕事件发生了。当时，我正走向一个砂石场，那里有4台牵引机正牵引4台巨型挖掘机工作，可是现场却安静得让人感到很不正常。我快速检查了这4台牵引机，发现它们全坏了。我连日来的担心和这突如其来的情况相比，简直不值一提。当我向上司报告当时的情况时，我感觉我的整个头都要炸裂了。在报告完之后，我等着天塌下来，心想干脆把我压死算了。

"然而，天并没有塌下来。相反，我的上司满脸微笑，他只说了一句话：'修好它们！'——假如我能活到1000岁的话，我也不会忘了这句话。我的担心、恐惧和忧虑在这一瞬间烟消云散，世界又恢复到了以前的样子！我开始修理那几台机器。'修好它们'这句神奇的话，彻底改变了我的生活，改变了我处理工作的方法。也正是从那一刻起，我开始感激我那位上司。我热心地工作着，决定无论出了什么差错，我都要动手去解决它，而不是做一些毫无意义的担忧。"

正是由于那位上司超越常规的提拔和常识，才使得C. W. 卡斯特罗在瞬间变得成熟了。

一个人在必要的时候，必须拥有行动的能力，而做决定和执行决定则是走向成熟的重要一环。当然，我们还要学会从不同的角度分析和研究问题，这样我们才能采取正确的行动。

许多人由于害怕承担做决定和执行决定的责任，所以他们情愿逃避因为出现差错而受责怪的恐惧，也不愿意争取获得成功的希望。因此，他们总是尽可能地不去做那些需要肩负责任的工作，如果必须做决策，他们就会觉得自己处于担忧、恐慌和迟疑的无底深渊。然而，对于必要的行动如果采取拖延做法的话，只会在内心引起冲突和迷乱，直至身心崩溃，从而造成自己一直担心的严重后果。要想克服这种心理，就必须强迫自己去做自己害怕而不敢做的事。一个人在年轻时能有这样的经历，将是幸运的。

印第安纳州波利斯市的西奥图·泰德·斯坦坎普先生，应该算是这样的一位幸运者。他不仅是一个深知明确行动之价值的父亲，而且还能以一种永生难忘的方式来教育他的孩子。事情的经过是这样的：

当泰德·斯坦坎普还只有12岁时，他曾受到邻家的一个孩子欺负，所以他决定不再出去，因为这样就比较安全和保险。几天之后，由于泰德帮父亲割了草，为了奖励他，父亲特意给了泰德一些零钱，让他去看电影、买冰淇淋吃。虽然泰德是那么的渴望去看电影，但是他把钱放进了口袋，并没有去看电影，因为他怕遇见那个邻家的孩子。

"我父亲以为我病了，"泰德·斯坦坎普说，"我含糊地回答了他问我的话。第二天傍晚，我到巷子里去玩弹珠。这时，我发现我的敌人正向我冲来——此时的他就像《圣经》中被大卫王杀死的巨人菲利斯丁那样令人恐惧。我吓得立刻调过头来，拼命地跑回我家的车库。可是没料想，我父亲此时正站在我面前。他问我究竟是怎么回事，我就向他撒谎说我们正在玩捉迷藏的游戏。这时，传来一个声音：'滚出来，胆小鬼。'

"我父亲手中突然多了一条两英尺长的厚厚的汽车皮带。他语气平静地对我说，如果我不敢出去面对那个大块头的家伙，我就必须等着挨他的皮带抽打。我稍一犹豫，皮带就打在了我屁股上，那种疼痛可比我打架时曾经挨过的拳头更厉害得多。

"我像炮弹被发射出膛一样地冲出车库，出其不意地奔向那个家伙。在他还没有心理准备的时候，我朝他打出了第一拳；接着，我又狠狠地揍了他几拳，结果他只有狼狈逃窜。接下来的几天，成了我童年时代最快乐的记忆。勇气带给我的报酬是一种享受——我重新获得了自尊，而且我也由此得出了一条有用的结论：那就是永远都不能逃避现实，而是要勇敢地面对它。正是一条汽车皮带和一位睿智的父亲，让我明白了一条真理。"

做出决定进而采取行动的能力，是做好自我保护的必备要素之一。虽然大多数人在大部分时间都循规蹈矩地生活，但是没有谁能预料到何时会出现紧急情况，所以我们应该做好时刻行动的准备，并养成权衡利弊、选择最佳方案付诸实施的习惯，这在将来的某天可能会成为掌握我们自己以及以我们为支柱的人的生活转折点。类似的情况，艾尔·拜瑟普就曾经历过，他是俄亥俄州斯普林菲尔德镇的人。

拜瑟普夫妇开车带着3岁的小女儿去过圣诞节时，在路上遇到了暴风雪。高速公路上挤满了汽车，他们想调头回去，但是暴风雪已将退路阻断了。

"我们在焦躁不安中等待了一个小时，"拜瑟普先生回忆道，"随着黑夜的降临，天也越来越冷，雪花被风吹落到我们汽车顶上，积得越来越厚。我看着我的妻子和女儿，我知道如果我们还不想办法的话，我们将难以活命了。

"我回想起我们在路上曾经过一家农舍，如果我们能回到那里，我们就会得救了。于是，我抱着小女儿，行走在雪地里。那是一段艰难的路，当时雪已经下得齐腰深了，我们每走一步都非常吃力，但我们最终还是赢了！

"后来的24小时，我们和另外33个遭受同样命运的人一起在那家农舍里躲避暴风雪。在当时陷入困境后，如果我们不果断地采取行动，那么我们必将在冰冷的雪堆中惨死。"

的确，当我们遇到某些突发紧急事件时，除了冷静思考和分析之外，还需要其他的东西，这时也许只有果敢而坚决的行动才是最有效的。

因此，如果你想通过自己的实际行动来获得终身益处的话，就请记住第二项法则：当我们需要付诸行动的时候，绝不能犹豫不定，绝不能浪费时间为自己寻找借口。要振作起来，投入行动！

克服忧虑快乐生活的故事

我的补给线永远畅通

著名牛仔歌手 吉尼·奥特里

我认为大部分忧虑都和家庭事务及金钱有关。我很幸运地娶了俄克拉荷马一个小镇的女子为妻，她的家庭背景和我的很相似，我们的兴趣爱好也大致相同。我们两人都尽量遵守这些"金律"，所以我们的家庭烦恼也降到了最低限度。我通过两种方法使我的金钱烦恼减到了最低限度：

第一，我总是坚持一条原则，对任何事情都要百分之百地诚实。如果我向别人借了钱，就必须全部偿还。诚实可以使人免去许多烦恼。

第二，每当我开拓一项新事业时，我总会给自己预留后路。军事专家曾指出，作战的第一原则就是保持补给线的畅通。我认为这项原则同样可以用于个人的"战斗"。例如，我从小生活在得克萨斯和俄克拉荷马，在那里遭受干旱侵袭时，我才真正领略到了贫穷。我们辛勤地劳作着。我们太穷了，我父亲必须驾着敞篷车，带着交换得来的马匹，到处不停地奔波谋生。我希望找一份比较稳定的工作，所以在一家火车站找了一份差事，在闲暇时学习发电报。后来，我找到另一项工作，在佛里斯科铁路公司当一名轮班员。我经常被派往各处，接替其他生病或休假的火车站站员，或在他们忙不过来时提供支援。这份工作的月薪是150美元。后来，当我准备开创更美好的前途时，我总觉得在铁路公司工作有经济保障，所以我总是保留了回到那项工作的退路，这就是我的补给线，我从来不会关闭那条路，除非我已建立了更稳定、更可靠的位置。

例如，1928年，当时我就职于佛里斯科铁路公司，被派往俄克拉荷马的切尔西市工作。一天晚上，一个陌生人走进火车站办公室发一封电报。他听到我正在弹吉他，唱着牛仔歌曲，就对我说我弹得不错，歌也唱得不错——还告诉我，说我应该去纽约，去电台或戏院工作。我当然觉得他是在奉承我。但是当我看到他在电报上的签名时，我几乎惊呆了——威尔·罗吉斯。

　　我并没有立刻去纽约。我把这件事前后仔细地考虑了9个月。最后我得出结论：去纽约，我绝无损失，而且一定会有收获。我有铁路通行证，可以免费乘车。我还可以坐在火车上睡觉，而且可以带一些三明治和水果当一日三餐。

　　于是我去了纽约。到达纽约之后，我找到一间每周房租5美元并带有家具的房间住了下来，在快餐厅吃饭，在街上流浪了10个星期，可是一无所获。如果我回去没有工作可干的话，那我一定会急出病来的。我已在铁路公司工作了5年，这意味着我有优先权；但要想保留这项优先权，我不能离职超过90天。而我那时已在纽约待了70天，于是我充分利用我的铁路通行证，立即赶回俄克拉荷马，又回去开始工作，以保证我的补给线不至于中断。我工作了几个月，存了一点钱，又到纽约去碰运气。这一次，我有了新的进展。一天，我在一家录音房等待面试时，弹吉他为那些女接待员唱了一首歌《珍妮，我梦到了紫丁香》。当我正在唱那首歌时，恰巧歌曲作者纳特·史切克劳特走进办公室。他当然很高兴听到别人唱他的歌曲。于是他写了一张条子，要我去维克多唱片公司试试。我录了一首歌，但成绩不很理想——说是太生硬了，显得不自然。于是我接受了唱片公司录音师的劝告，回到图尔萨，白天在铁路公司上班，晚上去当地电台唱牛仔歌曲。我很喜欢这种安排，这使得我的补给线始终敞开着，因此我没有了烦恼。

　　我在图尔萨KVOO电台演唱了9个月。在那段时间内，吉米·朗和我合写了一首歌《我那白发的父亲》，结果颇受好评。美洲唱片公司老板亚瑟·萨德利甚至要求我灌一张唱片，也获得了成功。我另外又灌制了许多唱片，每张50美元，最后终于在芝加哥WLS电台找到了一份演唱牛仔歌曲的工作，薪水为每周40美元。我在那家电台唱了4年，薪水提高到了每周90美元；同时我每天晚上又在戏院登台表演，另外有300美元的收入。

　　1934年，我的机会来了。当时好莱坞的制片商决定拍摄牛仔影片，但他们需要的是一种会唱歌的新型牛仔。美洲唱片公司的老板——同时也是"共和电影公司"的老板之一说："如果你们想找一个会唱歌的牛仔，我的唱片公司里正好有这么一个人。"我就是这样闯进电影圈的。我开始拍牛仔歌曲电影时，每周薪水为100美元。我对拍电影是否能够成功十分怀疑，但我并不担心。因为我知道，我随时可以回去干原来的工作。

　　我在电影上的成就远远超出了我的期望。我现在的年薪为10万美元，另外加上我所有影片的一半红利。不过，我知道这种情况并不能永远保持下去，但我并不忧虑。我知道，无论发生什么——即使我失去了所有的金钱——我也可以随时回到俄克拉荷马，在佛里斯科铁路公司里找到一份工作——我的补给线永远畅通。

第 59 章　养成终身学习的习惯

　　1956 年 2 月，《纽约时报》刊登了一篇对伊萨克·普莱斯勒的专访：普莱斯勒先生白天在一家百货公司当售货员，他花了 4 年时间，完成了高中阶段的夜校教育之后，又进了布鲁克林学院读夜校，准备完成大学课程之后继续攻读法律。在大学一年级的一篇论文《快乐是什么》中，普莱斯勒先生写道：

　　"获得高中文凭，进入大学，然后期待着当一名律师——这就是我最大的快乐……这种期待能增添我内心的快乐。大学要花 5 年或更长的时间，这主要取决于我努力的程度；然后，法学院的学习还要花 5 年时间。"

　　在年轻人看来，这个计划是不是充满了抱负？但伊萨克·普莱斯勒是在刚刚度过 60 岁生日之后才上大学的。他深知，对于一个成熟的人来说，学习是一种快乐，任何年龄的人都可以体验到这种快乐。

　　教育不应该被局限在校园范围之内。哈佛大学原任校长 A. 劳伦斯·洛威尔博士曾说过："大学教育或教育培训制度所能教给我们的，只是如何帮助自己。我们必须学会自己教育自己。教育是一个贯穿于成长之中的整体过程，是一种心灵所需的自发运动，还是一个扩充心灵、促进其发展的过程。"

　　一旦我们了解了这些，那么无论我们处于生命中的哪个阶段，自我教育和自我改善就能够成为值得追求的、令人兴奋的体验，再也没有什么投资能比乐于在晚年继续获取知识更好的了。

　　我最尊敬、最钦佩的人，就是美国人最喜欢的新闻评论员罗维尔的父亲罗维尔·托马斯博士。托马斯博士是一位具有高深文化修养的绅士，他为人睿智，喜欢钻研，知识非常广博。诺曼·文森·皮尔博士曾谈到了托马斯博士晚年拜访他的经过：

　　当时，托马斯博士的身体虽然已经患病而且衰老，但他的心灵还像年轻时一样敏锐。见面之后，经过一番礼节性的问候，托马斯博士就问皮尔博士："诺曼，我想听听你对亨利八世有什么看法？"

　　皮尔博士稍稍有些惊讶，之后他承认说："我对亨利八世研究甚少。"

　　托马斯博士接着说，他那段时间一直在研究这位君王，他认为历史学家对于这位君王的评价有失偏颇，然后他又说了他自己对亨利八世的看法。可见，虽然托马斯博士身体已经衰朽，但他的心灵仍在自由地游弋，而且穿越了好几个世纪。

　　在我们的机体中，心灵是最重要、最基本的器官，如果我们能够勤于滋养并善加运用的话，它就会自然成长；相反，如果我们对它滋养不够而又缺乏运用的话，它就会因为发育不良而萎缩退化。

如果只对心灵施以教育还不够，我们还必须妥善地应用它，使它对教育的影响产生良性反应。我们加入读书俱乐部，去听课、听戏剧或听演讲，这些活动只能为我们参加聚会时增加一些谈资，除此之外并没有什么更深远的目的或意义，每个人也只能借此获取一件薄薄的文化外衣——这件外衣如同休息日的衣服，可以随意穿脱。而在这件薄薄的文化外衣之下，我们的心灵仍然难以成熟发展；唯有知识，才能促进心灵的成长。

路易斯·曼福德曾经针对我们的教育，提出了一些应该努力达到的目标："所有实际活动的目的，最终都是文化。成熟的心灵、完善的人格、逐步获得的智慧和成就感、个人能力的应用、获取广博知识的兴趣和感情上的愉悦……所有这些都是自我教育的各个阶段应该努力达到的终极目标。"

一天，一位女士来找我，她希望能得到帮助。她那沮丧的神色就像一条刚挨了揍的狗儿，原来她丈夫对她的爱正渐渐消失。她丈夫是一位成功的经理，兴趣非常广泛，文化水平很高，她也知道自己越来越配不上他了。她哀叹自己没有上过大学，孩子却一个接一个地生；她根本没有时间去欣赏音乐，也没有时间去学习艺术和文学方面的知识，然而这些却正是她丈夫最欣赏的。

"他对我已经厌倦了，可是这公平吗？"她问道，"就因为我和他以及他那些知识分子朋友们没有共同的语言？"

于是我就问她，既然她的孩子都已经结婚了，那她现在是如何安排她的闲暇时间的？她告诉我说，除了打桥牌之外，她每个星期还去看两场电影，有时候还读一些书，但主要是言情类小说。显然，这个女人并没有真正去努力改善自己的处境。她并不是没有机会，她所缺乏的是一种精神和动力——她情愿将时间花在打桥牌、看电影上面，也不愿扩展她的兴趣，难怪她跟不上她丈夫了。

那些不努力自我发展的人，将会被这个世界遗忘。他们只会抱怨时间太迟，说自己太老，并且将"老年"当作生命的终点而接受它；他们其实并不明白，对于一个渴望获得知识的人来说，生命就是一场永远没有终点的精神之旅。

在以前，大学很少，是专门为少数人开设的，而且距离又远，学费也很贵，有的大学甚至连书也不容易买到。"夜校"这个概念则更是从前的人想破了脑瓜也不会想到的；但是到了现在，无论谁想接受教育都能如愿以偿，即使当了奶奶的人获得大学文凭也不再是什么稀奇的事情了。

得克萨斯州一位律师的妻子，她同时也是5个儿子的母亲，当她的儿子们接受大学教育和职业技术培训，并成为自己专业和生意上的负责人之后，已经50多岁、做了祖母的她竟然上了得州大学，4年后以优异的成绩从大学毕业。现在，虽然她已经70多岁，成了一个寡妇，但是你的同情心大可不必滥用到她身上！她是那么的机敏可爱，整天忙着社区的工作，她有许多朋友和仰慕者，凡是和她接触过的人都认为她能给他们极大的激励和启发。她的儿孙们也都非常敬爱她，虽然他们和她在一起的机会非常少，但他们都很珍惜每一次机会。显然，她已经为自己培养了成熟的心灵，她现在享受的正是这种丰硕的果实。

美国舆论调查机构的创始人和罗德奖学金新泽西委员会的主席乔治·盖洛普曾说过："有很多人获得文凭以后，就不再学习了。其实，学习应该是一个持续不断的、从出生到死亡一直都不可停顿的过程。"

大学只为我们提供了学习研究的时间和场所，还有许多问题有待我们自己去解决。所以，无论学校教育多么完善，若想充实和丰富你的心灵，以免到了晚年孤寂无聊，你首先就要明白"活到老学到老"的意义。至于那些没有上过大学或夜校，但又渴望完善自我的人，该怎么办呢？没错，他可以自学。

英国工党杰出领袖赫伯特·莫里森在谈到"我所得到的最好忠告"时，讲了他15岁在伦敦一家杂货店工作的经历：

有一天，一个走街串巷的骨相师为莫里森摸过骨后，问他都看过哪些书。"大部分是描写恐怖谋杀案的书，还有短篇故事。"莫里森回答道。他所说的书，就是在书报摊上花一个硬币就可以买到一本的恐怖故事。

"看这些无聊的书总比什么都不看要强些，"骨相师说，"不过，你有这么聪明的头脑，你应该看些历史、传记方面的书。你可以根据自己的喜好去阅读，但是一定要养成严肃的阅读习惯。"

骨相师的这番话成了莫里森的人生转折点，他由此明白，即使只有小学文化水平，也能通过阅读来完善自己。莫里森开始频繁地去图书馆看书。结果，终于有一天，他进入英国下议院的梦想成为现实。

"以前，我每天都要浪费好几个小时听广播、看电视，"他说，"但是我觉得，没有任何一个节目的价值比得上一本好书的。"

据美国舆论调查机构的调查显示，和其他的英语国家相比，美国读书的人正在逐渐减少，大多数美国人去年整整一年竟然连一本书都没有看完。接受调查的人中，60%的人除了《圣经》之外没读过一本书，甚至在大学毕业生中也有1/4的人做出了同样的回答。

我们竟然让自己的心灵荒废到了这种地步！尽管我们在物质上过着世界上最高水准的生活，可是我们在知识方面却堕入了无比贫乏的深渊。帮助我们取得成就的知识和智慧全都在书本中，我们渴望学习和知道的东西，也都能从图书馆、书店或朋友的书架上找到；书本可以让我们和世界上最伟大的心灵沟通，能让我们穿越时空，遨游于心灵所创造出来的世界；浩瀚的知识海洋任由每个人尽情地遨游，图书馆的大门也永远对每个人敞开着，而我们却能忍受这种心灵的饥饿。

新泽西州布鲁菲尔市初中教师兼阅读专家弗朗克·C.詹宁斯曾说过："文学创作是对人类生活最具深远影响的、能够塑造人的心灵的大事：它可以通过聚会、说书人而使文化获得繁衍生息；它让我们在几千年后仍有机会聆听柏拉图和耶稣的教诲；它能将心灵和时间紧密结合起来，让我们有能力管理和控制这个宇宙；它既像

'善'的概念一样抽象，也像门闩一样精确而实用；它正是人类通往高尚优雅境界的黄金法则。"

不错，一切都藏在人类智慧、愿望和抱负之结晶的书本中，书籍就是人类伟大精神的奇葩。即使我们有机会认识我们这个时代的伟人，但是通过他们的书籍将更能让我们了解他们。和苏格拉底一同散步，或与雪莱一同做梦，与萧伯纳争论，或像马克·吐温一样开怀大笑……同这些伟大的心灵交谈，是我们大多数人梦寐以求的事情，但是只要我们走进最近的一家图书馆，我们就能如愿以偿。

人类先天被局限在宇宙的一个狭小空间之中。和永恒比起来，60 年或 70 年，甚至 90 年时间又算得了什么呢？如果我们再将自己封闭起来，那我们还能知道什么呢？离开了书籍，没有对知识的渴求，我们就注定只能畏缩于一个狭小的时空单元——"现在"和"这里"。

我们可以尝试忘掉自己没有受过良好教育的借口，重新开始学习。虽然我们一年比一年老，虽然我们会失去朋友和健康，但是我们完全可以让引人入胜的兴趣充实我们的内心。这样，我们就永远不会再感到寂寞无聊，或许我们还会更喜欢自己呢！

因此，如果你想通过自己的实际行动来获得终身益处的话，就请记住第三项法则：养成终身学习的良好习惯。

第60章　发掘人性中善良的本质

纽约市的琼·李·罗瑞给我来信，在信中告诉了我一些有趣的人和事：

"一天上午，大约是在11点钟左右，在我毫无心理准备的情况下，我的公司突然被两个生意人用所谓的'法律手段'夺走了。我一下子惊呆了，立即去找我的律师。在向律师咨询之后，我不得不接受事实。要知道，我自从出生以来，从来都没有像这次这么恐惧过。转眼之间，我就失去了一切。下午2点左右，我来到工厂，向生产部经理路易斯小姐讲了事情的经过，然后和其他员工一一道别。这些人大都是从一开始就跟着我做事的。

"但是，在新老板接手的时候，竟然发生了令人难以想象的事情：整个公司的所有人全都收拾好了自己的东西，他们辞职了。新老板向他们保证，如果他们留下来，他会给他们满意的条件。他还特意找到路易斯说，只要她肯回去，就答应给她一份终身职务。但是路易斯回答说：'我并不是非得靠你们这种人才能活下去。'

"新老板都快急疯了。因为他们有大量的库存和机器，可是又没有人懂生产技术，也找不到愿意为他们工作的人。

"我的那些员工去政府部门申请失业救济金，但是当政府部门打电话到公司核实时，新老板却说：'这些人在我们这里有事情做，可以让他们回来上班。'但员工们没有接受，他们当然也没有得到救济金。我不能为他们做什么，我自己现在已经分文全无了，我的一切都归公司所有。

"接连5个星期，情况都没有任何变化。我心里着急那些员工靠什么生活，因为他们总是很快就花完当月的工资。但是到了第6个星期时，新老板不得不投降，他们只是得到了公司的一个空壳，因为他们根本就无法开工。那天下午4点钟左右，公司又合法地回到了我手中。第二天一大早，所有员工又全都回来上班了。

"当我失去公司的那一刻，的确出现了最糟糕的情况。我无能为力，只剩下员工和我之间相互真诚的尊重、欣赏和理解。在危急关头，正是他们以最真诚的忠心对待我，使得新老板没有选择，只能把公司归还给我。我永远感激他们，这个世界上不会有人像我这样幸运，拥有这么多可爱的朋友。"

这是一个多么感人的故事啊！那些成熟的人，正在不断地发现我们人类的可爱之处。至于那些只会说搞政治的人全都是骗子、大公司都缺少人情味、当老板的都是奸商的人，显然还没有达到成熟。

来自西弗吉尼亚州的达尔·帕里，也在1944年从海上的一艘自由轮船中学到了这有用的一课。他的经历完全可以作为我们学习的范例。

当时，帕里先生还是航海学校的一名学员，他以甲板水手的身份在轮船上当实习生。这是轮船上最低的职位，船上几乎任何一个人都可以对他发号施令，而他绝对不许违背，否则不管谁提出对他不利的报告，他就得回部队去。

帕里先生说："那位船长对于这种实习制度根本不屑一顾，而且他对于来自商业航海学校的所有人和事也都不以为然。因此，我的日子过得并不好。当我和这些冷酷无情的人一起度过4个星期之后，我的功课落了许多。本来我每天要花6个小时温习功课的，现在我不得不想办法了。我决定去找船长谈一谈。一天晚上，我手上拿着一本书，小声地敲了敲船长的门。

"'是谁啊?'他大声问。

"'是我，帕里。船长，我——'

"'你他妈的究竟想要干什么?'他生气地问我。

"'是这样的，船长，不知道您是否能帮我解释一下我遇到的棘手问题，我想我会深表感激的。我相信，凭您多年来的出海经验，一定遇到过不少类似这样的问题，知道该怎么处理的。'

"'当然没错。'船长说，'让我看看。'

"当我走出船长的房间时，他答应我每天可以有4个小时的时间专心复习功课，还有两个小时在甲板上服务，4个小时执勤。船长变成了一位善解人意的大好人。"

只要我们用心观察，消除心中的忧虑，我们将会发现这些可爱的同胞是多么的善良、仁慈而慷慨。

有一年夏天，康涅狄格州的梅德河洪水成灾，如果不是靠勇气和邻里之间的相互鼓励，住在那里的人们有几个能幸存下来呢?

每当有死亡和灾难降临时，我们都能从中学到一些关于人生的新知识。我有一个朋友，他曾因为参与镇上的派系斗争，结果和自己的邻居闹得势不两立。后来，他因为车祸受了重伤，被送进医院治疗。

圣诞之夜，我这位朋友躺在医院里，内心觉得非常凄凉。这时，他的两个邻居前来看望他，而他原以为他们会对他非常痛恨的。他们给他送来了一份圣诞礼物，这是一只装满了礼物的巨大的蓝色圣诞袜。

我认为我已经没有必要费更多的笔墨，去评论我的朋友是如何通过这件事改变了他对人们的看法了。我始终认为，大多数人的本性是善良的。如果我发现自己对此有所怀疑时，就会走进书房，打开书桌中的那个小抽屉，读一封我一直珍藏的信。这封信是梅伊·卡莱夫人写给我的。她在信中写道：

"在我12岁那年，我父亲借给一个邻居1800美元，使他保住了他的农场。几年以后，尽管那个邻居已经有能力还钱了，可是他一直没有还这些钱。有一次，那个邻居喝醉了酒。他突然想到如果我父亲死了，他也就不必还那笔钱了。于是，就在我父亲晚上开车进城时，他故意开车撞向我父亲的车子，结果我父亲被当场撞断了3条肋骨和一条胳膊，另一只手也受伤严重。那个邻居若无其事地开车扬长而去，把我受伤的父亲丢在路上不管。

"一个住在城里的朋友知道了这件事之后，找到了我父亲，带他进城去了医院。当我父亲一手扶住受伤的肋部，坐在路边等医生叫他时，那个喝醉的邻居又出现了。他丧失人性地一脚踢在我父亲下巴上，结果我父亲的下巴又严重受伤，而且还导致腺体受损，甚至连体内其他一些腺体也受到感染。

"不久，医生带警察赶来了。可是我父亲并没有让警察把那个邻居带走，说他是因为喝醉了酒才这样做的。他还说，如果逮捕那个人，只会给他的家人带来更多的麻烦。

"父亲住进了城里的一家医院，接受了各种治疗。但是一年半以后，他还是没能活下来。在去世之前，父亲把我们5个子女叫到他身边，显然是有话要嘱咐我们。父亲紧紧地握住我的手说：'答应我，永远不要和邻居的任何一个孩子为敌。要让他们像你一样，长大后成为社区受人尊重的人。心中只有仇恨的人，是绝不会有快乐的。'

"这对于一个小孩子来说，实在是最难信守的承诺。但是我做到了。30年来，我一直信守这个承诺，而那个邻居的孩子现在成了我最好的朋友。"

这个像上帝一样的父亲，是多么富有同情心和谅解心啊！他的邻居借了他的钱，还使他受伤，以至于丢了生命，但他并不怨恨对方，还要求他的家人不要因为这件事而怀恨对方及其家人。

来自加州格兰德尔的威拉德·柯罗斯莱医生也给我讲了他的一次经历。当时他还在医学院读三年级，他认为这是一次非常有趣而又富有教育意义的经历。

一个星期六的上午，院长要做一堂关于药理学的重要讲座，但是柯罗斯莱却偷偷地逃了出来，和一个漂亮的金发护士约会去校外野餐。

就在柯罗斯莱准备为女友吟诵诗歌时，突然有人向他们走过来。

"我一抬头，"柯罗斯莱医生说，"正好遇到了院长的眼光。他是带他的女儿出来收集药草的。我当时既不敢站起来，也说不出一句话，我想我一定吓坏了。但是院长只是看了我一眼，然后就皱着眉头走开了。

"他一离开，我立刻就慌了。什么野餐、什么金发女友，再也提不起我任何兴趣了，我心里只想着自己就要结束这3年的医学院生活了，我将会被开除。

"回到学校交谊厅之后，我把这件事告诉了我的一些好朋友，他们也都说这件事不容乐观，甚至还有一个人拍着我的背说：'啊，也许你不想当医生了吧？'还有人来问我的书多少钱才肯卖给他们。我就这样悲惨地度完了我的周末。我决定星期一上午去找院长。

"我找到院长后，说：'院长，我想为我上个星期六的无理表现向您道歉。我遇见您时，既没有站起来，也没有向您问好，我确实太没礼貌了。'

"院长似乎觉得很好笑，他说：'威拉德，我在年轻的时候，也做过你那样的事。别担心。对了，你们玩得还好吧？'

"我这才放松下来。原来院长是这么一个富有人情味的人，他知道年轻人是怎么生活、工作和娱乐的。我认为，这也许正是他能当院长的原因吧！"

柯罗斯莱医生说的没错，这正是好人通过培养自己的成熟，来发现快乐、获得成功的内在原因，也正是光明和黑暗的区别所在。

来自新泽西的 J. W. 阿尔伯特先生，也讲了他被召回海军服役时所获得的对人的新认识和感受。当时，他正担任在圣地亚哥执勤的一艘驱逐舰的轮机长。

"像是海军的一贯传统做法，"阿尔伯特先生说，"他们竟然让我这个愚笨的会计师去负责舰上的那些锅炉室、轮机室和其他所有的机械设备，而我对这些根本是一窍不通。我这一辈子都没去过几次轮机室，因此在上舰前的一个月我就非常担心，上舰后也有好几个星期一直不适应。后来证明，我的这种担心完全是没有必要的，因为没有什么困难克服不了的，一切也都运转正常。

"在舰上大约干了一个月之后，我们得到了 3 天的周末假。当我向手下人宣布这个好消息时，我非常愉快地告诉他们：'我们之所以能得到这个特别假期，完全得益于你们在过去一个月的优异表现，因此我非常感谢能有机会和你们合作。你们所有人都能尽职尽责，正是这种共同努力，使我们的轮机部门变得坚强无比。'

"当时我说这些话时，并没有想过其中有什么特殊的含义。直到过了几天之后，我才有所领悟。其实这是一个事实啊！这些人都尽到了自己的职责，都表现优异，而且正是他们做好了我一度没有把握做好的事情。而我原以为是我一个人承担了全部的责任！

"我当即明白，我们根本不必担心会因为我们的失误而使得整艘舰船被炸毁，也不必担心我们不能及时完成任务。我还知道了我们并不是孤立无援的，因为总是有很多好人在我们身边，他们会帮助我们，如同我们帮助他人一样。"

是的，这个世界上到处都有好人。当然，骗子、恶棍、盗贼、流氓也会隐藏在人群当中，我们在人生道路上也难免会遇到这类人。这就像是燕子飞来并不代表春天已经到来一样，即使偶尔遭遇一两个坏人，也并不代表全世界的人都是坏人。当然，这需要一个人相当成熟，才能领悟这个道理。

我们自己的行为和态度经常造成他人的一些行为反应，使得我们变得愤世嫉俗，武断地认为"这世上就没有好人"。当我几年前来到纽约开展一项新事业时，也曾因为一次痛苦的经历而付出了高昂的代价，结果我白白地搭进去好几百万美元。在很长一段时间里，我心中的怨气一直难以平息，可是也无可奈何。我开始相信人们以前讲的关于大都市里肮脏的商业伦理故事，认为这些全都是可信的，我本人是中了奸商的诡计，成了商业欺诈的牺牲品。后来我慢慢想通了。如果我当时能稍微动动大脑想一想的话，整个事情可能根本就不会出现那样的结局，全都是我自己的轻信和愚蠢造成了那样的后果，我只能怪自己，和别人毫不相干。

当然，我们情愿相信自己是因为他人的恶行而受害，也不愿意承认因为自己的愚蠢而导致失败。所以在现实生活中，人们最难说出口的一句话就是"我是个傻瓜"。但是，当我们长大成熟，脱离了感情上的婴儿期时，我们就一定能对自己说这句话。

任何一个小孩子都能告诉你人性中的丑陋面，例如自私、愚蠢、贪婪和自负。只有具备了成熟的洞察力，才能感知人类善良的本性，才能发掘人性中所蕴含的巨大资源和潜能。

因此，如果你想通过自己的实际行动来获得终身益处的话，就请记住第四项法则：要善于发掘人性中善良的本质，而不要被某些想像中的阴暗面吓倒。

克服忧虑快乐生活的故事

我曾是世界上最大的笨蛋

纽约卡耐基公司总经理　波希·惠廷

我比这个世界上任何一个人——包括活的、死的、奄奄一息的——都得过更多的疾病。

我并不是那种普通的忧郁症患者。我父亲开了一家药铺，我从小就在那种环境中长大。每天我都和大夫、护士聊天，所以我比普通人知道更多的疾病名称和病症。尽管我并不是忧郁症患者，但我有时确实有某些病症！我可以为某种疾病而担心一两个小时，于是在不知不觉中就有了那种疾病的全部病症。有一次，在我居住的马萨诸塞州的巴林顿镇，流行相当严重的白喉。我每天都在父亲的药铺里给受传染的病人卖药。接着，我所害怕的事情降临到了我身上。我敢肯定我是感染上了。我躺到床上，忧虑万分，结果真的出现了一些标准症状。我请来医生。他给我检查了一遍，说："不错，波希，你已经感染上了。"这使我心情为之一松。当我得病之后，我不再害怕任何疾病了。于是，我翻过身，呼声如雷地睡着了。当我第二天早上醒来时，我发现自己健康如初。

有好几年，我都成为人们注意和同情的重点，因为我得了一些不寻常而且很怪异的疾病——我曾多次"死"于狂犬病和牙关紧闭症。后来，我又发展到一些更加恐怖的疾病，特别是癌症和肺结核。

现在我可以笑对这一切，但我当时的情景却十分悲惨。我多年来一直心存恐惧，总害怕自己走在坟墓边缘上。例如，到了春天我该给自己买衣服的时候，我总是问自己："我既然已经知道自己不能再活着穿这些衣服了，为什么还要浪费钱呢？"

不过，我很高兴地告诉你，我已经大有进步：在过去10年中，我甚至连一次都没有"死"过。

我是如何取得进步的呢？那就是对自己这些荒唐的想象大加嘲笑。每当我觉得那些恐怖的病症又降临到我身上时，我就会笑着对自己说："嘿！惠廷，过去20年来，你一次又一次地'死'于一些致命的疾病，但你目前却身体健康。一家保险公司最近甚至还同意你为自己买更多的人寿保险。惠廷，难道你不认为，现在正是你嘲笑自己是个大笨蛋的时候吗？"

很快我就发现，如果我能嘲笑自己，就不会有时间去烦恼了。于是，从那以后，我就一直嘲笑自己。

（这篇故事的意义是：不要太过严肃地对待自己。对自己一些愚蠢的忧虑，不妨"开怀一笑"，然后看看是否可以将它们笑得不见踪影。）

第 61 章 从工作中寻找生命的动力

马可·H. 赫林德和斯坦利·A. 弗兰克医生在《健康世界》杂志上介绍了一位81 岁的老妇人，她住在堪萨斯市，说她把女儿送给她的一张摇椅退还给了女儿，并附言说："我太忙了，没有时间坐摇椅。"

这位母亲懂得了成熟之道，她明白只有工作才是对生活和健康最有益的东西。如果你认为幸福就是毫无止境的休闲，如果你希望退休之后可以一直躺在摇椅里，那么你就进入了愚者的行列。要知道，懒惰是人类最大的敌人，它只会制造悲哀、早衰和死亡。适量的、不会让人过度紧张的工作，不仅不会对人造成伤害，还会对人的健康有益。

现在，有许多医生都在批驳"辛苦的工作有害健康"这种说法。据我所知，英国伯明翰大学医学教授 W. 梅尔维尔·安诺特博士就曾站出来说："过多的休息，会导致身体出现有害的变化。就我们所知，没有任何工作会伤害健康的身体组织。即使你的工作非常辛苦，但如果不是很危险，也不妨碍你的睡眠和营养供给……而且你又有足够的休息时间来恢复体力的话，那么这样的工作就是无害的。请相信我，工作是有益的。"

可见，工作可以缓解年老对人造成的不利影响。德国脑科学研究中心的欧·弗格特博士，也在一次老年问题国际研讨会上提出："脑细胞的剧烈运动，可以延缓老化的进程。过度工作不仅不会伤害人的神经细胞，反而可以延缓人的老化过程。"

弗格特博士还将他所做的正常人的脑神经细胞显微研究结果公之于众。他重点观察了人脑随年龄而产生的变化，在两位分别于 90 岁和 100 岁去世的女性的大脑中，他发现她们的脑神经细胞的老化都比较缓慢。弗格特博士还说："我们通过观察还得知，那种认为过度工作会加速神经细胞老化的观点，是没有科学依据的。"

没错，辛苦的工作不会置人于死地，但是忧虑和高血压却会害死人。和传统的观点恰恰相反，那些步履匆匆、肩负重任的工商业主管们之所以突然死去，或者患有各种溃疡，并不是因为他们的过度工作。他们每天的工作消耗不了什么精力，但是随工作而一起到来的各种因素，例如紧张的气氛、巨大的压力、痛苦的失眠、害怕竞争的失败、永无休止的焦虑，等等这一切却会恶性循环，疯狂地吞噬他们的生命力。他们只能求助于酒精、安眠药、镇静剂，或者去打高尔夫球、在手球场上疯狂地运动，以逃避工作的压力，但是他们的身体和神经系统最后只能以死亡或精神崩溃来结束这种折磨。

现在，美国所有医院的病床，几乎一半以上都被那些患有各种精神疾病的人占着，这一数字远远高于小儿麻痹症、癌症、心脏病和其他病人的总和。这一可怕的事实表明，一定是什么地方出了问题，而导致这些问题的原因，绝不是工作的辛苦。

美国是世界上生活水准最高的国家。科学的进步使我们摆脱了辛苦的工作，而我们的祖先则认为这是生活的必要组成部分；即使是技术含量很低的工作，其环境也有了改善，工人的劳动时间大大缩短，机器取代了以前由人力或畜力来完成的工作；而且我们的休闲时间也比以前更多了，因此，我们不能说是因为工作的辛苦而使我们陷入了痛苦的境地。

更重要的是，劳动是人生中必不可少的部分，它不仅仅维持人的生计，而且人如果不活动的话，肌肉就会萎缩甚至衰亡，心灵当然也同样如此。工作也并不像古老的观念所说的"是对原罪的惩戒"；相反，工作是一种酬劳，它是人类征服地球的手段，是统治者的身份象征。我们今天的文明，也正是人类建设、创造和辛勤劳动的结果，是人类劳动最重要的表现。

如果我们把工作看作是一种忍受，并且由于经济因素的考虑而被迫忙碌，直到终老，这实在是在剥夺我们享受人类最大满足的权利。工作本身的益处、它良好的效果和治疗作用、它与性格发展的关系，无不使其成为我们生活中必不可少的要素。只要稍做分析，其实所有的工作最终都是服务。我们制作食品、清扫地板、装配零件，或纠正某个舞步，最终目的都是要将我们的生活建设得更美好、更方便、更快乐，因此这些活动都是富有创造性的。如果我们想要享受到工作的乐趣，或从工作中获益的话，就应该用这种创造性来鼓舞我们。

对此，英国著名电影导演 J. 亚瑟·兰克曾比喻说："人们常常忘记自己所从事的行业存在一个最基本的问题，那就是'为什么'。例如，一家制造椅子的工厂，不仅要制造椅子以从中获取利润，还要制造人们喜欢坐在上面的椅子。如果制造商忘记了这一点，那么，当他有一天醒来时，他将会发现，他的椅子以及椅子所创造的利润全都不见了。"

没有什么药物能比工作更有效地治疗我们的疾病。得克萨斯州莫尔休市的丽达·琼斯夫人说，正是工作把她从精神崩溃的边缘拉了回来。

1941 年，琼斯夫妇带着他们的两个孩子，搬到了新墨西哥州一个方圆 30 英亩的农场。但是到了之后，他们才发现那里是一个令人恐怖的蛇窟，到处都有响尾蛇的踪迹，琼斯夫人猜想全得州的蛇一定都聚集到那里了。

"虽然在我们那里没有水电和煤气，生活非常不方便，但是这些却不是我最担心的。我最感到害怕的，是每时每刻都在担心，万一家人被蛇咬伤了该怎么办？我常常会做噩梦，见到自己抱着孩子，从家里跑到镇上去找医生。我丈夫到地里去干活时，只要有几分钟看不到他，我就会陷入深深的恐惧之中。

"这种不断袭来的忧虑和恐惧，迫使我不得不无休止地工作，否则我就会精神崩溃。由于我们的生活非常艰苦，所以辛勤工作显然是很必要的，而正是这种辛勤工作挽救了我。我在 30 英亩的地里全部种上了玉米，累得双手长出了老茧；我自己动手为孩子做所有的衣服；制作了足够我们吃 5 年的罐头食品……我每天都工作到疲惫不堪的程度，累得只想着上床睡觉，再也没有时间和精力去想其他的事情了，当然也包括没有多余的精力去考虑蛇的问题。

"一年过去了，我们家没有人被蛇咬过，我们后来搬走了。后来，我再也没有机会那么辛苦地工作，但是我一直感激那一年的辛苦工作，正是它挽救了我，使我得以摆脱精神崩溃的困境。"

我们应该像琼斯夫人那样，充分利用辛苦的工作为自己创造力量，度过各种生活危机。如果仅仅从养成工作的习惯而言，这种习惯有时候就能帮助我们摆脱一时的消沉、挫折或失望；当我们面临灾难、个人的悲惨遭遇或失去了自己所爱的人时，辛苦工作也经常能成为支撑我们的力量。

爱德蒙·伯克曾说过："永远不要陷入绝望。但是，一旦你产生了绝望的情绪，就去工作吧。"他这话并不是在瞎说，因为他自己就曾有过这种亲身经历。当时，爱德蒙·伯克失去了最心爱的儿子。在经历了痛苦的折磨之后，他深信这个世界快要毁灭了。逐渐地，工作填充到他的生活中来。工作对他来说，就像对其他许多人一样，成为这个疯狂世界唯一清醒的标志。因此，他不断地工作，即使在绝望时也没有停止过。

工作是让我们获得成熟的快乐途径，这是年轻人所无法想像的。无论是体力劳动还是脑力劳动，都是大自然赋予我们的、让我们不断成长而不变老的最神奇力量。

因此，如果你想通过自己的实际行动来获得终身益处的话，就请记住第五项法则：最好能像前面提到的那个 81 岁的老妇人那样——退掉摇椅，忙碌起来！

第62章 学会从逆境中崛起

创作《米老鼠》和《猪小弟》的作者华尔特·迪斯尼，可以说是美国最为著名的人物之一。然而，你是否知道他在20多岁时，还只是一个无名的穷困潦倒的小伙子，可是到了30多岁时，他已成为家喻户晓的人物了？全世界的人们都喜爱《米老鼠》卡通片，在阿拉斯加的某个地方，影迷们甚至还组织了"米老鼠会"，在雪屋中聚会。

确实不错，他曾经穷得身无分文，但他后来却十分富有。他把多余的钱全部投入了事业上，因为相对于储蓄的利润而言，摄制影片的利润更多。

少年时代的迪斯尼，曾前往美国堪萨斯城谋生，当时他的志愿是成为一名艺术家。他刚开始是到堪萨斯的明星报社应聘，想在那里找一份工作。该报主编看过他的一些作品以后，认为作品缺乏新思想而没有录用他，这使他感到万分失望和颓丧。后来，迪斯尼终于找到了一份工作，就是替教堂作画。可是，这份工作的报酬非常低，他根本支付不起租画室的租金，于是他只好借用父亲的汽车库作为他的临时办公处。当时，他还认为这样的生活十分艰苦，但是他后来却再也不这么想了，他反而认为这座充满汽油味的车库对他具有重要的影响，其价值至少可值100万美元。

迪斯尼是如何走向成功的呢？有一天，当他和往常一样在汽车库工作的时候，忽然看见一只老鼠在地板上跳来跳去。他赶紧跑回家，拿了一些面包屑给它吃。渐渐地，迪斯尼和这只老鼠之间混得很熟了，有时候那只老鼠竟然会大胆地爬上他正在作画用的画板，并有节奏地跳跃着。

不久，迪斯尼被介绍到好莱坞，帮助摄制一部以动物为主角的卡通片。但是不幸得很，这次他失败了，结果他不仅穷得身无分文，而且再度失业。正当迪斯尼走投无路之际，他突然想到了堪萨斯家中汽车库里那只在画板上跳来蹦去的老鼠。他立刻画出了一只老鼠的轮廓，米老鼠的卡通片就这样在灵感刺激下诞生了。谁又能想到，那只在堪萨斯城汽车库里已经死去很久的老鼠，竟然会成为《米老鼠》这部在世界上最负盛名的影片的祖宗呢？不但影迷给米老鼠写的捧场信要比任何演员的都要多，就连米老鼠足迹所至的国家，其他任何演员也望尘莫及。

成功之后，迪斯尼尽量利用空余时间研究新的计划。每当他的研究有了心得之后，他就会和助手们一同讨论。有一次，他提出建议，希望把幼年时母亲讲给他听的《三小猪》和《大坏狼》的故事搬上银幕，但他的助手们都不赞成。迪斯尼本想就此取消这一计划，但"三小猪"的形象总是在他的脑海里打转，使他难以抑制地又提了好几次，但仍然没有得到助手们的同意。

终于，他的助手们做出了些许让步。他们之所以这样回答，无非是不忍心拂逆迪斯尼的诚意，而事实上他们对这项计划根本没有信心。本来一部《米老鼠》影片的制作完成，总共需要 3 个月的时间，因此他们不愿耗费那么多时间去摄制《三小猪》，于是他们只用了两个月的工夫就草草完成了这部影片。这些助手们没有一个人相信这部影片能赚到钱，但他们没想到的是，《三小猪》问世之后，竟然震惊了整个美国。接着，各地的人们都在哼那首"谁怕那只大坏狼，大坏狼，大坏狼……"的新歌了，这部无人看好的《三小猪》竟获得了无上的荣誉。

据迪斯尼自己告诉我，这部影片在某些戏院前后放映达 7 次之多，而这是自有动物卡通片以来所取得的最好成绩。然而，最值得我们称颂的是，迪斯尼终身为动物卡通片做出了不懈的努力，据他自己说，这是由于"兴趣"，而不是为了"赚钱"。

我曾拜访过美国著名的作曲家乔治·杰斯文，并向他请教成功的秘诀。他告诉我说，他的成功非常简单，因为他知道自己的需要，然后按照这个"需要"坚持不懈地努力，直至实现目标。最让我惊异和钦佩的是，杰斯文在功成名就之后还不断地努力，并且坚持每星期学习 3 个小时。这种勤奋好学的精神，真是太值得我们学习了。据说杰斯文的处女作仅卖了 5 美元，可是谁又会猜想到，在 9 年后，他替好莱坞一家电影公司的一部片子创作的一支新曲，竟收到了 50000 美元的巨额报酬呢？

当杰斯文第一次到戏院表演时，听众们全都讥笑他。后来，他接受了纽约第十四街福克斯城戏院的聘请，担任该戏院的乐师，每星期的报酬只有 25 美元。在他第一次上台参加演奏时，他非常羞涩，面红耳赤，脑子也有些昏昏然的，结果也就可想而知了——他演奏得糟不可言，就连台上的演员也在嘲笑他，台下的听众们更是大笑不止。他愤怒羞愧极了，不顾一切地冲出戏院。他对我说起这件往事时，还一再说这是他平生最大的耻辱。

杰斯文最初的志愿是想当一名画家，可是后来却出乎意料地成为一位伟大的音乐家，这个结局无疑要归功于他的母亲。据说，有一天杰斯文的舅妈带了一架新买的钢琴来他们家做客，这使他的母亲心中极其不高兴，认为这是对她及家人的一种有意的侮辱；于是，她不顾经济能力有限，也忍痛替儿子杰斯文买了一架二手钢琴。由于发生了这件突如其来的事，使杰斯文得以有机会接触音乐，并由此发展他的音乐天赋，为世人创造出许多美妙的歌曲，甚至推动了美国音乐的突飞猛进。因此，杰斯文的成功首先应该感谢这架旧钢琴和他的母亲。

杰斯文是靠《天鹅》一曲而成名的。但是说起这首成名曲的经过来，却又十分的离奇，几乎连杰斯文自己也有些莫名奇妙！在 1918 年，杰斯文首次在百老汇的光陆舞台演奏他的新作《天鹅》时，并没有引起听众们的强烈关注。但当时著名歌唱家阿尔·约翰逊也在座，他听完该曲后，认为杰斯文很有音乐天赋，说他是一个可以造就的天才。9 个月后，在一次规模盛大的集会上，有人请求阿尔·约翰逊唱一支新歌，以推动会场的气氛。约翰逊起初婉言推辞，但后来觉得不应该辜负众人的诚意，就引吭高歌了一曲杰斯文的《天鹅》，结果大受欢迎，大家一致认为该曲优美绝妙——就在这短短的 5 分钟内，阿尔·约翰逊把一支被人们早已淡忘的歌曲唱红了，杰斯文由此而一举成名。

一个月后，《天鹅》曲响遍各大酒店、影院、舞场、娱乐场所……几乎人人都会唱这首歌曲了。这反而使杰斯文万分惊奇，他很纳闷这首《天鹅》曲怎么会突然风行起来呢？更使他惊异的是，竟有出版商愿意出60000美元的高价购买这首《天鹅》曲。天啊！他自己现在一星期才只有35美元的报酬啊！生平第一次有这么一大笔钱飞进手里，他真以为自己是在做梦了。

但是我们也都明白，杰斯文的成名并非偶然。他虽然从未涉足剧场，但确实是剧场中最需要的人物。尽管他创作了许多迷人的曲子，使情侣们随着乐声舞得如醉如痴，可是谁又会相信，他自己竟然从不跳舞呢？杰斯文还烟酒不沾。他每天晚上总要工作到深夜，但第二天不过中午他是不会起床的。正是这种精神，使杰斯文在美国音乐界划出了一个崭新的时代，更使他的大名震惊了全世界。

在我研究过的文学家中，有些人因为自己遭遇的某种磨难而获得了巨大的成功。例如我下面将要告诉你们的一件往事：

在伦敦郊外，有一群顽皮的儿童正在玩耍嬉戏，其中一个年龄较大的孩子举起了一个叫韦尔斯的小弟弟，将他抛向空中，但当韦尔斯落下来时，那个大孩子一时失手，没有接住他，韦尔斯被摔伤了一条腿。

韦尔斯痛苦地在床上躺了好几个月，但他的腿骨始终没有完全复原，随时都有再度裂开的危险，这是一件多么可怕的事啊！一想到自己的前途，韦尔斯就万分恐惧和悲伤。可是，他并不悲观，后来竟成为世界上著名的作家——他就是赫伯托·乔治·韦尔斯！他一共写了80多部作品。

韦尔斯认为，幼年时摔伤腿对他来说是最幸运的一件事，并且成就了他的一生。因为摔伤腿以后，他有一年时间不能出门，为了解除寂寞，他只有读书解忧。结果，他对书产生了极大的兴趣，对文学有了一种酷爱。摔伤腿对他来说是一生的一大转机。

韦尔斯幼年穷困潦倒的生活，从他家小瓦器店倒闭的那年就开始了。他的母亲为了全家生活，不得不给一个富商家当看门女佣，和一般仆人住在一起。韦尔斯当时经常去探望母亲，这使他有机会窥见英国上层社会的隐秘，并领悟下层社会的生活情况。韦尔斯13岁时就开始踏入社会。在别人的介绍下，他最初在一家杂货店里担任记账员，每天早上5点就要起床，把店铺打扫得干干净净，并生好火，一天必须工作14小时，没有空闲时间。他认为这是一种低贱的工作，并看不起这种生活。一个月后，经理辞退了他，说他不太整洁，不修边幅，不会接待顾客，总是一副忧郁的表情。他气愤地离开了这家杂货店，暗中庆幸用不着自己辞职。接着，他又进了一家药店，仍然做记账的工作，但一个月后他又被辞退了，这次老板连辞退的理由也没有向他说。

终于，韦尔斯在另一家杂货店找到了一份工作。这一次，他体会到了生活问题的严重困难，不再随意耍性子，开始好好干了下去。但他仍然经常趁着无人的时候，一个人偷偷地躲到地窖里，翻读他所心爱的赫伯托·斯宾塞的作品。

这样熬了两年，韦尔斯再也不愿苦挨下去了。于是，在一个星期天的早晨，他连早饭都没有吃就溜了出来，空着肚子走了 15 公里，去见他的母亲。他跪在母亲的脚下痛哭，并情绪激昂地说，如果再强迫他在那里工作，他只有自杀了结一生。他还偷偷地写了一封凄怆动人的长信给他以前的老师，向对方倾吐目前的遭遇，并说出了想自杀的意思。想不到这封信打动了那位老师，他给韦尔斯回了一封信，请他去学校担任教员。这可以说是韦尔斯一生的第二次重大转机。

不过，韦尔斯认为幼年在杂货店的工作，也并不全都是毫无意义，因为他一向十分懒惰，经过在杂货店的两年多锻炼，使他知道一个人要想成功，必须奋发图强的道理。韦尔斯在执教后数年，又遭遇到一次突如其来的危难。事情是这样的：他当时正担任一场足球比赛的裁判员，当比赛正激烈进行时，他突然被球员冲倒，随即又被后面冲上来的球员踩踏而过，使得他的肺部和肾部严重受伤。到了医院之后，许多名医都认为无法挽救，只好听凭病情自然发展，结果谁也没有想到他竟侥幸地活了过来。不过，他已变成了一个半残废的人，并且接下来过了 12 年恐怖的生活。但正是这 12 年的痛苦生活经历，使他成为一位举世闻名的作家。在这 12 年内，他曾不断地疯狂写作 5 年。可是，他写出来的东西实在太贫乏无味了，他自己也很清楚，所以毅然将整个手稿付之一炬。

韦尔斯虽被球员踩伤，并侥幸地逃过了一死，但他并不因此而灰心丧气，每年都会完成长篇巨著。在他的努力之下，这些著作终于发射出了光芒，照遍了世界的每一个角落。

著名短篇小说家欧·亨利的大名，你肯定听说过吧？也许你已经读过他的作品，他的书至今已经卖出了 600 多万册以上，而且几乎每个国家都有他的作品译本，他也被誉为有史以来最伟大的短篇小说家。然而，他并没有留下真名，欧·亨利只是他的笔名，这不能不说太遗憾了！

欧·亨利的一生极其感人，他曾经与许多困难苦恼做斗争，结果都获得了胜利，而这也正是值得我们学习的地方。

接受教育太少是欧·亨利一生当中最大的遗憾。他从没有进过高等学校，甚至连大学是什么样子都不知道。身体虚弱也是欧·亨利常常感到烦闷的，有的医生还认为他会死于肺痨。因此，他离开家乡前往泰塞斯，在那儿放羊。但最不幸的是，他曾经含冤被捕入狱，并且被判处 5 年徒刑。

事情经过是这样的：当他的身体恢复健康以后，就放弃了放羊生活，到泰塞斯一家银行担任会计。但有一次监管人员查库的时候，发现钱币少了，于是担负保管之责的欧·亨利就无缘无故地被捕了。尽管他确实没有偷钱，但他最终还是在监狱中呆了 5 年之久。

"下狱"原本是最为羞耻的一件事，但对于欧·亨利来说，却可以说是"幸运"的了。因为假如他不曾入狱当囚犯，他怎么会安心写作而名垂后世呢？

如果要问美国历史上最重要的事件之一是什么？肯定会有人回答是"哥伦布发现美洲大陆"。的确没错，哥伦布发现美洲新大陆，是美国乃至人类历史上的一件大事，所以我们在每年的 10 月 12 日都会举行一次例行的纪念活动。

哥伦布在年轻的时候，曾当过海盗，这在当时并不是什么值得惊奇的事，因为当时一些条件较好的家庭都愿意把孩子送到海盗船上去工作，这样好使孩子多增长一点见闻，经历各种事情，而且还可以多赚一点钱。在他们看来，这种事情只要不被官方捉住，也就无所谓羞耻卑贱；要是真的不幸被逮捕了，也只好自叹时运不济了。

哥伦布还在上学的时候，偶然读到了毕达哥拉斯的一本著作，知道地球是圆的，他就把这一点牢记在脑海里。经过很长一段时间的思索和研究后，他大胆地提出，如果地球真的是圆的，他只需经过极短的路程就可以到达印度了。当然，许多有学识的大学教授和哲学家们都嘲笑他这种想法，因为他想朝着西方行驶再到达东方的印度，难道不是痴人说梦吗？他们告诉他，地球不是圆的，而是平的，而且还警告他，说他如果一直向西航行，他的船将航行到地球的边缘而掉下去……这样岂不是自取灭亡？

然而，哥伦布对这个问题很有信心，只可惜他家境贫寒，没有钱让他去实现这个大胆而冒险的理想。他想从别人那里获得一笔钱，好帮助他实现梦想，但一连等了 17 年，他还是失望了。所以，他决定不再为这个"理想"而努力了。由于使他忧虑和失望的事情太多了，以至于他的红发也完全变白了——虽然他还不到 50 岁。灰心丧气的哥伦布这时只想进修道院，去度过他的后半生。

正在这时候，罗马教皇去拜见了西班牙女皇伊莎贝露，劝她帮助哥伦布。教皇先送了 65 个银币给哥伦布，算是他的路费；但哥伦布感觉自己的衣服过于破旧，就先用这些钱买了一套新装和一头驴子，然后启程去见伊莎贝露女皇，沿途穷得竟以要饭度日。

女皇很赞赏他的理想，并答应赐给他船只，帮助他从事这种冒险。但困难的是水手们都怕死，没有人愿意跟随他去。于是哥伦布鼓起勇气，来到海滨，捉住了几位水手。他先是向他们哀求，接着又劝他们，最后只好采用恫吓的手段逼迫他们随他前去。然后，他又请求女皇释放了狱中的死囚，答应他们如果冒险成功，就可以免去死罪并恢复自由。一切准备就绪之后，1492 年 8 月 3 日（星期五）天明之前的一个半小时，哥伦布率领 88 位水手，分乘三条船，开始了一个划时代的航行。

哥伦布的探险成功了，但在新大陆建立起来的殖民地，却令他十分失望和痛苦。因为殖民地的人都被印第安人杀了；另外，殖民地的主管嫉妒他的功劳，故意控告他贪财失职，用铁链把他锁起来，送回了西班牙。虽然哥伦布一到西班牙就立刻恢复了自由，但是他所遭遇的失望和痛苦，足以让他伤心和感叹的了。

哥伦布就这样无声无息地在 60 岁时死去，而且是死在一间简陋而黑暗的小屋子里，墙上还挂着一条粗大的铁链，这也算是他曾当过囚犯的一种纪念。这条铁链好似在向每一个人说："世情是丑恶的和冷酷的。"一代英雄竟沦落潦倒了一生，虽然他完成了人类历史上一件最勇敢而惊人的壮举，但他又得到了什么呢？他临死时的景象，可以说和乞丐毫无两样。

哥伦布生前是那么的穷困潦倒，谁又能想到他死后"幸福"竟突然接踵而至呢？全世界都称颂他是"第一个发现美洲大陆的人"。尽管也有学者指出哥伦布并不是第一个到达美洲大陆的人，对于这个问题我们姑且不论，可是哥伦布那种大无畏的、勇敢而百折不挠的精神，实在是值得我们作为楷模来学习。

因此，如果你想通过实际行动来获得终身益处，就请记住第六项法则：不要害怕暂时的困难，要学会从逆境中崛起，将逆境当作前进的动力。

克服忧虑快乐生活的故事

摆脱烦恼的秘诀

家庭主妇　凯瑟琳·哈尔特

在我小的时候，生活充满了恐惧。我的母亲患有心脏病，我经常看见她晕倒在地板上。我们都很害怕她会死，而且我认为那些失去母亲的小女孩都会被送到位于我们所住的密苏里州华林顿镇的卫斯里中心孤儿院。只要一想到被送到那儿，我就非常害怕。当我还只有6岁时，我就经常祈祷："亲爱的上帝，请让我母亲继续活下去，直到我长大了，可以不用去孤儿院。"

20年后，我哥哥梅勒受了重伤，遭受极大的痛苦，直到20年后才去世。他不能吃东西，也不能在床上翻身。为了减轻他的痛苦，无论白天或晚上，我每隔3小时必须为他注射一针吗啡。我这样做了两年。那时，我在镇上的卫斯里中心学院教音乐。当邻居们听到我哥哥痛苦得大声呼叫时，就打电话到学院找我，我会立即放下手中的工作，跑回家再为我哥哥注射一针吗啡。每天晚上上床时，我会把闹钟拨到3小时之后，以便起床照料哥哥。我记得在一个冬天的晚上，我总是把一瓶牛奶放在窗外，好让它结成冰，变成我最喜欢吃的冰淇淋。当闹钟响时，窗外的冰淇淋也就成了我起床的另一种动力了。

在这么艰苦的情况下，我采取了两项措施，使自己避免陷入自怜自艾，也免受烦恼和悔恨之苦。

第一，我让自己每天忙着教12～14小时的音乐课，因此没有时间去想我的忧虑。而当我为自己感到难过时，我会一再对自己说："听着，只要你还能走路，还能自己吃饭，身上又没有大病大痛，那么你就是这个世界上最快乐的人。千万不要忘记，不管遇到什么困难，只要你还活着，你就是最幸运的人！不要忘记！"

第二，我决定为我所获得的这些幸福培养一种永远感激的态度。当我每天早晨醒来时，我就会感谢上帝：情况没比以前更糟。我深深地感到，尽管我遇到了许多困难，但我仍然是密苏里州华林顿最快乐的人。也许我并未成功地实现这一目标，但我的确成功地使自己成为这个镇上最知道感恩的年轻女子——而我的同事中可能没有几人会像我这样没有忧虑。

（这位密苏里州的音乐教师应用了本书介绍的两条原则：使自己保持忙碌而没有时间去忧虑；对自己的幸福心存感激。这两条原则对你也许同样有用。）

第63章　从平凡也能走向卓越

在现实生活中，许多人总觉得自己太平凡了，既没有有钱有势的父母，也没有超人的天赋，因此要想成功实在太难了。在我的学员中，刚开始参加辅导班时抱有这种想法的，也大有人在。但是，根据我的观察和研究，以及我班上许多学员的成功经历，都证明了一个事实：即使你是一个平凡得不能再平凡的人，只要通过自己的努力，也可以从平凡走向卓越。

几年前，我和一位朋友结伴旅行，到了德国南部的一个小城。当我们经过一家杂货店的时候，我的朋友忽然停下脚步，指着楼上的一间小房说："你知道吗？这间简陋的小楼，就是大数学家爱因斯坦诞生之地。"

于是，我去拜访了爱因斯坦的叔父，但结果令我很失望，因为他并没有告诉我有关爱因斯坦任何不同于常人的地方；相反，他极兴奋地对我讲了许多爱因斯坦小时候的愚蠢，例如举止迟钝而害羞，说话也结结巴巴，父母担心他智力不及常人，连学校的教师也对他摇头绝望，叫他"笨蛋"，认为他没法教育。可是，谁又能想到这么一个奇笨无比的孩子，后来竟被全世界公认为当代最杰出的聪明伟人、古往今来最伟大的思想家之一呢？

翻遍人类史册，像爱因斯坦这样轰然雷鸣般地闻名于世，确实是一件不可思议的事。最值得惊异的是，他以一位"数学教授"的身份，竟如此迅速地"走红"，成为全球报刊文章的重要宣传对象；以"科学家"身份，竟能像拳王乔·路易般名闻遐迩，这又有谁会相信呢？但事实上你又不得不信！

可是，更稀奇的事还有呢！爱因斯坦的名字虽然早已经"红得发紫"，可是他自己竟然还不知道，直到后来他才突然"发觉"了。有一次他在回答新闻记者的提问时，还说自己"成名"得有些"莫名其妙"。

对于爱因斯坦来说，没有任何一件事物可使他过于"喜爱"，也没有任何一件事物使他过于"憎恶"。大多数人所急切追求的名声、富贵和奢华，他都看得非常轻淡。据说，有一次某艘轮船的船长为了优待爱因斯坦，特意将全船最精美的房间让出来给他，没想到却被他严词拒绝了。因为他不愿意接受这种特别优待，而甘愿睡在最下等的船舱里。德国当局为了表示对爱因斯坦的厚爱和敬重，在他过50岁的生日时，特意在普斯丹城为他建造了一座半身铜像，还赠送给他一套精致的住宅和一艘小游艇。然而，爱因斯坦的遭遇实在是太不幸了，希特勒上台后，他不得不亡命国外，有一段时间住在比利时。他的财产全部被没收，他的家门也被上了锁，还有一位警探每夜睡在他的床边。这一切都只因为他是犹太人。

　　当他接受美国纽约普林斯顿大学的聘请，前往该校讲学时，为了避免新闻记者访问时带来麻烦，爱因斯坦预先嘱咐他的朋友在船还没有靠岸以前，先悄悄地用驳船驶到半路上去接他，然后换汽车开到学校。

　　虽然解释爱因斯坦"相对论"学说的书籍现在已至少出了900部以上，但据爱因斯坦自己说，真正了解他的"相对论"的人，却只有12人。爱因斯坦曾用过一个简明的例子解释他的"相对论"：当一个美丽的姑娘陪着你对坐一个小时的时候，你会觉得只有一分钟；但如果你在火炉上坐上一分钟的话，你会觉得有一个小时那么久。初听起来，这好像是很对了，而这就是相对性。其实，让我们实验一次就明白了，谁都愿意和美人对面而坐，却不愿意坐在火炉上。

　　爱因斯坦一生结过两次婚，他的第一任太太还替他生了两个聪明的孩子。最有趣的是，爱因斯坦的夫人却不懂他的"相对论"；不过，她知道应该如何当一个太太，应该如何侍奉好丈夫。比如，当她邀请朋友在家里聚会时，她想要求丈夫也参加盛会，但爱因斯坦往往会严厉地回答："不！不！我不能忍受这样的骚扰，这会使我不能安心工作。我要立刻离开。"这时，爱因斯坦夫人就会耐心地等他发怒完毕，再和他说几句好话，使他乖乖地跟她下楼参加她们的聚会，而爱因斯坦也可因此得到一些舒适的休息。

　　据爱因斯坦夫人说，她的丈夫在思想上是极其愿意遵守秩序的，但在日常生活上，他倒愿意"随便"而不想受到约束，想做什么就做什么，喜欢什么时候做就什么时候做。他给自己订了两条规则：一条是不要任何规则；另一条是不受任何人意见的支配。

　　爱因斯坦的日常生活非常简单。他平时总是穿一套不整齐的旧衣服，经常不戴帽子，在浴室里常常吹着口哨或哼着歌曲。他虽然打算解决复杂的"宇宙之谜"，但他同时也认为不能将人生的享受搞得过分复杂。所以，他在洗澡后刮胡子时，总是用洗澡肥皂而不用刮面香皂。他认为用两种肥皂太浪费了。

　　爱因斯坦确实是一个非常懂得享受快乐的人。他的快乐主张便是一种很好的哲学，也许还要胜过他那著名的"相对论"呢。因为他的快乐很简单，不需要从任何人身上获取；他淡泊金钱名利和礼赞，可是他能够从工作中得到快乐，可以从小提琴上或划船上得到快乐——爱因斯坦的小提琴确实占据了他生命中的重要一环，还有什么能比小提琴更使他感兴趣的呢？

　　有一次，我在纽约的温德比尔特饭店吃饭，发现一个女孩的记忆力很好，她是替顾客管理衣帽的职员。当我把衣帽交给她之后，她却没有给我号牌。我很奇怪地问她为什么不给我，她笑着说："不必多此一举了，因为我会记住。"接着，她兴奋地告诉我，在这家大饭店吃饭的顾客常常有一两百人，他们的衣帽都挂在一起，但当他们离开饭店时，她从来没有弄错过他们的衣帽。当然，我并不能完全相信她的话。但是，当我和饭店经理谈到这件事情时，这位经理也得意地说："她吗？啊！这15年来，她还从来没有弄错过一次呢！"

这使我想起了记忆力最坏的电灯发明者爱迪生。这位伟人的幼年时期，正是以健忘而闻名。他在学校里会把所学到的东西全都忘掉，而且他在全年级的成绩也是最差的，连教师们也对他没有办法，没有一个人不抱怨说他又蠢又笨。甚至有些医生在检查他的大脑时，发现有特殊的怪异现象，于是他们竟武断地预言，他必将死于脑部疾病。

据熟悉爱迪生的人说，他一生只在学校读过 3 个月的书，以后完全在家中接受母亲的教育。他的母亲实在是一个聪明人，谁会想到她竟能够把她的儿子——许多人都认为不堪造就的小家伙，教育成一代伟大的发明家呢！不错，我们相信爱迪生幼年时的记忆力极坏，但我们也无法否认的是，他对于今天科学界做出了划时代的贡献。

爱迪生究竟健忘到了什么样的地步呢？这里有两个小故事：

有一次，爱迪生到税务局去纳税时，正全身心地思索科学上的一个重要问题。当时纳税的人极多，排成了一条长龙，人们按顺序依次到柜前付款。等轮到他的时候，他竟说不出自己的名字，虽然他竭力思索了好长时间，无奈已忘得一干二净。结果，还是他的邻居告诉了他，他才记起来自己的名字叫汤玛斯·爱迪生！

爱迪生努力工作的程度也是令人吃惊的，他经常整天整夜地埋头于实验室做研究。有一天早晨，仆人送来早点，他正在睡觉，仆人不敢惊动他。这时，他的助手们已经吃完了早餐，他们趁着片刻的休息时间，想戏弄他一次。于是，他们把空碟子放在爱迪生面前，等他醒来时，看见这些空碟子、喝干了的咖啡杯和满桌子的面包屑，爱迪生竟怀疑地擦了擦自己的眼睛，想了一下，认为自己的确已经用过了早餐。于是，他照例吸完一支香烟后，又开始工作。直到他的助手们哈哈大笑时，他才知道自己被愚弄了。

因此，假如你认为自己的记忆力很差，那也不必悲观，记忆力好坏并不影响你的事业，也并不减损你的伟大，爱迪生便是一个极好的例证。

在我所写的世界名人中，还有杰出的女性代表，例如美国著名影星嘉宝，就是从一个无名女孩一跃而成为好莱坞的当红演员。据我所知，有两位著名的人物都曾在理发店工作过，他们知道如何把肥皂和水搅和在一起，涂在顾客脸上，然后等理发师给顾客们刮去胡须，这两个人就是嘉宝和查理·卓别林，他们起初都曾受生活的压迫，从事过这一职业。

嘉宝刚到美国时，不过是一个 19 岁的少女。她离开了祖国瑞典，孤身一人踏上了羡慕已久的"黄金之国"，没有一个人认识她，而且她也不会说英语。然而，在十几年之后，她却成为世界上最负盛名的女性之一。

幼年时代的嘉宝，就已经充分展现了她那与众不同的个性。她最恨枯燥乏味的学校生活，所以经常逃学，有时到了学校，她会趁教师不防，一个人偷偷地溜了出来，跑到戏院后面的走廊上看戏，因为站在这里是不必买票的。当她看得兴奋的时候，就会急急忙忙跑回家中，取出平时玩耍用的水彩，把自己满脸涂得五颜六色，说自己是在模仿法国著名演员普萨瑞·哈特。

嘉宝14岁时父亲就死了，因此家境日益贫困，她也就只能辍学，到一家理发店工作。不久，她又转到斯托克荷姆市的一家商店当推销帽子的职员。为了促销，这家公司的售帽部决定拍一部影片进行宣传，嘉宝有幸被选为模特。这原来是一件极普通的事，可是谁也没想到这件事却使嘉宝从此脱离了黑暗，开始走向光明之路。甚至嘉宝后来也说："这是我做梦也想不到的。"

原来，这部宣传帽子的促销影片，被一位著名导演看到了，他觉得片中的模特嘉宝很有演戏天赋，尤其是她那种近乎神秘而又不乏天真的诱惑力，更是难能可贵。所以，他竭力怂恿她放弃现在的工作，进入戏剧学校学习，将来必有惊人成就。嘉宝这时候才16岁。

要嘉宝放弃已有的固定职业，放弃原来的薪水，再花钱进入戏剧学校学习，的确是一次困难的抉择。假如她没有远大眼光和巨大勇气，她是绝对不能这样做的。嘉宝确信自己对戏剧极其感兴趣，自己将来必有成功的希望，于是听从了这位导演的劝说，毅然辞去了工作，开始向理想目标迈进。

有一次，瑞典著名导演马莱斯·史蒂勒来这家戏剧学校选一个女孩子担任某部影片的配角，嘉宝荣幸地获得了这个机会。那时候她还不叫嘉宝，叫葛丝塔·福生，但是由于这个名字既缺乏诗意，又不动人，而且也不容易记住，所以，史蒂勒导演就给她取了一个令人心动的名字——嘉宝。

全世界有千百万影迷羡慕嘉宝，但是，由于她不善交际，所以朋友很少。虽然她的名气很大，可是被介绍给陌生人时，她经常会不自觉地战栗发抖。她喜爱孤独，每年都是一个人安静地在家里独自吃着圣诞晚餐。她家里没有收音机，笑声也很少，连电铃和电话声也很少听到。

嘉宝的生活非常节俭，据说她驾驶的是一辆破旧得"不可收拾"的汽车，但她还总舍不得抛弃！她家里只雇了一个车夫、一个女佣和一个厨子；她每个星期的收入达到了7500美元，但消费却只有100美元。说出来你也许不信，嘉宝很少浓妆艳抹，她在美容方面很不在意。她从来不抹胭脂，也不涂唇膏，连指甲上也不涂彩釉。她鼻子两旁有些黑斑，但她也不想用粉去掩饰。即使是在拍戏的时候，她也反对把自己打扮得过分妖艳，可是观众仍然喜爱她，虽然她原来是一个名不见经传的丫头。

因此，如果你想通过自己的实际行动来获得终身益处的话，就请记住第七项法则：平凡并不代表失败，每个人都可以从平凡走向卓越。

第64章　向伟大人物学习

俄国已故的利奥·波阿尔是世界上最著名的教授之一，他的学生遍及世界各国，由他提拔和训练出来的人才数不胜数。有一次，他对我说过一句令我永难忘怀的不朽的话："如果你想成为一个卓越的音乐家，那么，你生来就应该是贫穷的。"他担心我听不懂他的话，又补充说道："在贫困者的内心当中，有一种说不出来的极其神秘、极其美丽、可以使人们增强力量、思考、同情和仁爱之心的因素。"

利奥·波阿尔说得太对了，奥地利人莫扎特就是这么一个贫穷却又闻名于世的伟大作曲家。

莫扎特穷得甚至没有钱买木炭来给他的破屋取暖。在寒冷的冬天，他只好把双手插进穿在脚上的毛袜子里取暖片刻，然后再接着作曲。只有这样的人，才具备天生的音乐天才，才能创作出许多伟大的歌曲，才能永垂不朽，名垂万世。饥寒交迫、缺乏营养滋补品，这些都使莫扎特的寿命大大缩短，使他在35岁风华正茂时因肺痨而死。

莫扎特的葬礼是最简单、最俭朴不过的，一共只花了3.1美元。起初，还有6个人抬着他那简陋的棺材送殡，可是走到中途时，突然下了一阵大雨，竟把这6个人也冲了回去，可是莫扎特的灵柩永远孤零零地、孤零零地……

你认为莫扎特的遭遇是不是太可怜了？不，许多伟大的音乐天才，他们的身世和莫扎特差不多。据桑弗德告诉我，他的密友维克多·赫伯特第一次来美国时，身上只有一件衬衣，因此他不论冬夏，每天都只能穿着它，当他的妻子为他洗熨那件衬衣时，他只好躺在床上。但是，他不也是一代大音乐家吗？

以擅长写十四行诗及悬疑小说而闻名的爱·伦坡，是世界文坛上最著名而又最浪漫的天才文学家之一。虽然命运注定让他"忧郁"一生，但是在美国文史上，却留下了这位巨人的辉煌篇章。

爱·伦坡的遭遇确实很不如意：当他在弗吉尼亚州立大学上学时，因为贪赌酗酒而被开除。后来他考进了西点军校，有一次学校要求学生持枪在操场练习，他却一个人躲在房子里写诗，结果被教官发现，送交军事法庭审判，于是被再次开除。

爱·伦坡从小就是孤儿，被一个富有的烟草商人收为养子。可惜的是，他难以博得养父的欢心，终于被养父用棍棒逐出门，和他断绝了关系；甚至这位养父在遗嘱上连一分钱也没有留给他。说起爱·伦坡的婚姻，更是文学史上最为多彩的佳话。他26岁时，爱上了比他年轻许多的亲表妹维琴妮亚，并且不顾一切地和她结婚。他们结婚时，他穷得身无分文——不过他从来就没有钱，也永远不会有钱。当他和年仅13岁的表妹恋爱时，许多人就劝他早点结束这种悲剧，但事实上，他的恋爱获得了成功，他们结婚了。爱·伦坡是真心爱恋、崇拜他那幼年的太太；而她也对他有一种难以动摇的爱情，他们的婚姻是最幸福美满的。在她的启发之下，爱·伦坡写出了很多优美的诗句。

请不要轻视爱·伦坡的小说与诗句，因为这些作品都值得被称颂为"文学的光荣"和"世界的珍品"！然而，最使我们感到不公平的是，这些不朽的佳作竟不能为他换来足够的面包，这个世界是多么的残酷啊！

爱·伦坡穷得只能租每月3美元的屋子，而且大部分时间连饭钱都没有。他的太太生病在床，但他也没有钱替她买食物。有时候，他俩一整天饿着肚子。当院子里车前草开花时，他们便煮一些车前草来充饥。仁慈的邻居可怜他们，有时会送他们几筐食物。他们怜爱他的诗歌天才，也爱怜她那伟大的爱心。他们尽管穷，但精神上仍是快乐的。

在贫病交加之下，他的妻子维琴妮亚最终没有战胜饥寒，离开了人世，死在他们的小破屋里。这实在是一幕悲剧，如何不让爱·伦坡伤心呢？他整天呆坐着想念维琴妮亚，从白天到夜晚，从夜晚直到梦中，从梦中又到白天……在这样的思念之下，他终于写出了一首前所未有的丈夫对于太太的《爱的称颂》。

爱·伦坡不朽的名诗《乌鸦》也是广为人知的，当初他写了又写，改了又改，足足花费了10年的时间，可是只换来10美元稿酬——如此说来，一年工作的代价仅值1美元吗？据说好莱坞电影明星一分钟的收入，都比爱·伦坡10年的收入还要多。这是真的吗？难道影片比诗更值钱？谁会想到，爱·伦坡耗尽了10年心血写成的《乌鸦》，仅卖了10美元？而且谁又会想到，这首诗的原稿在最近几年售价竟然高达数万美元？为什么我们的天才要在活着时忍饥挨饿？又为什么在他死后以惊人的高价出卖他的原稿呢？还有两个人是值得我们学习的楷模。虽然他们来自社会底层，但是他们使人类实现了飞天梦，而在这个实现梦想的过程中，他们却忍受了无数的挫折——这两人就是飞机发明者莱特兄弟。

在一次偶然的机会，奥维尔·莱特去了一个图书馆，他随意翻了一本书，看到书中讲述的一个故事，说一个法国人李利安·米尔借助一个巨大的风筝飞上了天空。虽然李利安·米尔并没有利用发动机之类的机器，但有一个事实是他已经飞了起来。

那天晚上，奥维尔·莱特独自思考着这个有趣而惊奇的故事，直到半夜也难以入睡。第二天，他把这件事告诉了哥哥韦伯，没想到立即得到了热情支持和赞助，于是他们就开始秘密地研究起飞机来，并且终于完成了这个最大胆的设想，从而使他们兄弟俩的名字永垂不朽。

尽管他们两个人没有受过什么高深教育，也没有进过什么高等学校，但他们凭借着两种比"大学文凭"还要宝贵的东西获得了成功，那就是"智力"和"热情"。

在孩提时代，他们就跑到乡间捡死马死牛的骨头，将这些东西卖给肥料制造厂；他们也曾捡过破铜烂铁，卖给收购旧金属的人。年龄稍大些后，他们合作办过印刷厂，发行过周报，也开过一家修理自行车的小店。总之，不论做什么，他们都在梦想着制造飞机，每逢星期天休息时，他们就仰卧在太阳照耀的山脚下，察看在天空飞翔的各种鸟儿的姿势。这样经过了好多年之后，他们用巨大的风筝做了无数次试验，经历了一次又一次失败，进行了一次又一次改良，终于把自己制造的发动机装在了"飞机"上，试验能否飞行。

1903 年 12 月 17 日，这是一个值得纪念的日子。他们兄弟俩打赌，看谁能先飞上天。结果奥维尔·莱特获胜，"飞机"飞起来了。这一天，天气寒冷，天色阴沉，温度差不多降到零度以下，在一旁观看他们飞行的 5 个人，都在跳动取暖，可是他们俩却连外衣也没有穿就上了"飞机"，以免给"飞机"增加重量。

奥维尔·莱特登上"飞机"，启动发动机起飞的时刻，正好是 10∶35，这神奇的东西竟然真的飞上了天空，还从排气管里冒出白烟，在空中摇摇晃晃地停留了 12 秒钟，然后降落在离起飞点 100 英尺的地方。这真是值得大书特书的事——人类的梦想已经实现了，这是人类第一次像飞鸟翱翔在空中，这真是世界文明发展的一大进步啊！可是，在当时那些目光短浅的人看来，这件事也不过"仅止于此"而已，大家都以为这种像做游戏的平凡事，并不值得重视。难能可贵的是，奥维尔非常谦虚，也很讨厌夸大其辞，所以他既没有写自传，也不愿接见新闻记者，甚至不喜欢照相。他的哥哥韦伯最了解他，曾说过这样的话："鹦鹉虽然是鸟类中最善于说话的，但却不能飞得很高很远！"

韦伯也是一个不爱虚荣的人。有一次，他从口袋里掏手帕时，却掏出了一条红丝带，直到他姐姐一再追问，他才毫不在意地说："哦！我忘了告诉你。这是今天下午法国政府颁发给我的荣誉奖章。"

他们的父亲曾这样忠告过他们：因为家庭经济困难，结婚和从事飞行研究这两件事是不能同时进行的；结果他们选择了飞行研究，并且始终没有结婚。

在我研究过的名人中，女作曲家邦德夫人是我们必须提到的一位重要人物。

邦德夫人的丈夫是弗兰克·邦德医生，有一次他出去替人看病，结果摔倒在冰天雪地里，不久就死了。他只给邦德夫人留下了 4000 美元的保险费、一个独生子以及巨额的负债。向来体弱多病的邦德夫人突然遭此惨变，当然悲恸欲绝，但是她知道，现在必须开始独自一人肩负起家庭的重担。可是，除了管理家庭和抚养孩子的经验以外，她还能做什么呢？许多人都可怜她，也愿意帮助她，但都被她婉言谢绝了。

她带着唯一的爱子，来到芝加哥，终止了和各位亲友之间的往来，准备和命运抗争。她起先做了些买卖，结果完全失败了。后来，她开始写些歌曲，但出版商们不愿出版。15 年后，邦德夫人完成了一首新曲《一日终了》，想不到从此一鸣惊人。此曲在很短时间内便卖出了 600 万份，她也因此而一次获得 25 万美元报酬。

你们羡慕她吗？但是要知道，这可是经过 15 年的艰苦而长期的奋斗才得到的啊。她刚开始作曲时，即使 5 美元一曲也没有人要。那时，她付不起房租；到了冬天，因为天冷而整天不敢离床，因为她连买木柴的钱都没有。从此以后，她更穷了，每天只能吃一餐饭，而讨债的人却接连不断，搬走了她屋中的全部家具，只给她留下一点点的生活费。

她坚忍地在艰苦的环境下奋斗，依然不间断地作曲。在此期间，她穷得买不起稿纸时，就用包东西的纸作曲；没钱买油点油灯时，就在微弱的烛光下写作。

邦德夫人永远也不能忘记的是，在她第一次去游艺会演唱时，竟遭到了听众的辱骂，这太让她难堪了。她立刻从后台溜到街头，既没戴帽子，也没有穿大衣，伤心得泪流满脸。但她并没有灰心，而是更加努力地督促自己。10多年后，她终于实现了目标，真正扬眉吐气、芳名远传了。无论是在老罗斯福总统时代，还是在哈定总统时代，邦德夫人都被邀请到白宫，为贵宾们演唱，而且还不止一次。

因此，如果你想通过自己的实际行动来获得终身益处的话，就请记住第八项法则：树立人生的学习楷模，善于向伟大人物学习。

克服忧虑快乐生活的故事

克服自卑的心理

美国前参议员　艾玛·托马斯

在我15岁时，经常遭受烦恼、恐惧、自卑的折磨。当时我的身高相对我的年龄来说实在太高了，而且我瘦得像竹竿一样。我身高6.2英尺，而体重只有118磅。虽然我长得这么高，但身体却很弱，一直都不能和其他男孩在棒球或田径比赛上竞争。他们嘲笑我，叫我"瘦脸"。我十分忧愁，非常自卑，几乎不敢见人。而我确实也很少与人见面，因为我们的农场离公路很远，四周全都是茂密的树林。我们的住处离公路有半里远，所以我经常是一连七八天都看不到陌生人，只能看见我的父母和兄弟姐妹。

如果我被动地让这些烦恼和恐惧打击我，那么我可能终生都是一个失败者。每一天的每一小时，我总是在担心自己那高瘦虚弱的身体。我无法想其他事情。我的自卑与恐惧如此严重，简直难以描述。我母亲知道了我的感觉。她曾经当过学校老师。她对我说："孩子，你应该去读书。你应该靠你的大脑生活，因为你的身体不好。"

由于我父母没有能力送我去读大学，因此我知道自己必须努力奋斗。有一年冬天，我去打猎：铺设陷阱捕捉负鼠、臭鼬、貂和浣熊。到了春天，我把这些兽皮卖了4美元，然后用那些钱买了两头小猪。我先用流质饲料喂养小猪，然后改用玉米。第二年秋天，两只猪卖了40美元。我带了这笔钱，到位于印第安纳州丹维市的中央师范学院。我每周的伙食费是1.4美元，房租每星期是0.5美元。穿着母亲给我缝制的棕色衬衫。（显然，她用棕色布是因为不容易脏。）我穿了一套以前父亲穿的西服——父亲的衣服我穿不合身。我脚上穿的那双鞋也是父亲的，同样不合适——那种鞋子两侧有松紧带，你一拉紧它们就松开，但是父亲那双鞋的松紧带早就没了弹性，加上前端又很宽松，因此我一走起路来鞋子就会从脚上掉下来。我觉得很难堪，不敢和其他学生往来，所以独自一人关在房间看书。当时我最大的欲望就是有能力买一些衣服，既合我身材，又不会让我感到羞耻。

没过多久，发生了几件事，使我克服了忧虑和自卑感。其中一件事不仅给了我勇气、希望和信心，还完全改变了我以后的生活。我简单描述一下这几件事。

第一件：在进入师范学院8个星期之后，我参加了一项考试，获得一份"三等证书"，这样我就可以在乡村公立学校教书。说得更明确一点，这份证书的期限只有6个月，但它可以使别人对我有信心——这是除了我母亲之外，第一次有人对我有信心。

第十篇

如何在当众讲话中
克服恐惧建立自信

第65章 获得演讲的基本技巧

我于1912年，也就是"泰坦尼克号"沉没在北大西洋冰海的那一年，开始教授当众讲话这门课程。如今，已经有75万名多学员从我这里毕业了。

当众讲话教程的第一堂课是示范表演。一些学员会上台讲他们为什么选这门课程，以及期望从这一训练中学到什么。尽管每个人都有不同的说法，但大多数人的原因和基本需求几乎如出一辙："面对众人讲话时，我会觉得浑身不自在，总担心不能清晰地思考，不能集中精力，甚至不知道自己究竟想说什么。我希望获得自信，能随心所欲地思考问题，逻辑清晰地归纳自己的思想，在商业场合和社交场合侃侃而谈，思路清晰而又不乏语言魅力。"

这番话听起来不觉得耳熟吗？你是否有过这种心有余而力不足的感觉？你不希望自己在演讲时口若悬河，侃侃而谈，令人折服吗？现在你正在翻开这本书，说明你也希望获得这种成功演讲的能力。

我知道你想说什么。我猜想你一定会问我："卡耐基先生，你真的认为我能培养自信，面对众人而口齿流利地对他们演讲吗？"

我这一生几乎全都用于帮助人们消除恐惧、培养勇气和自信。在我班上发生的种种奇迹，可以写出几十本书。因此，你问的问题不在于我"认为"；如果你能根据书中的方法和建议去练习，那么你一定能做到。

为什么站在众人面前就不能像坐着那样冷静地思考呢？为什么当众站起来讲话，你的胃部就会翻腾，身体就会不停地发抖呢？这些问题肯定是可以克服的，只要接受训练和练习，你就会消除面对听众的恐惧，并充满自信。

这本书将帮助你实现这一目标。它不是一本普普通通的教科书。它既不罗列一大堆说话的技巧，也不教你如何出声发音，而是致力于用具体的方法来训练人们如何成功演讲。它以你现有的基础为起点，逐渐使你成为自己想成为的人。而你所需要做的就是合作——遵循书中的各种建议，并将它们应用于一切需要说话的场合，并且坚持不懈。

为了从本书中获得最大教益，并对它有一个快速了解，以下4条指南十分有用。

一、学习别人的经验，激发自己的勇气

不论是否处于被囚禁的状态，没有任何一种动物是天生的大众演讲家。在历史上某些时期，当众演讲是一门精致的艺术，要求谨遵修辞法与优雅的演讲方式，因此想成为一名优秀的演讲家十分困难。但现在我们却将当众讲话看做一种范围有所

扩大的交谈，从前边说边唱的演讲方式和如雷贯耳的声音已经永远过去了。我们无论是在晚餐聚会上，还是在教堂做礼拜，在家里看电视、听收音机，都更愿意听到率真的语言，根据常理来思考，诚恳地交流，而不是对着我们夸夸其谈。

当众讲话并不是一门封闭的艺术，它并不像许多教科书中所说的那样，必须经过多年的美化声音以及艰苦的修辞训练之后才能掌握。我的教学生涯几乎全都致力于向人们证明：当众讲话很容易，只要遵循一些简单却又重要的规则就可以。当我于1912年在纽约市第125大街的青年基督教会开始成人教育时，和最初的学员一样懵懂无知。我最初教这些课的方法和我自己在密苏里州华伦堡学院所接受的教育大同小异。但我很快就发现自己错了：我竟然将那些商场人士当成了大学新生。我发现以演讲大师韦伯斯特、巴克、皮特及欧·康奈尔等人为模仿的例子，对他们毫无裨益。我的学员需要的是在下次商务会议上有足够的勇气站起来，做一番明晰而连贯的报告。于是，我抛掉了教科书，站在讲台上，只教给他们一些简单的概念，直到他们的报告词达意尽，充满自信。这个办法果然有效，因为他们毕业后又回来学习了。

我希望大家有机会去我家或我在世界各地的代表的办公室，看看学员寄给我的信。这些信来自企业界的领袖，他们的大名常常见诸各大报纸，如《纽约时报》和《华尔街日报》，有的来自州长、国会议员、大学校长和娱乐圈明星，还有更多的信来自家庭主妇、牧师、教师和青年男女，他们全都是一些默默无闻的普通人，以及企业中已经接受训练或尚未接受训练的主管人员、技术娴熟或生疏的工人、工会成员、大学生和职业女性。所有这些人都觉得自己需要足够的自信心和在公众场合表达自己的能力。他们在这两方面都取得了一定成效而心存感激，所以给我写信表示感谢。

当我开始写这本书的时候，有一个人立刻闪现在我的脑海里。在我教过的几千名学员中，我对他的印象很深。根特先生是费城一名成功的企业家，刚参加我的训练班不久就邀请我和他共进午餐。在餐桌上，他倾身向前，对我说："卡耐基先生，我曾有许多机会在公众场合说话，但我总是试图逃避。现在我是一家大学的董事会主席，必须经常主持各种会议。你认为我在迟暮之年是否还能学会当众讲话？"

由于在我的训练班上像他这样的人很多，因此，我向他保证，他一定能够成功。

大约3年后，我们又一次在企业家俱乐部共进午餐。我们在以前那个餐厅的同一张桌上吃饭，又谈起了从前谈过的话。我问他我的预言是否实现了，他微微一笑，从口袋里面掏出了一个红色的小笔记本，向我展示了未来几个月已经预定的演讲日程表。"有能力做这些演讲，"他承认，"演讲时所获得的快乐以及我能为社会提供更多的服务——这些都是我人生中最高兴的事。"

事情还远不仅于此。根特先生还得意地告诉我，他所在的教区曾邀请英国首相来费城演讲，负责向人们介绍这位旅美之行的杰出政治家的人不是别人，正是根特先生。

正是这个人，3年前还在这张桌子旁问我，他将来是否能够当众畅谈自如？

还有另外一个例子：已故的格力屈公司董事长大卫·格力屈先生，有一天到我的办公室说："在我的一生中，每次面对众人讲话时总是惊恐万状。而我作为董事长，又不能不主持会议。我和各位董事都十分熟悉；大家围着桌子谈话时我能够对答如流。但是当我站起身时，就会有一种恐惧，一个字也说不出来。这种情况已存在多年了。我现在想知道你是否能给我一些帮助。我觉得十分严重，这种情况持续多年了。"

"噢，"我说，"既然你怀疑我是否能给你帮助，那你为什么还来找我呢？"

"只有一个原因，"他回答说，"我有一个会计，他专门为我处理私人账目。他原本是一个害羞的小伙子，每天进自己的办公室时必须经过我的办公桌。许多年来，他一直都是蹑手蹑脚的，十分小心，双眼紧盯着地面，也难得说一个字。但是他最近却改头换面了，变得神采奕奕，走进办公室时也敢抬头挺胸了，并且还大大方方地问候我。我对他的这种变化十分惊讶，于是问他为什么会发生这种改变。他告诉我说他参加了你的训练课程。正是因为我亲眼目睹了这个小伙子的改变，我才来寻求你的帮助的。"

我对格力屈先生说，如果他能定期来上课，并且按照我的要求训练，不出几个星期，他就敢在大众面前讲话了。

"如果你真的能改变我，"他回答说，"那我可真的是全美国最快乐的人了。"

他坚持上课，并且进步神速。3个月后，我请他参加了一次宴会，地点是在阿斯特饭店舞厅，参加者有3000人。我让他谈谈在演讲训练中的获益情况。由于他事先有约会，他对自己不能前来表示歉意，但是第二天他又给我打电话说自己要来。他说："我把约会取消了。我很高兴为你演讲。我要告诉人们这次训练带给我的好处，用我自己的故事来激励人们，消除那正在摧毁他们生活的恐惧。"

我只让他讲两分钟，结果他面对3000人说了11分钟。

类似的奇迹，我曾在班上亲眼目睹过几千次。我看到了许多人的人生也因为参加了这项训练而得以改观：一些人获得了梦寐以求的提升，而另一些人则在商场、工作和沟通中大大获利。有时候，一场演讲就足以办成一件重要的事情。我们来看玛利欧·拉卓的故事。

几年前，我意外地收到了一封寄自古巴的电报。电报中说："除非你给我发电报阻止我，否则我将立即赶往纽约，接受演讲训练。"落款人是玛利欧·拉卓。我不知道这个人是谁，从前也没有听说过他。

拉卓先生到了纽约。他说："哈瓦那乡村俱乐部准备为创始人的50岁生日举行庆祝大会，安排我在晚会上担任主持人，并为他颁发纪念杯。虽然我是一名律师，但从来没有公开发表过演讲。一想到要当众讲话我就害怕。如果把事情办砸了，我和我太太该有多难为情啊！这将会大大影响我在我的委托人面前的形象。因此，我特意从古巴来向你求助。但我只能待3周。"

在那3周时间内，我让拉卓先生从一个班换到另一个班，每晚都要作三四次演讲。3周之后，他在哈瓦那乡村俱乐部的盛大宴会上发表了一场演讲，这场演讲如此精彩，《时代周刊》还专门在国外新闻栏目中做了特别报道，称他为"银舌演讲家"。

听起来像是奇迹，是吗？它的确是一个奇迹——20世纪的人们克服恐惧的奇迹。

二、时刻不忘自己的目标

当根特先生说到他新掌握的当众讲话的技巧给他带来的极大乐趣时，我认为这也正是他获得成功的原因（这一因素比其他因素更为重要）。他的确遵循了我们的指导，毫不懈怠地完成了任务。但是，我相信他之所以能坚持下来，完全是出于一种自我需要，他想让自己成为一名成功的演讲家。他将自己投入未来的良好形象中，然后不懈地努力，终于梦想成真。这也是你必须做的。

集中全部精力，时刻不忘自信与侃侃而谈的演讲能力，对你而言十分重要：想想由此结交的朋友在社交方面对你的重要性，想想自己为大众、为社会服务的能力将大大增强，想想它对你的人生和事业所产生的深远影响。总之，它将为你领袖群伦铺平道路。

国家现金注册公司董事会主席、联合国教科文组织主席艾林，在《演讲季刊》中发表了一篇文章《演讲与领导在事业上的关系》。他说："在历史上从事商业的人当中，有不少人是凭借在演讲方面的杰出表现而获得赏识的。许多年前，有一位青年，他当时主管堪萨斯一个小分行，但是当他发表了一场精彩的演讲之后，今天成了我们公司负责业务的副总裁。"我正好还知道，这位副总裁是现任国家现金注册公司总裁。

能够从容不迫地站起来演讲，将使你的前途不可估量。我的一名学员亨利·布莱克斯通是美国舍弗公司的总裁。他说："和别人进行有效的交谈，并争取他们的合作，是我们所寻找的追求进步的人应具备的宝贵财富。"

想想，当你充满了自信，站起来与听众共同分享你自己的思想和感觉时，该是多么的满足和舒畅啊！我曾多次做环球旅行，深知一个道理，那就是用语言的力量影响全场听众的那种愉悦感是其他任何事物都不能相比的。你会有一种力量感、一种强大感。有一位毕业生曾这样说："在演讲开始的前两分钟，即使用鞭子抽打我也无法开口。但到结束前的两分钟，我情愿挨枪子儿也不愿停下来。"

现在，闭上你的眼睛想象一下：面对听众，充满自信地走上演讲台，听听开场后全场的鸦雀无声，感觉一下听众在你深入浅出、一语中的的那种全神贯注，感受一下当你离开演讲台时听众热烈的掌声，并带着微笑接受大家对你的赞赏。请相信我，这里有一种魔力和一种永难忘怀的惊喜。

哈佛大学最卓越的心理学教授威廉·詹姆斯曾写过 6 句话，它们对你的一生可能会产生深远的影响。这 6 句话就是阿里巴巴勇探藏宝穴的开门秘诀：

不论什么课程，只要充满热情，就可以顺利完成。

如果你对结果足够关注，你就一定会得到它。

只要你想做好，你就一定能做好。

如果你渴望致富，你便会拥有财富。

如果你想博学，你就会学富五车。

只有真正地渴望这些事情，你才会心无旁骛，而不会白费心思、胡思乱想许多不相干的杂事。

学习有效地当众讲话，其好处不仅仅是可以做正式的公开演讲。事实上，即使你一辈子都不需要正式公开演讲，但接受这种训练仍有许多好处。例如，当众演讲训练可以帮助你培养自信。因为一旦你发现自己能够站起来，有条不紊地对着众人说话，那么当你和别人谈话时，一定会更有信心和勇气。很多来上我的"高效演讲"课程的人，大多是因为在社交场合中感到害羞和拘束。当他们发现自己站着和同事讲话天也不会塌下来时，便会发现自己的拘束是多么可笑。他们在训练中培养出来的自然洒脱，让他们的家人、朋友、事业伙伴和顾客刮目相看。许多毕业的学员也都是因为看到身边的人个性发生了巨大的变化才来上课的。如格力屈先生就是这样。

这种类型的训练，也会在不同方面影响人的个性，但不会立即显现出来。不久前，我曾问大西洋城一位外科医生、美国医学会会长大卫·奥尔曼博士，就心理和生理健康而言，接受当众演讲训练有什么好处？他笑着说："回答这个问题，最好是开一个处方，这个处方在药房里是抓不到药的，每个人得自己给自己配药；如果他认为自己不行，那他就错了。"

我桌上就放着这份处方，我每读一次，就觉得有所收获。以下便是奥尔曼博士开的处方：

努力培养一种能力，让别人走进你的脑海和心灵。试着面对单独的人，或者在大众面前清晰地表达你的思想和理念。当你通过这种努力获得进步时，你便会发觉：你——你真正的自我——正在塑造一个别人以前从未见过的崭新的形象。

你可以从这个处方中获得双倍的益处。当你试着和别人讲话时，你的自信心也会随之增强，你的性格也会变得越来越温柔、美好。这就意味着你的情绪已经渐入佳境。既然情绪渐入佳境，那么身体也就会随之好起来。在我们这个世界，不论男女老少都需要当众讲话。我并不清楚这在工商业中究竟会带来什么利益，但我听说它们有无穷的好处。不过我的确了解它对于健康的益处。只要一有机会，就对几个人或许多人说话——你将会越说越好，我自己就是这样。同时，你会感到神清气爽，觉得自己完美无缺，而这是你从前所感受不到的。

这是一种美妙的感觉，没有任何药物能给你这种感受。

因此，第二项指南便是想象你自己正在成功地做着你目前所害怕的事，想象你已经能够当众说话并且被接纳，由此获得了很多益处。牢记威廉·詹姆斯的话："假如你对结果足够关心，你一定会实现它。"

三、下定成功的决心

有一次在一个广播节目中，我被要求用 3 句话来说明我曾学到的最重要的一课。我是这么说的："我所学过的最重要的一课，就是我们的思想非常重要。如果我知道你的所思所想，就能了解你这个人，因为正是你的思想造就了你。通过改变我们的思想，就能改变我们的一生。"

　　你的目标已经指向了建立自信和进行有效交谈。那么，从现在开始，你就要积极地设想自己的这些努力终将会成功。你必须对自己当众演讲的努力成果保持轻松乐观的态度。一定要把你的决心烙在每个词句、每项行动上，竭尽全力培养这种能力。

　　这里有一个故事，可以作为这一观点强有力的证明：

　　任何人如果希望迎接语言表达的挑战，就一定要具备坚毅的决心。这个故事里的这个人，现在已经登上了企业最高层而成为商界的传奇人物。但是他在大学第一次站起来讲话时，却因为不善言辞而失败了。老师规定每个人5分钟的演讲，他讲了不到一半，就脸色发白，不得不含着眼泪匆匆走下讲台。

　　虽然有这样的不幸经历，但他不甘心被击倒。他决心要成为一个优秀的演讲家，并且不懈地努力，最终成为世人尊敬的政府经济顾问。他叫克劳伦斯·蓝道尔。在他富有思想性的作品之一——《自由的信念》中，他提到了当众演讲的情况："我的演讲安排十分紧凑，要参加各种聚会，如厂商协会、商务部、扶轮社、基金筹募会、校友会以及其他团体举办的聚会。我曾在密歇根州的艾斯肯那巴发表爱国主义演讲，谈到我投身于第一次世界大战；我还和米基·龙尼进行巡回慈善演讲，与哈佛大学校长詹姆士·布朗特·柯南及芝加哥大学校长罗伯特·哈钦斯进行教育宣传；我甚至还曾以糟糕的法语发表过一次餐后演讲。

　　"我认为我了解听众想听什么，以及他们喜欢听到这些内容如何被讲出来。对于肩负重任的人来说，这里面的窍门就是，只要愿意学，就没有什么学不会的。"

　　我与蓝道尔先生深有同感。成功的决心，正是决定了你能不能成为一个有效说话者的关键因素。如果我了解你的心思，知道你的意志强度，以及你是否有乐观的态度，那么我就几乎可以准确地预测你在改进沟通技巧上会有多快的进步。

　　在我中西部的一个班上，一位学员在第一天晚上就站起来信心十足地说，他不满足于当一名房屋建造商，他要做"全美房屋建筑协会"的发言人。他最想做的是在全国各地奔走，将他在房屋建筑业中遭遇的问题与获得的成就告诉人们。乔·哈弗斯蒂真的说到做到，他也正是那种让老师高兴的学生，有着狂热的追求。

　　他想讲的，不仅仅包括地方性的问题，还包括全国性的问题。对于这个想法，他没有三心二意，而是详细地准备自己的演讲，并认真地练习，从没有耽搁一堂课，即使是遇上一年中最忙的时节，他仍然一丝不苟地按照要求去做——结果他的进步连他自己都感到吃惊。在两个月内，他就成为班上的佼佼者，被选为班长。

　　大约一年以后，在弗吉尼亚州的诺佛克市管理这个班的教师这样写道："我已经完全忘了来自俄亥俄州的乔·哈弗斯蒂。有一天早晨，我正在吃早餐，我打开了《弗吉尼亚指南》，里面竟然有一幅乔的照片和一篇称赞他的报道。前天晚上，他在一次地区建筑商的盛大聚会中发表了精彩的演讲。我看到这时的乔可不仅仅是全国房屋建筑协会的发言人，简直就是会长！"

　　因此，要想成功演讲，就必须有强烈的欲望：高度的热忱，翻越高山的坚强毅力，以及相信自己一定会成功的决心。

当尤里乌斯·恺撒从高卢奔驰而来，穿越海峡，率领他的军团登陆英格兰时，他是怎样确保自己的军队成功的呢？他想出了一个非常聪明的办法：他把军队带到了多佛海峡的白岩石悬崖上，让士兵们望着自己脚底下两百英尺的海面上，曾运送他们渡海的船只被火焰吞没。由于置身敌国，与大陆的最后联系已经断绝，退却的工具已经被焚毁，唯一可做的事情就只有前进！征服！恺撒和他的军团就这样成功了。

这正是不朽的恺撒精神。当你想征服面对听众的恐惧时，为何不把这种精神用于自己身上呢？把消极思想全都扔进熊熊烈火中，并把身后通往犹豫退缩的大门紧紧关上。

四、抓住一切练习演讲的机会

第一次世界大战前，我在第 125 大街青年基督教协会教的课程已经有了变化，不再像当年的情况。每年都会有新观念加入课程，而那些旧思想则被淘汰。但是有一点却一直没有改变，那就是每个学员至少要当众演讲一次，很多时候都是两次。为什么这样做呢？因为不当众说话，谁都不可能学会如何当众演讲，这好比一个人不下水就永远学不会游泳一样。就算你读遍了所有关于当众演讲的著作，包括本书，也仍然开不了口，对你也没有任何帮助。本书只是指引，你得付诸实践。

当有人问萧伯纳是如何获得气势逼人的当众演讲的经验时，他说："我借鉴了自己学滑冰的方法——固执地让自己一个劲儿地出丑，直到学会为止。"萧伯纳年轻时，是伦敦最胆小的人之一，当他去找人时，常常在走廊上徘徊20分钟或更长时间，才敢鼓起勇气敲门。他承认："很少有人仅仅因为胆小而痛苦，或者深深地为它感到羞耻。"

终于，他无意中使用了最好、最快而且最有效的方法来克服羞怯、胆小和恐惧。他决定把这个弱点变成自己最强有力的资本。他参加了一个辩论学会，只要伦敦有公众讨论的集会他都会参加。萧伯纳全身心地投入到社会主义事业中，四处演讲，终于把自己变成了 20 世纪上半叶最有信心，也最出色的演讲家之一。

说话的机会随处都有，你不妨参加一些组织，从事一些需要讲话的工作。你可以在聚会上站起来说上几句，哪怕只是附和他人也好。开会时不要躲在角落里。说话吧！去教堂为人讲道！或者做一个童子军的领队，或者加入一个有机会活跃地参加各种聚会的团体。你只要看看自己周围，便会发现没有哪个工作和活动是不需要开口说话的，甚至连住宅小区里的活动也是如此。如果你不说话，就永远不知道自己会有怎样的进步。

"这些我也都明白，"一位年轻的商务主管曾对我说，"可我总是担心学习的严峻考验。"

"严峻考验？"我说，"赶快丢掉这种想法。否则你永远不会用正确的、征服性的精神来看待这个问题。"

"那是什么精神？"他问。

"就是冒险精神呀！"我告诉他。接着我又对他谈了一些通过当众演讲而获得成功，并且使个性也因此开朗起来的真实例子。

"我也要试试，"他最后说，"我要去从事这项冒险。"

当你继续阅读此书，并将其付诸实践的时候，你也是在冒险。你将会发现，在这项冒险活动中，你的自我引导力量和观察力将会给你帮助。你还会发现，这项冒险会从里到外彻底改变你。

克服忧虑快乐生活的故事

生活中的奇迹

约翰·伯格夫人

烦恼已将我完全击败。我大脑中一片混乱，觉得生活毫无乐趣。我的精神十分紧张，不但晚上睡不着觉，连白天也无法休息。我的3个孩子都和亲戚住在一起，和我隔得很远。我丈夫最近刚从军队退役，一个人住在外地，正准备成立一家法律事务所。我认为自己完全感染了战后恢复时期的那种不安全、惶惑的情绪。

我的情绪影响了我丈夫的事业，以及我们正常的家庭生活，同时也严重影响了我自己的生活。我丈夫找不到房子，唯一的解决方法就是自己建一栋。现在，万事皆备，就等我恢复健康了。我对这种情况知道得越多，越想努力恢复，对失败的恐惧也就越甚。于是，我对任何事情都怀有一种深切的负罪感。我觉得我再也无法相信自己，觉得自己完全失败了。

在最黯淡无助的时期，我母亲帮助了我，使我永远难忘，终生感激。她鼓励我和生活奋斗。她责怪我消极放弃，失去了对神经和大脑的控制。她让我爬起床去拼搏。她说我这是对生活妥协，不敢直面人生，是在逃避生活。

于是，从那天起，我开始振作起来。到了那个周末，我对父母说他们可以回家了，因为我就要恢复了。那时，我完成了一些几乎不可能的工作：我一个人照顾两个幼小的孩子，睡得很好，食欲也开始好转，精神也大有进步。一个星期之后，当他们再来看我时，发现我正在熨衣服，还哼着歌曲。我有一种富裕满足的感觉，因为我已经展开一场自我战斗，而且正在获胜。我将永远记住这个教训……如果情况似乎很难克服，就勇敢地面对它！开始奋斗！永不放弃！

从那时起，我强迫自己工作，让自己沉浸在工作中。最后，我把孩子全部接回家来，和我丈夫一起住在我们的新房子里。我知道我可以恢复，使我这个可爱的家庭有一位健康、快乐的母亲。我将全部身心放在了家庭、孩子、丈夫以及所有事情上——除了我自己。我太忙了，根本没时间去想自己。就在这时，真正的奇迹出现了。

我越来越强健，每天早上起床时都充满喜悦：富足的喜悦，为新的一天到来的喜悦，生活的喜悦。虽然我偶尔也有沮丧的时候，特别是疲倦之时，但我告诉自己，不必在沮丧的时候想那么多——于是，这种情况逐渐越来越少，终于完全消失。

现在，一年之后，我有了一位非常快乐、成功的丈夫，一个美丽的家庭和3个健康快乐的孩子——而我自己，也快乐安详。

第 66 章　培养演讲的信心

"卡耐基先生，我 5 年前来到你举办演讲的饭店，走近了大门却不敢进去。我知道，如果进去参加了训练班，迟早要当众演讲。因此我的手僵在门把上，不敢进去；最后，我只好转身离开了。

"假如当时我知道你能让我轻易克服恐惧，克服那种面对听众的恐惧的话，我就不会浪费这 5 年了。"

说这番肺腑之言的人不是在桌对面讲话，而是正在对大约 200 名听众大发感慨。这是纽约一个培训班的毕业聚会，这位学员发表讲话时，我对他的镇定和自信印象极深。我想，这个人一定能凭借他学到的语言表达能力和自信心，极大地提高处理各项事务的技巧。作为他的老师，我很高兴看到他能勇敢地战胜恐惧。想想吧，如果他在 5 年或 10 年前就战胜了恐惧，那么他现在肯定会有更多的成功和更多的快乐。

爱默生说："和任何其他事物相比，恐惧更能击溃人类。"这是多么让人无奈的事实啊！感谢上天，它使我有能力帮助人们从恐惧中解脱出来。我于 1912 年刚开始授课时，一点也不知道这项训练竟然是帮助人们消除恐惧和自卑的最好方法之一。我发现学习当众说话，是一种天然的方法，它可以帮助人们克服紧张，建立勇气和自信心。为什么呢？因为当众说话让我们控制了自己的恐惧感。

通过多年来的训练，我获得了一些方法，可以帮助你很快克服上台演讲的恐惧，在短短几周练习之后就会有信心。

一、了解当众讲话恐惧的根源

实情之一：害怕当众讲话并不只是个别现象。大学调查表明，上演讲课的学生十之八九刚上课的时候都会有上台的恐惧。在我的成人教育班里，课程刚开始的时候，学员登台的恐惧比例更高，几乎达到了百分之百。

实情之二：一定程度的登台恐惧是有利的。它是让我们具备应付环境挑战能力的自然方法。所以，当你感到自己的脉搏加快、呼吸急促时，一定不要紧张。这是你的身体对外来刺激保持的警惕，它正在为即将到来的行动做准备。假如这种生理上的准备正好适度，你会因此而思考得更快，话也说得更流畅，反而会比在普通情况下说得更精彩。

实情之三：很多职业演讲者都承认，他们从来都没有完全消除登台的恐惧。几乎每一次演讲前他们都会感到害怕，而且会持续到刚开头的几句话。要想当赛马而不当驮马，演讲者必须付出这样的代价。有些演讲者常把自己比喻成"像黄瓜一样冰凉"，其实更确切地说是像黄瓜一样皮厚和富有激情。

实情之四：你之所以害怕当众讲话，主要是因为你不习惯。鲁滨逊教授在《思想的酝酿》一书中说："恐惧源于无知与不确定。"对大多数人来说，当众讲话正是一个不确定的因素，因此心里就不免焦虑和恐惧。特别是对新手来说，这是一连串陌生而复杂的环境，这远比学打网球或开汽车困难。只有通过千万次的练习、练习、再练习，才能把这种恐惧的状况变得单纯而轻松。那时你就会发现，只要有了成功演讲的经验，当众讲话就不再是一种痛苦，而是一种快乐了。

杰出演讲家、著名心理学家阿尔伯特·爱德华·威格玛克服恐惧的故事，自我初读以后就一直激励着我。他说，在读中学时，他被叫起来做 5 分钟的演讲，一想到这件事他就非常害怕。他写道：

"当演讲的日子快要到时，我就病倒了。只要一想到那件可怕的事情，我就会血冲脑门，脸颊发烧，只好跑到学校后边去，把脸贴在那冰凉的砖墙面上，好让脸上的绯红尽快消退。读大学时我还是这样。

"有一次，我小心地背下了一篇演讲词的开头。但是当我面对听众时，脑袋里突然轰的一下，就不知身处何处了。我好不容易才勉强挤出开场白：'亚当斯与杰弗逊已经过世……'然后再也说不出一句话了，我只好向听众鞠躬，在如雷般的掌声中心情沉重地回到我的座位上。校长站起来说：'唉，爱德华，我们听到这则悲伤的消息真是太震惊了。不过，我们会尽量节哀的。'接着是哄堂大笑。当时我真想以死来解脱，然后我又病了几天。

"我在这世上最不敢期望的，就是当一名大众演讲家。"

离开大学一年后，他到了丹佛市。1896 年。掀起了一场"自由银币铸造"政治运动。他对"自由银币主义者"布莱安及其支持者的错误和空洞承诺很不满，因此他把自己的手表当了足够的盘缠，回到家乡印第安纳州。一到那里，他就自告奋勇地就健全的币制发表演讲。听众当中有不少人是他的老同学。"刚开始时，"他写道，"我在大学演讲'亚当斯和杰弗逊'的那一幕又掠过我的脑海，我感到窒息，讲话结巴，什么都忘了。不过，就如乔西·德普常说的那样，听众和我都勉强挺过了绪论部分，这小小的成功鼓舞了我，我继续往下说了自以为大约只有 15 分钟的时间。让我惊讶的是，我说了一个半小时。

"结果，在以后的几年里，我成了让全世界最感惊奇的人。我发现我竟然把当众演讲当成了谋生的职业。我终于体会到威廉·詹姆斯所说的'成功的习惯'的含义了。"

阿尔伯特·爱德华·威格玛终于认识到，要想克服当众讲话的那种灭顶之灾的恐惧，最好的办法就是获取成功的经验，并以此为后援。

要学会当众讲话，应该有一定程度的恐惧，同时你也要学会凭借这种适度的恐惧感，使你说得更好。

即使这种登台的恐惧有时会一发而不可收，造成心灵障碍和言辞不畅、肌肉痉挛，你也不必绝望。这些症状在初学者中都很常见。只要你肯努力，就会发现这种恐惧很快就会减少到适当的程度，成为一种助力而不是阻力。

二、做好适当的准备

几年前，有一位地位显赫的政府官员在纽约扶轮社的午餐会上担任主讲人。大家都在等他介绍他部里的一些情况。

显然，他没有做好准备。他开始想发表一番即兴演讲，结果却不知该说些什么。于是，他从口袋里掏出一叠笔记。然而笔记非常杂乱，就像一卡车碎铁片。他手忙脚乱地翻着笔记，说话时更显得尴尬而笨拙。时间一分一秒地过去，他越来越绝望迷惑。他不停地向大家道歉，还想从笔记里找出一点头绪来。他用颤抖的手端起一杯开水，凑到发干的唇边。此情此景实在是惨不忍睹——他完全被恐惧击倒了，就因为他没有提前做好准备。最后，他只好坐下来。我看到的是一个最没面子的演讲家。他的演讲正像卢梭所说的某些人写的情书："始于不知何所云，止于不知已所云。"

自1912年以来，出于职业原因，我每年都要担任5000多次演讲的评委。这给我上了最重要的一课，就像圣母峰高于群山之上一样：只有做好充分准备的演讲者，才会拥有自信。这好比上战场却带着不能用的武器，或者不带半点儿弹药，又何谈攻城略地呢？林肯说："如果我无话可说，就算是年纪一大把也会难为情的。"

假如你想培养自信，为什么不为演讲做好充分的准备呢？圣约翰说："完全的爱，会将恐惧置之度外。"丹尼尔·韦伯斯特也说，如果他不做好准备就出现在听众面前，就像是没有穿衣服一样。

1. 不要逐字背诵演讲

"充分的准备"是逐字背诵演讲吗？当然不是。为了保护自己，以免在听众面前大脑一片空白，许多演讲者会首选背诵演讲词。一旦犯了这种毛病，就会浪费时间做这样的准备，而这只会毁掉整个演讲。

美国新闻评论家卡腾堡还在哈佛大学读书时，曾参加过一次演讲比赛。他选了一则短篇故事，题目叫《先生们，国王》。他把它逐字逐句背诵下来，并预讲了好几百次。比赛那天，他刚说出题目"先生们，国王"，然后脑子里就一片空白。岂止是空白？简直是一片漆黑。他差点儿吓蒙了。绝望之余，他只好用自己的语言来讲这个故事。当评委把第一名颁给他时，他简直不敢相信。从那天起，他再也不去背诵演讲稿了。这正是他在广播事业上取得成功的秘诀。他只做些简单的笔记，然后自然地对听众谈话。

写好演讲稿并背下来的人，不但浪费时间和精力，而且容易导致失败。我们平时与人说话都是很自然的事，从不会费心思推敲字眼。我们随时都在思考，当思想清晰时，语言就会像我们呼吸的空气，不知不觉地自然流出。

温斯顿·丘吉尔也是通过经验教训才学到这一课的。丘吉尔年轻时也会写讲稿、背讲稿。有一天，他正在英国国会背诵演讲稿，突然思路中断，大脑一片空白。他感到尴尬和羞辱。他重复了一遍上一句，但还是什么也想不起来，他的脸立即变成了猪肝色。他只好颓然坐下。从那以后，丘吉尔再也不背演讲稿了。

如果我们逐字背诵演讲词，面对听众的时候会忘记。而且即使没有忘记，讲出来可能也很呆板。为什么呢？因为它不是发自我们的内心，只是出于记忆。我们私下与别人交谈时，总是会一心想着要说的事，然后直接说出来，并不会特别留心词句。既然我们平时都是这么做的，现在为什么要改变呢？如果我们非要写演讲稿、背演讲词，很可能会重蹈凡斯·布什奈尔的覆辙。

凡斯毕业于巴黎波欧艺术学校，后来成为世界上最大的保险公司之一——平衡人寿保险公司的副总裁。多年前，他应邀在西弗吉尼亚的白磺泉召开的平衡人寿公司代表会议中发表演讲，来自全美的两千名代表参加了大会。当时，他从事人寿保险才两年，可是已经非常成功，所以他被安排发表20分钟的演讲。

凡斯十分兴奋，他知道这会让他声望大增。然而，不幸的是，他却把演讲词写下来再去背。他对着镜子演练了40次，对一切都做了精心准备：每句话、每个手势、每个表情……他认为自己完美无瑕。

可是，当他站起来演讲的时候，他感到一阵恐惧。他说："我在本计划里的职位是……"然后大脑一片空白。慌乱之中，他后退了两步，想重新开始，但脑子里仍一片空白。于是他再退后两步，想再次开始，他这样重复了三次。演讲台有4英尺高，后边没有栏杆，距墙只有5英尺宽。所以，当他第四次后退时，掉下了演讲台，跌进了隔缝中。听众们哄然大笑，有一个人还笑得跌下椅子，滚到了走道上。在平衡人寿保险公司出现这种滑稽表演，可谓前无古人。更让人拍案叫绝的是，听众真的以为这是公司特意安排的助兴节目。平衡人寿公司的一些资深员工现在还津津乐道他的演出！

可是凡斯·布什奈尔的感受如何呢？他亲口对我说，那是他一生中最没面子的事。他觉得万分羞愧，当即写了辞呈。

但是凡斯的上司说服了他，撕掉辞呈，并帮助他重建自信。后来，凡斯成了公司数一数二的演讲高手。不过，他再也不背演讲词了。我们应该以此为鉴。

我听说过很多人都背演讲稿，却不知道有谁把演讲稿扔进废纸篓后，反而说得更生动、更有效果，也更富有人性。其实，扔掉演讲稿，或许会忘掉其中几点，说起来也有些散乱，但至少会更有人情味。

林肯曾说过："我不喜欢听枯燥乏味的说教。当我听人布道时，我喜欢看到他像在跟蜜蜂搏斗。"他喜欢听演讲者自由随意且激情澎湃的演讲。背演讲稿是绝不会表现得跟蜜蜂拼命似的。

2. 预先汇集整理你的思想

那么，准备演讲的恰当方法是什么呢？很简单：要留心生活中那些有意义的、曾经给过你人生指导的经验，然后对这些经验中的思想、理念、感悟等进行汇集整理。真正的准备，是对演讲题目的思考。查尔斯·雷诺·布朗博士多年前曾在耶鲁大学演讲时说："谨慎思考你的题目，酝酿成熟之后，它会散发出思想的馨香……再把这些思想简要地写下来，表达清楚概念即可……通过这样的整理，那些零散的片断就很容易安排和组织了。"这听起来并不难吧？事实上也确实不难，只需要一点专注和思考就行了。

3. 在朋友面前预讲

当你准备好之后，要不要试讲一下呢？完全必要。这可以保证万无一失。用日常交谈的话语，把你的想法告诉朋友或同事，没有必要全部讲出来，只需要在吃午餐时朝他倾过身去，这样说："乔，你知道我那天遇到了一件不同寻常的事。我想告诉你。"乔可能愿意听你的故事。这时你要观察他的反应，听听他的想法，说不定他会给你提出有价值的建议。他并不知道你是在预演，而且即使知道也没关系，他或许会说"聊得真痛快"。

杰出的历史学家艾兰·尼文斯对作家也有类似的忠告："找一个对你的题材感兴趣的朋友，把你的想法详尽地告诉他。通过这种方式，你可以发现可能遗漏的见解、无法预料的争论，并找到最适合讲述这个故事的形式。"

三、给予积极的暗示

在第一章，你可能还记得这句话被用来指导建立对当众讲话训练的正确态度。现在你又面临用同样的法则去完成特定的目标，那就是将每一次演讲的机会当成一次成功的体验。有3种方法可以实现这一目标。

1. 确信自己的题目有意义

题目选好之后，根据计划进行整理，并和朋友聊聊，但这样的准备还不是很充分。你还要让自己确信这个题材是有意义的，必须具备坚定的态度，以此来激励自己，坚信自己。怎样才能让自己确信这一点呢？这就要详细研究题材，抓住更深层的意义，问你自己，你的演讲将如何帮助听众在听过你的演讲之后会成为更优秀的人。

2. 避免想那些使你不安的事情

举例来说，假如你设想自己可能会犯语法错误，或中间突然讲不下去，这些消极想法很可能会使你在开始之前便没有了信心。演讲之前，尤其重要的是要将注意力从自己身上移开。集中精力听别的演讲者在说什么，把全部身心放在他们身上，这样就不会给你造成过度的登台恐惧了。

3. 自己给自己鼓气

除非有可以为之牺牲的远大目标，否则每一位演讲者都会对自己的题材产生怀疑。他会问自己是否适合这个题目，听众会不会感兴趣等，因此很可能一念之间就更改题目。这时候，消极的思想极有可能彻底毁灭自信，所以你应该给自己打气，用清晰明确的话告诉自己：这次演讲很适合你，因为它来自你的经验，来自你对生活的思考；告诉自己，你比任何一个听众都更适合做这番特殊的演讲；你也会全力以赴把它说清楚。这是一种古老的自我暗示法吗？也许是。但现代实验心理学家都同意，这种由自我暗示而产生的动机，即使是假装的，也会成为人们快速学习的最有力的诱因之一。那么，根据事实所做的真诚的自我激励，效果就会更好了。

四、表现得信心十足

美国最著名的心理学家威廉·詹姆斯曾作过这样一番论述：

"行动似乎产生于感觉之后，但事实上却是与感觉并行的。行动在意念的直接控制之下，通过制约行动，我们也可以间接地制约不受意念直接控制的感觉。因此，假如我们失去了自然的快乐，那么，变得快乐的最佳方法就是快快乐乐地坐着或者说话，好像快乐本来就存在一样。如果这种方法还不能让你快乐，那就没有别的办法了。所以，要让自己感觉很勇敢，就要表现得真的勇敢，运用所有的意念去达到这个目标，那么勇气就很可能会取代恐惧。"

接受詹姆斯教授的忠告吧。为了培养勇气，面对观众的时候，不妨表现得你已经拥有了勇气。当然，除非你做好了准备，否则再怎么表现也不起作用。如果你对自己要讲的内容已经了然于胸，那就轻松地走出来，做一次深呼吸。深呼吸30秒，可以给你提神，给你信心和勇气。杰出的男高音简·德·雷斯基常说，如果你气充于胸，可以"胸有成竹"，紧张就会消失。

身体站直，看着听众的眼睛，然后开始信心十足地演讲，好像他们每个人都欠你的钱，他们聚在那儿只不过是请求你宽限还债的时间。这种心理作用将会对你大有帮助。

如果你怀疑这种理论，可以找我班上任何一个同意这种观点的学员谈谈，不出几分钟，就会让你消除疑虑。如果你没有机会和他们交谈，就听听一个美国人说的话吧。他常常被视为勇气的象征。他也曾经非常胆小，通过这种自我鼓励的训练之后，才成为最勇敢的人——他便是反托拉斯斗士、常常左右听众、挥舞着巨杖的美国总统西奥多·罗斯福。

他在自传里说："小时候我总是病快快的，又很笨拙。年轻时，我最初既紧张又没有自信，因此不得不艰难而辛苦地训练自己，不只对身体，而且对灵魂和精神进行各种训练。"

幸运的是，他揭示了自己蜕变的经过："孩提时代，我在马利埃特的一本书里读到一段话，给我的印象极深。这段话中，一艘小型英国军舰的舰长向别人讲述如何才能做到无畏无惧。他说：刚开始的时候，每个人想有所行动，但都会感到害怕。应该学会驾驭自己，让自己表现得好像毫无畏惧。这样持之以恒，原先的假装就会变成事实，通过这种练习，就会在不知不觉中真的变成无所畏惧的勇者。

"这便是我训练自己的理论依据。刚开始的时候，我害怕的事情太多了，从大灰熊到野马，还有枪手，可是我故意假装不怕，慢慢的我就真的不再害怕。大家若是愿意，也能像我一样做到。"

克服当众讲话的恐惧，对我们做任何事情都会产生极大的影响。那些敢于接受这项挑战的人，会发现自己的人品正渐臻完善，战胜当众说话的恐惧会使自己脱胎换骨，进入更丰富、更美满的人生。

有一位推销员这样写道："在班上站起来几次之后，我觉得可以应付任何人了。一天早上，我走到一个平时特别凶悍的买主面前，当他还没来得及说'不'时，我已经把样品摊开在他的桌上了。结果他给了我一份最大的订单！"

一位家庭主妇也说："原来我不敢请邻居来我家里，我怕和客人不能融洽地谈话。但是上了几次课并站起来讲话之后，我决定开一次家庭舞会。那次舞会非常成功，我往来于宾客之间，尽情地与他们谈笑。"

在一个毕业班上，一名职员说："我很害怕和顾客说话，每次总是战战兢兢的。在班上演讲几次之后，我觉得有自信而且从容不迫了。我开始理直气壮地说出不同的意见。我在班上演讲后的第一个月，销售业绩便上升了45%。"

他们发现，他们已经能够很容易地克服恐惧或焦虑；从前可能失败的事现在却成功了。你也会发现，当众讲话会让你满怀信心地面对每一天的献礼。你也可以获得一种新的胜利感，迎接生活的挑战。那么，那些曾经接二连三袭来的困境，就会变成生活中增添情趣的愉快的挑战。

第67章 简单而有效的演讲方法

我平时很少看电视，但最近有一位朋友建议我看看下午的某个电视节目，这个节目是专门针对家庭主妇的，收视率很高。这位朋友之所以让我收看，是因为他认为该节目中的观众参与可能会引起我的兴趣。的确如此，我看了几次，很欣赏那位主持人请观众参与谈话的方式，而观众的说话方式也引起了我的注意：这些人显然都不是职业演讲家，而且也没有受过什么沟通艺术方面的训练，甚至语法很差，还说错字。可是他们全都说得十分有趣，他们说话时似乎全没有那种上镜头的恐惧，还能吸引观众的注意力。

这是为什么呢？我找到了答案，因为我后来长期在训练中采用这种方法。这些普普通通的男人和女人，抓住了全国电视观众的注意力，他们谈的是自己：自己最困难的时刻，自己最美好的回忆，或是最初与自己的妻子或丈夫约会等。他们根本就没有想到什么绪论、正文和结论，也不在乎遣词造句，然而他们却获得了观众的赏识，他们完全倾注于他们所要说的事情。我认为，以下这些正是当众讲话要掌握的3个简单而有效的法则。

一、讲述自己的亲身经历或知识

那些观众自己活生生的故事，使那个电视节目变得生动有趣，他们谈的全都是自己的亲身经历和自己精通的知识。如果他们被要求解释共产主义或描述美国的组织结构，想象一下这个节目会是多么单调乏味！但这正是无数演讲者在许多聚会中常犯的主要错误。他们认为必须讲一些自己毫无个人经历或个人兴趣与关注的东西。他们会随便拿出一个如爱国主义、民主或公正的题目，然后花上几小时无头绪地搜索什么格言集或各种场合的演讲者手册，又将他们曾在大学上的政治课中记住的一些模糊不清的通俗性概念拼凑在一起，然后上台发表一次毫无意义的冗长演讲。这些演讲者不知道，听众可能对产生这些高扬在上的概念的真实故事更感兴趣。

几年前，卡耐基成人教育班的教师们在芝加哥的康拉德·希尔顿大饭店聚会。一位学员是这样开场的："自由、平等、博爱，这些都是人类词典中最伟大的思想。没有自由，生命就没有存在的价值。设想一下，如果我们的行动处处受到限制，将是一种什么样的生存状况？"

他讲到这儿的时候，指导教师立即请他停止，问他是否有什么证据或亲身经历可以支持他刚才所说的观点。于是，他讲了一个动人心弦的故事。

他曾是一名法国的地下革命者，他讲了他和家人在纳粹统治下受尽屈辱。他以生动形象的语言，描述了自己是如何躲过秘密警察的追捕逃到美国的。最后他说："今天，当我从密歇根街来到这家饭店时，可以自由地来去。我经过一位警察身边时，他也并不注意我。我可以不用出入卡就可以走进饭店。会议结束之后，我可以按自己的意愿去芝加哥的任何地方。因此，请相信，自由是值得奋斗的。"他刚一说完，就获得了全场起立欢呼。

1. 阐释生命对自己的启示

演讲者阐释生命的启示，绝不会没有人愿意听。但是经验也告诉我，这个观点很不容易让人接受——因为人们会极力避开个人经历，认为这些事情太琐碎、太局限。他们宁愿说一些一般概念或者哲理，可惜这些更让平凡的我们无法接受。这好比我们渴望新闻，可是他们却给我们社论。我们并不反对听社论，但是这应该由那些有资格的人来说，例如报纸编辑或发行者。因此，还是谈谈生命对你的启示吧，我将会成为你的忠实听众。

据说爱默生总是喜欢听人谈话，而不论其地位多么卑微，因为他觉得自己可以从任何人身上学到一些东西。我听过的成人谈话，或许比任何人都多。说实话，一个演讲者叙述生命给他的启示时，不论他说的多么琐碎、多么微不足道，我从不会觉得厌烦。

例如，几年前，我们的一位教师替纽约市一些资深的银行官员开了一门当众讲话的课程。当然，这些人的事情多得不能分身，常常感到要做好充分准备或他们心目中认为的准备很难。其实，他们一直都在思考自己的问题，有个人的信念，会从自身的角度看问题，而且积累了原始的经验。他们已经积累了40年的谈话资料，但他们有些人却不知道这一点。

在某个星期五，一位来自上区银行的先生来到训练班——因为某种原因，我们姑且叫他杰克逊先生——有45个人参加了这次训练。他准备讲什么呢？他离开办公室时，在报摊上买了一份《福布斯杂志》。在前往联邦储备银行上课所在地的地铁上，他看了杂志中的一篇文章《十年成功秘诀》。他读它并不是因为对它特别感兴趣，而是想找点谈资，以便上课时有内容可讲。

一小时后，他离开地铁，准备把这篇文章讲得妙趣横生。

可是结果呢？不可避免的结果是什么样的？

他并没有把阅读的东西消化，也没有吸收自己想要说的东西。"想要说"这个词形容得很准确，因为他只是"想要"。他并没有想挖掘一些有深度的内容来谈，他的整个仪态和音调明显地透露了这一点。他怎么能期望听众比他自己更受感动呢？他不断地提到那篇文章，说那位作者如何如何。从他的演讲中，我们了解了《福布斯杂志》很多，遗憾的是对杰克逊先生自己的东西却了解太少。

他演讲完后，指导老师说："杰克逊先生，我们对你讲的那位作者并不感兴趣，他不在这里，我们也看不到他。我们倒是对你和你的观点感兴趣。不妨告诉我们你是怎么想的，不要谈别人怎么讲。把更多的有关你自己的事情放在演讲里，下星期再用同样的题目演讲好吗？请把那篇文章再读一遍，问问你自己是否同意那位作者的论点。如果同意，就以你自己的经验来论证。如果不同意，告诉我们为什么。就让这篇文章作为一个引子，引出你自己的演讲。"

杰克逊先生重读了那篇文章，发现自己根本不同意作者的观点。他从记忆里搜寻事例来反驳，并以自己担任银行主管的经验详尽阐述论证自己的观点。因此，他的第二次演讲不再是翻抄杂志文章的内容，而是充满了根据他自身背景所得的理念，他给我们的是他自己矿场里的矿石，是他自己铸币厂里铸造的钱币。你想这两场演讲哪一场更能给班上学员强烈的印象？

2. 根据自己的经历寻找题目

有一次，有人请教我们的指导教师，初学演讲者所遇到的最大问题是什么？据统计发现，"教初学者根据适合的题目演讲"是初学演讲者最常碰到的问题。

什么才是适合的题目呢？假使你的生活中经历过它，或者是你经过思考使它属于你的，你就可以肯定这个题目适合你。那又该如何找题目呢？不妨翻开自己的记忆，从自己的生活背景中去搜寻生命中那些有意义，并且给你留下深刻印象的事情。几年前，我们曾在班上就能够吸引听众注意的题目做了一次调查，发现最受听众欣赏的题目都与某些特定的个人背景有关：

早年与成长的历程：与家庭、童年回忆、学校生活有关的题目，一定会引起人们的注意，因为别人在成长过程中如何应对艰难的经历，最能引起我们的兴趣。不论何时，只要有可能，都应该把自己早年的故事融进演讲中。许多脍炙人口的戏剧、电影和故事讲的都是人们早年遇到的挑战，这就足以证明关于成长历程的题材是很有价值的，当然也适用于演讲。但是如何验证别人会对你小时候经历的事感兴趣呢？有个很简单的方法：多年以后，只要某件事情依旧鲜明地印在你的脑海中，随时都可能呼之欲出，那几乎可以保证听众会感兴趣。

早年出人头地的奋斗：这是充满了人情味的经历。例如，回忆自己早期为追求成功所做的努力，一定能吸引听众。你是如何从事某种特别的工作或行业的？是什么机遇造就了你的事业？告诉人们，你在这竞争激烈的世界创业时所遭遇的挫折、你的希望以及你的成功。如果谦虚地描述一些个人的真实生活，几乎是最保险的题材。

爱好及娱乐：这方面的题目可以根据个人的不同来定，因此，也是能引起听众注意的题材。讲一件完全是个人喜欢的事，一般不会出现失误。你对某一项特殊的爱好发自内心的热诚，有助于你把这个题目讲得生动有趣。

特殊领域的知识：如果你多年在同一个领域工作，会使你成为这个领域的专家。如果你能用多年的经验或研究来讲述自己的工作或职业方面的事情，也会引起听众的注意与尊敬。

不同寻常的经历：你有没有见过名人？你有没有经历过战争？你有没有经历过

精神上的危机？这些经历都可以成为最佳的演讲材料。

信仰与信念：你或许花了许多时间和精力去思考自己应该对当今世界所面临的重大问题持何种态度。那么，你当然有资格谈论它们。不过，在这样做的时候，你一定要举例子来说明你的论点，因为听众并不爱听空泛的演讲。千万不要以为随意读些报纸文章，就可以谈论这些题目。如果你自己所知的不比听众的多，还是避而不谈为妙。反过来说，既然你曾经投入了多年的时间研究某个问题，这显然是你该说的题目，因此你绝对要用它。

前面我已经指出，准备演讲并不只包括在纸上写些字，或者背诵一连串的字句，也不是从匆忙读过的书或报纸文章中抽取别人第二手的观点。而是要在你自己的脑海及心灵深处挖掘，并将贮藏在那里的信念随时提取出来。不必怀疑那里有没有材料！那里当然有，而且贮藏丰富，正等待你去发掘。也不要以为这样的题材太个人化、太轻微，听众可能不会喜欢听。其实，正是这样的演讲才让我感到快乐和深受感动，甚至比我听过的那些职业演讲家的演讲更让我快乐，更让我感动。

只有讲那些你有资格谈论的事情，才会使你达到学习快速有效地当众讲话的第二个要求。下面就是这一要求。

二、对演讲的题目充满热情

并不是你我有资格谈论的话题就一定会让我们充满热情。例如，我是一个天天干家务的忠实丈夫，我确实有资格谈谈关于洗盘子的事。可是我对此并没有热情，事实上我根本不愿想它，你想我能把这个题目讲好吗？但是，我却听过家庭主妇们把这个题目说得精彩极了。她们内心当中或许对永远洗不完的盘子有一股怒火，或许发现了一种新方法可以处理这恼人的工作——不管怎样，她们对这个题材更喜欢，所以她们可以对这个题目说得津津有味。

这里有个问题，可以帮你确认某个题目是否适合你演讲：如果有人站起来直接反对你的观点，你是否有百分之百的信心为自己激烈地辩护？如果有的话，这题目一定适合你。

1926 年我曾去瑞士的日内瓦参观国际联盟第 7 次大会，后来对当时的情形做了笔记。最近我无意间翻看了这些笔记。以下是其中一段："在三四个死气沉沉的演讲者念完手稿之后，加拿大的乔治·佛斯特爵士上台发言。他没有带任何纸张或字条，我不禁大为欣赏。他对他要讲的事情非常专注，常常通过手势来强调他的观点。他很想让自己的思想被听众了解，热切地把那些珍贵的理念传达给听众。这种情形十分清楚，犹如窗外澄明的日内瓦湖。我一直在教学上倡导的那些法则，在他的演讲中展现得完美无缺。"

我常常想起乔治爵士的演讲。他真诚而热心。因此，只有对演讲的题目有真实感受，才会有如此的感情显露。富尔顿·辛主教是美国最具震撼力的演讲家之一，他从早年的生活中也学到了这一课。他在《不虚此生》一书中写道：

"我被选出来参加学院的辩论队。在一次辩论的前一晚，我们的辩论教授把我喊到办公室，责骂了我一顿。

"'你真是饭桶！本院有史以来还没有一个演讲者比你更差的！'

"'那，'我说，我想替自己辩解，'既然我是一个大饭桶，为什么还挑我参加辩论队？'

"'因为你会思考，而不是你会讲。'他回答道，'到那边去，从演讲词中抽出一段，把它讲出来。'我把这段话反反复复地讲了一个钟头，然后他说：'你看出其中的错误了吧？''没有。'于是接下来又是两个半钟头。最后我筋疲力尽。他说：'你还看不出错在哪里吗？'

"过了两个半钟头，我终于找到了问题的关键。我说：'看出来了，我没有诚意。我心不在焉，没有真实的情意。'"

就这样，辛主教学到了他永生难忘的一课：把自己沉浸在演讲中。他开始让自己对演讲的题材产生热情。直到这时，博学的教授才说："现在你可以讲了！"

如果我班上有学员说"我对什么事都不感兴趣，我过的是平凡单调的生活"，我们的指导老师便会问他闲暇时都做些什么。有人说看电影，有人说打保龄球，有人则说种玫瑰花。有一位学员告诉指导老师，他收集有关火柴的书籍。于是，老师继续问他这个不寻常的嗜好，他渐渐来了精神。不一会儿，他便兴致勃勃地描述起自己收藏火柴书的小书柜来。他告诉老师，他几乎收藏了世界各国关于火柴的书。等他对自己最喜爱的话题产生兴趣之后，指导老师打断他："为什么不谈谈这个话题呢？我觉得挺有意思的。"他说他从来没想到会有人感兴趣！这个人几乎耗尽了一生的心血，对自己这一嗜好充满了感情，几乎成了一种狂热，而他却否定它的价值，认为它不值一谈。指导老师告诉他，要想知道一个话题有没有趣味和价值，最好的方法就是问自己对它有多感兴趣。后来，他以收藏家的姿态兴高采烈地畅谈了一个晚上。后来我又听说他去参加各种午餐俱乐部，向人们演讲有关火柴书籍收藏的话题，因此得到了地方人士的推崇。

如果你希望迅速而容易地学会当众讲话，那么这个例子正好可以引出第三条法则。

三、激发听众的共鸣

演讲由三种因素构成：演讲者、演讲内容和听众。本章的前两条法则讨论了演讲者和演讲内容之间的相互关系，但仅止于此，还不是真正的演讲。只有当演讲者把自己的演讲与听众发生联系以后，演讲才真正完成。演讲者也许准备周详，也许对自己的话题充满热情，然而要真正演讲成功，却还有另一个因素必须考虑：演讲者必须使听众觉得他所说的对他们很重要。他不仅要自己对这个话题富有热情，还必须把这种热情传达给听众。历史上那些著名的雄辩家都具有这样的王婆卖瓜的本领，或者是传播福音之术。高明的演讲者总是热切地希望听众有与他相同的感受，同意他的观点，并做他认为该做的事，与他一同分享他的快乐，一同分担他的忧愁。他会以听众为中心，而不是以自我为中心。他明白自己演讲的成败不是由他来决定，而是由听众的头脑和心灵来决定。

在推行节俭运动期间，我到美国银行学会纽约分会培训了一批人。其中有一个人无法和听众沟通。要帮助他，首先要让他对自己的题目燃起热情之火。我告诉他，先一个人静静地待在一边，把自己的题目反复想几遍，直到对它产生热情。我要让他记住这样一个事实：纽约遗嘱公证法庭记录显示，85%的人去世时没有留下分文，只有3.3%的人留下1万美元或更多的财产。我还让他明白，他现在不是去求别人施舍，或者要求别人做根本无法做到的事。他应该这样对自己说："我是在替这些人着想，要使他们老了以后衣食无忧，过上舒适安逸的生活，并且给妻儿留下安全的保障。"我还让他相信，他是在做一项了不起的社会服务工作。总之，他必须把自己当作一名斗士。

他考虑了这些事实，终于使自己热血沸腾，激发出兴趣和热情，并开始觉得自己的确是身担重任。于是，他外出演讲时，那满载信念的语言感染了人们。他将节俭的利益告诉大家，因为他热切地想帮助他们。他不再是个只知道陈述事实的演讲者，他已经成了一名为理想事业而改变信仰的传教士。

在我的教学生涯中，曾经非常依赖教科书中的教条。当时我只是照搬我的老师们长年灌输给我的一些坏习惯，而他们也没能从虚浮的演讲风气中有所突破。

我永远都忘不了我的第一次演讲课：老师让我将双臂轻轻地垂放在身体两侧，手掌朝后，所有手指都蜷曲一半，大拇指轻触大腿。然后，举起手臂，画出优美的弧线，以便让手腕优雅地转动。接着张开食指，然后是中指，最后是小指。当这一整套合乎美学的、装饰性的动作完成之后，手臂还必须回溯刚才的那道弧线，再放于双腿两侧。这整套表演显得虚假而做作，既没有意义，也不真实。

我的老师并未教我将个性融于演讲之中，也不让我像平常人那样富有朝气地与听众谈天说地。

请把这种机械的演讲训练方式与我在这一章所介绍的3项主要原则互相对比。这3项原则是我"高效演讲训练"全套方法的根本。你将会在本书中一再看到它们。

第68章　做好演讲前的准备

多年以前，有两个人同时参加了我在纽约的一个训练班。一个是哲学博士，在大学当教授；另一个是在街头流动的小摊贩，他年轻的时候曾是一名英国海军，为人豪爽而粗鲁。但令人奇怪的是，那位流动摊贩的演讲远比大学教授的更吸引人。这是为什么呢？大学教授上台演讲时，总是以漂亮的词汇发言，台风优雅，讲话条理清楚；但是他缺少一个必备的因素——具体化。他的谈话太不明确了，太过空泛了。他从未用个人经历解释过什么观点。他的演讲只不过是用一条逻辑的绳子连接在一起的抽象的理念。

至于那位流动摊贩，却正好相反：他开口之后，就可以立即抓住问题的核心，内容具体而明确。他的演讲充满了生活气息。他说出一个观点，然后用他生意中发生的真实事件来证明。他讲了他与之打交道的人，以及遵守各项规则的头痛之事。他那男人的气质和新奇的词句，使他的演讲非常吸引人。

我之所以举这个例子，并不是因为它是大学教授或流动摊贩的典型，而是因为它正好说明只有充满生气、说话具体而且明确的人，才会吸引别人的注意力。

有4种组织演讲材料的方法，保证可以获得听众的注意。如果你在演讲时遵循这4个步骤，你就可以十拿九稳地调动听众的热切关注。

一、限定题材范围

演讲的题目一旦选好，第一步就是要确定演讲所包含的范围，并且把话题严格限定在其中。不要妄想讲一个无所不包的话题。例如有一个年轻人想用两分钟的时间就"从公元前500年至朝鲜战争时期的雅典"这个题目发表看法。这几乎是痴人说梦！因为他刚讲完雅典城的建造就该下台了。他想在一场演讲中包含太多的东西，最终却只有失败，而且不明不白。当然，这只是个极端的例子。我曾听过许多演讲，都因为范围不确定，结果都出于同样的原因——包含了太多的论点，以致无法吸引听众的注意力。为什么呢？因为人们的注意力不可能一直放在一连串单调的事实上。如果你的演讲听起来像是一部世界年鉴，那么你根本无法长时间抓住听众的注意力。假设你选了一个简单的题目，如"黄石公园之旅"，那么大多数演讲者都会十分详细地介绍公园中每个景色，不肯遗漏半点东西。虽然这样听众会被引导着由这一点到另一点，但最后只能记住一些模糊的瀑布、山岭和喷泉。如果演讲者把自己的话题限定在公园的某一个方面，例如野生动物或者温泉，这场演讲将会令人难以忘怀！这样，你便有时间来介绍那些生动而有趣的细节，将黄石公园那鲜明的颜色和无穷的变化栩栩如生地展现在听众眼前。

这个道理用于任何题目都很有效，不论它讲的是销售术、烤蛋糕、减免税赋或者是炸弹。在演讲开始以前先对题材加以限制和选择，把题目缩小至某一个范围，这样就会适合自己的时间。

在短短的不超过 5 分钟的演讲里，我们只能期望说明一两点。就算是 30 分钟的演讲，但演讲者若想包含 4 个或 5 个以上的主要概念，也很少会成功。

二、深入思考题材

做浮光掠影的演讲，要比深入事实的演讲容易得多。但前者仅能让听众获得很少的印象，甚至全无印象。因此，在题目范围确定之后，下一步就要问自己一些问题，加深自己的了解，使自己可以用权威的口吻来讲述这个题目："我为什么会相信这一点？我在现实生活中有没有看到？我究竟想要证明什么？它是怎样发生的？"

像这样一类问题的答案可以使你深入思考演讲题材，让听众集中注意力。据说植物界的天才路德·伯班克，为了寻找一两种高级品种而培养了 100 万种植物品种。演讲也是如此，围绕主题汇集 100 种思想，然后舍去其中 90 种。

"我总是搜集比我要使用的材料多 10 倍的东西，有时甚至达到上百倍。"约翰·甘德不久前这样说。他是畅销书《内涵》的作者。他在这里说的是准备写作或演讲的方法。

有一次，他的行动恰好印证了他的话。当时，他正准备写一系列关于精神病院的文章。他前往各地的医院，和院长、护士及病人分别谈话。我的一位朋友跟随他，为他的研究工作提供了一些小的帮助。后来我朋友告诉我，他们从这栋大楼到另外一栋大楼，不停地上下楼梯，日复一日地沿着走道不知走了多少路。甘德先生记录了许多笔记。在他的办公室，到处都放满了政府与各州的报告、私立医院的报告、各委员会的统计资料。

"最后，"我朋友说，"他写了 4 篇短文，简单而又趣味横生，是很好的演讲题材。写成文章的几张纸也许只有几盎司。可是，那些写得密密麻麻的笔记本以及其他材料，也即他创作出这几盎司产品的依据，却超过了 20 磅。"

甘德先生知道自己的回报不值一提，但他也知道自己不应该忽视任何一部分。他是这一行业的资深专家，他把心思全放在上面，然后筛选出金块。

我的一位外科医生朋友也说："我可以在 10 分钟内教会你如何取出盲肠。然而，要教你出了差错时该如何应付，却要花 4 年时间。"演讲也是如此：必须做好周密准备，以应付变化。例如，可能由于前一名演讲者的观点，你不得不当场决定改变自己观点的重心；或者是在演讲后的讨论时间里，回答听众关注的更多问题。

选好题目之后，应尽快对其深入思考。千万不能等到演讲的前一两天才去做。如果及早确定了题目，你的潜意识便能为你发挥很大的作用，这对你大有好处。在每天工作完成后的零散时间里，你可以深入思考自己的题材，提炼你想传达给听众的理念。在驾车回家的途中、在等候公共汽车或乘地铁时，你也可以将这些时间用来思考自己的演讲题材。也许灵光一闪的顿悟，正巧来自这段孕育的过程，因为你已经提前思考了题材，你的大脑早已对它做了潜意识的加工。

诺曼·托马斯是世界一流的演讲家，即使面对强烈反对他的政治观点的听众他也能驾驭自如，获得他们的敬佩。他说："如果一篇演讲真的十分重要，演讲者就应该和其主题或内涵融为一体。他必须在头脑里反复思考。他会惊讶地发现，不管是走在街上，还是在看报纸，或者准备睡觉，或者清晨醒来时，自己观点的例证和演讲方式就会自动涌现。平庸的思考只能产生平庸的演讲；这种不可避免的现象，正是因为对题目认识不清楚的结果。"

当你置身于这一过程中时，你会感到一种强烈的诱惑，总想把自己的演讲内容写下来。但千万不要这样做，因为你一旦写下来，它就成了一个固定的形式，你自己也许会觉得很满意了，就会停止更有价值的思考。而且，你甚至会陷入背诵的陷阱。

马克·吐温曾这样评论背诵讲稿："笔写的东西不是为演讲而准备的；因为它的形式是文学的，生硬而缺乏灵活性，无法再通过嘴来愉悦而有效地传达。如果演讲的目的是想让听众感到快乐，而不是说教，就需要把它们变得温和、简洁，使之尽量口语化，使用一种就像平时并不怎么经过认真思考就说出来的方式。否则，就会烦死整屋子的人，而不是让他们高兴。"

查尔斯·吉特林的发明天才促成了通用汽车公司的成长，他也是美国最著名、最真诚的演讲家之一。当他被问到有没有把演讲的内容部分或全部写下来的时候，他说："我认为，由于我要讲的话实在太重要了，所以我不能在纸上写下来。我必须把自己一丝一毫的东西都写进听众的脑子里，写进他们的情感中。在我和我尽力想感动的听众之间，纸条是没有存在的空间的。"

三、列举实例使演讲生动有趣

在《流畅的写作艺术》一书中，鲁道夫·弗烈奇在其中一章这样开篇写道："只有故事才真正具有可读性。"然后他引用了《时代杂志》和《读者文摘》来作为例子。他说，在这两份雄踞畅销排行榜首位的杂志中，几乎每一篇文章都充满了趣闻轶事。因此，在当众讲话中，要想具备驾驭听众注意力的能力，也应该学习这两本杂志中文章的写作方法。

诺曼·文森特·皮尔牧师的讲道，曾通过收音机和电视机而被无数人接受。他说，在演讲中，他最喜欢举出实例来支持自己的论点。他对《演讲季刊》的采访者说："用真实的例子，是我知道的最好的方法。它可以使一个观点变得清晰而有趣，更具有说服力。我通常同时采用好几个例子来证明每一个主要论点。"

凡是看过我的书的读者很快也会发现，我同样喜欢用有趣的事情来概括总结我的观点。《人性的弱点》一书中的法则，列出来其实只有一页半，而其余 230 页全都是故事和例证，解释别人是如何使用这些法则取得实效的。

那么，在演讲中应该怎么做呢？概括起来有 5 种方法：人性化、个人化、翔实化、戏剧化和视觉化。

1. 使演讲富有人性

有一次，我要求一群在巴黎的美国商人以"成功之道"为题做演讲。他们大多数人都只列举了一大串抽象的东西，给了一大堆勤奋工作、持之以恒或者远大目标的说教。

于是，我打断了他们："我们都不想听别人说教，也没有人会喜欢。记住，你的话必须让我们感到愉快和有趣，否则不论你说什么我们都不会听的。同时要记住，世界上最有趣的事情，都是那些精致典雅、妙语连珠的趣闻轶事。所以，请说说你所认识的两个人的故事，并分析为什么一个人会成功，而另一个人却失败了。我们会乐意听这样的故事，会记住它，可能还会从中获益。"

这个班有个学员，他总觉得要提起自己的兴趣或激发别人的兴趣太难了。可是这天晚上，他就抓住"人的兴趣"的建议，给大家讲了他大学两个同学的故事：一个人小心谨慎，以至于买衬衫也要在不同的商店各买一件，并制出表格显示哪一件最经得起洗熨，穿得最久，以便让每一块钱的投资获得最大的效用。他的心思只在钱上。可是，这个人从工学院毕业后，自视甚高，不愿像别的毕业生那样从基层开始做起。因此当 3 年后同学聚会时，他仍旧在画他的衬衫洗熨表，还在等待好差事凭空降临，结果什么也没有等到。从那时候起，过了 25 年，那个人满腹怨恨与不满，一辈子都在一个小职位上。

然后演讲者将这个失败者与另一个同学相比。现在这个同学已经超越了当初的自我期望。他与人相处融洽，大家都喜欢他。他不乏雄心壮志，想成就一番事业，但却从绘图员做起。不过他一直在寻找机会。当时，纽约世界博览会正处在规划阶段，他知道那儿需要工程人才，所以辞去了费城的职务，迁往纽约。他与人合伙，搞起了承包工程的业务，承揽了很多电话公司的业务，最后被博览会高薪聘请。

我这里写下来的，仅仅是那位演讲者所说的概述。他本人的讲述中还有许多有趣而充满人情味的细节，使他的演讲妙趣横生。他不停地说着——这个人平时是说不了 3 分钟的——这次他却吃惊地发现自己讲了足足有 10 分钟。由于讲得太精彩了，大家似乎都觉得太短了。这也是他第一次演讲成功。

每个人都可以从这个故事中得到一些启示：如果平淡的演讲能穿插一些富含人性的趣味故事，将会引人入胜。演讲者应该只提出自己的论点，然后用具体的事例来作为例证。这样的演讲肯定能抓住听众的注意力。

当然，这种人性化故事最丰富的源泉，正是你自己的生活背景。不要因为觉得不该谈自己，便犹豫不敢说出来。只有当一个人满怀敌意、狂妄自大地谈论自己的时候，听众才会讨厌；否则，听众对演讲者说的亲历故事都会极感兴趣。亲身经历是抓住听众注意力最可靠的方法，千万不要忽视。

2．用人名使演讲富有个性

如果讲故事的时候要提到某个人，那就一定要讲出他的名字。不过，为了保护别人的隐私，可以用个假名。即使用的是"史密斯先生"或"乔·布朗"这种不具个人特性的名字，也比使用"这个人"或"一个人"更能使故事生动有趣。姓名有证明和显现个体的功能，就像鲁道夫·弗烈屈指出的："没有什么更能比名字增加故事的真实性了。隐姓埋名是最虚假不过的。"试想一下，如果故事里的主角没名没姓，将是什么样子？

如果你的演讲中使用具体的名字与个人的代称，你的演讲将会有很强的可听性，因为它已经具备了人性化这一可贵的要素。

3．使演讲充满细节

对此你可能会存有疑惑："这确实不错，可是我如何才能让我的演讲有足够多的细节？"有一个方法可以作个测试——即使用新闻记者写新闻故事时遵循的"5W"：何时（When）？何地（Where）？何人（Who）？何事（What）？为何（Why）？如果你依照这五要素来准备，你的举例便会详尽周到，栩栩如生。让我拿自己的一件趣事来加以说明吧。这则趣事曾刊登在《读者文摘》上：

"离开大学后，我在铁甲公司当了两年销售员，一直在南达科他州四处跑。我搭乘运货卡车来完成我的旅途。有一次，我正在莱德菲尔，两小时后才能搭上一列南行的火车。由于这里不是我负责的区域，所以我不能利用这段时间去推销。再过不到一年我就要去纽约美国戏剧艺术学院读书，所以我决定利用这段空闲来练习台词。我漫无目的地走过车场，开始演练莎士比亚的戏剧《麦克白》中的一幕。我举起双臂，戏剧性地高呼：'难道我眼前所见是匕首吗？它的手柄正朝着我。来吧，让我抓住你！我抓不着你，但我依然看见了你！'

"正当我沉浸在表演中时，4名警察突然朝我扑来，问我为什么恐吓妇女？就算他们指控我抢劫火车，我都不会这么惊异的。他们告诉我，有一个家庭主妇在30米远的厨房窗帘后面一直看着我。她从没有见过这样的情况，所以打电话给警方。他们到达时，正好听到我在狼哭鬼嚎地表演关于匕首的情节。

"我告诉他们我是在演练莎士比亚戏剧，但是直到我出示了铁甲公司的订货簿以后，他们才放我走。"

请注意，这则故事是如何体现上述五要素的。

不过，细节过多又比没有细节更糟。每个人都会被冗长而肤浅的细节搞得厌烦透顶。你们看，我叙述自己在南达科他州差点儿被捕的经历时，对每一个要素只作了简明扼要的叙述。因此，如果你的演讲全是鸡毛蒜皮的事，听众必然会不耐烦，不会听你讲话。最糟糕的演讲，莫过于不能抓住听众的注意力了。

4．利用对话使演讲戏剧化

假设你要举例说明自己如何应用人际关系的原则，成功地平息了一位顾客的愤怒，你可能会这样开始：

"前几天，有个人闯进了我的办公室。他非常愤怒，因为我们上周送到他家里去的洗衣机不能正常工作。我对他说，我们将竭尽所能弥补失误。过了一会儿，他平静下来，对我们全心全意要把这件事情做好显得很满意。"

这则小故事有个优点，就是十分详细。可是它缺少姓名、特殊的过程，而且最关键的是缺少能使这件事活生生地呈现在人们面前的真实对话。这里就给它添加一些对话材料：

"上星期二，我办公室的门砰的一声被推开。我抬起头来，只看见查尔斯·伯烈克逊先生怒气冲天。他是我的一位常客。我还没有来得及请他坐下，他劈头就说：'艾德，我要让你帮我做最后一件事：你马上派一辆卡车去，把那台洗衣机给我从地下室运回来。'

"我问他出了什么事。他气急了，几乎无法清楚地回答。

"'它根本不能用，'他大吼道，'衣服全缠在一起，我老婆讨厌死它，烦死它了。'

"我请他坐下来，让他解释得更清楚些。

"'我才没时间坐呢。我上班已经迟到了！我想我以后再也不会来你这里买电器了。请相信，我再也不买了。'说到这儿，他伸出手来又是拍打桌子，又是敲我太太的照片。

"'听我说，查理，'我说，'你坐下来把情况都告诉我，我愿意替你做你要我做的一切事，好吧？'听了我这话，他这才坐下，我们总算平静地把事情讨论个清楚。"

当然，不可能每次都能把对话加进演讲。不过，你应该可以看出来，上面例子直接引用对话，对于听众有助于增加戏剧性。如果演讲者还有模仿技巧，把原来的声调语气表现出来，那么这些对话就会更见效果了。而且对话是日常生活中的会话，可以使演讲更为真实可信。它使你听起来像个充满了真情实意的人，是在隔着桌子说话，而不是像个老学究在学富五车的学会会员面前宣读论文，或像个大演讲家对着麦克风穷吼。

5. 使演讲内容视觉化

心理学家告诉我们，85%以上的知识是通过视觉印象传递给我们的。这正好解释了电视成为广告与娱乐的主要媒介并收效显著的原因。当众讲话也是一样，是一种听觉艺术，同时还是一种视觉艺术。

采用细节来丰富演讲，最好的方法就是在其中加入有利于视觉吸收的展示。例如，你也许要花数小时告诉我如何挥动高尔夫球杆，而我却可能听烦了。可是，如果你站起来表演把球击下球道时该怎么做，那我就会全神贯注地听了。同样，如果你以手臂和肩膀来描绘飞机飘移不定的情形，我肯定会更关注你讲的故事。

我记得在一个工业界人士培训班上的一场演讲，其中的视觉细节实在是一篇杰作。演讲者模仿视察员和效率专家们检查损坏的机器时所做的各种手势与滑稽动作，比我在电视上所看过的一切都形象生动得多。这些视觉细节使那场演讲很难忘记——至少我是忘不了的。我也相信，其他学员至今一定还会谈到它。

问问自己"我怎样才能给我的谈话加入一些视觉细节"是个好主意。然后就会像古代中国人所观察到的那样，证明"百闻不如一见"的道理。

四、充分利用具体、熟悉的语言

演讲者的第一目标是把握听众的注意力。在此过程中，还有一项极为重要的技巧，然而，它却完全被忽视了。一般的演讲者似乎并没有注意到它的存在，恐怕也从未有意识地想到过它。我所指的这一技巧，就是使用能形成图画般鲜明景象的字眼。能够让听众听来轻松愉快的演讲者，最善于在听众眼前塑造鲜明的景象。使用模糊不清、繁琐乏味语言的演讲者，只会让听众打瞌睡。

景象！景象！景象！它就像你呼吸的空气一样，是免费的呀！可是当你把它点缀在你的演讲中时，你就更能让听众感到快乐，也更具影响力。

赫伯特·斯宾塞早就在他那篇著名的论文《风格哲学》中指出，优秀的文字能够激发读者对鲜明图画的联想：

"我们并不做一般性的思考，而是要做特殊性的思考……我们应该尽量避免这样的句子：

"'一个国家的民族性、风俗及娱乐如果残酷而野蛮，那么，他们的刑罚必然也很严厉。'

"我们应该把它改写成：

"'一个国家的老百姓如果喜爱战争、斗牛，并从奴隶公开格斗中取乐，那么他们的刑罚将包括绞刑、烧烙及拷打。'"

《圣经》和莎士比亚著作中同样充满了图画般的字句，就像蜂蜜围着苹果汁一样多。例如，一位平凡的作家在评论某件事是多余时，他会说，这种努力完全是想把已经很完美的事情再加以改善。但莎士比亚又会怎样表达呢？他可以写出不朽的图画般的字句："替精炼过的黄金镀金，替百合花上彩油，把香水洒在紫罗兰上。"

你有没有注意到，那些世代相传的谚语几乎全都具有视觉效果？"一鸟在手，胜过两鸟在林"；"不鸣则已，一鸣惊人"；"你可以把马牵到水边，却不能逼它喝水"。在那些流传了好几个世纪而且被广泛使用的比喻里，我们也不难发现同样的图画效果："如狐狸般狡猾"、"僵死得像一枚钉子"、"像薄煎饼那样平"、"硬得像石头"。

林肯也一直使用有视觉效果的语言来讲话。当他厌烦每天送到他白宫办公桌上的冗长而复杂的官方报告时，他并不是用毫无色彩的话来反对，而是用几乎不可能忘记的图像词句来反对。"当我派一个人出去买马时，"他说，"我并不想这个人告诉我这匹马的尾巴有多少根毛，我只希望知道它有什么特点。"你看，他并没有用那种平淡的语句来表达他的意思。

我们要用具体、耳熟能详的语言描绘出内心的景象，使它突出、显著、分明，就像落日余晖映照着公鹿头角的长影。例如，"狗"这个词一般会让人想起某种动物的具体形象——也许是只短腿、长毛、大耳下垂的小猎犬；也许是一只苏格兰犬；也许是一只圣伯纳犬，或者是一只波密雷尼亚犬。但是演讲者如果说出"牛犬"（一种短毛、方嘴、勇敢而顽强的犬）时，请注意你的脑海里浮出的形象会更加具体。"一只有斑纹的牛犬"是不是让你有了更鲜明的印象？"一匹黑色的雪特兰小马"，是不是比说"一匹马"形象得多？"一只白色、断了一条腿的矮种公鸡"，是不是比"鸡"这个词更能给人具体的图像效果？

小威廉·史特茨在《风格之要素》中说道："那些研究写作艺术的人，如果说他们的观点有一致的地方，那么这个观点就是：能够抓住读者注意力的最稳妥的方法就是要具体、明确而详细。像荷马、但丁、莎士比亚等最伟大的作家，他们的高明之处，就在于他们在处理特殊情境和关键细节时，所用的语句能唤起读者脑海里的景象。"

写作是这样，讲话也同样如此。

多年以前，我和参加"高效演讲"课程班的学员进行了一项实验：讲述事实。我们订了一个规则：演讲者必须在每个句子里加入一个事实、一个专有名词、一个数字或一个日期。这次实验极其成功。学员们拿它当游戏，彼此指出对方的毛病。没花多长时间，他们便不再说那些只会让人感到晦涩不明的语言了，他们说的全都是大街上普通人都能明白的活泼的语言。

法国哲学家艾兰说："抽象的风格总是不好的。在你的句子里，应该全是石头、金属、椅子、桌子、动物、男人和女人。"

日常对话也是如此。事实上，本章所说的一切有关当众讲话的技巧，同样也适用于日常交谈。正是细节使谈话充满了光彩。任何人要想成为一个高超的谈话者，只要牢记这些忠告，就会大有收获。销售员使用它，会发现它特有的魔力；那些公司主管、家庭主妇和教师也将会发现，自己在下达命令和传播知识、传达消息时，因为使用了具体、翔实的细节，效果会大大改进。

第69章　赋予演讲生命力

第一次世界大战刚结束，我就到伦敦，和罗维尔·托马斯共事。他当时正在为阿拉伯的阿伦比和劳伦斯发表一连串精彩绝伦的演讲，听众连连爆满。有一个星期天，我散步走进海德公园。在公园的大理石拱门入口附近，各种思想、种族、政治、宗教信仰的演讲者都可以畅所欲言，不受法律的干预。我先是听了一位天主教徒解释教皇无谬论，然后我又向前走，听到一位社会主义者在谈论卡尔·马克思主义。后来我又走到第三个演讲者那里，他正在阐释一个男人应该有4个妻子才算恰当！然后我站在远处，观察那3群人。

反正信不信由你，那个鼓吹一夫多妻制的家伙听众是最少的，屈指可数。另外两个演讲者身边的人却越来越多。我问自己这是为什么？难道是因为不同的题目吗？我想不是。我观察后认识到，问题出在3位演讲者身上。那位大谈娶4个老婆如何好的家伙，自己却不像有兴趣讨4个老婆的样子；而另外两个演讲者，却针对所有对立的观点来阐释观点，沉浸在自己的演讲中。他们在拼命地演讲，舞动双臂做着激烈的手势，声音高昂而充满信念，散发出无穷的热情与活力。

生命力、活力及热情——这3种因素我一直认为是演讲者首先必须具备的条件。人们聚集在生龙活虎的演讲者四周，就像野雁围着秋天的麦田旋转。

那么，怎样才能做到这种富有活力的演讲，牢牢地吸引听众的注意力呢？本章将教你3个妙方，帮助你将自己的热情和激情融入演讲中。

一、选择熟悉的话题

在第一篇第三章一再强调，对自己的演讲题目要有深刻的感受。除非你对这个题目有特别的偏爱，否则别想让听众相信你。道理很简单，如果你对这个题目有实际接触和经验，对它充满了热情，或者是你已经对题目做过深入思考，有个人的关注（例如你的社区需要更好的学校），你就会满腔热情，不愁演讲时不会热心了。我至今还记得20多年前的一场演讲，因为演讲者的热诚而造成的说服力现在还鲜明地呈现在我的眼前，还没有一场演讲比它更精彩。我听过很多令人心服的演讲，可是这个被我称为"兰花和山胡桃木灰"的演讲实例，却因为以热诚战胜常识而独树一帜。

原来，在纽约一家极具知名度的销售公司，有一位极优秀的销售员提出了一个反常的观点，说他已经能够使"兰花"在既无花种、又无草根的情况下生长。据说他曾将山胡桃木灰撒在新犁过的地里，然后兰花在眨眼间便长出来了！所以他坚信山胡桃木灰——而且只有山胡桃木灰——才是兰花草长出来的原因。

评论时，我温和地向他指出，如果他这种非凡的发现是真的，将使他在一夜之间暴富，因为兰花的种子价值不菲，而且这项发现还将使他成为人类历史上杰出的科学家。但是我告诉他，事实上没有一个人曾经完成，或有能力完成这个奇迹——从无机物中培植出生命。

这个错误是如此明显，以至于根本没有必要反驳，所以我平静地告诉了他这些。我说完后，其他学员也看出了他谈话的荒谬之处，但是他却不这么看。他想都没有想，立刻站起来告诉我说他没有错。他对自己的发现极其热衷，甚至到了不可思议的地步，他还大声说没有引用论据，只是陈述了他自己的经验而已。他知道自己在说什么。然后他继续往下说，并扩大了原先的论述，提出了更多的资料，举出了更多的证据，声音中透露出了完完全全的真诚。

我只好再次告诉他，他不可能是正确的，他正确的可能性是零。他马上又站了起来，提出要和我赌5美元，让美国农业部来解答这件事。

你猜想发生了什么？这个班的若干学员站到了他那一边，另外还有许多人犹疑不定。我相信，要是来一次表决的话，这个班有一半以上的商务人士不会同意我的观点。我问他们为什么改变自己最初的观点？他们异口同声地说，是演讲者的热诚和确信使他们对常识产生了怀疑。

既然这样，我只好给农业部写了一封信。我对他们说，问这样幼稚的问题很不好意思。他们当然回答说，要使兰花或其他东西从山胡桃木灰里长出来，是根本不可能的。他们还说收到了另一封同样的信，原来那位销售员真的很相信他自己的发现，因此也给农业部写了信。

这件事给了我一个永难忘记的启发——如果演讲者真的确信某件事，并充满热情地谈论它，便能让人们相信，即使是宣称自己能从尘土和灰烬中培植出兰花也没有关系。既然这样，如果我们大脑中归纳、整理出来的信念是正确的常识和真理，那该会多么令人信服啊！

几乎所有的演讲者都会对自己选择的题目能否引起听众的兴趣心存疑虑。其实，要让人们对你的题目感兴趣，方法很简单：激发你自己对题目的狂热之情，就不愁没有办法激发人们的兴趣。

不久前，我们巴尔的摩培训班的一位学员警告人们，说如果继续用现在捕捞奇沙比克湾石鱼的方法捕石鱼的话，那里的石鱼将会绝迹。他真的非常关注这个问题，因为这件事很重要。他的一言一行无不表明了这一点。在他讲话之前，我并不知道在奇沙比克湾有什么石鱼，我想大多数听众也所知甚少，而且也不怎么感兴趣。可是，由于他表现得如此热切，他还没有讲完，我们都愿意联名，向立法机关请求立法保护石鱼。

有人曾问美国前驻意大利大使理查·华胥本·乔尔德，作为一个意趣无穷的作家，他成功的秘诀是什么？他回答说："我非常热爱生命，所以不能静止不动。我只是觉得必须告诉人们这点罢了。"每个人都会被这样的演讲者或作家情不自禁地吸引。

　　有一次我在伦敦听人演讲，演讲完后，我的一个同伴本森先生评论说，这场演讲的最后一部分比第一部分更精彩。本森先生是位知名的英国小说家。我问他为什么，本森先生回答说："演讲者自己对最后一部分的兴趣似乎更大一些，而我一向都很注重演讲者的热情和兴趣。"

　　这里还有一个例子，说明了选择演讲题目的重要性。

　　有一位先生，我们姑且叫他弗莱恩先生，参加了我们在华盛顿的训练班。在课程开始的一天晚上，他要介绍首都华盛顿。他从一家地方报纸发行的一本小册子里匆匆忙忙地搜集了一些资料，然后为我们演讲。虽然他在华盛顿住了许多年，但却没有举出一个亲身经历来说明他为什么喜欢这个地方，所以听起来十分的枯燥、无序而生硬。他只是一味地陈述一连串枯燥无趣的事实，大家听了不舒服，他自己也很别扭。

　　但是在两个星期后发生了一件事情让他感触极深：他买的新车停放在路边，被人开车撞坏了，并且驾车逃逸。弗莱恩先生不可能要求保险理赔，只得自掏腰包。这件事来自他的亲身经历。当他介绍华盛顿时语言枯燥，让自己和听众都很难受。当他说起自己的车被撞坏时，却讲得十分真切，滔滔不绝，好似维苏威火山爆发。两星期前，大家听他的演讲时还觉得枯燥无味，现在却发出了热烈的掌声。

　　我一再指出，如果演讲题目选好了，想不成功也很难。比如谈自己的信念这种题目，就很容易吸引听众！你对自己的生活必然会有强烈的信仰，因此你不必再四处寻找，它们通常就在你的意识当中，你时常都会想到它们。

　　不久以前，电视台播出了"立法委员"就死刑举行的听证会。许多证人出席了这次会议，对这个问题提出正反两方面的意见。其中一个证人是洛杉矶警员，他显然对这个议题很有想法。他有11位警察同事都死于和罪犯的搏斗中，所以他曾对这个问题再三思考，产生了需要死刑的强烈信念。他饱含真情地说出了自己的理由，引起了听证会上人们的轰动。

　　历来最伟大的雄辩都来自于演讲者的强烈信念和感觉。真诚是建立在信仰之上的，而信仰则出自内心当中对自己所要说的话题的热爱，出于头脑的冷静思考。"心灵会拥有连理性都不知晓的理性。"我在许多班上都曾见证了帕斯卡这句犀利的话。我记得有一位波士顿律师，他仪表出众，说话畅达，但是他演讲完了之后大家都说："好一个精明的家伙。"原来，他给人一种虚浮的表面印象，在他漂亮词句的背后，人们看不到一点真的情感。同一个班上有一个保险公司的推销员，个子很小，长得毫不起眼，说话当中还不时停下来思索接下来该说什么。可是当他演讲时，没有人怀疑不是出自他的真心。

　　林肯在华盛顿福特戏院遇刺几乎有100年了，但是他的一生、他的言辞和真诚情感，却永远留在我们的记忆里。如果只就法律知识而言，他同时代的许多人都远远超过了他。他缺少优雅、顺畅和精致，但是他在葛底斯堡、古柏联盟和华盛顿国会山上发表演讲的真诚，历史上却无人能够超越。

　　有个学员对我说，他自己没有强烈的信念和兴趣。对此我总是很惊讶。我对他说，让自己忙碌起来，让自己对事情产生兴趣！"对什么事，比如说？"他问我。我告诉他说："就鸽子吧。""鸽子？"他有些不明白。"是的！"我告诉他，"就是鸽子。你可以到广场上去看看它们，给它们喂东西，到图书馆去阅读有关鸽子的书，再回来讲你对鸽子的看法。"

他真的这样做了。当他回来演讲时，没有什么能阻止他了。他一开始便以养鸟者的狂热来谈鸽子。当我想要他停下来时，他正说到有关鸽子的40本书，他把它们都读了一遍！他作了我曾听过的最有趣味的演讲之一。

我还有一个建议：对自己认为很好的演讲题目，要尽量多了解一些。你对某件事了解越多，便会越热情。《销售的五大法则》的作者帕西·华廷告诉推销员，对自己推销的东西必须有所了解。他说："对一项优良产品知道得越多，便会对它越热情。"这同样适用于演讲题目——对它们懂得越多，你对它们也就越充满热情。

二、表达自己的真实感受

如果你想告诉听众由于你开车超速，警察把你拦下来的经历，你可以以一个旁观者的身份来讲述。但这事发生在你身上，你会有某种切身感受，这种感受会使你的讲述更加明确。以第三人称的方式表述，是不能给听众留下什么深刻印象的。他们想知道的是，当那个警察开罚单给你时，你是什么感受。所以，你越清楚地描述当时的情形和你当时的感受，就越能生动逼真地表达自己。

我们去看话剧、电影的原因之一，就是因为我们想要见到或听到感情的表露。我们很害怕当众表露自己的感情，因此去看话剧，以满足这种感情表达的需要。

所以，当众说话时，你就可以根据自己倾注于谈话中的热心程度，来表现自己的热诚与兴趣。不要抑制自己的真挚情感，也不要在自己真实感人的热情上面加个闭气阀。要让听众们看到你对自己谈论的题目有多热诚，你就会抓住他们的注意力。

三、表现出十足的热情

当你走到听众面前准备演讲时，应该表现出对演讲的企盼神态，而不要像一个登上绞刑架的犯人。轻快的步伐也许大部分是假装出来的，但它却能为你创造奇迹，让听众感受到你有东西渴望交流谈论。演讲之前，再深吸一口气。不要靠着讲桌。抬起头，仰起下颚，告诉自己：你现在就要给听众讲一些有价值的事情，因此你全身的每一部分都应该清楚无误地让他们知道这一点。要把自己想象成大权在握，就像威廉·詹姆斯所说的那样，要表现得好像是这样。如果能将你的声音传到大厅的后方，这样的音效会让你更有信心。如果一开始就能使用手势，它们更能令你振奋。

杜纳德和伊林诺·雷尔德把这项法则描述为"预热我们的反应"。它适用于任何需要心灵感觉的场合。在他们的著作《有效记忆的技巧》中，雷尔德夫妇认为西奥多·罗斯福总统是这样一个人："活泼而愉快地度过了一生，充满了雀跃、活力、冲撞和热情。这些正是他的标记。他总是对自己要处理的一切事情兴趣浓厚，浑然忘我，或者假装得就像这个样子。"罗斯福也的确是威廉·詹姆斯哲学"表现得热烈，你对自己所做的一切自然便会热烈起来"的活生生的阐释者。

总之，要牢牢记住这句话：表现出热切，你就会感受到热切。

克服忧虑快乐生活的故事

我做过最苦的工作

国家搪瓷与打印机公司南加州代表　泰德·埃瑞克森

我以前是个糟透了的"烦恼大王"。不过我现在不再是了。1942 年夏天，我有过一次经历，它消除了我所有的忧虑和烦恼——我希望今后也能永远如此。那次经历，使我所有的烦恼相比之下都显得微不足道。

多年以来，我一直希望能在阿拉斯加的一艘渔船上工作一个夏天。因此，在 1942 年夏天，我签约之后，上了阿拉斯加科地亚克的一艘长 32 英尺的鲑鱼拖网渔船工作。这艘船上只有 3 名船员：船长负责督导，另外一个副手协助船长，剩下那一个则是日常打杂的水手，这通常都由北欧人担任，而我正好是北欧人。由于用拖网捕捞鲑鱼必须配合潮汐进行，因此我经常要连续工作 20 小时。有一次，我这样工作了一个星期。我干的是其他人都不愿意干的工作：洗甲板、保养机器、在小船舱里用一个烧木材的小炉子做饭。小船舱里马达的热气和恶臭令我作呕。我还要洗碗修船，把鲑鱼从我们的船抛到另一艘小船，将它们送去制成罐头。尽管我穿着长筒胶鞋，但两脚总是湿漉漉的。我的胶鞋里面经常有水，但我却没有时间倒水。但上述这些工作跟我的主要工作比起来只能算是游戏，我的主要工作就是所谓的"拉网"——这个工作看起来很简单：你只需站在船尾，把渔网的浮标和边线拉上来即可。我的工作就是这些。但是，由于渔网太重了，当我想把它拉上来时，它却怎么也拉不动。我本想把渔网拉上来，但实际上却把船给拉了下去。由于渔网拉不动，我只好用尽全力，沿路拖住不放。我这样做了好几个星期，累得浑身酸痛，而且一连痛了好几个月。

最后，当我好不容易有时间休息时，我就在一个临时拼成的柜子上放好潮湿的被褥，倒头就睡。我浑身上下无处不疼，但我却睡得烂熟，像服用了安眠药一样。其实，极度的劳累就是我的安眠药。

我很高兴当初能吃那些苦头，因为它们使我不再烦恼。现在，如果我遭遇了困难，我不会再烦恼，我会反问自己："埃瑞克森，还有什么比拖网更辛苦的吗？"我总是回答说："不，没有比它更辛苦的！"于是，我振作起来，勇敢地接受这项挑战。我认为，偶尔体验一下痛苦是件好事。我很高兴自己能做世界上最辛苦的工作并挺了过来。相比之下，它使得我日常生活中的所有问题都显得微不足道。

第70章 与听众融为一体

鲁塞·康威尔著名的演讲《钻石宝地》，总共发表过近6000次。你或许会想，重复这么多次的演讲，可能已经根深蒂固地刻在演讲者的脑海里，演讲时的字句音调该不会再变了吧？事实却并非如此。康威尔博士知道，听众的情况各不相同，因此他明白必须让听众感到他的演讲是个性化的、活生生的东西，是特意为他们准备的。他是如何在一场接一场的演讲中成功地维系演讲者、演讲和听众之间轻松愉快的关系的呢？"当我到了某个城市或某个镇时，"他写道，"总是先去拜访那些邮政局长、理发师、旅馆经理、学校校长、牧师，然后走进店里同人们交谈，了解他们的历史和他们所拥有的发展机会。然后，我才发表演讲，对那些人谈论适合他们当地的话题。"

康威尔博士很清楚，成功的沟通有赖于演讲者使他的演讲成为听众的一部分，并且使听众成为演讲的一部分。这也正是《钻石宝地》成为最受欢迎的演讲，但我们却找不到一本演讲词的副本的原因。由于康威尔博士聪敏、洞察人性，而且又勤奋谨慎，所以这一相同的题材尽管已经给大约6000场的听众讲过，但同一次演讲不会说两次。

从这个例子中你应该有所领悟：准备演讲时，头脑里应该想着特定的听众。这里有一些简单的法则，可以帮助你建立起与听众之间和谐密切的关系。

一、根据听众的兴趣演讲

这正是康威尔博士采用的方法。他会在自己的演讲中加入许多当地俗谈和实例。听众之所以对他的演讲感兴趣，就是因为他的谈话与他们有关，与他们的兴趣有关，与他们的问题有关。这种与听众本身及其兴趣相关联的内在联系，能够牢牢抓住听众的注意力，保证沟通渠道的畅通无阻。艾力克·琼斯顿是美国前商会会长，现为动作电影协会会长，在他的每一场演讲中几乎都应用了这种技巧。下面来看看他在俄克拉荷马大学的毕业典礼上是如何巧妙地使用这个方法的：

各位俄克拉荷马的公民，对于那些习惯危言耸听的小商小贩们应是再熟悉不过了。各位只需稍稍回想一下，便会想起来，他们一向将俄克拉荷马州排除在外，认为它是永远绝望的冒险。

噢，在20世纪30年代，所有绝望的乌鸦都告诉其他乌鸦，最好是避开俄克拉荷马，除非他们自己携带干粮。

他们认为俄克拉荷马是美洲新沙漠中永远难以改变的一部分。他们这样形容道："这里永远都不会有东西开花。"但是到了20世纪40年代，俄克拉荷马却成了花园，连百老汇也要举杯为它祝福。因为在那儿，"当雨后微风吹来，便有小麦波浪起伏，散发出清香"。

在短短的 10 年之内，这个曾经干旱肆虐的地区，到处都是茂盛的玉米秆。

这是信仰的结果——也是有计划地冒险的结果……

因此，我们在考察自己时代的时候，应该总是看到美好的远景，而不是停留在昨天的阴影之中。

当我准备访问这里的时候，我先看过了《俄克拉荷马日报》卷宗，知道了这里 1901 年春天的景象。我想体会一下 50 年前本地的生活。

结果我发现了什么？

噢，我发现它描述的全是俄克拉荷马的未来，重心都放在将来的希望上了。

这是一个根据听众兴趣来演讲的极好例子。艾力克·琼斯顿采用的这一有计划的冒险事例源自听众身边，使听众们觉得他的演讲不是油印出来的拷贝文件，而是特意为他们准备的。演讲者根据听众的兴趣来演讲，听众当然不会转移注意力。

要先问问自己，你的演讲如何帮助听众解决他们的问题，怎样才能达到他们的目标？然后开始讲给他听，就会让他们全神贯注。如果你是个会计师，你的开场白可以这样："我现在要教你们如何节省 50 到 100 美元税收。" 或者如果你是一位律师，你可以告诉听众如何立遗嘱。你肯定会让听众兴致勃勃。事实上，在每个人的知识积累中，必然会有某个题目能对听众有所帮助。

曾有人问英国报业巨子诺斯克利夫爵士，什么东西能够激发人们的兴趣，他回答说："人们自己。"他就是根据这一单纯的事实建立了一个报业帝国。

詹姆斯·哈维·鲁滨逊在《思想的酝酿》一书中，形容幻想是 "一种出于自然的、最受欢迎的思想"。他接下去说，在幻想中，我们允许自己的思想各自沿着它的方向前进，而它的方向又取决于人们的希望或恐惧；取决于人们的成功或幻灭；取决于人们的喜、怒、哀、乐等情绪。世上再也没有比我们自己更令我们感兴趣的事了。

来自费城的哈罗德·杜怀特，在一次毕业宴会上做了一场非常成功的演讲。他依次谈到了桌边的每个人。他说刚上演讲课的时候，自己并不善于讲话，而现在进步多了。他一边回忆同学们所做的演讲和讨论过的题目，一边夸张地模仿其中一些人，逗得大家开怀大笑。像他这样的演讲，是不可能失败的，这是绝对理想的谈话题材。天底下没有什么题目比这更能令大家感兴趣的。杜怀特先生真是通晓人性。

几年前，我替《美国杂志》写过一系列文章，有幸和约翰·西德达先生交谈。当时他正主持杂志的《有趣人物》专栏。

"人都是自私的，"他说，"他们只对自己感兴趣。他们并不怎么关心政府是否应该把铁路收归国有，但他们却想知道如何才能获得晋升，如何才能得到更多的薪水，如何才能保持健康。如果我是这家杂志的总编辑，我将告诉读者如何保护好他们的牙齿，如何洗澡，如何在夏天保持清凉，如何找到一份好工作，如何应付雇员，如何买房子，如何记忆，如何避免文法错误等。另外，人们也总是对别人有趣的经历感兴趣，所以我会邀请一些大富翁谈谈他们如何在房地产中赚进几百万美元。我还要请一些著名的银行家及各大公司的总裁，谈谈他们是如何从底层奋斗到有权有势的地位的。"

不久，西德达真的当上了总编辑。当时这家杂志的销量很小。西德达立即按照自己的构想开展工作。结果怎样呢？情况发生了巨大变化，销售量急剧上升，达到20万份、30万份、40万份、50万份，以至于更多，因为它的内容是一般民众想知道的。没多久，杂志每个月的销售量就达到了100万份，然后是150万份，最终达到了200万份。但它并没有就此停住，而是持续上升了许多年。西德达满足了读者们的兴趣，因此获得了成功。

当你下次面对听众时，要把他们想象成急切地想听你说什么——只要对他们有用就行。演讲者如果不考虑听众自我中心的天然倾向，就会发现自己面对的是一群烦躁不安的听众。他们会局促不安，表现出不耐烦，不时地看手表，并且渴望离开。

二、真心诚意地赞美听众

听众由单个的人组成，他们的反应亦如个人的反应。公然批评听众，必然会导致愤懑。如果你对他们所做的值得称赞的事情表示赞美，你就会赢得通往他们心灵的护照。但这常常需要你去认真研究。例如这样肉麻的句子"各位是我曾见过的最有智慧的听众"，也许会被大多数听众认为是空洞的谄媚而招致反感。我想引用著名演讲家琼西·德普的话：你必须"告诉他们一些有关他们的事，这些事情他们没想到你可能会知道"。

例如，有个人最近要在巴尔的摩的基瓦尼俱乐部发表演讲，却找不到该俱乐部的特殊资料，只知道在该俱乐部会员里曾有一位出任国际会长、一位出任国际董事。这些情况对俱乐部的人来说并不是新闻。但这个人却使大家感到了与众不同的东西。他是这样开场的："巴尔的摩基瓦尼俱乐部是101898个基瓦尼俱乐部中的一个！"会员们听了有些奇怪：这个演讲者大错特错——因为全球只有2897个基瓦尼俱乐部。然后这位演讲者接着说：

"就算各位不相信，它仍然是事实，至少在数学方面是这样。各位的俱乐部是101898个当中的一个，不是10万或20万个当中的一个，而确实是101898当中的一个。

"我是如何计算出来的呢？不错，国际基瓦尼组织只有2897个俱乐部。但是，巴尔的摩俱乐部过去曾出过一位国际会长和一位国际董事。从数学的观点来看，任何一个基瓦尼俱乐部想同时出一个国际会长和董事的几率是1：101898。我有琼斯·霍普金斯大学的数学博士学位，可以证明我计算出来的数字的准确性。"

表示赞美的时候要确实出自真心诚意。没有诚意的话偶尔会骗过一两个人，却不能永远欺骗听众。例如"这样高度智慧的听众……"，"来自新泽西州霍霍柯斯的美女和侠士的特别聚会……"，"我真高兴在这儿，因为我爱你们每一位……"千万不要这样肉麻！如果你表示不出真心诚意的赞美，最好什么也别说。

三、与听众建立友谊的桥梁

演讲时，要尽快指出你正与之谈话的听众之间存在某种直接的关系。如果你感到被邀请很荣幸，不妨说出来。哈罗德·麦克米兰在印第安纳州绿堡的德堡大学跟毕业班学生讲话时，一开始就这样建立了沟通的纽带。

"我很感激各位亲切的欢迎词，"他说，"身为大不列颠首相，我应邀前来贵校，的确非比寻常。不过我感到，我现在就任的政府职位，恐怕不是各位盛情邀请我的主要原因。"

接着，他提到自己的母亲是美国人，出生在印第安纳州，而他的父亲则是德堡大学首届毕业生。

"我可以向各位保证，能和德堡大学有些关系，使我感到无上光荣，"他说，"并以能重温故乡的传统而骄傲。"

可以肯定，麦克米兰提到这所美国学校，以及母亲和身为该校先驱的父亲，立刻为自己赢得了友谊。

另一种建立友谊的方法，就是提及听众中某些人的名字。

例如，在一次宴会上，我紧挨着坐在主讲人边上。我很奇怪他对每一个人都非常好奇。他不停地向宴会的主人打听，比如那个穿蓝色西装的人是谁，或那位帽子缀满了鲜花的女士芳名叫什么。直到他站起来讲话时，我才明白他为什么好奇——他非常巧妙地把他刚才打听到的名字用到了自己的演讲中，我看到那些名字被他提到的人脸上洋溢着欢乐，而这个简单的技巧也为演讲者赢得了听众温暖的友情。

再来看看通用动力公司总裁小弗兰克·佩斯是如何使用几个名字便使演讲产生效果的。他在纽约美国生活宗教公司一年一度的晚宴上做的演讲：

"从很多方面来讲，今晚对我而言是一个愉快而且很有意义的晚上，"他说，"首先，我的牧师罗伯特·阿勃亚便坐在听众席中。他的语言、行为和领导，已使他成为我个人、我的家人以及我们所有听众的一种激励和启示……其次，路易·施特劳斯和鲍伯·史蒂文斯两人对宗教的热诚，已从他们对公共事业的热情支持上表露无遗。能坐在他们二位中间，是我莫大的快乐……"

不过有一点需要小心：如果你准备在演讲时用到陌生的名字，而这些名字是你通过询问得知的，那么你必须确保正确无误，必须确实了解自己使用这些名字的原因，而且只能以友好的方式提到它们，当然还得有一定的节制。

让听众始终保持高度注意力的另一个方法，就是在演讲中使用第二人称代词"你们"，而不是使用第三人称"他们"，这样可以让听众保持一种亲自参与的感觉。我在前面已经指出，演讲者如果想抓住听众的注意力和兴趣，是不能忽视这一点的。下面摘录了我们纽约培训班的一位学员题为《硫酸》的演讲词的几段来作为实例：

硫酸和我们的生活联系密切。如果没有硫酸，你们的汽车就不能行驶，因为提炼汽油和制造汽车时，必须用到硫酸。不论是你们办公室的电灯，还是你们家里的灯，如果没有硫酸就不会点亮。

在你们放水洗澡时，那镍质的水龙头在制造过程中也要使用硫酸。你们使用的肥皂也可能是用油脂和硫酸制成的。你们发刷上的鬃毛和假象牙梳子，如果没有硫酸也制造不出来。你们的刮胡刀在经过锤炼后，也一定要浸在硫酸中做处理。

　　你们下楼用早餐时，如果你们使用的杯子和盘子刚好不是纯白色的，那就更少不了它。如果你们的汤匙、刀叉是镀银的，也在硫酸中浸过。

　　总之，在一整天的时间里，硫酸会从各个方面影响你们。不管走到哪儿，你们都无法逃过它的影响。

　　这位演讲者通过巧妙地使用"你们"，把听众融入到具体的情景中，因此吸引了听众的持续注意。不过，有些时候使用"你们"却是很危险的，它可能不是在你和听众之间建立友谊的桥梁，而是会造成分裂。例如，当你以智者的身份居高临下地对听众讲话或说教时，这种情形便会发生。这时候，最好说"我们"，而不是"你们"。

　　美国医药协会健康教育主任保尔博士在广播和电视演讲中就经常使用这种技巧。"我们都想知道如何选个好医生，是不是？"他在一次谈话中说，"如果我们想从医生那里获得最好的服务，我们是不是需要知道如何做个好病人呢？"

四、鼓励听众参与演讲

　　你是否想过，怎样用点小小的表演技巧，就能让听众紧跟着你的讲话？如果你在演讲时让听众协助你展示某个观点，或者把你的观点戏剧化地表现出来，那么听众对你的注意力就会明显提升。这是因为当听众中的一个人被演讲者带入"表演"中时，听众们就会敏锐地注意所发生的事。如果在讲台上的人和讲台下的人之间有一堵墙——就像许多演讲者说的那样——利用听众的参与就可以推倒这堵墙。我还记得，有个演讲者为了说明汽车在刹车后，还必须前进多长的距离才能够停住，请了前排一位听众出来，帮他展示汽车在不同速度下这个距离有什么变化。这个听众拿着钢卷尺的一端，沿着走道把它拉长到 45 英尺处演讲者示意他停下来的地方……在这位听众演示的过程中，我注意到其他听众也是全神贯注。我对自己说，那条卷尺除了能生动地展现演讲者的论点之外，还成了演讲者与听众之间一座沟通的桥梁。若不是使用这一展示方法，听众可能还在想着晚饭吃什么，或者晚上看什么电视节目！

　　我最喜欢使用的让听众参与演讲的方法，就是提问并让听众回答。我喜欢请听众站起来，跟着我重复一句话，或举手回答我的问题。帕西·华廷有一本书叫《如何在演讲和写作中运用幽默》，也提出了一些如何让听众参与进来的忠告。他建议让听众对一些事情进行表决，或邀请他们共同解决问题。"确保自己的思想是正确的，"华廷先生说，"正确的思想会让演讲不像在背诵，它可以引起听众的反应，把听众变成企业的伙伴。"我很喜欢他把听众描述为"企业的伙伴"。这是本章所讨论的重点。如果能让听众参与进来，你就把合伙人的权利送给他们。

五、保持谦虚谨慎的态度

　　在演讲者和听众之间的所有关系中，真诚是最重要的。诺曼·文生特·皮尔给了一位牧师一些有用的忠告——那个牧师讲道时简直没有办法抓住听众的注意力。他让牧师问自己，他对每个星期天早晨都要布道的人们怀有什么样的感情——是否喜欢他们？是否愿意帮助他们？是否认为自己比他们智力高出一等？皮尔博士说，他登上讲坛时，每次都对即将面对的男男女女怀着强烈的感情。演讲者如果自认为在智力或社会地位上比别人高出一等，听众一听就会很清楚。所以，如果演讲者想得到听众的爱戴，最好保持谦虚谨慎的低姿态。

艾德蒙德·穆斯基担任缅因州参议员时，曾在波士顿的美国辩论协会的一次讲话中展示了这种技巧。

"今天，我被派来履行自己的职责，心里确实有一些担心。"他说，"首先，我很清楚你们全都是专家，我在这里是班门弄斧，在你们犀利的目光下只会暴露自己的愚蠢，不知我这样做是不是明智之举。第二，这是一次早餐会，而早晨又是一个人警觉性最差的时候，对于一位政客来说，如果失败，后果将不堪设想。第三，我要讲的题目是'辩论对我公仆生涯的影响'。由于我在政坛上比较活跃，这对我的选民的影响很可能会形成尖锐的意见分歧。

"面对这些担心，我感觉自己就像一只蚊子，无意间闯入了天体营，不知从哪儿开始才好。"

穆斯基议员就这样开始，发表了一场精彩的演讲。

阿德莱·史蒂文生在密歇根州立大学毕业典礼上的演讲，一开始也采取了低姿态。他说：

"在这样的场合，我总是感到心有余而力不足。我想起了有一次塞缪尔·巴特勒被问到如何充分利用生命时的谈话。他说：'我甚至不知道如何很好地利用下面的 15 分钟呢。'现在我对这 20 分钟也有相同的感觉。"

如果你想让听众敌视你，最好的办法就是让他们感觉你高高在上。演讲时，就如同把自己放在橱窗里展示，你人性中的每一个侧面都暴露出来了，只要你稍稍有一点自夸，就注定要失败。但你若表现出患得患失、没有信心，那也是很糟糕的。你可以谦虚，但不能表现出患得患失、没有信心的样子。只要你表示出要尽力讲好，并说自己才识有限，听众就会喜欢你，尊敬你。

美国电视界竞争非常残酷，每一季收视率最高的演员都要陷入这种竞争。在这里能够保持常胜的演员只有艾德·萨利文。他不是电视专业人员，而是一位新闻从业人员。他在竞争激烈的电视圈里只能算是个业余选手。他之所以能够在竞争中取胜，是因为他没有把自己看得很高，只认为自己就是业余的。他在镜头前会有些不自然的举动，别人也都可能会认为是一种失误，他会手撑下巴，弓着两肩，拉扯领带，说话结巴……但这些缺陷都无损于他；即使有人批评他，他也不计较。他每个季度至少要请一位模仿高手在电视里惟妙惟肖地模仿自己，并夸大自己的缺点。他会和别人一样对这些可笑的动作哈哈大笑。他欢迎批评，观众也因此而喜欢他。因为观众喜欢谦逊，厌恶自大自夸的卖弄者。

亨利和丹纳·李·托马斯在他们的著作《现代宗教领袖传》中这样评述孔子："他从不向人们炫耀自己的知识。他只是用自己的仁德之心，设法启迪人们。"如果我们能有这样的包容，我们便掌握了打开听众心扉的钥匙。

克服忧虑快乐生活的故事

康尼·迈克的原则

棒球老将 康尼·迈克

我在职业棒球界已经63年多了。当我首次加入球队时，完全没有薪水。我们在空地上打球，常常被地上的废弃物绊倒。比赛结束之后，我们就摘下帽子，传过去向大家收钱。但是这些钱实在太少了。尤其是我，承担养活寡母及弟弟妹妹的责任。有时候，球队为了赚钱，必须做一些逗笑的演出，才能使球赛继续下去。

我有许多可以烦恼的原因。我曾是连续7年都排在最末位的唯一一位棒球队经理，而且曾在8年之内输了800场球。经过一连串失败，我愁得吃不下饭，睡不着觉。但我在25年前就不再烦恼了。我相信，如果我不停止烦恼，那么我早就进棺材了。

现在回忆我漫长的生命历程（我是在林肯总统时代出生的），我认为我之所以能够征服忧虑，得益于下面这些方法：

第一，我认为烦恼毫无益处。除了对我的棒球生涯造成威胁之外，烦恼对我毫无帮助。

第二，我认为烦恼会损害我的健康。

第三，我让自己忙着准备在将来的比赛中获胜，因此没有时间为已经失败的球赛去自寻烦恼。

第四，我给自己定了一个规则：球赛过后24小时内，不得批评球员所犯的过错。以前我总是和球员们一起穿衣、更衣。如果球队在比赛中输了，我总会忍不住批评球员们，而且毫不留情地与他们争论为什么会失败。后来我发现这样只会增加我的烦恼；而且在其他球员面前批评某位球员，只会使他以后更不愿合作，因为这确实使他大丢面子。因此，既然我没有把握在球赛刚结束时控制自己，那我只好给自己立下一个规则：比赛失败之后，绝不立刻和球员见面；一直要等到第二天，才和他们讨论失利问题。到那时候，我已经冷静下来，不会扩大错误，而且可以和球员们冷静地讨论事实，球员也不会生气或为自己辩护。

第五，我会赞扬球员们，激励他们，而不是像以前那样总是挑他们的毛病。我想对每个人都说些赞扬的话。

第六，我发现，当我身体疲倦时，烦恼就更多。所以，我每天晚上要休息10小时，每天下午还要睡一会儿。即使是5分钟的小睡，对我也大有帮助。

第七，我相信，由于我不断地忙着，使我不再受各种烦恼的干扰，因而延长了我的寿命。我已经85岁，但我还不想退休，而是要把同样的故事讲一遍又一遍。那时，我才知道自己确实已经老了。

（康尼·迈克并没有读过《人性的优点》这一类书，但他能够给自己订下一些规则。你为什么不把你以前觉得很有帮助的一些规则列成一张表并写下来呢？）

第 71 章　激励性演讲的技巧

第一次世界大战期间，一位著名的英国主教在厄普顿营对即将奔赴战场的士兵发表讲话。只有一些士兵明白作战的意义，这一点我很清楚，因为我和他们聊过。可是，这位主教先生却对他们大谈什么"国际亲善"以及"塞尔维亚在太阳底下应占有一席之地"，而士兵们有一半却对塞尔维亚在哪里都不清楚。所以，他不如发表一篇谁也不懂的"星云假说"的学术演讲，反正效果完全一样。不过，在他演讲的过程中没有一个士兵跑开，因为有宪兵站在每个出口，防止他们跑出去。

我无意取笑这位主教，他是一位真正的学者，在宗教人士面前他很可能令人折服；但面对这些军人他却失败了，而且是彻底失败。为什么呢？因为他不知道自己演讲的真正目的，当然不知道怎么做了。

讲话的目的是什么呢？不论你自己是不是了解，任何讲话一般包括以下所列的4 个目的中的一个。它们是什么呢？

1. 说服听众采取行动。

2. 说明情况。

3. 增强印象，使人信服。

4. 给人们带来欢乐。

我们就以林肯总统一系列具体的演讲为例来说明吧。

很少有人知道林肯曾发明过一种装置，它可以将搁浅在沙滩或其他阻碍物中的船只吊起来，并获得了专利。他在他的律师事务所办公室附近一家机械厂制作了这种装置的模型，每当有朋友来看模型时，他就不厌其烦地讲解它。这种讲解的主要目的，就是说明情况。

他在葛底斯堡发表不朽的演讲，第一次和第二次总统就职演讲，在亨利·柯雷去世时做的悼词……所有这些演讲的主要目的是增强听众的印象，使他们信服。

他对陪审团讲话时，想赢得有利的决定；发表政治演讲时，想赢得选票。这种演讲的目的，就是要让听众采取行动。

而在林肯当选总统的两年前，他曾精心准备了一场关于发明的演讲。他本想给人们带来一些欢乐，这至少是他的目的，可惜他在这方面没有成功。他原本想当一个大众演讲家，结果遭受了挫折。甚至有一次，竟然没有一个人来听他的演讲。

但是林肯的许多演讲获得了神奇的成功，其中一些演讲已经成为人类语言中的经典之作。为什么他能成功呢？因为在这些演讲中，他明白自己的目的，并且知道怎样达到这个目的。

但是有许多演讲者却不能把自己的目标与听众的目标相结合，所以手忙脚乱，说话结巴，演讲也就难免失败了。

有一位美国国会议员曾被强行轰赶下了纽约旧马戏场的演讲台，因为他很不明智地选择了要做一次说明性演讲。听众可不想听什么教训，他们只想得到快乐。他们刚开始时耐心而有礼貌地听他讲了 10 分钟，但在后 15 分钟，大家都希望他最好尽快结束。可是他却不理会这些，仍然没完没了地说个没完。听众们再也不愿忍受了，开始有人嘲讽地喝彩，其他人接着起哄，立刻就有上千人吹起口哨，甚至大声吼叫起来。这位议员真是太愚蠢了，居然还感觉不到听众的心情，仍然继续讲他的话。这激怒了听众。一场战斗展开了。人们的不耐烦立即激化成怒火，他们决定让他闭嘴。于是，抗议声越来越大。最终，吼叫和愤怒淹没了他的声音——20 英尺处都听不到他的声音了。他被吼叫和嘘叫声轰下了台，简直羞愧难当。

我们要以此为鉴，让自己的演讲适合听众和场合。那位议员如果事先斟酌一下自己演讲的目的是否适合前来参加政治集会的听众的目的，他就不会有如此惨败了。所以，一定要事先分析听众和场合之后，才可以从 4 种目的中选择一种来进行你的演讲。

为了让读者获得"搭建演讲架构"方面的指导，本章专门介绍如何"说服听众采取行动"。接下来的 3 章则着重讨论演讲的其他几个重要目标：说明情况；增强印象令人信服；带给听众欢乐。每一个目标都需要采取不同的组织方式，各自都有其易犯的错误和必须克服的障碍。首先，我们谈谈如何组织演讲素材，使听众乐意采取行动。

有没有什么方法，肯定可以把我们要演讲的材料组织好，让听众能轻松地抓住我们要求他去做的事情呢？或者它只不过是一种偶尔有效的方法呢？

我记得在 20 世纪 30 年代曾和同事们讨论过这个话题。当时我的课程在全国各地开始受到欢迎。由于班上人数众多，我们便要求每个学员的演讲只有两分钟。如果演讲者的目标只定位在娱乐或说明情况，这个限制对演讲并不会造成影响。但是，当我们学习"鼓励听众采取行动"的演讲时，情况就不一样了。如果采用自亚里士多德以来就被演讲者遵循的传统的演讲模式——绪论、本论和结论，这种激励听众采取行动的演讲便无法展开。我们显然需要一些新鲜的东西为我们提供一个稳妥有效的方法，在两分钟之内得到结果，并从听众那里获得反应。

我们分别在芝加哥、洛杉矶和纽约举行会议，向所有的老师请教。他们当中有在名牌大学演讲系执教的；有在事业经营方面占有举足轻重地位的；也有来自正在快速扩张的广告和促销界的。我们希望结合这些背景和智慧，找到一种新的组织演讲结构的方法——一个合理的、能反映我们时代需要的、符合心理学和逻辑学的方法，以影响听众并让他们采取行动。

天道酬勤，我们从这些讨论中终于研究出组织演讲结构的"魔法公式"。这个方法在班上采用后，我们一直使用到今天。这个"魔法公式"是什么呢？很简单：

一开始就描述实例的细节，生动地说明你希望传达给听众的意念；

其次，详细而清晰地表达你的观点，确切地说出你想让听众做什么；

第三，陈述缘由，向听众强调，如果按照你所说的去做，他们会获得什么好处。

这个公式非常适合当今快节奏的生活。演讲者不能再沉湎于冗长而闲散的绪论之中。人们越来越忙，他们希望演讲者以直接的言语，一针见血地说出要说的话。他们习惯于听精简而浓缩的新闻报道，使他们不必转弯抹角便能直接获得事实。他们全都被淹没在麦迪逊大街上铺天盖地的广告中。这些广告使用了招牌、电视、杂志和报纸上的一些鲜明有力的词语，把信息一股脑儿倾出；它们一字千金，没有半点儿浪费。所以利用这个"魔法公式"，可以保证引起听众的注意，并可以将焦点对准演讲的重点。它可以避免"我没有时间把这场演讲准备得很好"，或"你们的主席请我谈论这个题目时，我在想他为何要挑选我"之类毫无意义的开场白。听众对道歉或辩解不感兴趣，不论你的道歉或辩解是出于真心还是假意。他们要的是行动。在这个"魔法公式"里，你一开口便给了他们行动。

这套公式用于简短演讲时非常理想，因为其中有着某种程度的悬念。在你开始叙述时，听众就会被你的故事所吸引，但要等到两三分钟之后，他们才能知道你的重点。如果你希望听众照你的要求去做，这一招就很有必要。演讲者如果想让听众为某件事而慷慨解囊，却这样开口："各位女士，各位先生，我来这儿是想向各位每人收取 5 美元。"那么，不管这件事多么值得他们掏钱，他们一定会争先恐后地夺门而逃。相反，如果演讲者描述自己去探访儿童医院的时候，看到迫切待援的病例：一个幼童在偏远的医院里，因为缺乏经济援助而无法动手术，然后向听众呼吁救助，肯定会获得听众的支持。为期望中的行动铺路的，正是生动的故事和实例。

让我们再看看列兰·史脱先生是怎样通过事件或事例来打动听众，让他们支持联合国儿童救援行动的：

我祈祷自己再也不要为此而奔走呼吁了：一个孩子和死亡之间，只差一颗花生。请想想，还有比这更凄惨的吗？我希望在座诸位也永远不要这样奔走呼吁，永远不要活在这种悲惨的记忆里。如果某一天，你在雅典被炸得千疮百孔的工人居住区里，听到了他们的声音，见到了他们的眼睛……可是，我的记忆中所留下的一切，只有半磅重的一罐花生。当我费力地打开它时，一群群衣衫褴褛的孩子把我团团围住，朝我伸出他们的手。还有大批的母亲怀抱婴儿在推挤争抢……她们都把婴儿伸向我，婴儿那只剩皮包骨的小手抽搐地伸张着。我尽力使每颗花生都能起作用。

在他们疯狂地挤拥之下，我几乎被撞倒。我举目一望，只见上百只手：乞求的手、抓握的手、绝望的手——全都是瘦小得可怜的手。他们这里分一颗盐花生，那里分一颗盐花生。有 6 颗花生从我手里掉了下来，那些瘦弱的身体在我脚下争抢着。他们在这里分一颗，再在那里分一颗。数以百只的手伸向我，请求着；数以百只的眼睛闪射着希望的光芒。我无助地站在那里，手中只剩下一个蓝色的空罐子……啊，我希望这种情况永远都不会发生在诸位身上。

　　这套“魔法公式”还可运用于写商业书信和对员工作指示。母亲可以利用它来激励孩子，而孩子也会发现利用它向父母要求什么也很容易。你会发现它就像一把心理利器，在日常生活中，你可以通过它把自己的理念传达给别人。

　　即使在广告界，这套“魔法公式”每天也都被使用着。伊弗雷迪电池公司最近在广播和电视上做了一系列广告，就是根据这套公式设计的：

　　首先是主持人讲一个故事：某个人因事故而在深夜被困在一辆翻倒的汽车里。主持人绘声绘色地描述这个意外之后，又请出受害者告诉观众，他是如何通过使用伊弗雷迪电池的手电筒发出亮光，及时为他带来援助的。然后，主持人再回到他的目标，点出“重点和缘由”：“购买伊弗雷迪电池，你就可以在类似的紧急事故中生存。”

　　这些故事都来自伊弗雷迪电池公司的真实档案资料。我不知道这套广告帮助伊弗雷迪公司卖了多少电池，但我可以确信这套“魔法公式”真的很有用，可以有效地向听众陈述你要他们去做或避免去做的事情。

　　现在，我们还是一步步地进行讨论吧。

一、用自己生活中的事件作例证

　　你生活中的事例是演讲的一部分，应该占你演讲的大部分时间。在这个阶段，应该描述曾给你带来启示的经验。心理学家说，人们学习的方式有两种：一是练习律，即让一连串的类似事件来改变人的行为模式；二是效应律，即让单一的事件产生强烈的震撼力，并造成人们行为的改变。我们每个人都有过这种不同寻常的经验，这是不需要花太多的时间去苦苦搜寻的。我们的行为也多半受这些经验的引导。如果能把这些事件重新组织起来，就可以把它们变成影响别人行为的事实基础。这一点我们应该很容易做到，因为人们对言辞的反应和对实际发生的事情的反应都差不多。

　　在举例的时候，一定要把自己经验中的东西重新改造，使听众产生与你当初一样的感受。为了达到这个效果，你可以把你的经验清楚地叙述出来，突出其特点，并使之富有戏剧化，让它们听起来更有趣，也更有力量。下面的建议，可以让你举例的步骤清晰有力，具有意义。

1. 根据个人经验举例

　　如果这种例子曾经是对你的生活造成强烈冲击的单一事件，将会很有威力。事情的发生也许不超过几秒钟，可是在那短短的一瞬间，你已经学到了难忘的一课。比如，不久前我们班上一个学员讲了他竭力从倾覆的船边游上岸的可怕经历。我相信每个听众都会这样想，如果自己遇到了类似的情况，一定会听从他的忠告而留在船边，等待救援人员的到来。我还记得另一个演讲者讲的经历：这是关于一个孩子和一台翻转过来的电动剪草机的悲惨事件，这在我的脑海里留下了鲜明深刻的印象，以后只要有孩子在我的电动剪草机附近玩耍时，我就会提高警觉。

　　我们很多讲师，因为他们对在班上听到的事情印象深刻，所以回家后便立即采取行动，防止家庭再发生类似的意外。例如，有一个人因为听了一场关于烹饪意外而引起的火灾的演讲之后，就立即将灭火器放在厨房内。另一个人也从演讲中吸取教训，把家中所有装毒品的瓶子贴上标签，并特别留意把它们放在孩子们拿不到的地方。这是因为他听了一场演讲：一个母亲发现她的孩子不省人事地躺在浴缸里，手里拿着一瓶毒药。当时这位母亲真是心神发狂了。

一次使你永远都不会忘记的教训，是说服性演讲必备的条件。利用这种事件，可以打动听众并让他们采取行动——因为听众会这样推理，如果你会遭遇到，他们也可能会遭遇到，那么最好是听你的忠告，做你希望他们做的事。

2. 开门见山叙述事例的细节

在演讲一开始就进入举例阶段，这样做可以立即抓住听众的注意力。有些演讲者不能一开始就获得听众的注意，往往是因为只讲那些老套话或琐碎的道歉，听众对此当然不感兴趣。"敝人不习惯当众演讲"，这是不是很刺耳、讨厌？但是很多陈腐的开题方式也同样令人厌烦。如数家珍地详细描述自己如何选择演讲题目，或对听众说自己准备不充分（他们其实很快就会发现这个事实的），或像个牧师讲道似的宣布演讲的题目或主题……这些都是要在简短演讲中必须避免的。

请记住某位一流报纸杂志作者的一句忠言：直接开始你的例证，就可以立即抓住听众的注意力。

我在这里列出一些开场白，它们都像磁石一样吸引着我的注意力：

"1942 年，我发现自己躺在医院的病床上"；

"昨天早饭时，我妻子正在倒咖啡……"；

"去年 7 月，当我快速驾车驶下 42 号公路时……"；

"我办公室的门被打开了，我们的领班查理·冯闯了进来"；

"我正在湖中央钓鱼；我一抬起头，看到一艘快艇正朝我快速开来"。

如果在开场白中讲清楚了人物、时间、地点、事件和发生的原因，那么你就是在使用最古老的获取听众注意力的沟通方式。"从前"是一个很有魔力的字眼，它可以打开孩子们幻想的水闸。采用相同的趣味方式，你也能一开口就抓住听众的注意力。

3. 使事例充满相关细节

细节本身并不具备趣味性。例如，到处散置着家具和古董的房间并不好看，一幅图画全是不相关的细物也不能让人们停留注视。同样，无关紧要的细节太多，也会让当众演讲成为无聊的活动。所以，你必须选择那些能强调你的演讲重点和缘由的细节。如果你想告诉大家，在长途旅行前应该先检查车辆的性能状况，那么你应该详细讲述某次旅行前，因为你没有事先检查车辆而发生的悲剧。相反，如果你先讲怎样观赏风景，或者到达目的地后在什么地方过夜，就只会遮盖重点，分散听众的注意力。

如果你能围绕话题重点，用相关细节来渲染你的故事，这确实是最好的方法。它可以重现当时的情况，让听众感觉如在眼前。相反，只说你从前因疏忽而发生意外，就很难让听众小心驾车，因为这样的方法不会让人感到有吸引力。如果你把惊心动魄的经历转化为语言，使用各种辞藻来表达你的切身感受，那么就能把这件事深深地烙在听众的大脑中。

请看下面的实例，这是一个训练班的学员讲的例子，生动地指出了在寒冬时开车要多加小心：

1949年圣诞节前一天的早上，我在印第安纳州41号公路上往北行驶，我的妻子和两个孩子也在车里。我们已经沿着一段平滑如镜的冰路，缓慢地行驶了好几个小时。稍稍触及方向盘，我的福特车就会任意打滑。很少有司机会离线超车，时间就这样一小时一小时慢慢地过去。

当我们来到一处开阔的转弯处。这儿的冰雪已经被阳光照射得开始融化，所以我就加大了油门，想弥补失去的时间。其他人也和我一样，大家似乎都很匆忙，想第一个抵达芝加哥。由于不再紧张了，孩子们也开始在车后座上唱起歌来。

汽车突然走上一段上坡路，进了一处森林地带。当汽车急驰到顶端时，我突然看到——可是太迟了——北边的山坡因为没有阳光照射，所以路面的冰还没有融化。我看到我们前面有两辆车疯狂地侧翻了下去，然后我们的车也滑了下去。我们飞过路沿，完全失去了控制，然后落进雪堆里，仍然直立着。但原先在后面紧跟着我们的车也滑了下来，正好撞到我们车的一侧，我们的车门被撞碎了，我们身上全是碎玻璃。

这个事例中丰富的细节，很容易让听众身临其境。毕竟你的目的就是要让听众看到你所看到的，让听众听到你所听到的，让听众感觉到你所感觉到的。而要做到这一点，唯一的方法就是使用丰富而具体的细节。正如本书第二篇第一章提到的，准备一场演讲就是回答如下问题：何人？何时？何地？如何？为什么？你必须用图画般的词汇去激发听众的想象力。

4. 叙述事例时让经验重现

除了运用图画般的细节之外，演讲者还应该让情景再现。演讲和"表演"有相近的地方。所有伟大的演讲家都有一种表演的天分，但这并非只能在雄辩家身上找到的稀有特质，孩童们大多具有这种才能。我们所认识的许多人也都有这样的天赋，他们富于面部表情，善于模仿或做手势，这都是表演的宝贵资质。我们多数人也都有这样的技巧，只要稍微努力和练习，就能有一定的发展。

在描述事件时，如果能加入越多的动作和激动的情感，就越能给听众留下深刻的印象。演讲不论多么富于细节，如果演讲者不能以再创造的热情来讲述，就是没有力量的。例如，你想描述一场大火吗？那不妨为我们讲述消防队与火焰搏斗时人们感受到的激烈、焦灼、兴奋、紧张的感觉，并把这些传递给我们。你想告诉我们你同邻居之间的一场争吵吗？那就把它再现出来，戏剧化地表现出来。你想描述在水中做最后挣扎时的惊恐情绪吗？那就让我们感到你生命中那些可怕时刻的绝望吧。

举例的目的之一，就是让听众对你的演讲牢记不忘。只有让事例深刻在听众的脑海中，他们才会记住你的演讲以及你希望他们去做的事。我们之所以记得华盛顿的诚实，是由于他小时候砍樱桃树的事情，已经通过韦姆斯的传记而深入人心。《圣经·新约》是嘉言懿行的丰富宝库，其中的道德操守原则都是通过富有人情味的故事来传达和强化的，例如"善良的撒马利亚人"的故事。

这种事例，除了可以让你的演讲更容易被记住之外，还可以使你的演讲更加有趣，更具有说服力，也更容易理解。生活教给你的经验，已经被听众重新感知：就某种意义而言，他们已经下定决心按照你的意思去做。这样，我们就到了"魔法公式"第二道门前。

二、直接提出问题，提出诉求

在说服听众采取行动的演讲中，举例阶段已经用去了 3/4 以上的时间。假设你只讲两分钟，那你就只剩下 20 秒钟来表达你期望听众采取的行动以及他们采取这种行动会有什么好处。这时不再需要讲述细节了，该做直截了当的声明。这与报纸消息的技巧相反，你不是先说标题，而是先讲故事，再以自己的目的或对听众行动的诉求作为标题。这一阶段要注意 3 条法则。

1. 使重点简明扼要

要简明扼要地告诉听众，你希望他们做什么。人们一般只会做他们清楚地了解的事情。所以，你最好先问自己，你究竟要在听众听了你的例证之后，他们该做什么？像写电报稿一样把重点写下来，是个很不错的主意，应该尽可能精简字数，又要使其清楚明白。不要说："帮助我们本地孤儿院的病童吧。"因为这样太笼统。应该这样说："今晚就签名，下星期天集合，带 25 名孤儿去野餐。"

要求采取公开行动很重要，这个行动应该是看得见的，而不是心理活动，否则就太含混了。例如"时时想想祖父母吧！"就太含糊而不好采取行动；而这样说"本周末就去看望祖父母吧！"则要更明确些。再比如说"要爱国"，如果改成"下星期二就请投下你的一票"，就更明确了。

2. 使重点简单易行

不论问题是什么，不论人们是不是还在争论不休，演讲者必须把自己的重点和对行动的请求讲得让听众容易理解和实行。最好的方法之一就是要明确。例如，你想让听众加强记忆人名的能力，千万不要说"现在便开始加强你对人名的记忆"，因为这样太笼统了，让人无从做起。不如说："在你遇到下一个陌生人的 5 分钟之内，就把他的姓名重复 5 次。"

演讲者对听众给予明确的行动指示，比概略的言辞更容易成功地引发听众的行动。例如"去讲堂后面，在祝贺康复的卡片上签名"，要比劝听众寄一张慰问卡，或写信给一位住院的同学更好。

至于是使用否定还是肯定的语气来叙述，应该取决于听众的观点。这两种方式之间并没有好坏之分。例如，以否定方式说明应该避免的东西，就比用肯定陈述的请求更具有说服力。"不要做摘灯泡的人"是否定的措辞，这是若干年前为了销售电灯泡而设计的广告，它收效就很好。

3. 强烈而满怀信心地表明观点

演讲的核心是观点，因此你应该强烈而且信心十足地陈述出来。就像标题应该特别突出显著一样，你对听众行动的请求也应该通过激烈的演讲，直接表达出来。你现在就要给听众留下积极的印象，让听众感觉到你的诚意。你的请求不应有不确定或信心不足的语气，游说的态度也应该持续到最后一个词，然后再进行"魔法公式"的第三步。

三、说明原因或听众可能获得的利益

在这个阶段，简短扼要依然是必要的。在这第三步，你必须说出自己演讲的动机；或者告诉听众，如果按照你的要求去做，他们会得到什么益处。

1. 使缘由与事例相关

本书已经阐述了很多当众讲话的动机。这是个范围很大的题目，对于想说服听众采取行动的演讲者很有用处。在这一章我们谈的只是关于"获得听众行动的简短演讲"，你所要做的，就是用一两句话把好处说出来，然后坐下。不过，最重要的是你所强调的好处应该是从你所举的事例引出来的。如果你想说自己买旧车省钱的经验，然后力劝听众买二手货，那么你必须强调他们买了二手车会有何经济益处。千万不可偏离事例，说有些旧车的样式比最新的汽车要好。

2. 必须强调一个理由，仅仅一个就足够

许多推销员可以举出半打理由，劝说你为什么应该购买他们的产品；你也能举出好几个理由，来支持你自己的观点，并且全都与你所使用的事例有关。然而，最好还是选一个最突出的理由或利益。说给听众的最后几句话应该清楚而明确，就像刊登在全国性的杂志里的广告词那样。如果你对这些融入了许多人的智慧设计出来的广告加以研究，你将会获得处理演讲中的"重点和缘由"的技巧。

没有哪个广告会一次推销两种或两种以上的产品或理念。在销售量很大的杂志中，也没有一个广告使用两个以上的理由来说明你为什么应该买某种商品。同一个公司也许会从一种媒介改为另一种媒介来刺激消费者的动机，如从电视改成报纸，但是同一家公司却很少在一个广告中做不同的诉求，不论是口头上的还是视觉上的。

如果你能研究一下报纸杂志和电视中的广告，分析它们的内容，你就会惊讶地发现，在劝说人们购买商品时，这一"魔法公式"被使用的次数实在是太多了。你可以由此体会到，"切题"是让整个广告成为一个统一整体的经纬线。

还有其他的方式来举例，例如陈列、展示、引述权威评论、比较和引用统计数字等。这些将在后面的章节详细介绍。本章中的"魔法公式"仅限于个人式的事例，因为在"获得听众行动的简短演讲"中，这套公式是迄今为止最简易、最有趣、最戏剧性而且最具说服力的方法。

第72章　说明性演讲的技巧

有一次，一位政府高级官员把美国参议院调查委员会搞得坐立不安，如坠雾里，也许就像你经常看到的某些演讲者那样。此人不停地说着，却含混不清，毫无重点，根本没有把他自己的意思讲清楚。整个委员会的困惑也逐渐增加。最后，一位来自北卡罗来纳州的参议员小撒姆尔·詹姆斯·艾尔文终于抓住机会，说了几句精彩的比喻。

他说，这位官员让他想起家乡的一个男人来。这个男人通知律师，说要和他老婆离婚，不过他却承认她很漂亮，是个好厨子，而且还是个模范母亲。

"那你为何还要和她离婚？"律师问他。

"因为她总是说个不停。"这个男人说。

"她都说些什么呢？"

"就是这个让我讨厌呀，"男人说，"因为她从来没说清楚过。"

这正是许多演讲者（无论男女）的问题所在。大家根本不知道他们在说些什么，他们也从来没有说清楚过，也从来没把自己的意思讲明白过。

在上一章中，介绍了一套做简短演讲并从听众那里获得行动的公式。现在，我还要教给你一些方法，帮助你在告知他人某一信息时，把自己的意思表达清楚。

我们每天都要做许多说明性的谈话，比如提出说明或指示，提出解释和报告。每星期在各地举行的各种类型的演讲中，说明性演讲仅次于说服性演讲或获得行动的演讲。清楚说话的能力，其实也是打动听众采取行动的能力。欧文·杨是美国工业巨子之一，他也强调了清晰的表达能力在当今社会的重要性：

当一个人扩大了使他人了解自己的能力时，他也拓展了自己的作用。在我们的社会，即使是最简单的事情，也需要人们的彼此合作，所以他们首先必须相互了解。语言是沟通的主要传递媒介，所以我们必须学会使用它，不是粗略地学会，而是精确地学会。

本章的各项建议，将让你清晰、精确地使用语言，让听众毫无困难地了解你。罗德威·威根斯坦说："凡是可以想到的事情，都是可以清楚地思考的。而凡是可以说出来的事，也是可以清楚地表述出来的。"

一、限制演讲题材，以适合特定的时间

威廉·詹姆斯教授曾向一些教师指出，一个人在一次演讲中只能针对一个要点。他所说的演讲，是指那种时间限定为一个小时的演讲。而我最近却听过一位演

讲者所做的 3 分钟的演讲，他一开始就说，他想谈 11 个要点。平均用不到 16.5 秒钟来说明一个要点！怎么会有这样"聪明"的人，居然想做如此荒谬的事情，有些不可思议吧？当然，这也只是个别极端的例子，但是即使情况没有这么严重，对于任何新手来说，论点太大也注定会出差错。这就像一个导游，带着一群游客一天之内看完巴黎所有的风光，这当然不是办不到。但就像一个人也可以在 30 分钟之内看完美国国家历史博物馆一样，根本不记得看到了什么。许多演讲之所以讲不清楚，就是因为演讲者企图在指定的时间内创下世界纪录。因此，他就像只敏捷的山羊，飞快地从这一点跳到那一点。

假设你现在就以劳工联盟作为演讲的题目，你根本不可能在 3 分钟或 6 分钟内告诉我们这个组织成立的原因，它们所采用的方法，它们的建树和缺失以及它们怎样解决工业争端等。如果你坚持这样做，没有人会对你所说的留下清晰印象。它将只是一片混乱和含糊，而且只是一些太过简单的大纲。

如果你只谈它的一个方面，并且仅此一个，对它进行详细讲述，这样做是不是更明智呢？当然是的。这样将给听众留下一个单一的印象，但透彻易懂，也容易记住。

有一天早晨，我去拜访一家公司的总经理，却发现他的门上挂着一个陌生的名字。这家公司的人事部长是我的老朋友，他告诉我为何换了人。

"他的名字害苦了他。"我这位朋友说。

"他的名字？"我不太明白，"他不是控制这家公司的董事之一吗？"

"我说的是他的绰号，"这位朋友说，"他的绰号叫'他现在在哪里？'人们都叫他'他现在在哪里'·琼斯。因为我们总找不到他，不知道他在哪里。他从来不肯花心思去了解公司的整个业务概况。他每天待在公司的时间很长，但是在忙什么呢？他只是这里蹿一下，那里蹿一下，这样打发漫漫长日。他认为看到船运部门的职员关掉一盏灯，或见到速记员拾起一张纸，比他研究一桩大买卖更重要。他很少坐在办公室，因此我们叫他'他现在在哪里'。"

"他现在在哪里"·琼斯让我想起很多演讲者，他们本来可以表现得更好些的。他们之所以不能表现得更优秀，就因为他们没有抓住原则。他们像琼斯先生一样，想包揽更大的范围。你听过他们的演讲吗？在他们演讲的时候，你有没有想过"他现在在哪里"？

即使是那些经验丰富的演讲者有时也会犯这样的错误。也许他们具备多方面的才华，所以看不到精力分散的危险。但你可不要向他们学习，而是要紧扣主题。如果你让自己清楚明了，听众就会说："我懂他所说的，我知道他现在在说什么！"

二、遵循一定的顺序

几乎所有的演讲题材都可以利用一定的时间顺序、空间顺序或者事物的逻辑顺序来展开。比如时间顺序，可以按照过去、现在、将来"三段式"的顺序来处理材料,也可以从某一天开始进行倒叙或向前叙述。演讲的过程,都是从最粗糙的原材料开始,然后经过各种各样的制造阶段,最后完成真正的产品。至于其中加入多少细节,就取决于演讲的时间了。

在空间顺序上,可以立足于某个点,然后由此向外拓展;或者按照方位来处理,例如北方、南方、东方和西方。假设你要描述华盛顿城,你可以领着听众,从国会山庄的顶端,按照各个方向来叙述有趣的地方。如果你要说明一部喷气引擎或一辆汽车,最好是把它分解成各部分的组成零件,再来逐一谈论。

而有些演讲题材本身就具有自己的内在顺序。例如,如果你要介绍美国政府的结构,不妨按照立法、行政、司法三部门的内在结构来介绍,效果必然很好。

三、逐一列举你的要点

要想让演讲给听众一种井然有序、条理分明的印象,最简单的方法之一,就是在演讲过程中明白地表示:现在你先讲哪一点,接下来再讲哪一点。

"我要讲的第一点是……"你完全可以这样开门见山地说。讨论完这一点,你可以明确地说将要谈第二点,就这样一直说到结尾。

拉尔夫·布切博士担任联合国助理秘书长的时候,在纽约罗切斯特城市俱乐部主办的一次重要演讲上,就这样直截了当地说:

"今晚我选择的演讲题目是'人际关系的挑战',是因为以下两个原因,"然后他又说,"首先……其二……"从头到尾,他都小心翼翼地让听众明白他的每一个重点。他引领听众,最后得出结论:

"我们不能对人类向善的天性失去信心。"

在美国国会联合委员会想方设法试图刺激一度停滞不前的商业会议上,经济学家道格拉斯以税务专家和伊利诺伊州参议员的身份演讲,巧妙而有效地使用了相同的办法。

他是这样开始的:"我的演讲主题是:最迅速、最有效的行动方式,是对中低收入阶层减税,因为这些群体几乎会花光他们所有的收入。"

然后他继续说:"具体说……进一步说……此外……有3个主要的理由:第一……第二……第三……"

他最后说:"总之,我们需要的,是立即对中低收入阶层实行减税措施,以增加需求与购买力。"

四、将陌生题材与听众熟悉的相比较

有时候你会有这种感觉:你辛辛苦苦地忙了半天,仍然没有把自己的意思解释清楚。你本来很清楚这件事,可是要让听众也明白它,就需要深入的解说。这该怎么办呢?不妨把它和听众熟悉的事情相比较,告诉他们这件事和另一件事一样,和他们所熟悉的事一样。

假设你要介绍催化剂在化学中对工业的贡献。你如果告诉人们这是一种物质，它能让别的物质改变而不会改变其本身，这说起来很简单；但是如果你说它正像个小男孩，在校园里又跳又打又闹，还推别的孩子，而他自己却安然无恙，从没有被人打过、碰过，这不是更好吗？

还有一个令人惊奇而有趣的例子：

一些传教士在把《圣经》翻译成赤道非洲土著部落的土话时，面临着将陌生语言翻译成他们熟悉语言的难题。是逐字逐句照翻过来吗？他们意识到如果那样做，这些句子对土著人将毫无意义。

例如，他们遇到了一句话："虽然你的罪恶一片鲜红，但它们终将白如雪花。"这一句怎样翻译呢？这些土著人从来分不清雪和丛林苔藓的区别，但他们经常爬椰子树，摇下椰子当午餐。因此，传教士就把陌生的词语和他们熟悉的东西联系起来，把那句话改译成：

"虽然你的罪恶一片鲜红，但它们终将白如椰肉。"

在这种情况下，再也找不到比这更好的翻译了，不是吗？

1. 将事实变成图画

月亮有多远？太阳呢？最近的星星呢？科学家们一般都会用一大堆数字来回答这些问题。可是科普作家都知道，这种方法很难让普通听众了解，因此他们经常会将数字转化成图画。

著名科学家詹姆·吉恩斯爵士对人们探测宇宙的渴望特别感兴趣。身为科学家，他自然懂得高深的数学，但是他也明白，自己在写作或演讲中若只偶尔用上几个数字，效果将会更好。

虽然太阳和我们周围的行星如此靠近，但我们并不了解在太空中旋转的其他物体离我们究竟有多远，因此他在《我们周围的宇宙》一书中这样写道："即使是最近的星（普洛西玛·森多里星），也在25万亿英里以外。"为了使这数字更鲜明些，他解释说："假如一个人从地球上起飞，以光速飞行——每秒18.6万英里——他也需要4年零3个月才能到普洛西玛·森多里星。"

他以这种方式来说明太空的广阔浩瀚，比我曾听另一个人解说阿拉斯加的面积这一类似问题时要真实多了。他说阿拉斯加的面积是590804平方英里，然后就丢下不管了，不再去解释它究竟大到什么程度。

这能给你美国第49个州的规模任何图像概念吗？显然不会。我是后来通过其他资料才知道这个地区有多大的。它比佛蒙特、新罕布什尔、缅因、马萨诸塞、罗得岛、康涅狄格、纽约、新泽西、宾夕法尼亚、特拉华、马里兰、西弗吉尼亚、北卡罗来纳、南卡罗来纳、佐治亚、佛罗里达、田纳西及密西西比等州加起来还要稍微大一点。现在这590804平方英里才有了新的意义，对不对？你会发现，在阿拉斯加还有许多土地可开发的。

几年前，我们训练班的一位学员曾惊心动魄地描述了高速公路上因车祸而死亡的人数多得可怕：

"你现在驾车横穿全国，从纽约前往洛杉矶。假设路边上立着的不是路标，而是一些棺材的话，每一具棺材里面就装有一个在去年公路大屠杀中的受害者。那么当你驱车疾驶时，每隔5秒钟就会经过这样一个阴森恐怖的标志，自这头至那头，每1英里立12个！"

因此，以后我每次开车都不敢离家太远，因为这一景象总会清晰地浮现在我的脑海里。

为什么会产生这样的效果呢？因为耳朵听来的印象不容易持久，它们就像雹子打在榉树光滑的树皮上，会随即掉落。但是用眼睛看到的印象呢？很多年前，我曾亲眼看到了一颗嵌入一幢位于多瑙河岸边老屋的炮弹，这颗炮弹是拿破仑的炮兵部队在乌尔姆战役中所发射的。视觉印象就像那颗炮弹，它们以排山倒海之势扑面而来，深深地嵌入了我的大脑，牢牢地附着在上面，驱走了一切反面的提示，就像拿破仑赶走奥地利人一样。

2. 避免使用专业术语

如果你是从事某项技术性的专业工作——例如律师、医生、工程师，或是高度专业化的行业——那么当你向外行人演讲时，必须加倍小心地使用浅显易懂的语言来解释，同时还注意加上必要的细节。

之所以要加倍小心，是因为我的专业责任的关系。我已经听过几百场演讲，它们正是因此而失败，而且败得那么惨痛。这些演讲者显然完全不知道，一般听众对他们的特殊行业普遍缺乏了解。这样的结果会如何呢？虽然他们滔滔不绝地高谈阔论，用他们工作中常用的那些只对他们有意义的词句，但对于外行来说，却是云山雾罩，不知所云。

这时演讲者应该怎样做呢？他应该去读一读并留意印第安纳州前参议员贝佛里奇下面的建议：

一个好办法，就是从听众中选一个看上去最不聪明的人，然后努力让那个人对你的演讲感兴趣。你只能用清晰易懂的话语来叙述，并清楚地说明你的观点，才能做到这一点。另一个更好的办法，就是把你的演讲目标放在那些由父母陪着的小男孩或小女孩身上。

你要在心里对自己说——当然，你也可以大声对你的听众说出来，如果你喜欢的话——你会尽量讲得简单明白一些，让小孩子也能够了解并记住你的解释，而且会后还能够把你所讲的告诉别人。

在我的训练班上，一名医生在演讲中这样说道："用膈膜呼吸对肠子的蠕动将产生显著的帮助，这是对健康的一种恩赐。"他本想用这句话概括这部分内容，然后再讲述别的东西。但指导老师打断了他，并请那些听懂了膈膜式呼吸与其他呼吸方式有何不同、为什么它会对健康特别有益，以及蠕动作用是什么这3个问题有明确概念的听众举手。结果让这位医生大吃一惊。于是他回头重新讲解：

膈膜是一层薄薄的肌肉，它位于肺的底部和腹腔的顶部，形成了胸腔的底层。当胸腔呼吸时，它会收缩，像只上下倒置的洗涮盆。

在做腹腔式呼吸时，每一次呼吸都会迫使膈膜往下推，使它几乎成平面状，此时便会感觉胃肠受到了腰带的挤压。膈膜这种向下的压力会按摩并刺激腹腔的上部器官——胃、肝、胰、脾等。

当把气呼出时，胃和肠又往上挤迫膈膜，相当于再做一次按摩，这种按摩有助于排泄过程。

绝大多数疾病都来自肠胃不适。假如我们的肠胃因为膈膜的深呼吸而有适当的运动，那么大部分的消化不良、便秘以及体内积毒现象都会消失。

不论你如何解说，总是由简入繁最佳不过。比如，你想对一群家庭主妇解释为什么冰箱必须除霜，如果这样开始你可就糟了：

冷冻的原理，是蒸发器从冰箱内部吸收热气。当热量被吸出来的时候，伴随它的湿气就会附着在蒸发器上，形成厚厚的一层，造成蒸发器绝热，并使发动机频频开动工作，以补偿逐渐增厚的霜层形成的绝热。

请注意，如果演讲者从家庭主妇们所熟悉的事物开始，就更容易让她们明白了：

各位都知道肉类应该放在冰箱的哪一层。那么，各位也一定知道霜是如何聚结在冰冻器上的。这些霜一天天越结越厚，最后冰冻器就得除霜，以保持冰箱运转良好。冰冻器四周的霜，就像你躺在床上时盖的毯子，或者像墙里用于隔热的石棉。这些霜结得越厚，冰冻器越难从冰箱中吸出热气，以保持冰箱的冷度。于是冰箱的发动机就必须频繁开动，这样才能保持冰箱内的冷度。如果在冰箱里装一个自动除霜器，霜就不会结厚，发动机运转的次数和时间也可以减少了。

关于这个方法，亚里士多德曾有一句名言："思维如智者，说话如常人。"如果你必须使用专业术语，那只有在给听众解释过后使用，这样才能让他们都听懂。所以，你需要一再使用的关键词更应该这样。

我曾听过一位证券经纪商对一群妇女演讲。这些妇女想了解一些银行与投资的基本原则。他使用了简单的语言和轻松的谈话方式让她们放松下来。本来他每件事情都说得清清楚楚的，但对于一些基本词却没说清楚，而这些词对她们而言却很陌生。比如他提到了"票据交换所"、"课税与偿付"、"退款抵押"以及"短期买卖和长期买卖"。结果，本来是一场精彩动人的讨论却变成了一团雾水，因为他不明白听众对他的专业术语不熟悉。

不过，有时候即使你知道某个关键词听众不会了解，也没必要避免它，只需在使用时尽快解释就可以。不要害怕这样做，你完全可以去查词典。

你对歌唱广告有意见要发表吗？或者对冲动式购物、文学艺术课程或者成本会计、政府津贴或逆向行驶汽车有什么意见？你愿倡导一种对待孩子的宽容态度，或评估价值的体系吗？不论上述什么题材，你都一定要让听众对这些专业术语或关键词的了解与你一样。

五、使用视觉辅助工具

通过眼睛通往脑部的神经，比从耳朵通往脑部的神经要多好几倍；而且科学实验发现，人们对眼睛暗示的注意力是对耳朵暗示的 25 倍。

中国有一句俗语："百闻不如一见。"

因此，如果你想清楚表达自己，应该用图像来描绘你的要点，把你的观点视觉化。这正是美国现金注册公司创始人帕特森采用的方法。他为《系统杂志》写了一篇论文，简要说明了他向工人和销售人员演讲时使用的方法：

我认为，一个人不能仅仅通过言语就希望别人了解他的想法，或是抓住别人的注意力。我们需要一些具有戏剧性的辅助工具，最好的方法是使用图片，用图片来表现对和错的两面。图表比仅用语言文字更具有说服力，而图片又比图表更具有说服力。表现某一主题最理想的方法，就是给每一部分配上图片，而语言文字只是与图片配合的手段。我很早就发现，和人们交谈时，一张图片往往要胜过我的任何话。

如果你使用一张图表，一定要让它足够大，让人们可以看清楚。不过，还要注意千万别做过了头。一长串的图表有时也会令人感觉无聊。如果是边讲边画，那就一定要在黑板上简单而快速地画，听众可对伟大的艺术作品并不都感兴趣。使用缩略语时，要写得大而容易辨认；在画图或写字的时候，不要停止你的讲话，要随时转身面对听众。

利用展示物时，要注意以下建议，这可以保证你能抓住听众的注意力。

1. 展示物应先藏好，直到使用时再拿出来。

2. 使用的展示物应该足够大，使最后一排的人都能看清楚。听众如果看不见展示物，展示物就不能起到应有的作用。

3. 演讲的时候，不要将展示物在听众中间传阅。你大概不想给自己找个竞争对手吧？

4. 展示物品时，把它举到听众看得见的高度。

5. 记住，一件能打动听众的展示物要胜过 10 件不能打动人的东西。所以如果可以，不妨先示范一下。

6. 演讲时不要紧盯着展示物——你应该与听众沟通，而不是和展示物沟通。

7. 展示完后，尽快收起展示物，不再让听众看见。

8. 如果展示物非常适合做"隐蔽处理"，就把它放在桌子边上，演讲时把它盖住。演讲时，不妨多提它几次，这会引发听众的好奇心——不过不要告诉听众它是什么。当你展示它的时候，你早就引发了听众的好奇心、猜想和真正的兴趣。

视觉材料在增强演讲效果方面，已越来越显得重要。除非你早就胸有成竹，否则与其用言词表达你的意思，还不如展示给听众看，除此之外没有更好的方法能保证听众会听明白。

有两位美国总统——林肯和威尔逊——同为语言大师。他们指出，清晰的表达能力是训练与自我控制的结果。林肯说："我们必须狂热地追求明晰。"他对诺克斯学院院长嘉利佛博士说了他在早年是如何培养这种"狂热"的：

我记得，当我还是个孩子的时候，遇到有人用我听不懂的方式跟我说话时，我就会非常不舒服。在我一生当中，还没有对别的事情生过气。可是，听不懂别人的讲话总会让我发脾气，现在仍然是这样。记得有一次，我在听邻居和我父亲欢谈了一个晚上之后，我走回自己的小卧室，大半夜里都在不停地走来走去，企图思考一些语言的确切意义。在我刚开始这样做的时候，常常是到了该睡觉的时间，可就是睡不着，直到我能把它用浅显易懂的语言说出来，自认为可以让我所认识的每个男孩都能了解才肯罢休。这是我的一种狂热，它一直紧紧地跟着我。

另一位杰出的总统伍德罗·威尔逊，有一些忠告正好为本章画上一个注脚：

我父亲是一位具有大智慧的人，我所受过的最好的训练都来自于他。他不能容忍含混隐晦。从我开始提笔写字到他 1903 年 81 岁高龄时去世，我总是随身携带自己写给他的所有东西。

他会让我大声读出来。这对我来说真是一件苦差事。他会时不时打断我："你这是什么意思？"我就会告诉他为什么这样说。为此我就得用比写在纸上更简洁明了的方式来表达。"那你为何不这样说？"他会继续训导下去，"别用鸟枪来瞄射自己的意思，那样只会射击得一片凌乱；要用来福枪瞄射自己想说的话，让人一听就明白。"

第73章　说服性演讲的技巧

有一次，一群男女发现自己正置身于一场风暴的通路上。这并不是一场真正的风暴，但也可以这样来比喻它。说得清楚一点，这场风暴来自一个名叫毛里斯·格伯莱的人。他们中的一个人这样描述说：

我们围坐在芝加哥一张午餐桌旁。我们早听说过这个人的大名，他是一个声名远扬的演讲家。他站着演讲时，每个人都目不转睛地望着他。

他开始安详地讲话——他是一个整洁而儒雅的中年人——他首先感谢我们的邀请。他说他想对我们谈一件严肃的事，如果这打扰了我们，就请我们原谅。

接着，他像一阵龙卷风一样席卷过来。他身体前倾，双眼牢牢盯住我们。他并未提高声音，但我却似乎感觉到了铜锣爆裂的声音。

"向你四周瞧瞧，"他说，"彼此瞧一瞧。你们知不知道，现在坐在这房间里的人，将有多少死于癌症？55岁以上的人中，每4个人就有1个。4个人中就有1个！"

他停下来，但脸上散发出光彩。"这是常见而残酷的事实，不过不会长久这样，"他说，"我们可以找到办法，寻求治疗癌症的方法，研究它们产生的病因。"

他神情凝重地望着我们，目光绕着桌子逐一移动。"你们愿意共同努力吗？"他问道。

在我们脑海中，除了"愿意"之外，还会有别的回答吗？"愿意！"我想。事后，我发现别人和我的想法一样。

不到一分钟，毛里斯·格伯莱就赢得了我们的心。他已经把我们每个人都拉进了他的话题，让我们站在他那一边，共同投入到为人类谋求幸福的运动中。

不论何时何地，获得赞同是每个演讲者的目标。正如已经发生的情况一样，格伯莱先生有非常充足的理由要我们做出这样的反应：

他和他的兄弟纳逊白手起家，建立了一个连锁百货公司，年收入超过1亿美元。在历经长期的艰辛之后，他们终于获得了神话般的成功，不料纳逊却在短短的时间里因为患癌症而去世。这之后，毛里斯·格伯莱特意安排格伯莱基金会，捐出第一个100万美元给芝加哥大学癌症研究中心。他退休后，又把自己的时间投入到提醒民众共同抗癌的斗争中。

这些事实，加上毛里斯·格伯莱的个性，赢得了我们的心。这种真诚、关切、热情——这种火一般的热烈的决心，让他在短短的几分钟内就把自己展现给了我们，正如把他长期献身给这个伟大目标一样——所有这一切都让我们对他产生了一种赞同、友谊、感兴趣和被打动的感情。

一、以真诚赢得信心

公元1世纪罗马著名的演说家昆体良称演讲家是"一个擅长讲话的好人"。在这里，他指的是真诚和个性。本书已经说过和将要说的一切，没有一个能取代这一高效演讲的必要条件。约翰·皮尔庞特·摩根说，个性是获取听众信任的最好方法，同时也是获取听众信心的最好方法。

"一个人说话时的那种真诚态度，"亚历山大·伍柯特说，"会让他的声音焕发出真实的光彩，那是虚伪的人假装不出来的。"

如果我们的目的是想要说服别人，那就特别需要发自内心的诚挚的自信，以这种内在的光辉来宣讲自己的理念。我们只有自己先说服自己，然后才能设法说服别人。

二、获得听众的赞同

前美国西北大学校长华特·狄尔·斯科特说："每个新的意见、观念或结论被提出来时，都会被认为是真理，除非有相反的理念阻碍，则另当别论。"这其实就是要求争取获得听众的赞同。我的好友哈瑞·奥佛斯特里特教授在纽约社会研究中心的演讲中，很清晰地阐释了这种说法的心理背景：

有技巧的演讲者，一开始便能获得许多赞同的反应。他能够借此引导听众朝着赞同的方向前进。它就像撞球游戏中的弹子运动，把它往一个方向推动后，若想让它转一个方向就要费一些力气；如果想把它推到相反的方向，则需要花更大的力气。

在这里，心理的转变可以看得很清楚。当一个人说"不"，而且内心真的反对的时候，他所做的不仅仅是说"不"这个简简单单的字了。他的整个身体——腺体、神经、肌肉——都会把自己包裹起来，进入一种抵抗状态。通常，他会有微小的身体上的撤退，或做好撤退的准备，有时甚至表现得非常明显。这就是说，整个神经、肌肉系统都戒备起来拒绝接受。相反，当一个人说"是"时，他就绝无撤退的行为发生。这时他的整个身体会处在一种前进、接纳、开放的状态。所以，如果从一开始我们就能获得越多的"是"，就越有可能成功地抓住听众的注意力，让他们接受我们的建议。

获得听众的赞同，是非常简单的技巧，但往往容易被忽视。人们常常以为，如果一开始就采取一种敌对的姿态，似乎就能显示自己的重要性，于是激进派和保守派的人在一起开会时，不用片刻大家就都火冒三丈了。说实话，这样做究竟有什么好处呢？如果这样做仅仅是为了找点刺激的话，还情有可原；可是如果希望这样做能达成什么目标的话，未免太愚蠢了。

如果一开始就让学生、顾客、孩子、丈夫或妻子说"不"，然后再想把这种有增无减的否定转变为肯定，恐怕需要神一样的智慧和耐心了。

那么，怎样一开始就获得你所希望的"赞同反应"呢？这很简单。让我们看看林肯说的秘密：

"我展开一场讨论并最终获胜的秘诀，是先找到一个大家都赞同的基准点。"例如，即使在讨论尖锐、对立的奴隶问题时，他都能找到这种共同的基准点。《明镜》这家中立的报纸在报道他的一场演讲时，这样叙述道："前半个小时，他的反对者几乎会同意他所说的每一个词。然后，他会抓住这一点，开始领着他们向前走，一点一点地，最后把他们全部引入自己的目的地。"

演讲者与听众争辩，只会激发听众的固执，使他们拼命防守，几乎不可能改变他们的思想。这不是很明显的事实吗？宣称"我要证明这样是否明智"，是否明智呢？听众就会认为这是一种挑衅，并且无声地说："那咱们不妨走着瞧！"

如果一开始就强调一些听众和你都相信的事情，再提一个每个人都愿意回答的问题，这样是不是有利得多？然后，你可以带着听众一起去寻找答案。在这个过程中，把你十分清楚的事实陈列在他们面前，他们就会接受你的引领，同意你的结论。这种由他们自己发现的事实，会让他们有更多的信心。"看似一场解说的辩论，才是一流的辩论。"

在各种争议中，不论分歧有多大、有多尖锐，总会有一些共同的地方可以使演讲者和听众都产生心灵的共鸣。例如，1960 年 2 月 3 日，大不列颠首相哈罗德·麦克米兰曾向南非联邦国会的两院发表演讲。当时，南非当局采取的是种族隔离政策，而他必须面对南非立法团体，陈述英国无种族歧视的观点。他是不是一开始就阐述双方的这种分歧呢？没有。他开始只是强调南非在经济上取得了不起的成就，对世界做出了重大的贡献。然后，他才巧妙而机智地提出了双方有分歧的问题。但即使讲到这一点，他还是指出，他非常了解这些分歧都来自双方各自真诚的信念。这场演讲非常精彩，可以与林肯在苏姆特堡所发表的那些温和却坚定的言辞相比。

"身为大不列颠国的一位成员，"麦克米兰首相说，"我们真诚地希望，能给予南非支持和鼓励，不过希望各位不要介意我的直言：在我们大不列颠的领土上，我们正在设法给予自由人政治前途——这是我们坚定的信念，所以，我们无法在支持和鼓励各位的同时，不违背自己的信念。我认为，不论谁是谁非，我们都应该像朋友一样，共同面对一个事实，那就是我们今天还存在分歧。"

不论一个人多么坚决地想和演讲者对抗，但是若听到这样的言论，他也会相信演讲者公正的坦诚之心。

假设麦克米兰首相一开始就强调双方在政策上的差异，而不是提出双方共同的赞同点，后果将会怎样呢？詹姆斯·哈维·鲁滨逊教授在他富有启迪的《思想的酝酿》一书中，对这个问题做出了心理学上的解答：

有时，我们会发现自己在毫无抵抗、情绪毫不激动的状况下改变自己的思想。但是，如果有人说我们错了，我们就会讨厌这样的责备，便无论如何也不同意对方了。在信仰形成的过程中，我们不会刻意留心；可是一旦有任何人表示与我们的信仰不同时，我们就会对自己的信仰怀有偏激的狂爱。显然，我们所珍爱的并非理念本身，而是我们那正在遭受威胁的自尊……这小小的"我"，是人类最重视的一个词，可能也是人类智慧的起源。不论它是我的晚餐、我的狗、我的家、我的信仰、我的国家，还是我的神，都具有相同的力量。我们不仅憎恨别人指责我们的手表走时不准，或我们的汽车破旧不堪，甚至厌恶别人指责我们的某些观念，如火星运河论、某个字的发音或水杨酸的药效、萨尔恭王一世的年代需要修正……我们喜欢相信自己作为真理而接受的东西，因此一旦我们的任何假设受到别人的怀疑时，由此导致的愤怒会促使我们寻找一切借口来坚持它。这样，我们所谓的大多数"讲理"，其实就是找出一大堆借口来让自己继续相信已经相信的东西。

三、热情而富有感染力

当演讲者用富有感情和感染力的热情来讲述自己的信念时，听众很少会产生相反的想法。我说"感染力"，因为热情就来自于此。它会将一切否定和相反的理念抛到一边。你的目标是说服别人，因此请记住，动之以情比晓之以理的效果更好。情绪要比冷静的思维更有威力。要激发听众的情感，你自己必须先热烈如火。即使一个人能够编造精美的词句，能够搜集许许多多的例证，声音有多么和谐，手势有多么优雅，但若不能以真诚的态度来讲述，这些全都会变成空洞而无用的装饰。要让听众印象深刻，你自己就应该先有深刻的印象。你的精神会由于你的双眼而闪现出光彩，会由于你的声音而向四面辐射，会由于你的态度而自我抒发，于是它便得以和听众沟通。

每次演讲，特别是发表说服性演讲时，你的行为决定了听众的态度。你若冷淡，他们也同样如此；你若轻率而不够包容，他们会同样如此。"当听众昏昏欲睡时，"亨利·沃德·毕彻尔这么写道，"只有一件事可做：给服务员一根尖棒，让他去猛刺演讲者。"

有一次，我应哥伦比亚大学之邀担任"科蒂斯奖章"的3位裁判之一。有6位毕业生，他们在经过精心准备之后，急于好好表现自己。可是他们当中除了一人之外，都只想赢得奖章，因而很少有或根本没有说服听众的欲望。

他们之所以选择那些演讲题目，就是这些题目可以让他们滔滔不绝地说下去。可是他们对自己的话题却没有一点兴趣，他们一连串的演讲也仅仅是表达艺术的练习而已。

唯一的例外是一位来自非洲祖鲁族的王子。他选的题目是"非洲对现代文明的贡献"。他每个字里都饱含着强烈的情感，他的演讲不是在机械练习，而是出于自身坚定的信念和热情的宣言。他把自己当作本族人民的代表，当作他那片大陆的代表。他以自己的智慧、高尚品格和善良愿望，向听众诉说了他的人民的希望，并热切希望得到我们的了解。

虽然在讲话技巧方面他不一定比另外两三位竞争者表现得更好，但我们还是把奖章颁给了他。因为我们裁判看到的是他的演讲中的真诚之火，它闪现出了真实的光芒。同这相比，其他演讲都只不过是煤气炉上微弱的火苗。

这位王子以他自己的方式学得了一课：演讲中仅仅运用理智，而不把自己的个性展现出来，是没有说服力的；必须展现你对自己信念的诚挚之情。

四、对听众表示尊敬

"人类的天性需要爱，也需要尊敬，"诺曼·文生特·皮尔博士在谈到专业喜剧家时经常这样说。"每个人都有一种内在的价值感、重要感和尊严感。你若伤害了它，便永远失去了那个人。因此，当你爱一个人、尊敬一个人时，你也成就了他；而且，他也同样爱你、尊敬你。

"有一次，我和一位艺人同时表演一个节目。我和他当时并不十分熟悉，但自从那次以后，我从报纸杂志上得知了他正声誉下跌，陷入了困境。我想我明白其中的原因。

"当时，我安静地坐在他旁边，等待演讲时刻的来临。'你好像不紧张嘛？'他问。

"'啊，不，'我说，'每当我在听众面前站起来之前，总是稍微有点紧张。我尊敬听众，这种责任感令我略感紧张。难道你不紧张吗？'

"'不会，'他说，'为什么要紧张呢？他们是一群傻瓜，会照单全收的，他们全都是瘾君子。'

"'我不同意，'我说，'他们是你至高无上的裁判，是你的上帝。我对听众怀着莫大的尊敬。'"

当他得知有关此人声望下跌的消息时，皮尔博士确信，原因在于这人采取的是与听众敌对的态度，而不是赢得人心的态度。

因此，如果我们想让别人接受我们的观点，一定要记住这个教训。

五、以友好的态度开始演讲

曾有一位无神论者向威廉·巴利挑战，要证明宇宙中并不存在超自然现象。巴利非常安详地拿出他的怀表来，打开了表盒，说："如果我告诉你，这些小杆、小齿轮、小弹簧是它们自己制造出来，再把它们自己拼凑在一起并开始运行的，你是不是要怀疑我的智慧？当然，你一定会怀疑的。但是，请抬头瞧瞧天空的那些星星：它们每一颗都有自己完美而特定的轨道和运动——犹如地球与行星围绕着太阳，每天在太阳的周围以100多万英里的速度运行一样。每颗星星其实也都是另一个太阳，它们都有自己的世界，在宇宙中和我们的太阳系一样运行，却不必担心它们之间会碰撞、干扰或者出现混乱，一切都安静而高效，而且很有节奏。这样的现象，你相信它们是自己发生的，还是有人特意将它造成这样的？"

假设他一开始就反驳对手说："没有神？别再像头倔驴了，你根本不知道自己在胡说些什么。"那么会发生什么呢？一定会引起一场咬文嚼字的大战，而这根本于事无补。这位无神论者可能会在一怒之下，疯狂地为自己的意见而战，就像一只被激怒的山猫。为什么？因为就像奥佛斯特里特教授所说的那样，这是他自己的意见，他那珍贵而不可缺少的自尊受到了威胁，他的骄傲已岌岌可危，所以他必须反抗到底。

既然骄傲是人性中一个基本的，而且容易被激怒的特性，如果我们足够聪明的话，是不是应该充分尊重并利用这一点，而不是去和它作对呢？那该怎样做呢？不妨按照巴利的做法，给我们的对手展示一下，我们的建议与他已经相信的某些事情也很相似，这样他就容易接受了，而不至于拒我们于千里之外。这可以使他们不致产生相反或对立的理念，从而破坏我们的演讲。

巴利对人的心理活动相当了解，然而大多数人都缺少这种进入对方充满防卫的心理的本领。他们错误地认为，要攻占敌人的城堡，必须狂轰滥炸，把它夷为平地。这会产生什么结果呢？这时，敌意一旦产生，对方的吊桥会立刻收起，并且紧闭大门，身披盔甲的武士拉弓射箭——一场头破血流的战争开始了。而在双方逞勇斗狠之后，总以平手结束，因为任何一方都难以说服对方。

我现在推荐的这种方法其实并不新颖，它很早就被圣徒保罗使用过。他在马斯山上对雅典人所做的著名演讲中就曾用过它——而且非常熟练，即使是在过了 19 个世纪的今天，我们仍然赞叹不已！

保罗接受过完整的教育，改信基督后，他凭借自己激情洋溢的辩才，成为基督教的主要拥护者。一天，他来到了伯里克利统治之后的雅典，此时的雅典已经越过了光荣的巅峰，开始走下坡路了。据《圣经》记载："所有的雅典人和寄居在该地的异乡人，都把全部时间用在传闻和打听奇闻轶事上。"

没有收音机，没有电报，也没有新闻传播渠道，这一时期的雅典人总是在每日的午后不得不找点新鲜事来谈论。这时保罗来到雅典，他们当然也就有了新鲜事啦！他们挤在保罗的周围，觉得又好玩又好奇。他们带他到艾罗培哥斯，他们说："我们能不能知道你所说的新教义是什么？因为你为我们带来了新鲜的东西，我们想知道它究竟是什么。"

换句话说，他们在邀请他演讲。保罗一口答应下来。事实上，他正是因为这些才来的。他大概是站在一个拍卖台上或一方石块上，像所有优秀的演讲家一样，刚开始时有点紧张，或许双手还搓了几下，开口前还清了清嗓子。

然而，保罗却不能完全赞同他们的话："新教义……新鲜的事物"，这实在是可怕的东西。他必须让他们把这些概念彻底抛弃，否则他们就会成为宣传相反意见的支持者。他当然不希望把自己的信仰当成新奇的、怪异的事情来讲。因此，只有把自己的信仰和雅典人已经相信的事实联系起来，才能避免雅典人的异议。应该如何开始呢？保罗想了一会儿，然后展开了他那千古不朽的演讲："你们雅典人，我知道你们非常具有宗教热诚。"

有些《圣经》版本这样写道:"你们都非常虔诚。"我认为这样说更好、更准确,因为雅典人信奉多神,非常虔敬,并且以此为荣。保罗先称赞他们,让他们喜欢,他们就会对他感到亲切。

高效演讲艺术中还有一条法则,就是要用例证来支持论点,保罗当然也这样做了:

"当我路过这里时,发现了你们的虔诚。我看到有一处神坛,上面题有'献给不知名的神'。"

你瞧,这就证明了他们非常虔诚。雅典人害怕忽略了任何一位神,竟然建立神坛献给不知名的神。这真有点像一种保险,也就是为一切没有察觉到的疏忽或无意识的遗漏提供保险。保罗提到了这座特殊的神坛,表明自己不是在奉承,而是说明自己的评论是经过观察后的真心赞赏。

这样,保罗就可以有一个再适合不过的开场了:"对于你们一无所知但崇拜的这位神,我将把他宣示给你们。"

保罗对"新教义、新鲜的事物"只字未提。他只是向雅典人解释了有关某位神(基督)的一些事实,而这位神是他们早就信奉但还不了解的。你看,保罗把他们原本不相信的事情和他们已经狂热接受的东西联系在一起——这便是他的高明之处。

他在宣讲了基督教救赎与复活的教义之后,引述了希腊人自己一位诗人的一些诗句来结束他的演讲。有听众嘲笑他,但其他人却说:"我们还想听听你讲这些事。"

在说服他人加深印象的演讲中,我们的问题只是:如果想把自己的理念灌进听众的心里,就要避免让听众产生相反或对立的想法。长于此道的人,说起话来魅力无穷,并且会深深影响他人。这就是我的另一本书《人性的弱点》中讲的一些法则可以派上用场的地方。

在你每天的生活中,几乎都可能会遇到和你意见不同的人并和他们进行交谈。你不想在家里、办公室、各种各样的社交场合赢得人心,并让别人和你的想法一致吗?那就想想你的方法有没有需要改进的地方呢?你应该怎么开始?你有没有使用林肯和麦克米兰的智慧?要是你的回答是肯定的,你就是一位少有的外交人才,是一位心思缜密的高手。请记住伍德罗·威尔逊总统的话吧:

"如果你对我说:'让我们坐下来谈谈吧。如果我们意见不合,先让我们寻找彼此的原因,究竟存在什么问题。'我们立即就会感到彼此之间没有了距离,感觉我们分歧很少,而共同点倒很多。而且我们会发现,只要我们有耐心,有诚意,希望彼此之间进行沟通,我们就会相聚相合。"

第74章 即席演讲的技巧

不久前，一群商界领袖和政府官员共同出席了一家制药公司新实验室的落成典礼。该公司研究处处长的6名属下逐一站起来做了发言，介绍了他们的化学家和生物学家们正在进行一些了不起的工作——他们正在研究抵抗传染性疾病的新疫苗、对抗过滤性病毒的新抗生素、缓解紧张的新镇静剂；他们先用动物做实验，然后在人身上做试验，结果都令人非常满意。

一位官员对研究处处长说："真是太神奇了，你的手下简直是魔术师。但是你为什么不上去讲呢？"

"我只能对着自己的脚讲话，而不敢面对听众。"这位研究处处长黯然神伤地说。

但是后来大会主席让他吃惊不小。

这位主席说："我们还没有听到我们的研究处处长讲话。他不喜欢发表正式演讲，那么就请他给我们随便说几句话吧。"

这真是令人尴尬。处长站了起来，很费劲地挤出了几句话。他为自己没有详细解说而道歉，而这就是他在台上所说的全部内容。

他呆呆地站在那里。像他这样一个在自己行业中杰出的人才，却与普通人一样显得笨拙而迷惘。其实本不该这样的，他本来可以学会即兴演讲。我还没有发现我训练班上任何一个有决心的学员不能学会这一招。他们一开始所拥有的，正是这位研究处处长所没有的——坚决而勇敢地击退失败的态度。然后，也许要花一定时间，需要一种毫不动摇的意志，无论多么困难都要坚决讲出来。

"若是先有准备并做好了练习，那就没有什么困难，"你可能会这样说，"可是如果在意料之外即兴讲话，我真的不知所措了。"

然而，在情急之下整理自己的思路并发表讲话，有时甚至比经过长时间准备的演讲更加重要。由于现代商业的需要，以及现代人口头沟通的自由随意性，使得这种即兴发言的能力不可缺少。这时，我们需要迅速组织自己的思想，并流畅地遣词造句。许多影响今天工业和政府的决定，都不是出于一个人，而是在会议桌上当场商定的。每个人都可以发言，然而在这群策群议的会议里，他的话必须强劲而有力，才能对集体决策产生影响。这也正是即兴演讲能力如此重要并发挥效力的原因所在。

一、勤加练习

任何能够控制自己智力正常的人，都能够发表令人接受、有时还非常精彩的即席演讲——也就是"不假思索地说出来"的意思。我们当然有办法，可以帮助你在突然被人邀请讲几句话时，流畅地表达自己的思想。其中之一就是采用一些著名演员曾使用过的一种方法。

许多年以前，道格拉斯·费尔班克为《美国杂志》写了一篇文章，介绍了一种益智游戏，查理·卓别林、玛丽·皮克福和他有两年时间几乎每个晚上都玩这种游戏。这不仅仅是一种游戏，它还包含了所有演讲技巧中最困难的练习——站立思考。根据费尔班克写的，这个"游戏"是这样进行的：

我们每个人各自在一张小纸条上写下一个题目，然后把纸条折好，混在一起。当一个人抽出题目后，要求马上站起来，用那个题目说上一分钟。同一题目不会使用两次。一天晚上，我必须谈"灯罩"。如果你以为这很容易，那就试试。我好歹算过了关。

重要的是，自从我们开始玩这个游戏以来，我们全都变得思维敏捷了。对于五花八门的题目我们也有了更多的了解。但是，更有用的是，我们学会了在瞬间根据任何题目整理自己的知识和思想，学会了怎样站着思考。

在我的训练班里，学员会经常被要求站起来即席演讲。长期经验告诉我，这种练习有两个作用：一是可以向学员证明，他们能够站着思考；二是这种经验可以使他们在做有准备的演讲时，更加沉着自信。他们知道，当他们在做有准备的演讲时，即使不幸大脑突然一片空白，他们还有即席演讲的基础，能条理清晰地谈话，直到重新回到原来的话题上。

所以，我们总会给学员这样的通知："今晚将给你们每个人不同的题目做演讲。直到站起来演讲时你们才会知道要讲什么。祝大家好运！"

结果如何呢？会计师发现自己要讲如何做广告，而广告销售员要讲幼儿园；也许老师的题目是谈论银行业务，而银行家的题目也许是学校的教学工作；员工也许要谈论生产，而生产专家则要讨论运输问题。

他们是不是觉得很难而放弃了呢？从来没有！他们没有把自己当权威，而是在经过深思熟虑之后，把题目和他们熟悉的知识联系起来。他们刚开始也许讲得不是很好，可是他们有勇气站起来，并且开口讲话了！对此有些人觉得很简单，有些人觉得很困难，但他们没有放弃。他们都发现自己比想象的讲得好。这让他们很兴奋。他们发现自己竟然也能培养这种连自己都不敢相信的能力。

我相信他们都能做到这些，每个人也可以做到——用你的意志与信心——尝试越多，就会越容易。

我们训练学员站着讲话所使用的另一个方法，是即席演讲的联结技巧。这是我们训练班一个十分刺激的特点。我们会告诉一个学员，用他能想到的最奇妙的方式开始讲述一个故事。例如，他可能会说："前几天，我正驾着直升机。突然，一大群飞碟朝我飞来，我被迫下降。不料最近的一个飞碟里有一个小人开始向我开火。我……"

这时，铃声响起，这个人的时间到了，然后由另一个学员继续说这个故事。等到每个人都讲完之后，这个故事也许会结束在火星的运河边，或是在国会大厅里。

这种培养即席演讲技巧的方法很好。如果一个人获得这种练习越多，那么当他必须在商务或社交场合发表演讲时，就越能轻车熟路地应对可能发生的任何情况。

二、做好即兴演讲的心理准备

当你在毫无准备的情况下被邀请演讲时，一般是希望你对属于你的领域的事物发表一些看法。所以你此时此刻的问题是，要勇于面对这种情况，并决定在这短短的时间里谈些什么。要想成为这方面的高手，有个非常好的方法，那就是要从心理上做好准备。在开会时，不妨问问自己，如果你被邀请站起来讲话，你应该讲些什么？这时最适合讲哪方面的问题？对于你要谈论的问题，应该怎样措辞以表示赞同或反对？

所以我的第一个忠告就是从心理上做好在各种场合即席讲话的准备。

这就需要你去思考。思考才是世界上最难的事情。不过我确信，没有哪一位有"即兴演讲家"美称的人，是不需花费时间就能够做好准备的。他必须像一个飞行员，不断向自己提出任何可能发生的问题，以随时准备在紧急状况下做出冷静而精确的反应。一位令人瞩目的即兴演讲家，也是在经过无数次演讲以后，才使自己准备就绪的。其实，这样的演讲并不能算是真正的"即兴演讲"，而是平时就有所准备的演讲！

既然演讲题目已知，剩下来的便是怎样组织材料，以使它们适合时间、场合了。即兴讲演时间一般不会太长，因此首先要决定什么演讲题目适合这种场合。你不必道歉自己没有准备，这是意料之中的事情。要尽快进入主题。如果你还不能立即做到这点，那么一定要听听下面的忠告。

三、立刻举例说明

为什么这样做呢？有3个理由：

第一，你可以从考虑下一句应该说什么的困境中立即解脱出来，因为即使在即兴场合下经验也很容易复述；

第二，你可以渐渐进入状态，刚开始的紧张会慢慢消失，使你有机会把自己的题材逐渐酝酿成熟；

第三，你可以立即吸引听众的注意，因为正如本篇第一章指出的，事例是立刻抓住注意力的万无一失的良方。

听众聚精会神地听你讲述充满人情味的故事，在你最需要的时候会给你重新肯定——尤其是在演讲开始后的极短时间内。沟通是一种双向过程，善于吸引别人注意力的人会立即注意这一点。当他注意到听众接纳他的观点，并且如电流般在听众之间交流时，他就会感受到挑战，从而尽最大的能力来回应。演讲者与听众之间建立和谐关系，是一切演讲成功的关键——没有这种关系，真正的沟通就不可能出现。这就是我一直建议用事例开始演讲的原因，当人家请你说几句话时尤其要这样做。

四、保持蓬勃旺盛的精力

我曾多次讲过，如果你演讲时精力充沛，那么你蓬勃向上的朝气就会对你的心理过程产生非常好的影响。你是否注意到，在交谈的人群里面，如果有个人忽然指手画脚地讲起来，他很快就会头头是道地说个不停了，有时精彩纷呈，而且还会引来一群热心的听众？身体活动与心理活动是紧密相连的。我们常用相同的词来描述手和心理活动。比如，我们说"我们抓住了一个概念"，或"我们掌握了一个思想"。一旦身体充起电来——充满了蓬勃的生气，我们很快就能让心灵迅速开展活动，正如威廉·詹姆斯教授所说的那样。所以，我要给你的忠告是，忘我地投入演讲中，你就很容易成为一名成功的即兴演讲家。

五、从此时此地开始

常常会有这样的情况，一个人拍拍你的肩头说："讲几句吧？"或者事先根本没有一点信号——当你正轻松愉快地欣赏大会主持人讲话时，却突然发现他竟然谈起你来了，于是每个人都望着你。你还没弄清楚是怎么回事时，主持人就介绍说你是下一个演讲者了。

在这种情况下，你的心思很容易混乱，就像斯蒂芬·里柯克笔下那位著名而迷惑的马术师那样，跳上马"四下里乱窜"。如果说有什么时刻最需要保持平静，那就是这个时刻。你不妨先向主持人致意，以争取喘息的机会。然后，最好是讲和这次大会关系密切的话题，因为听众只对自己和自己正在做的事情感兴趣。所以，你可以从下面三个来源抓取题材进行即兴演讲。

一是听众本身。要想让演讲轻松进行，千万要记住这一点。谈论你的听众，说说他们是谁，他们正在做什么，特别是他们对社会和人类做了什么贡献等。当然，还要用一个实例来说明。

二是场合。当然你也可以讲讲这次聚会的缘由，例如它是周年纪念日，还是表扬大会？是年度聚会？是政治性或爱国主义集会？

最后，如果你曾认真听了演讲，你可以表达对另一位演讲者在你之前谈到的某件事件很感兴趣，并将它再详述一遍。

最成功的即兴演讲，都是真正当场演讲的。它们所表达的内容，是演讲者内心对听众和场合的感想，做到了因地、因人制宜，就像手和手套这样关系密切。这种演讲是专为这种场合量身定做的，它们在特殊的时刻绽放，像昙花一现，花开之后很快就凋谢不见了。然而，听众享受到的愉悦却远不止于此，在你还没有想到之前，他们早就将你当成即兴演讲家了。

六、不要随兴而讲——要即兴而谈

"随兴而讲"与"即兴而谈"是有区别的。仅仅是不着边际地胡说八道，用不合乎逻辑的方式把那些根本不相关而且毫无意义的事扯在一起，这样做是行不通的。你必须围绕一个中心，把自己的理念进行合理的归纳。这个中心思想必须是你要说明的，你所举的事例要和这个中心一致。同时再提醒一次，如果你能以真诚的态度演讲，你就会发现自己在演讲时会精力充沛，效果显著，即使有准备的演讲也不能与之相比。

牢记本章的各项建议，即兴演讲就可以得心应手。同时，按照本章前面的课堂技巧，勤奋地进行练习。

遇到集会时，应该事前稍作计划，以准备随时可能被人邀请上台演讲。如果你认为自己可能会被邀请讲话，那么最好是仔细留心别的演讲者。设法把自己的理念概括成简洁的话，演讲时间一到，就尽量把它简单明了地讲出来。只要预先思考好了主题，现在只需要简明地说出来就可以了。

建筑师兼工业设计家诺曼·贝尔格德常常说，如果不站起来，他简直就不能把自己的思想表达出来。当他向同事们说明某个建筑或展览计划时，总是要在办公室来回走动才能讲清楚。他要学的是如何坐着讲话。当然，他学会啦！

至于我们大多数人，则恰好相反——我们得学会如何站着讲话。当然，我们也能学会，主要诀窍就是要有一个开端——例如做一次简短的讲话——然后再进行另一个开端，又一个，又一个……

只要坚持努力，我们将会发现，会一场比一场轻松，一场比一场精彩。最后我们终于明白，对着一群人即兴演讲，其实就像在自己的客厅里和朋友即兴谈话一样，只不过范围有所扩大而已。

第 75 章　发表演讲的技巧

刚开始教当众演讲课的时候，我花了大量的时间来进行发声训练，为的是产生共鸣、增大音量、增强婉转活力。但是不久前，我开始认识到，教学员如何正确发音，如何产生"圆润"的声音，是绝对失策的。对他们来说，能够花三四年时间来提高演讲发音技巧固然不错，但是我意识到，我的学员只能靠天生的发音系统。我发现，如果把以前帮助学员"运气"，且偏离更重要目标的大量时间和精力用来帮助他们从压抑和紧张的情绪中解脱出来，会很快有成效，还会保持惊人的结果。感谢上帝，让我有了这样的智慧。

一、摆脱自我束缚

在听众面前保持轻松自然是不容易的。演员很了解。如果你是一个孩子，假如4 岁，或许会站上讲台，自然地对听众演说。但如果你 24 岁或 44 岁，登上讲台演讲时，会发生什么呢？你会保持 4 岁时具有的天真烂漫吗？或许会，但将变得迂回、呆板、虚伪、机械，像乌龟一样缩进壳里。

教授演讲的关键不在于增加他们的特长，主要是消除他们的障碍，使之做到就算有人打扰，也能展现同样的自然本色。

有多少次，我中途打断他们的演讲，恳求他们"像人一样说话"。有多少个夜晚，我回到家里苦思冥想，如何把学员训练得可以自然地表达。不，相信我，这可不像听起来那么容易。

有一次课上，我要求学员进行对话表演，有一些是用方言。我要求他们抛开顾虑，进入剧情。这时，他们才感到惊讶，自己像傻子一样在表演，却浑然不觉。面对某些学员展现出的表演才能，大家也相当惊叹。我的建议是，一旦你能在人群面前放松，那么不管面对个人还是群众发言，都不会感到压抑了。

突然感到放松，就如鸟儿飞出牢笼。你知道人们为什么聚集到剧院和影院——因为他们看到了演员们不受限制的表演，自由地表露情感。

二、不要刻意模仿别人，做你自己

我们都羡慕有些演讲家善用演讲技巧。对听众演讲时，他们无所畏惧地表达，大胆地运用独特、个性、富有想象力的方式。

第一次世界大战结束不久，我在伦敦遇到兄弟俩，罗斯爵士和基思·史密斯爵士。他们刚刚结束从伦敦到澳大利亚的旅行，这是他们生平头一回飞行，获得了澳大利亚政府授予的 5 万美元奖金。他们在英国制造了轰动，并获得英王的授勋。

著名的风景摄影师赫尔利上尉与这兄弟俩度过了一段旅程，还拍了一些动作照片，所以我帮他们准备了一份有插图的飞行游讲座，并教他们怎样表达。他们在伦敦的交响乐厅进行了 4 个月的演讲，每天两场，安排在下午和晚上，每人负责一场。

他们经历相同，并携手飞遍了大半个世界。他们的演讲内容一样，几乎一字不差。然而，听上去却完全不同。

演讲中除了用词外，还要注意一些其他的事情，也就是演讲的风格。说什么和怎么说是截然不同的两回事。

俄罗斯大画家布鲁洛夫有一次纠正学生的作业。那学生惊喜地看着修改的绘画，兴奋地说："为什么您只改动了一点点，效果却完全不同了？"布鲁洛夫回答："艺术就在于细微之处。"演讲就和绘画以及巴德列夫斯基的演奏一样，于细微处显示差异。

涉及用词时，也是一样。英国国会有一句俗语："演讲时，成败取决于方式，而非内容。"这是很久以前，英国还是罗马的一个偏远的殖民地时，由昆体良说的。

"所有的福特汽车都十分相像。"福特制造商说，"但是没有两个人是完全相像的。每一个新生命都是阳光下的新事物，以前不存在，以后也不会有。年轻人应该有自己的想法，探寻个性的火花，使自己与众不同，发展自己的价值观。社会和学校应该尽力纠正他们的不良习惯。他们趋向于把所有人看做同一种模式，但我认为不应该让这类激情少年消失。因为那是能说明你的重要性的唯一证据。"

上述建议对成功演讲是相当管用的。世界上没有一个人会和你一样。数十亿人都有两只眼睛、一个鼻子、一张嘴，但是没有一个人跟你长得完全相同，和你的特征、思考方式一样。也几乎没有人像你放松地演讲时那样说话和表达。换句话说，你是独一无二的。作为一位演讲者，这就是你最宝贵的优势，要坚持，要珍惜，要发扬。正是这个闪光点，会给你的演讲增加魅力和真实感。"那是能说明你的重要性的唯一证据。"我恳求你们，请不要把自己变成一种模式，因为那会失去你的特征。

三、和听众交谈

先说一个例子，它是大多数人谈话的一种典型风格。

我曾经在瑞士阿尔卑斯山的一个避暑胜地缪伦度假。我住在一家伦敦公司开的旅馆。他们经常每周从英格兰派出演讲者为旅客演讲。其中有一位是著名的英国小说家。她的演讲题目是《小说的未来》。她承认，这个题目不是自己选择的，所以显得无话可说，甚至不敢肯定它是否值得演讲。她草草地列了几项不着边际的要点。她站在听众面前，却忽视了他们，甚至根本不敢正视他们。她有时眼光越过听众的头顶，凝视前方；有时盯着自己的笔记；有时看着地板。她用机械的声音念着每个字，眼神闪烁游离，声音飘忽不定。

那不是演讲，是在自言自语，没有一点沟通的感觉。成功演讲的首要条件是——沟通的感觉。听众必须感受到，有一个信息正在从演讲者的意识和心里传到他们的意识和心里。我刚才说的那个演讲可能适合于干涸的戈壁滩。事实上，这种演讲听起来好像是对荒漠，而不是对人。

无论是商务会中的十几个人，还是帐篷里的上千人，只要是一个现代听众，都希望演讲者能像聊天那样直截了当，采用的风格也像和某个人交谈一样轻松自然。形式可以一样，不过声音的力量要更大些。为了表现得自然，他必须耗费更多的能量，因为他面对的听众是 40 个，而不是 1 个。这就好比建筑物顶上的一座雕像，不得不显现出英雄的伟大，底下的参观者才能觉得它真切。

马克·吐温在内华达州的一个矿厂进行演讲。结束后，一位老矿工走近他，问："这就是你平时演讲的风格吗？"

那正是听众想要的："你平时演讲的风格！"再稍微增强一点。

增强这份亲切自然感的诀窍，唯一的方式是练习。在练习的时候，如果你发现自己的演讲有点虚伪，要马上停下来，对自己说："这里！什么搞错了？清醒！要人性化。"然后，想象着从观众中挑出一个人，可以是最后一排的人，也可以是一点都不专心听的人，和他聊一聊。忘掉这里的其他人。只和选定的这位听众聊。设想他在提问，你在回答，你是唯一能回答的人。假设他立论，你驳论。这个过程会立即、无一例外地把你的演讲变得更像交流，更自然，更直接。所以，可以想象当时会发生什么。

你可以切实地问一些问题，并给予回答。例如，在演讲时，你可以说："你们会问，我能为这种说法拿出什么证据？我有足够的证据，那就是……"然后继续提问。这件事可以做得很自然，它能打破一个人演讲的单调气氛，从而变得直接、愉悦、易于沟通。

在商会上发言，就应该像对老朋友聊天一样。什么是商会呢，不也是朋友的聚会吗？与单个朋友交流可行的方式，难道不可以同样用于一帮朋友吗？

前面讲了一位小说家的演讲情况。后来，在她曾经演讲过的大厅里，我们却非常愉快地聆听了奥利弗·洛奇爵士的演说。他的题目是《原子与世界》。半个多世纪以来，他致力于这个题目的思考、研究、实践和调查。有些东西已经成为了他内心、思想和生命中不可或缺的一部分，有些东西是他迫切想要说出来的。他忘了自己是在"演讲"。他根本不担心无话可说。他只是想告诉听众有关原子的一些情况，他的演讲准确、清楚、富有感情。他热切地要让我们看到他所看到的，感受到他所感受到的。

结果如何呢？当然是做了一场与众不同的演讲。这次演讲充满魅力，跌宕激昂，给人留下深刻的印象。他是一位能力超群的演讲家。不过，我确信他不一定会看到自己的这个闪光点。我敢说听过他演讲的人，没有谁会认为他是"公众演讲家"。

如果你做了一次当众演说，听众认为你是参加过专门培训的，那你就给老师丢脸了，尤其是我们培训班的老师。老师希望你演讲时表现得尽量自然，让听众想不到你是经过"正规"训练的。一扇好窗户不会引起别人的注意，它只会让阳光照射进来。一位杰出的演讲者也是如此。他会尽可能地放松，以至于听众根本不去注意他的演讲神态：因为他们只关心他的内容。

四、全身心地投入演讲

真诚、热情和高度的热诚也会有益于你的演讲。当一个人受到情感的影响时，他真实的自我就会浮上表面，一切障碍都会消除。他的热情会燃烧掉所有的障碍。他行动自然，演讲自然。他完全是出乎自然。

所以，最终即使是演讲的内容，还是要回到本书前面反复强调的——也就是全身心地投入到演讲中。

布朗校长在耶鲁大学神学院的演讲中说："我永远不会忘记，一位朋友向我描述的他曾经在伦敦参加过的一次教堂仪式。传教士是乔治·麦克唐纳。那天早晨，他读的经文是《希伯来人书》的第11章。布道时，他说：'你们都听过信徒们的事迹。我不准备告诉你们什么是信仰。因为神学教授会比我解释得更清楚。我在这里是要帮助你们去相信。'随后，他以简单、真诚、庄重的表现形式，表达出对看不见而又永恒存在的事物的信任，唤起在场听众从意识和心中对它们的信任。他全心投入演讲，收效甚好，因为演讲展现了他内在生命的真正的美。"

"他在用心演讲。"那就是秘密所在。然而，我知道这种建议是不受欢迎的，似乎太笼统了，听起来很模糊。一般人都想要简单的法则，明确的规定，可以触摸得到，就像驾车指南一样精确。

人人都想要那些，我也希望提供那些。这对他容易，对我也容易。这样的法则是有的，但是存在弊病：它们根本起不到作用。它们会让演讲失去轻松自然的感觉、生活的气息，以及演讲的精髓。我很清楚这点。年轻时，我浪费了大量的精力去寻找法则。它们不会出现在本书中，正如乔希·比林斯回顾一次辉煌的时刻时说："知道太多没用的东西也是枉然。"

埃德蒙·伯克写的演讲稿，逻辑、推理和组织上都相当有水平，甚至在今天这些稿件仍作为本土大学演讲范本在学习。但是，伯克作为一名演讲家，却是声名狼藉、一败涂地的。他没有能力展示自己的珍宝，使之有趣、有魅力，所以他被人称为下议院的"晚钟"。当他站起来发言时，其他人会咳嗽、拖着脚步走路、睡觉或者陆续出去。

你可能朝某人投掷一枚钢甲子弹，而不在他衣服上留下一丝痕迹。但随着蜡烛抛洒出去的香氛，却能够射穿松木板。我只能遗憾地说，与软弱无力、没有激情的钢铁般的演讲相比，含有香氛的蜡烛般的演讲更会给听众留下深刻的印象。

五、练习，让你的声音强劲而富有弹性

当我们真正同听众交流思想时，要充分利用各种语言和动作要素。我们可以耸耸肩，动动胳膊，皱皱眉毛，提高音量，改变音调，并根据场合与主题说得或快或慢。但最好记住，这些只是效果，不是原因。所谓的音调的改变或调节，都是受我

们思想和情绪状态的影响的。这正好说明了为什么在演讲前一定要了解题目并对其产生激情，那也正是我们为何如此热切地与听众分享这个话题的缘故。

随着年龄的增长，我们大多数人会失去年轻时代的率真和自然，会陷入肢体和语言表达的固定模式。我们会发现自己不再愿意做手势，没了生气。说话时也很少抑扬顿挫，缺乏激情。总而言之，我们失掉了沟通的新鲜感和动力。我们可能会养成太快或太慢的说话习惯。除非仔细审查，否则我们的措辞也会变得散乱无序。在本书中，我反复告诉大家，注意表达要自然。你可能认为，我会因此原谅贫乏的词句和单调的演讲。正相反，我说的是我们要在表达思想的感觉上保持自然，要带有感情地表达。另外，每一位杰出的演讲家都不认为自己的词汇不用扩充，表意和措辞无需丰富，表达方式不必多样化，表达的力度不用加强。这些都是每个有志于自我提高的人努力完善的地方。

根据音量、变化和语速来自我测评，是一个好主意。这可以借助一台录音机来完成。另外，找个朋友帮你评估，是非常有用的。如果可以得到专家的建议，就更好了。不过，应该记住，这是脱离听众的训练。当你站在听众面前时，如果只关心技巧，对演讲的影响将是致命的。一旦站在讲台上，就要把自己融入演讲之中，集中全部精力，带给听众精神和情感上的冲击，你的演讲将会更强劲有力。

克服忧虑快乐生活的故事

消除忧虑的良方

纽约高等教育委员会主席　欧德威·梯德

忧虑是一种习惯，而我在许久以前就打破了这种习惯。我认为我之所以能解除烦恼，应当归功于 3 项举措。

第一，我太忙了，以至于没有时间沉溺于自我毁灭的焦虑之中。我有 3 项主要活动：在哥伦比亚大学讲课，担任纽约市高等教育委员会主席，又掌管哈泼出版公司的经济及社会丛书部。每一项活动都是全天性的工作。这 3 项主要工作，使我根本没有时间去自寻烦恼。

第二，我是一个放得开的人。当我放下一项工作去干另一项工作时，我会完全抛开以前所想的问题。我发现，变换新的活动可以令人振奋，使我得到休息，神志清醒。

第三，当我离开办公桌之后，我就让自己把所有的烦恼从大脑中剔除出去。这些问题都是连贯性的，如果我每天晚上都把这些问题带回家，并且为它们而烦恼的话，那我的健康就全完了，同时也将失去解决烦恼的能力。

（欧德威·梯德是良好工作习惯的大师。你还记得这些习惯吗？）

第76章　完善语言表达的技巧

对于任何一个想提高自己说话能力的人来说，当然渴望快速有效地提高自己语言表达的技巧。那么，究竟有没有办法做到这一点呢？当然有！只要遵循下面各项建议，就会收到理想的效果。

一、从书本中汲取精华

有一个英国小伙子，既穷又没有工作，他走在费城的街道上，一心想找一份工作。当他走进大富豪保罗·吉彭斯的办公室时，要求见吉彭斯先生。

吉彭斯先生用不信任的眼光看着窗外的陌生人，只见他衣衫褴褛，衣袖口被磨得发光，全身散发出一股酸臭气。吉彭斯先生一半出于好奇，另一半出于同情，答应和他见面。

吉彭斯先生原来只打算听对方说几秒钟，但随即几秒钟变成了几分钟，几分钟又变成了一个小时，而谈话仍然在进行。

谈话结束后，吉彭斯先生给费城另一位大富翁、狄龙出版公司的经理罗兰·泰勒先生打了一个电话，邀请他和这位陌生人共进午餐，然后为小伙子安排了一个很好的工作。

这个外表看上去穷困潦倒的小伙子，是如何在这样短的时间内影响了两位如此重要的人物的呢？

其实，秘诀只有一句话——他的语言表达技巧。事实上，这个小伙子是英国牛津大学的毕业生，他是来美国处理一项商业事务的。不幸的是，他没有做好这件事，结果被困在美国，有家回不了。在既没有钱，又没有朋友的情况下，他只有一件宝物——英语是他的母语，他说得既准确又漂亮，听他说话的人可以立即忘掉他那双沾满泥土的皮鞋、褴褛的外衣以及他那不修边幅的脸孔。可以说，他的语言就是他进入美国最高商界的"护照"。

这个小伙子的故事虽然有点不同寻常，但它说明了一个真理：我们的言谈和语言表达技巧，正是别人评价我们的重要依据。我们所说的话，显示了我们的修养，它是教育和文化知识的证明，能让听者判断我们的出身。

我们每个人和这个世界只通过4种方式接触。别人正是根据4件事情来评估我们，并把我们进行分类。这4件事就是：

我们做什么？

我们看起来像什么？

我们说了些什么？

我们是如何说的？

然而，很多人却稀里糊涂地过了一辈子，他们离开学校后不知道努力增加自己的词汇，既不去掌握各种字义，也不能准确清晰地说话。他们习惯使用那些毫无意义的词句，也难怪他们的谈话缺乏明确性和个性特点，也难怪他们在发音、文法方面错误百出。

我甚至听过很多大学毕业生说的话，他们满口说的是市井流氓的口头禅。你想想，连大学毕业生都犯这种错误，我们怎么能指望那些没有受过什么教育的人有更好的表现呢？

几年前的一天下午，我到罗马古竞技场游览，一个人在那里遐想。这时，一个陌生人向我走来。这是一位来自英国殖民地的游客。他作了一番自我介绍之后，对我大谈起他在这个"永恒之城"的旅游经历。但是他说了不到3分钟，就说出了一大堆"YOU WAS"、"I DONE"错误百出的话。

我可以看出他那天早晨出门时，特意擦亮了皮鞋，身上穿着一尘不染的漂亮衣服。也许他想以此来维护自己的自尊吧，可是他忘了装饰他的词汇，结果说出了那样的句子。当他和女士说话时，如果未摘下帽子，他会感到很惭愧；但他的文法出了错误却不会惭愧。他甚至连想都没有想到这一点——他冒犯了别人的耳朵。他所说的这些话完全暴露了他的无知，他的英语水平真是太可怜了，就像在向这个世界宣称他是一个多么没有修养的人。

艾略特博士曾担任哈佛大学的校长30多年，他宣称："我认为，在淑女或绅士的教育中，只有一门必修课，就是准确、优雅地使用他们的本国语言。"这是一句意义深远的话，值得我们深思。

我们怎样才能和语言产生亲密的关系，用优雅、准确的方式来表达自己呢？幸运的是，这种方法一点都不神秘，而且非常清楚，早已成为一个公开的秘密——林肯使用它，就获得了惊人的成就。至今还没有一个美国人能像林肯这样，把语言编织得如此美丽动人，说出如此无与伦比、富有音乐节奏感的语句："怨恨无人，博爱众生。"

林肯这个由懒惰文盲的木匠父亲和平凡的母亲生下来的儿子，难道就得到了老天的特别厚爱，天生就具有这种运用语言的天赋吗？我们没有找到能证明这一点的任何证据。他当选为国会议员后，官方记录中有一个形容词描述林肯所接受的教育："不完全。"

在林肯的一生中，接受学校教育的时间不超过12个月。那么谁又是他的良师呢？当时，林肯居住的地区根本没有固定的学校，只有巡回教学的小学教师从一个屯垦区流浪到另一个屯垦区，只要当地的拓荒者愿意用火腿和玉米交换，他们就会留下来教拓荒者的孩子们读书识字。林肯正是从这些流动教师们那里获得了一些启蒙。

林肯的生活环境对他的帮助也并不多。他在伊利诺伊州第八司法区结识的农夫、商人和诉讼当事人，也都没有特殊或神奇的语言才能。但林肯没有像这些人那样浪费时间。他和一些头脑聪明灵活的人，例如各个时代最著名的歌手、诗人等成了好朋友。这是怎么回事呢？

原来，他熟读了伯恩斯、拜伦、布朗宁的诗集，能够整本整本地背下来，他还写过评论伯恩斯的文章。在他的办公室里放了一本拜伦的诗集，家里也放了一本。办公室的那本由于经常翻阅，只要一拿起来，就会自动翻到《唐璜》那一页。

他当上美国总统之后，由于内战损耗吞食了他的精力，使他的脸上留下了深深的皱纹，但他仍然抓住点滴时间，翻阅英国诗人胡德的诗集。有时候他深夜醒来，也会随手翻开诗集，如果碰巧看到特别有启发或令他兴奋的诗，他就会立刻起床，穿着睡衣拖鞋，悄悄地找到他的秘书，将诗读给秘书听。

林肯还经常抽空阅读早已背熟的莎士比亚名著，批评一些演员对莎翁剧作的看法，并提出自己独特的见解。他曾写信给莎剧著名演员哈吉特说："我已经读过莎士比亚的剧本。《李尔王》、《理查三世》、《亨利八世》、《哈姆雷特》，特别是《麦克白》。我认为没有一本剧本比得上《麦克白》，它写得实在是太精彩了！"

林肯热爱诗歌。他不仅一个人私下里背诵朗读，还在公开场合背诵和朗读，甚至还尝试写诗。他在妹妹的婚礼上就朗诵过他创作的一首长诗。中年之后，林肯创作的作品已经写满了整本笔记簿——尽管他对这些创作并没有信心，甚至连最好的朋友也不允许翻阅。

鲁滨逊教授在他的著作《林肯的文学修养》中写道："这位自学成功的人，用真正的文化素材武装了他的思想，可以称之为天才。他的成功，和艾默顿教授描述文艺复兴运动领导者之一的伊拉斯莫斯的情况一样：离开学校之后，坚持以唯一的教育方法来教育自己，直至取得成功。这唯一的方法，就是永不停息地研究和练习。"

林肯这位拓荒者的后代，年轻的时候经常在印第安纳州鸽子河的农场里剥玉米、杀猪，每天的工资只有可怜的 31 美分，但他后来却在盖茨堡发表了人类有史以来最精彩的演讲。在盖茨堡战役中，有 10 万人参战，7000 人阵亡。林肯死后不久，著名演讲家索姆奈说："当这次战役从人们的记忆中消失之后，林肯的演讲却依然深深地烙在人们心里。如果这次战役一再被人们提起，最主要的原因一定是人们想起了林肯的演讲。"

谁能否认这句话呢？

著名政治家艾维莱特曾在盖茨堡一口气演讲了两个小时，但他的演讲早已经被人们遗忘；林肯的演讲不到两分钟，可是人们仍然记忆犹新。据说一位摄影师想拍下林肯当时演讲的情景，但他还没有来得及架起那架原始的照相机并调准焦距，林肯已经结束了他的演讲。

林肯的盖茨堡演讲全文刻在一块永不腐朽的铜板上，现在被陈列在牛津大学图书馆，作为英语文学的典范，每一个学习演讲的人都应该背诵它：

"87 年前，我们的祖先在这块大陆上建设了一个新的国家，孕育了自由，并且献身给一种信仰：所有人生而平等。现在，我们正在进行一次伟大的内战。我们在试验，究竟这个国家，或者任何一个持这种主张和信仰的国家，能不能长久地存在。我们聚集在这场伟大战争的伟大战场上。我们奉献出这个战场上的一部分土地，给那些为国家的生存而牺牲了生命的人作为永久安息的地方。我们这样做，是非常适合和正当的。但是从更广泛的意义来说，我们不能奉献这片土地，因为我们不能使之神圣，我们也不能使之有尊严。那些活着的和已经死去的、曾经在这里奋斗过的勇敢的人们已经使这块土地神圣化了，这不是我们能使之有所增减的。世界上的人们不会注意，更不会长久地记得我们在这里的讲话，但他们将永远不会忘记这些人在这里所做的事。相反，我们活着的人应该献身于在这里作战的人们英勇地推进但至今还没有完成的工作。由于他们的光荣牺牲，我们将更坚定地完成他们曾经奉献出宝贵生命的事业。我们在此坚决地表示，不让他们白白地死去；要让这个国家在上帝的保佑下，得到自由的新生；要让民有、民治、民享的政府不从地球上消灭。"

很多人认为，这篇演讲稿结尾的不朽句子是林肯独创的。但真的是这样吗？林肯的律师同事科恩登在盖茨堡演讲之前几年，曾送给林肯一本《巴克尔演讲全集》。林肯读完了全书，记下了书中这句话："民主，就是直接自治，由全民管理，所有权利属于全体人民，由全体人民分享。"而巴克尔的这句话又可能借鉴于韦伯斯特，因为韦氏在给海尼的一次复函中这样说："民主政府是为人民而设立的，它由人民组成，对人民负责。"而韦伯斯特则可能借鉴自门罗总统，因为门罗总统早在30多年前表达过相同的看法。

至于门罗总统又从谁那里学来的呢？在门罗出生之前500年，英国宗教改革领袖威克利夫在《圣经》的英译本序言中说："这本《圣经》，是为民有、民治、民享的政府所翻译的。"在威克利夫之前，也就是公元前400年以前，克莱翁向雅典市民发表演讲时，也曾谈到统治就是"民有、民治及民享"。而克莱翁究竟是从谁那里获得这一观念的，则难以考证清楚了。

可见，这个世界全新的事物实在太少了，即使最伟大的演讲家，也要借助阅读的灵感和书本材料。

书本！这正是成功的秘诀！

如果你想要增加和扩大文字储量，必须经常让自己的头脑接受文学的洗礼。约翰·布莱特说："当我到图书馆时，就会感到一种悲哀：生命实在是太短暂了，我根本不可能充分享受我面前这丰盛的美餐。"布莱特15岁就离开了学校，去一家棉花工厂工作，从此再也没有机会上学。然而，他却成为那个时代最出色的演讲家，以善于运用英语而闻名。他坚持阅读、研究、做笔记，背诵著名诗人的长诗，比如拜伦、密尔顿、华兹华斯、惠特尔、莎士比亚、雪莱等。他每年都要从头到尾看一遍《失乐园》，以增加他的词汇及文学资料。

英国演讲家福克斯也曾通过大声朗诵莎士比亚的作品，来改进他的风格。格累斯顿也把自己的书房称为"和平庙堂"，里面藏有15000册图书——他承认自己阅读过圣·奥古斯丁、巴特勒主教、但丁、亚里士多德和荷马等人的作品，而且获益匪浅。荷马的史诗《伊利亚特》和《奥德赛》令他着迷不已，他因此写下了6本评论《荷马史诗》和他的时代背景的著作。

英国著名政治家、演讲家皮特年轻的时候，经常阅读一两页希腊文或拉丁文作品，然后将它们翻译成英文。他十年如一日，每天都坚持这样做，结果他获得了无与伦比的能力，他可以在不必事前思考的情况下，就能把自己的思想转化成最精简、最佳组合的语言。

古希腊著名演讲家、政治家狄摩西尼斯将历史学家修昔底德斯的历史著作抄写了8次，希望能学会这位历史学家华丽高贵而又感人的词句。结果，当威尔逊总统在两千年之后想改进自己的演讲风格时，就专门花时间研究狄摩西尼斯的作品。

英国著名演讲家阿斯奎斯也发现，阅读大哲学家伯克莱主教的著作，对自己是最好的训练。

英国"桂冠诗人"丹尼森每天都要研读《圣经》，大文豪托尔斯泰把《新约福音》读了又读，最后可以全部背诵下来。罗斯金的母亲每天逼他背诵《圣经》中的章节，又规定他每年要把整本《圣经》大声朗读一遍，"每个音节，每一词每一句，从创世纪到启示录"一点也不能少，罗斯金后来也把自己的文学成就归功于这些严格的训练。

在英语文字中，BIS被认为是最受人喜爱的姓名缩写，因为它代表着著名作家史蒂文森，他可以说是"作家中的作家"。他又是如何获得这种闻名于世的迷人风格的呢？我有幸从他口里得知了他的故事：

"每当我读到让我感到特别愉快的书或文章的时候，我一定会马上坐下来，模仿这些特点。这本书或文章很巧妙地讲述了一件事，提出了某种印象，或者含有某种显而易见的力量，或者在风格上表现出令人愉快的特征。不过，第一次我的模仿一般都不会成功，我就会再试一次。常常连续几次我都不会成功，但我至少从失败的尝试中获得了练习的机会。

"我曾用这种方法模仿海斯利特、兰姆、华兹华斯、布朗爵士、狄福·霍桑及蒙田。不管你是否喜欢，这就是学习写作的方法。不论我有没有从中得到收获，这也就是我的方法。大诗人济慈也是采用这种方法学习的，而在英国文学史上，再也没有比济慈更优秀的诗人了。

"这种模仿方法最重要的一点是：你所模仿的对象总有你无法完全模仿的特点。你不妨试试看，我想你一定会失败的。但'失败是成功之母'，这的确是一句古老而又十分准确的格言。"

上面举了很多成功人士的例子，这个秘诀已经完全公开。林肯曾写信给一位渴望成功的年轻律师说："成功的秘诀，就是拿起书本，仔细阅读研究。学习，学习，学习！这才是最重要的。"

二、养成阅读的习惯

你可以从班尼特的《如何充分利用一天 24 小时》开始。这本书将和洗冷水浴一样，对你产生很大的启迪和刺激。它会告诉你很多你感兴趣的事情，例如你每天浪费了多少时间，如何制止这种浪费，如何利用省下来的时间……这本书可以在一周之内轻松看完。你不妨每天看 20 页，把早上看报的时间缩短到 10 分钟，而不是习惯性地一看就是 30 分钟。

杰弗逊总统说："我已经放弃了读报纸的习惯，改为阅读古罗马历史学家塔西陀和古希腊历史学家修昔底德斯的著作。我发现自己变得快乐多了。"如果你学习杰弗逊总统把读报的时间缩短至少一半，几周之后你就会发现自己比以前更快乐、更聪明。你相信吗？难道你不愿意尝试一下，把省下来的时间用于阅读更有价值的好书吗？当你等候电梯、公共汽车、送餐、约会的时候，为什么不取出你随身携带的书来看看呢？用这种方式来阅读一本书，不是比把它原封不动地放在书架上更好吗？

读完《如何充分利用一天 24 小时》后，你可能会对同一作者的另一本书感兴趣，那就是《人类机器》。读了这本书，可以让你和别人打交道时更得心应手，形成镇静和泰然自若的优点。我之所以推荐这些书，不仅仅是因为它们的内容，同时还因为它们的表达方式，我相信它们一定能改善你的语言表达习惯。

另外再介绍几本对你很有帮助的书：佛兰克·诺里斯的《章鱼》和《桃核》，这是美国历史上最好的两本小说。《章鱼》讲述了一场发生在加利福尼亚的动乱和人类悲剧，《桃核》则描述了芝加哥股票市场上经纪人的明争暗斗。

汤玛斯·哈代的《黛丝姑娘》，是一本写得最优美的小说。

希里斯的《人的社会价值》以及威廉·詹姆斯教授的《与教师的一席谈话》，也是两本值得一读的好书。

法国著名作家摩罗瓦的《小精灵——雪莱的一生》，拜伦的《哈罗德的心路历程》以及史蒂文森的《骑驴之行》，也都应该列入你的书目单。

你应该每天让爱默生陪伴着你。你可以先阅读他那篇著名的评论《自恃》，在你的耳边轻声念出那些如行云流水的句子。

我们把最好的作者留到了最后。他们是谁呢？有人请亨利·欧文爵士列了一份书目单，写出他认为最好的 100 本书。

他说："面对这 100 本好书，我只会专心研究其中两种——《圣经》和莎士比亚。"亨利爵士说得很对，你必须到这两个伟大的源泉中汲取营养，而且要尽量多地汲取。你应该把晚报扔在一边去，去找莎士比亚，阅读罗密欧与朱丽叶的故事，或者阅读麦克白和他的野心。

这样做，你将会得到什么回报呢？你将会不知不觉地、渐渐却又是必然地改善你的辞藻，使它们变得美丽优雅。你将开始散发出这些精神伙伴的荣耀、美丽及高贵气质。因此德国大文豪歌德就说："告诉我，你谈了些什么，我就可以判断出你是哪种人。"

我上面所建议的阅读计划，实际上不必花多少精力，只需要一点节省下来的时间，并且每本花上 5 美元，买一套爱默生论文集和莎士比亚全集就可以了。

马克·吐温是如何培养自己灵巧而熟练地运用语言文字能力的呢？他年轻的时候，搭乘驿站马车从密苏里州一直旅行到内华达州。这一旅程很长，而且必须同时携带人和马吃的食物，有时候还要准备饮用的水，路上非常艰苦。因此，超重可能预示安全与灾祸之间的距离，行李也按每盎司的重量来收费。

在这种情况下，马克·吐温却随身带了一本厚厚的《韦氏大辞典》。这本大辞典陪伴他翻越山岭，横穿沙漠，走过了土匪和印第安人出没的原野。他希望自己成为文字的主人，因而凭着独特的勇气及意志，为了实现目标而努力学习。

皮特和查特汉爵士也都读过两遍辞典，包括每一页的每一个词。伯朗宁每天翻阅辞典，为林肯写传记的尼克莱和海伊从辞典里获得了许多乐趣和启示，他们说，林肯常常"坐在黄昏的阳光下翻阅辞典，直到看不清字为止"。这些例子并不特殊，每一位杰出的作家及演讲家都有过类似的经历。

威尔逊总统的英文造诣很高，他的一些作品，例如对德宣战宣言的那部分在文学史上也占有一席之地。他讲了他运用文字的方法：

"我父亲绝对不允许家中任何人使用不准确的字句。不管哪一个小孩子说错了，都必须立即更正，任何生词都必须立即解释清楚。他还鼓励我们每一个人把这些生词应用在日常的谈话中，以便牢牢记住它。"

纽约有一位演讲家，就因为句子结构严密、文辞简洁优美而获得了很高的评价。在最近一次谈话中，他透露了自己准确使用文字的秘诀：

每当他在谈话或阅读时发现不熟悉的词，就立刻抄在一个备忘录上。晚上睡觉之前，他要先翻翻辞典，彻底弄清楚那个词的意思。如果白天没有碰到任何生词，他就阅读一两页费纳德的《同义词、反义词和介词》，研究每一个词的准确含义，以备日后使用。

"一天一个新词"——这就是他的座右铭，这也使得他一年至少可以增加 365 个额外的表达工具。他将这些新词全都记在一个小笔记本上，一有空就取出来复习。他发现一个新词使用 3 次以后，就会成为他的词汇中永恒的一部分。

使用辞典不仅是要了解某个词的准确含义，也是为了知道它的来源。在英文辞典里，每个单词的历史来源，一般都列在定义后面的括号内。千万不要认为这些单词只是一些枯燥、冷漠的声音，其实它们都充满了感情色彩，有着浪漫的生命。比如说"给杂货店打电话，让他们送些糖来"。即使是这样平淡的两个句子，我们也使用了许多从不同文字中借用过来的词。例如，"Telephone"（打电话）是由两个希腊字组成的，Tele 的意思是"远方的"，而 Phone 表示"声音"。Grocer（杂货商）是从法语中一个历史悠久的词 Grossier 转化而来的，而法文又是从拉丁文 Gross - Arius 演变而来，指零售和批发商人。Sugar（糖）来源于法文，法文又来源于西班牙语，西班牙语又从阿拉伯文借用得来，阿拉伯文最早又脱胎于波斯文，波斯文中的这个词 Shaker 是由梵文 Calkara 一词演变而来，意思是"糖果"。

再比如，你可能在某家公司上班，或是自己开公司。公司 Company 起源于法文的一个古字 Companion（伙伴）；而 Companion 则由 Com（与）和 Panis（面包）两个词组成。也就是说，你的伙伴 Companion 就是和你共享面包的人，一家公司 Company 就是由一群想获得面包的伙伴共同组成的。

你的薪水 Salary，是指你用来买盐 Salt 的钱。早在古罗马时代，士兵可以领到买盐的津贴，后来有一位士兵把他的所有收入称为 Salarium（买盐钱），于是这个词成为一个广为流传的俚语，最后又演变为一个非常受尊敬的英语单词。

你现在手中拿着一本书 Book，而这个词的真正意思是指一种树木 Beech（山毛榉）。因为在很久以前，盎格鲁撒克森人把他们的文字刻在山毛榉树干上，或是刻在用山毛榉木做成的桌面上。

再比如，放在你口袋中的 Dollar（美元），它的实际意义是 Valley（山谷）。因为美洲最早的钱币是 6 世纪在圣卓亚齐姆山谷中铸造的。

再看 Janitor（看门人）和 January（一月）这两个词，它们都来源于意大利西部古国伊楚里亚的一个铁匠的姓氏。这位铁匠住在罗马，专门制造一种特殊的门锁和门闩。他死后被尊奉为异教徒的神灵，有两张脸孔，能同时看到两个方向，代表门的开启与关闭。因此，在一年的结束和新的一年开始之间的那个月份，就被叫做 January 或 Janus（这位铁匠的姓氏）。当我们谈到 January（一月）或 Janitor（看门人）时，我们等于是在纪念这位铁匠。他生活在公元前 1000 年，娶了一位名叫 Jane 的妻子。

同样，一年中的第七个月份 July（七月），是根据古罗马的 Juliu Caesar（恺撒大帝）命名的。随后的奥古斯都大帝为了不让恺撒专美于前，就把下一个月份命名为 August（8 月）。当时的 8 月只有 30 天，奥古斯都大帝不想以他的姓氏命名的月份比以恺撒的姓氏命名的月份少一天，于是他就从二月中抽出一天，加入到八月。你看，这种自负的心理痕迹在你天天都要使用的日历上，表现得多么明显啊！

只要稍加注意，你将发现，其实每个单词都有着一段迷人的历史。如果你有时间，试着从大词典里寻找这些单词的来源，找出它们背后的故事，你将发现它们更加多姿多彩，也更加有趣，你也会更有兴趣使用它们。

三、准确地表达思想

试着准确地表达你的意思，表达你思想中最微妙的东西，这可不容易做到，即使是有丰富经验的作家也不一定做得到。美国著名女作家芳妮·霍斯特曾对我说，她经常会一再修改已经写好的句子，甚至要改 50 次到 100 次。有一次她特意计算了一下，发现自己竟然把一个句子改写了 104 次。

另一位女作家乌勒也坦诚地说，为了从一篇即将在各大报纸上联合刊登的短篇小说删去一两个句子，她有时会花一个下午的时间。

美国政治家莫里斯曾描述了美国著名作家大卫是如何寻找一个准确用词的：

"他小说里的每一个词，都是从无数个词中挑选出来的。他所使用的每个词，经过一丝不苟的判断，必须经得起时间的考验。每个词、每个句子、每个段落、每一页，甚至整篇小说，他都这样改了一遍又一遍。他经常采用'淘汰'原则，例如他描述一辆汽车转弯驶进大门时，首先会进行繁琐的叙述，任何细节都不放过，然后再一一删除这些由辛苦思索出来的细节。每删一次，他就问自己：'我要描述的情景是不是仍然存在？'如果答案是否定的，他就把刚刚删除的细节再放回原处，并试着删改其他细节。如此逐一删改，若干次之后呈现给读者的就是一幅简洁而清楚的情景。正因为这样，他的小说和爱情故事才一直深受读者喜爱。"

显然，我们大多数人都没有时间和精力像他们这样辛勤地寻找适当的词句。我之所以举出这个例子，只是为了说明即使是成功的作家，也都十分重视准确使用语言和准确表达。同时，我希望学习演讲的人对语言和文字更有兴趣。当然，一个演讲者不应该在演讲的中途停下来，去寻找表达思想的准确语言，但他应该每天练习如何准确地表达自己的思想，直到他能够自然地表达为止。

你也应该这样做的，但你这样做了吗？我敢肯定的是，你并没有这样做！

据统计，大文豪密尔顿的作品共使用了 8000 个单词，莎士比亚的词汇更是达到了 15000 个单词。一本标准辞典的词汇是 45000 个单词，但根据初步估计，一般人只要学会 2000 个单词，就可以运用自如。通常你只要懂得一些动词，以及把它们连接起来的连词，再加上一些名词和经常被过使用的形容词，你就可以成为一位语言运用的高手了。

这样看来，学习语言也并不很难吧？

四、富于创新思想

你不仅要尽量表达准确，还要尽量有新思想和新创意。要有勇气把你对事情的看法说出来，因为"事情本身就是上帝"。例如，《圣经》在记载大洪水之后的事情时，一些最富有创意的人首先使用了这个比喻："冷得像条胡瓜"。这个比喻好极了，它极具新鲜感，因此即使后来相当长的一段时期内，这个比喻仍具有它原始的新鲜感。但如果在今天，一个具有创造力的人再重复这个比喻，难道不会感到羞愧吗？

我曾向女作家凯撒琳·诺利斯请教，怎样才能培养独特的风格。她说："阅读古典散文和诗集，并且毫不留情地删掉作品中没有意义的词句和老掉牙的比喻。"

有一位杂志编辑告诉我，每当他发现作者投来的稿中有两三处陈腐的比喻时，他就会立即退稿，不浪费时间看它。他说："一个在表达上没有创意的作家，根本不可能有任何创新思想。"

第 77 章　完善演讲的风格和个性

我们曾对 100 位著名的商界人士做过一次智力测验。这次测验的内容和美国陆军在第二次世界大战期间使用的相似。研究中心在得出结论后郑重宣布：在促进事业成功的各项因素中，个性比智商更重要。

这是一个具有很有意思的结论，它对商人很重要，对教育家和专业人员也十分重要，对演讲者当然更是十分重要。

除了事前的充分准备之外，个性可能是演讲中最重要的因素了。著名演讲家艾伯特·霍巴德曾说："演讲中能获得听众信任的因素，是演讲的态度，而不是演讲稿的词句。"准确一点说，应该是态度加上观念。但个性是一种模糊而捉摸不定的东西，它就像紫罗兰的香气，即使是最出色的分析家也无法把握。它是一个人的素质的总和，包括肉体、精神、心理上的；它又是一个人的遗传、嗜好、倾向、气质、思想、精力、经验、训练以及全部生活的综合体。它就像爱因斯坦的相对论那样复杂，同样也只有少数人了解它。

个性由遗传和环境决定，一旦形成就很难改变。但我们可以强化它，使它变得更有力量，更富有吸引力。不论如何，我们都应该更好地努力利用大自然赐给我们的这奇异的东西，这对我们每个人都很重要。因此，尽管改善个性的可能性很小，但仍有必要谈论它。

一、保证充足的休息

如果你希望演讲时有最好的发挥，必须有充足的休息。无论如何，一个疲倦的演讲者是不会吸引听众的。千万别犯这种最常见的错误：把准备和计划工作一直拖延到最后一分钟，才匆匆忙忙地去做，企图找回失去的时间。如果这样做，只会拖累身体，导致大脑疲乏。这是可怕的事情，它只会削弱你的活力，让你的大脑与神经变得同样脆弱。

假设你必须在 4 点钟向某委员会发表一次重要的演讲，你就应该先吃一顿午餐，如果时间许可的话，还可以小睡几分钟，以恢复精力。休息正是你需要的，不论是精神上或肉体上都需要。

吉尔拉廷·法拉常常会让她的新朋友大吃一惊，因为她晚上总是很早就向他们告退去睡觉，而让他们和她的丈夫继续聊天。这是因为她的艺术工作需要。

诺迪卡夫人也说，她当上了歌剧第一女主角之后，必须放弃她所喜爱的一切，例如社交、朋友、诱人的美食。

发表重要演讲之前，还要注意不能吃得太饱，要向那些圣徒学习，稍稍吃一点。如亨利·比丘在每周日下午 5 点时，只吃一些饼干，喝杯牛奶，不再吃其他东西。

默芭夫人说："如果我准备在晚上演唱，就不吃午餐，只在下午 5 点吃一些鸡肉，或一些鱼肉，或是一小份甜面包，一个苹果和一杯水。所以每次从歌剧院或音乐会回家后，我都发现自己饿得快不行了。"

默芭夫人和比丘的做法很明智。本来我也不了解这一点的，直到我有机会到处演讲，才明白其中的道理。最初，我常常是吃完一顿丰盛的大餐之后发表两个小时的演讲，但是经验告诉我，当你咽下大量的酒和汤以及牛排、炸薯片和沙拉、蔬菜、甜点之后，再一直站上一两个小时，那么你不但不能达到身体的最佳状态，也不能尽情地发挥，因为本来应该输送到大脑中的血液，全都集中到胃里去消化你的食物了。

著名音乐家帕德列夫斯基说得对，如果在演奏前随心所欲地大吃大喝一顿，那么他的兽性就会占据上风，甚至还会渗透到指尖，从而破坏他的演奏。

二、衣着和态度得体

一位担任某大学校长的心理学家曾进行过一次大型的调查活动：服装会对人们产生什么影响？

被调查者几乎无一例外表示，当他们穿戴整齐、全身上下一尘不染时，他们会清楚地感觉到自己很整洁，并让自己信心大增，自尊心也随之增强。当人们的外表显得成功时，他们的思想也容易倾向成功，事实上也更容易达到成功。这种情况很难解释清楚，但它确实存在，这就是衣着服饰对人的心理的影响。

演讲者的衣着服饰会对听众会产生什么影响呢？我曾注意到一些有趣的现象，如果演讲者是位不修边幅的男士，比如他穿着宽宽松松的裤子、变形的外衣和鞋子，一支自来水笔和铅笔露在口袋外面，一张报纸、一个烟斗或一盒纸烟把西裤的外侧塞得鼓突出来；或者一位女士带着一个丑陋的大手提包，衬裙又露在外面——那么听众们对这样的演讲者根本不会有信心，他们会认为这样的演讲者头脑也一定是乱七八糟的，就像他蓬乱的头发、没有擦干净的皮鞋，或是鼓得变了形的手提包。

当李将军代表他的军队前往阿波麦托克斯向北方军队投降时，他整整齐齐地穿了一套新制服，腰上还系了一把珍稀的宝剑。而格兰特将军既没有穿外套，也没有佩剑，只是穿了一身士兵的衬衫和长裤。格兰特将军后来回忆说："相比之下，我一定是个十分怪异的家伙，而对方是一位衣着得体的男士，他身高 2 米，服饰整齐。"没有在这个历史性场合穿上合适的服饰，竟然成了格兰特将军一生中最大的遗憾。

华盛顿农业部一家实验农场中养了几百箱蜜蜂。每一个蜂巢上都装了一面很大的放大镜，只要按下按钮，蜂巢就被电灯照得通明，这些蜜蜂任何时候的一举一动都可以被仔细地观察。演讲者的情况也与此相似：被安置在放大镜下，被聚光灯照射，所有的眼睛都看着他。在这种情况下，他外表哪怕最微小的不协调，也立刻会被人们看出来。

几年前，我为《美国杂志》撰写纽约一位银行家的生平。我请了这位银行家的一位朋友讲述他成功的原因。这位银行家的朋友说，他成功的最大原因，是他那迷人的微笑。

乍听上去，这不免太夸张了，但我相信这是真的。比这位银行家拥有更丰富的经验、具有更为敏锐的判断力的人，可能有几十个甚至上百个，但这位银行家拥有那些人所没有的额外资产——最随和的个性，而他那温和的、受人欢迎的微笑，就是其中最大的特色之一。他能立即赢得别人的信心，立刻博取别人的好感。我们都愿意看到他获得成功，而且非常愿意支持他，不是吗？

中国不是有一句俗语叫"和气生财"吗？在听众面前展露的笑容，不也和柜台后面的笑容那样受人欢迎吗？这令我想起了我的一位学员。每次当他站起来时，全身会散发出一种气息，好像在说他很高兴能来这儿，并且很喜欢他即将开始的演讲。他总是面带微笑，露出十分高兴见到我们的样子。因此，听众很快感受到了他的亲切，所以他们对他也表示出热情的欢迎。

但我经常看到的却是另一幅景象：演讲者冷淡地、用做作的姿态走出来，仿佛他很讨厌这次演讲，若是能快一点结束，他将会感谢上帝。当然，听众很快也会产生同样的感觉，要知道这种态度是很有感染力的。

奥佛斯特教授在《有影响力的人类行为》一书中说：

"喜欢可以产生喜欢。如果我们对我们的听众感兴趣，听众也会对我们产生兴趣。但如果我们不喜欢台下的听众，他们不论是从外表还是内心，都会对我们表示厌恶。如果我们表现得胆怯而慌乱，他们也会对我们缺乏信心。如果我们表现像个无赖，大吹胡侃，听众们也会表现出一种自我保护的自大情绪来。因此，常常是我们还没有开口说话，听众就已经对我们的好坏做出了评判。我有充分的理由说明，我们必须明白，我们的态度一定会引起听众强烈的反应。"

三、加强感染力

我经常在下午对那些稀稀落落地坐在大厅里的听众发表演讲，也经常在晚上去拥挤的小房间里为一大群人演讲。同样一个笑话，晚上的听众会开心地哈哈大笑，但是下午的听众只会露出浅浅的微笑；晚上的听众对每一段演讲都会热烈地鼓掌，而下午的听众们却毫无反应。这是为什么？

原因很多，但其中有一点必须清楚，下午的听众大多是年老的妇女或小孩子，他们的反应当然比不上晚上那些精力充沛而且有很高的辨别能力的听众。

事实上，另一个重要的原因是，当听众分散开时，他们就不容易被感动——广阔的空间、听众与听众之间的空椅子是最容易浇熄听众热情之火的。

因此，要注意加强对听众的感染力。亨利·比丘在耶鲁大学发表关于布道的演讲时说："人们经常问我：'你是不是认为，向一大群人发表演讲，比向一小群人演讲更有意思？'我说不是。我可以对 12 个人发表精彩的演讲，和面对 1000 个人一样精彩，只要这 12 个人能紧密地围绕在我的身边，彼此紧挨着身子。相反，如果 1000 个人分散开来，两人之间相隔一米远，那跟在空无一人的房子里演讲一样糟糕……必须把你的听众紧紧地聚集在一起，那你只需花一半的精力，就能打动他们。"

当一个人置身于大众之间的时候，容易失去自我，成为大众的一分子，比单独一个人更容易受到影响。他会和其他人一起开怀大笑，热烈鼓掌。但如果他只是五六个听众中的一个，虽然你说的是同样的内容，他也会无动于衷。

当人们成为一个整体时，你可以很容易让他们产生反应；相反，要让一个人做出反应，则是比较困难的事。例如，男人们在战场上一定会做出最危险而且最不顾后果的行动——他们希望大家聚成一团。在第一次世界大战期间，德国士兵上战场时，就彼此握住同伴的手紧紧不放。

大众！大众！大众！这是一种最奇特的现象。所有大规模的运动和社会改革，都必须通过民众的协助才能开展。对此，有一本极为有趣的著作，就是艾佛特·狄恩·马丁所写的《大众行为》。

如果你要向一小群人演讲，应该找一个小房间。把听众塞进一个狭小的空间，一定会比让他们分散在宽广的大厅里效果更好。

如果你的听众坐得很散，一定要把他们都请到前排来，让他们坐在靠近你的位子上。一定要让他们这么做以后，才开始你的演讲。

除非听众的确很多，而且也真的需要到讲台上去，否则不要这样做。你应该和他们站在一起，或者就站在他们身边。要勇于打破常规，和听众打成一片，让你的演讲和日常谈话一样。

四、保持演讲场所的环境整洁

首先要保持场所空气的新鲜。在演讲过程中，氧气是很重要的东西。不论是多么动人的演讲，或者音乐厅里的女高音多么迷人，都无法让身处恶劣空气中的听众保持清醒。如果我是演讲者，在开始演讲之前，我总是会请听众们站起来，休息两分钟，同时把窗户全部打开。

在过去 14 年，詹姆斯·庞德少校在美国和加拿大各地旅行，担任亨利·比丘的经纪人。当时，这位著名的布鲁克林传道师正大受欢迎。庞德经常在信徒到来之前察看比丘传道的地点，认真检查灯光、座位、温度和通风情况。庞德是一位退伍的陆军军官，他很喜欢运用权威，喜欢大喊大叫。如果传道场所温度太高，空气不流通，而他又打不开窗子的话，他就会拿起书，把窗户玻璃砸得粉碎。他认为："对于一位传道者来说，除了上帝的恩典之外，最好的东西就是氧气。"

灯光也是影响演讲成功的另一个重要因素。除非你打算在听众面前表演招魂术，否则应该尽可能地让房间光线充足。要想在一个昏暗的房间里激起听众的热烈情绪，那简直是太困难了。

如果你看过著名制片商比拉斯科关于舞台表演的著作，你就会发现，一般的演讲者对于灯光的重要性，简直没有一点儿概念。

要让灯光照射在你的脸上，因为人们希望能看清楚你。要让你脸上一点点微妙的变化也要展现出来，这是自我表现的一部分，也是最真实的一部分。这种展现有时甚至比你的言语更能表达你自己。如果你站在灯光的正下方，你的脸上会有阴影；如果你让灯光从后面照过来，你的脸也一定会藏在阴影中。所以，在演讲之前，要先找一个光线最佳的地点，将自己完全展现给听众。

记住，也不要躲在桌子后面，因为听众同样希望看到演讲者的全身。他们甚至会从座位上探出头来，把你整个人看个清清楚楚。

好心的主持人一定会替你预备一张桌子、一个水壶和一个水杯。但是你不能要那水壶和杯子，这只是一些放在讲台上的毫无用处而且又难看的废物。如果你的喉咙很干，不妨先找一片柠檬含在口中，让你的唾液流出来，而且比尼亚加拉瀑布还会多。

百老汇大街上各种品牌的汽车展览厅都布置得十分漂亮、整洁、干净、令人赏心悦目。法国巴黎名牌香水和珠宝店的办公室，也全都是那么高雅豪华。为什么要这样布置呢？因为这些都是高档商品，顾客看到这些展览厅布置得如此美丽，就会对这些商品更为动心，更有信心，也更羡慕。

同样的道理，一位演讲者也应该有令人赏心悦目的背景。我认为最理想的布置，应该是完全不用家具，演讲者的后面也不能有任何吸引听众注意力的东西，连两边也不能有。也就是说，除了一幅深蓝色的天鹅绒幕布之外，什么东西都不要布置。

但是，一般演讲者的背后常常都有些什么东西呢？如地图、图表，也许还有积满灰尘的椅子。这会产生什么效果？只会产生粗俗、凌乱而不调和的气氛。你一定要把这些没用的东西全部清除掉。

亨利·比丘说："演讲中最重要的是人！"

如果你是演讲者，一定要很突出地表现出你自己，就像少女峰白雪皑皑的峰顶与瑞士那蔚蓝色的天空相互辉映那样显眼。

有一次，我在加拿大安大略省的兰登市旅游，正好碰到加拿大总理在当地演讲。他演讲的时候，有一个工人正手持一根长木棒，从这个窗户走到另一个窗户，将它们一一调整好。结果，听众几乎全都忘记了台上的演讲者，反而专心致志地看着那位工人，仿佛他正在表演魔术。

不管是听众还是观众，他们都会忍不住去看那些运动的物体。演讲者只要能够记住这一真理，那么他就能避免一些不必要的困扰和烦恼。因此，有必要记住以下建议：

第一，克制自己，不要玩弄手指、拉扯衣服，或做一些削减听众注意力的小动作。

我记得曾有一位很出名的纽约演讲家，他演讲时不停地用手玩弄讲台上的桌布，结果听众们全都专心地望着他的手，足足有半个小时。

第二，如果可能的话，演讲者应该适当调整听众的座位，使他们不至于看到迟到的听众进来，这样可以防止他们分散注意力。

第三，不要安排贵宾坐在演讲台上。

几年前，雷蒙·罗宾斯在布鲁克林发表一系列演讲，他邀请我和另外几位贵宾一起坐在台上。但是我拒绝了，因为这样做对演讲者没有任何好处。事实也真的是这样：在第一天晚上，我就注意到有好几位贵宾移动身子，不时地把一条腿放到另一条大腿上，然后又放下来；他们只要有任何人稍微移动一下，听众的注意力就会从演讲者身上移到这位贵宾身上。第二天，我把这一种情形告诉了罗宾斯先生。在接下来的几个晚上，他就很聪明地一个人单独站在台上了。

比拉斯科先生不允许舞台上放红色的鲜花，他认为这样会吸引听众太多的注意力。那么，演讲者又怎么能允许在他演讲时，让另一位动个不停的人面对观众坐着？绝对不应该这样做，只要他稍微聪明一点的话。

五、保持良好的姿态

在演讲之前，不要面对听众坐着。应该以崭新的姿态进入会场，这可比听众眼前的老形象要好许多。

如果必须先坐下来，那么就要十分注意坐姿。你一定看过别人四处张望找空位子的情形，那非常像一只猎犬在找一处躺下来过夜的地方。他们会四处张望，发现一张椅子，就加快脚步跑上前去，然后像一个大沙袋一样，把自己的身体猛地砸进椅子里。

懂得坐的艺术的人，会先用脚背碰一下椅子，然后由头部到臀部保持直立的姿势，以优美的姿态缓缓坐下。

我们在前面说过，不要玩弄衣服或首饰，因为这会分散听众的注意力。另外还有一个原因，这样做会给人一种缺乏自我控制的印象。任何不应有的动作只会减弱听众对你的注意力，哪怕是很微小的动作也会吸引听众的注意力。所以，必须以静止的状态站着，控制好你的身体，这样将有利于听众对你产生信任和可靠的感觉。

当你准备站起来开始演讲时，不要急急忙忙开口，这正是业余演讲家的通病。要先深深地吸一口气，直视听众大约一分钟；如果听众中间有嘈杂声或骚动，要停下来，等到一切平静为止。

挺起你的胸膛。不要等到面对听众时才这样准备。为什么不每天做这样的练习呢？这样，当你站在听众面前时，就会很自然地挺起你的胸膛。

罗瑟·古利克在他的《高效率的生活》中说："在10个人中，找不到一个能让自己保持最佳姿态的人……你一定要把自己的脖子紧紧贴住衣领。"

他建议人们每天都做这种练习："缓慢而平稳地吸气，但要尽量用力；同时，把你的颈部紧紧贴住衣领。即使是很夸张的动作，也不会有害。这样做的目的，是让两肩之间的背部能挺直，同时使胸部加厚。"

站直以后，双手应该如何放呢？最好是忘掉它们。如果它们能够很自然地下垂在身体两侧，那是最理想不过的。如果你觉得它们像一大串香蕉，就不要指望听众不去注意它们，或者自以为听众不会对它们有兴趣。双手只有轻松地下垂在身体的两侧，才不会引起听众注意。即使是最吹毛求疵的人，也不能批评这种姿势。当然，在需要时，它们还应该能自然地做出各种强调的手势。

但是，假如你很紧张，而把它们放在背后，或插入口袋中，或放在桌子上，这样能够减少你的紧张情绪的话，那该怎么办呢？这时，你要运用你的常识进行判断。我听过当今许多著名演讲家的演讲。他们在演讲时，也会偶尔把手插入口袋中，如布莱安会这样，德普会这样，罗斯福总统有时也会这样。即使像英国政治家狄斯累利这样注重仪表的绅士，有时也会向这种诱惑力投降。

不过，这并不是什么大不了的事，上天不会因此而塌下来。如果一个人准备好了有价值的题目，而且很有说服力地说了出来，那么，他究竟怎样放他的双手或双脚，就是小事一桩了。只要他的头脑充实，内心热情澎湃，那么，这些次要的细节一般都可以自然而然地解决。毕竟，演讲中最重要的是内容，而不是手或脚的姿势问题。

但是，许多大学上演讲课时，对姿势尤其注重。我认为这种课对学生不仅毫无用处，而且观念错误，非常有害。因为这种课程没有教会学生给演讲注入生命的活力，它只会让人感到像一架打字机一样机械，像隔年的鸟巢一样毫无生气，更像一部电视闹剧那样荒谬。

有一次，我看到20个人同时演示学校教的这些方法。他们做着完全相同的手势，显得那样荒谬可笑、做作。其实，你若想学会有用的姿势，只能自己去揣摩，从自己的内心出发，并根据自己的思想和兴趣来培养。唯一有价值的手势，就是你天生就会的那一种——一盎司的本能比一吨的规则更有价值。

手势完全不同于晚宴服装这种可以随意穿上或脱下的东西，它是内在情况的外在表现，如同亲吻、腹痛、大笑或晕船一样。一个人的手势，就像他的牙刷，是专属于他个人使用的东西。每个人都不相同，只要顺其自然，每个人的手势也可以各不相同。

不要让两个人训练完全相同的手势。你们可以想象一下，假如个子修长、动作笨拙、思维缓慢的林肯使用的手势，和说话快捷、身材矮胖，而且温文儒雅的道格拉斯使用的手势完全相同，那是多么的荒谬可笑啊！

曾经和林肯同行并为他写传记的柯恩登律师说："林肯做手势的次数，没有他用脑袋做姿势的次数多，他会经常用力地甩动头部。当他想强调他的某个观点时，这种动作尤其明显。有时候，这个动作会猛然打住，仿佛火花飞溅到了易燃物上。他从来不像其他演讲者那样猛挥手势，仿佛要把空气和空间切成碎片……随着演讲的进行，他的动作会越来越自由自在，最后渐臻完美。他拥有完全的自然感和强烈的特征，他也因此显得尊严高贵。他看不起虚荣、炫耀、做作与虚伪……当他把观点撒播在听众脑海中时，他右手的瘦长手指包含了一个极富意义而又特加强调的世界。有时为了表示喜悦与欢乐，他会高举双手，大约成50度角，手掌向上，仿佛要拥抱那种情绪。如果他想表现厌恶——例如奴隶制度——他就会高举双臂，紧握双拳，在空中挥舞，表现出真正崇高的憎恶感。这是他最富有效果的手势之一，表现了他最坚定的决心，显示了他决心把他所痛恨的东西拉扯下来，投进灰烬中。他总是站得很规矩，两脚脚尖在同一条线上，不会把某只脚放在另一脚之前。他绝不会扶住或靠在任何东西上。在整个演讲过程中，他的姿势和神态只有少许变化。他绝不会乱喊乱叫，也不会在台上来回走动。为了使双臂能够轻松一点，他有时也会用左手抓住外衣的衣领，拇指向上，只用右手自由地做出各种手势。"

这就是林肯的方法。著名雕塑家圣·高登斯就根据他这种姿态雕成了一座雕像，立在芝加哥的林肯公园内。

罗斯福总统则比林肯更有活力、更富激情，也更积极。他的脸孔因为充满感情而显得生气蓬勃。他握紧拳头，使整个身体成为他表达内心感情的工具。

政治家布莱安会经常伸出一只手，把手掌张开。

格累斯顿则经常用手拍桌子，或是用脚踩踏地板，发出很大的声响。

罗斯伯利则习惯高举右臂，然后用巨大的力量猛然下挥……

不过，这些动作先要求演讲者的思想和信念必须有相当的力量，才能使演讲者的姿势强劲有力，而且出于自然。

自然……有活力……这才是行动的最佳表现。英国政治家伯克的手势非常笨拙而不自然。英国著名演讲家皮特总是用手在空中乱划，像个笨拙的小丑。亨利·欧文爵士是个跛脚，他的行动怪异。马科雷爵士在讲台上的行为，也令人不敢恭维。划时代的拉登也是这样，巴尼尔也一样。对此，已故的库尔森爵士曾评论说：

"答案显然是，伟大的演讲家有他们自己独特的手势。虽然伟大的演讲家一定要有漂亮的外表和优雅的姿态，但如果演讲者碰巧生得很丑，而且行动又笨拙，那也没有太大的关系。"

多年前，我听过著名的吉普西·史密斯传道。他的演讲曾使几千人信奉了耶稣，我非常佩服他。他也使用手势，而且用得很多，但不至于让人感到有任何不自然。这才是最理想的方式。只要你练习运用这些原则，你就会发现，你也是在用这样的方式来做出你的手势。我无法举出任何硬性的法则，这一切完全取决于演讲者的气质，取决于准备的情况，取决于他的热忱、他的个性以及演讲的主题、听众和会场的情况。

不过，下面还有一些建议，对你会大有帮助：

不要重复使用一种手势，那将会让人产生枯燥单调的感觉；

不要使用肘部做短促而急速的动作，由肩部发出的动作在讲台上看起来要好得多；

手势不要结束得太快，如果你习惯用食指强调你的想法，那么在整个句子中一定要维持那个手势。

一般人都会忽略这些，这是很普通却很严重的错误。它会削弱你所强调的力度，使一些不重要的事情反而变得仿佛很重要，而使真正的要点却显得不重要了。

总之，当你在听众面前进行演讲时，只使用那些发乎自然的手势。当你演讲时，你自己内心当中的冲动和欲望才是最值得信任的，比任何教授所能给你的任何指导都更有价值。

如果你忘记我们对手势的一切说明，而你又要上台演讲，请记住这一点：如果一个人非常专注地思考他的演讲题目，急于把他的观点表达出来，以至于忘掉了自己的存在，使他的谈话举止都出于自然，那么他的手势及表达方式将不会受到人们的批评。

克服忧虑快乐生活的故事

当我突然一无所有时

小说家　荷马·克洛伊

我一生中最悲惨的时刻是在 1933 年的一天。这天，警长来到我家的前门口，而我则从后门溜了出去。我失去了在长岛佛罗里斯特山的家，我的孩子都出生在那儿，我和家人在那里住了 18 年。我从未想到这种事情竟然会降临到我头上。12 年前，我认为我处于世界顶端。我的小说《水塔之西》的电影版权以最高价格卖给了好莱坞。我和家人在国外待了两年，去瑞士避暑，在法国南部过冬——过着标准的富翁生活。

我在巴黎住了 6 个月，写了一本小说《他们必须来巴黎观光》。它后来被改编成电影，由威尔·罗吉斯主演，这也是他的第一部有声电影。他们要求我留在好莱坞为罗吉斯写几部电影剧本，但我还是回到了纽约。我的麻烦从此开始了！

我渐渐地认为自己拥有一些尚未开发的潜能，开始幻想自己是一个精明的商人。有一个人告诉我，约翰·嘉科布·亚斯特在纽约投资购买空地而成为百万富翁。亚斯特是什么人呢？他只不过是一个带着口音的移民商贩。如果他能成功，为什么我就不能？……我马上就要发大财了！我开始读游艇杂志。

我空有无知的勇气，对于房地产却一无所知。我应该如何开始这方面的事业呢？很简单。我抵押了我的房子，然后买下佛罗里斯特山位置最好的建筑用地。

我想保留这块地，直到地价涨到最高时再将它卖掉，去过奢华的生活——我这个人从未卖过巴掌大的一块地。我同情那些在办公室为一点点薪水而忙碌的职员。我告诉自己，上帝并未赋予每个人特殊的创富才能。

经济危机突然像堪萨斯的旋风摇荡鸡笼一样袭击了我。

我每个月必须为那块地支付220美元。唉，那几个月过得真快啊！此外，我还必须为那座被抵押的房子还款，要养活一家人。

我十分烦恼，想为杂志社写一些幽默小说。但我的幽默小品颇似《旧约》中的哀歌。我没有卖出任何稿子。我写的小说也没人要。我的钱全用光了，除了打字机和我口中的金牙之外，我没有任何东西可抵押借款的。牛奶公司停止为我送奶，燃气公司也关掉了燃气，我只好买了一个广告宣传的露营用的小火炉，它有一个汽油缸，要用手举着，喷出嘶嘶响的火焰，就像发怒的鹅在叫唤。

我们没有煤了，煤炭公司起诉了我们。唯一取暖的东西是那个壁炉。我会在晚上出去，到那些有钱人正在建造的房子附近捡一些废木头……而我本来是想跻身这些有钱人行列的。

我忧虑得难以入睡，经常在半夜起床，走上几个小时，直到疲倦入睡。

我不仅失去了我买的那块空地，连我花在上面的全部心血也都付诸东流。银行中止了我的抵押，把我和家人全赶到了大街上。

我们好不容易找到几美元，租了一小间公寓，在1933年的最后一天搬过去。我坐在行李箱上，抬头四处张望。这时，我母亲的一句老话涌入我的脑海："不要为打翻的牛奶哭泣！"

但这并不是牛奶，而是我的心血！

我在那里坐了一会儿，然后对自己说："好吧！我已经历过最悲惨的遭遇，而且熬了过去。现在，情况只会好转，而不会变坏。"

我开始想到好的方面，被抵押的房子还在。我的身体依旧健康，还有朋友。一切都可以重新再来。我不再为过去而哀伤，我将每天重复我过去常听到的母亲说的那句话。

我把精力用在工作上，不再自寻烦恼。渐渐地，我的情况开始改善。对于我以前的那段悲惨遭遇，我现在充满了感激：它给了我力量、坚忍和信心。现在我知道什么是最困苦的生活，我还知道天无绝人之路，更知道我们能忍受更多的苦难。现在，当我遇到小烦恼、焦虑和障碍时，我就会提醒自己当年坐在行李箱上对自己说的话："我已经历过最悲惨的遭遇，而且熬过去了。现在，情况只会好转，而不会变坏。"

（这篇故事揭示的规则是什么？不要锯木屑！接受不可避免的事实！如果你的境况已经糟至极点，那就试着往上爬吧！）

第78章　介绍性演讲的技巧

当你被邀请当众发言时，你可以推荐另一个人，或者自己作一番介绍，以便向听众说明情况，取悦或者令他们信服。假如你是民间组织的节目主持人，或者某妇女俱乐部的成员，你就面临着介绍下次会议主讲人的任务。或许，你有机会在当地的家庭教师协会、销售小组、同盟会或政治组织中发表演讲。在第2章，我将给你们一些准备长篇演讲的提示。本章旨在帮助你们如何准备介绍词。我也会提供一些有关颁奖和领奖的实用性建议。

约翰·梅森·布朗是作家和演讲家。他生动的演讲赢得了全国各地的听众。一天晚上，他和一名主持人交谈。

"别为你的演讲担心，"主持人对布朗先生说，"放松点，我认为演讲不用准备，不用。准备没什么用，只会破坏美感，扼杀好的氛围。我只期望临场发挥——从没出过纰漏。"

这番安抚之词让布朗先生期待主持人会有一个精彩的介绍，他在《积习难改》这本书中这样回忆。但是，这位主持人站起来介绍时，却这样说：

先生们，能请您注意一下吗？今晚我们有个坏消息要告诉大家。我们原打算邀请艾萨克·马克森先生为大家演讲，但是他因病不能来了。（鼓掌）后来我们又邀请伯莱维基议员……但是他也很忙。（鼓掌）最后我们邀请堪萨斯州的劳埃德·葛罗根博士也未成功。（鼓掌）所以，在不得已的情况下，我们只能请——约翰·梅森·布朗。（沉默）

布朗先生回忆这次遭遇时，只说："至少我的朋友，那位灵感家，把我的名字念得一字不差。"

你肯定能看明白，这位坚信自己的灵感可以应付一切的主持人，如果稍加准备一下，是不可能会弄得这么糟的。他的介绍词已经背离了对待演讲者和听众的职责。尽管主持人的这类职责不多，却很重要。令人不解的是，有那么多节目主持人都没有意识到这一点。

介绍词的作用与交际介绍一样。它把演讲者和听众联系在一起，为的是建立良好的气氛，让彼此发生兴趣。认为"你不必说什么，只要介绍演讲者就足矣"的人，是不成熟的。没有哪种演讲比介绍词更容易被搞砸的，或许正是因为它不被许多主持人重视的缘故。

介绍——这个词由两个拉丁字组成。intro 表示内部，ducere 表示领导，意思应该是：带领我们充分深入事物的内部，听听要讨论的内容。它应该引领我们深入了解演讲者，并认为他足以胜任探讨这个特别的话题。换句话说，介绍应该是向听众"推销"演讲主题和演讲者。它应该以最简明的语言来介绍。

那就是介绍词所要做的。但是做到了吗？十有八九没做到——真的没做到。大多数介绍词都很平庸，不堪一击，更不充分。该做的他们没有做到。如果主持人意识到自己任务的重要性，并立即给予更正，他很快就会成为广受欢迎的典礼和仪式的主持人。

下面是一些建议，可以帮你较好地组织介绍词。

一、做好充分准备

即使介绍词很简短，甚至不到一分钟，也应该好好准备。首先，必须收集事实。这些事实可以围绕 3 点：演讲的题目、演讲者在该话题方面的资历及演讲者的姓名。有时再加上第四点——为什么演讲的题目特别有趣。

你一定要知道确切的演讲主题，以及演讲者对该主题的发挥。最尴尬的事情莫过于演讲者对主持人的介绍有异议，认为其中有与他立场不一致的地方。这种情况是可以避免的，只要主持人确切知道演讲的主题是什么，且不妄加猜测。但是主持人的职责要求准确把握演讲主题，并指出它是听众感兴趣的话题。如果可能的话，尽量直接从演讲者那里获取信息。如果需要依靠第三方的帮助，节目主持人就应该在演讲开始之前，努力收集书面资料，并与演讲者进行核实。

但是，你准备最多的内容应该是演讲者的资历。如果演讲者是享誉全国或者当地知名的人物，你可以从名人录或者出色人物中获取准确的信息。如果他是当地的名人，你可以求助他的公众关系和单位的人事部门，也可以拜访他的好友或家人，主要目的是让你的信息准确。演讲者的亲朋好友一定会很乐意给你提供资料的。

当然，介绍得过多也会令人讨厌，尤其是没必要详细介绍演讲者所获得的各种学历。比如，如果已经介绍一个人是哲学博士，又说他获得了学士和硕士学位是多余的。同理，最好是介绍他最高和最近的职位，而不是说出他大学毕业后的各种职务。最重要的是，不能忽略他最杰出的成就，无关紧要的部分则可以省去。

例如，我曾经听过一位著名的演讲家——此人本应该更著名的——介绍爱尔兰诗人 W. B. 叶慈。叶慈准备朗诵一首自己的诗歌。3 年前，他获得了诺贝尔文学奖，这是授予文艺工作者的最高荣誉。我相信，只有不到百分之十的人知道这个奖项及其意义，无论如何，应该值得一提，即使别的内容不说，这些也应该说出来。但是主持人做了什么呢？他完全忽略了这些，而是去谈论神话和希腊诗歌。

最重要的是，牢记演讲者的姓名，当即熟悉它的发音。约翰·梅森·布朗说，他曾被人介绍成约翰·布朗·梅森，甚至约翰·史密斯·梅森。加拿大著名幽默大师斯蒂芬·里柯克在他那篇轻快的散文《我们相聚在今晚》中，提到了一位主持人对他的介绍：

在座的各位都热情地期待里罗德先生的大驾光临。通过他的书，我们似乎已经将他当作老朋友。事实上，我可以毫不夸张地说，里罗德先生的大名在本市是家喻户晓。我非常非常荣幸地向大家介绍——里罗德先生。

收集信息的主要目的应该明确，因为只有明确，才能达到介绍的目的——提高听众的注意力，使之接受下面的演讲。主持人如果准备欠佳，常常会发生下面这样含糊不清、令人昏昏欲睡的情况：

演讲者是这个论题公认的权威。我们都想聆听他的高见，因为他来自一个——一个遥远的地方。这让我很想一睹风采，现在有请——哦，这位——布兰克先生。

只要稍加准备，我们就能避免这类介绍给演讲者和听众双方造成的不良印象。

二、采用 T - I - S 模式

对大多数介绍词来说，T－I－S格式是一个很好的提纲，可以用来组织收集的资料：

T 表示主题。介绍词的开头要说出准确的演讲主题。

I 表示重要性。在这一部分，要建立起演讲主题和听众兴趣之间的桥梁。

S 表示演讲者。需要列举演讲者突出的资历，特别是那些与主题相关的部分。最后准确清楚地说出他的姓名。

这种格式提供了许多供你发挥想象的空间。介绍词未必是一成不变的。下面用一个例子说明，采用这种格式，而又全然不落俗套。下面是纽约市的一名编辑霍默·卓恩向一群新闻工作者对纽约电话公司总裁乔治·韦伯先生的介绍：

我们演讲者这次的题目是"电话为你服务"。

对我而言，世界上像爱情、赌马者的执著一样最神秘的事情之一，就是打电话时发生的神秘事件。

为什么你会拨错号？为什么有时拨通纽约到芝加哥的电话比一山之隔的两个镇要快？我们的演讲者知道这些答案，也能解答其他电话方面的问题。20多年来，这一直是他的工作：整理各种电话资料，让用户了解电话中的问题。现在他因工作出色而成为一家电话公司的总裁。

他将会介绍他们公司为我们服务的方法。如果大家对电话服务感到满意，就请把他当作一位仁慈的圣徒吧。如果你最近为电话而烦心，就让他做一个辩解人。

女士们、先生们，这位就是纽约电话公司的副总裁，乔治·韦伯先生。

可以看到，主持人多么巧妙地让听众想到了电话。通过提问，他燃起了听众的好奇心，然后指出演讲者将会回答这些问题，以及他们想知道的所有问题。

我不认为这份介绍词是事先写好了记住的。或者即使是在纸上写好的，它读起来也那么熟练自然。介绍词不应该死记硬背。

在一次晚会上，主持人介绍科妮莉亚·奥蒂斯·斯金纳时，把背的内容全忘了。于是她深吸了一口气，然后说："由于拜德上将要价过高，所以今晚，我们邀请了科妮莉亚·奥蒂斯·斯金纳小姐。"

介绍词应该是自发形成的，随即产生的，不受任何约束和局限。

前面引用过的介绍韦伯先生的例子，并没有"我荣幸地"、"我有幸为大家介绍"之类的陈词滥调。介绍演讲者的最好方式是说出他的姓名，或者说"我要介绍"后面加上他的姓名。

有一些主持人失败之处在于说得太多，让听众反感。另一些主持人则沉浸于高谈阔论之中，想让演讲者和听众留下深刻印象，证明自己的重要性。还有一些主持人会说些笑话，有的还很没品位，或者以幽默的方式来抬高或贬低演讲者的职业。所有这些做法都是极端错误的。如果主持人想要一个出色的介绍词，上面的错误就应该避免。

下面是一个遵从 T－I－S 模式的例子，完全彰显了它的个性。在介绍著名的科学家、教育家和编辑杰罗德·温迪时，埃德加·L．史纳迪采用了这个三段式。请特别注意他使用的方法：

我们演讲者的题目《今日科学》是一个非常严肃的话题。它让我们想起了某个精神病患者的故事，他幻想自己体内有一只猫。因为无法证明这是错觉，心理学家只好给他进行模拟手术。等他从麻醉中苏醒过来后，医生给他看了一只黑猫，并告诉他麻烦解决了。他却回答说："很抱歉，医生，可是折磨我的那只猫是灰色的。"

今天的科学也是如此。你要抓的是一只叫铀－235的猫，却抓来一群小猫，镎、钚、铀－233或别的什么。就像芝加哥的冬天，这些元素都被一一击败了。古时候的炼金术士，也是最初的核能科学家，在临终前还苦苦哀求老天，多给一天时间去探寻宇宙间的秘密。现在的科学家发现了宇宙间许多原本不敢想象的秘密。

今天的演讲者，通晓当今科学的情况和未来发展趋势。他是芝加哥大学化学系的教授，宾夕法尼亚学院的院长，也是俄亥俄州哥伦布巴德尔工业研究所的所长。他一直是政府部门的科学顾问，更是编辑和作家。他出生在艾奥瓦州的达文波特，在哈佛大学获得专业学位。他参加了军工厂的培训，还曾经遍游欧洲。

演讲者是几个学科的许多教科书的作者和主编。他最著名的书是《未来世界的科学》，此书出版时，他正担任纽约世界博览会的科技部主任。作为《时代》、《生活》、《财富》和《时局》等杂志的顾问，他对科学新闻的诠释吸引了一大批读者。他的《原子时代》于1945年出版，正是原子弹轰炸日本广岛后的第10天。他的口头禅是"最好的就要来了"。我很自豪地介绍，各位也一定会高兴地听到，《科学画报》的主编——杰罗德·温迪博士。

几年前，在介绍演讲者时，盛行过分追捧的风气。主持人会给演讲者增加许多光环。可怜的演讲者常常被过度的奉承弄得昏眩不堪。

密苏里州堪萨斯市著名的幽默大师汤姆·柯林斯曾告诉《主持人手册》的作者赫伯特·普洛克罗："如果一个演讲者希望幽默风趣，对听众许诺，他们不久就会大笑不止地前俯后仰，这是相当致命的。当主持人开始支支吾吾地提到威尔·罗杰斯时，你就知道还不如回家割脉自杀，因为你已经完蛋了。"

另外，也不要贬低演讲者。斯蒂芬·里柯克回忆起有一次他不得不对介绍词进行反击。那次介绍是以如下方式结尾的：

这是今年冬天我们举办的首次演讲。众所周知，上次一系列的演讲开展得并不成功。事实上，我们去年年底已经出现了赤字。所以本年度我们开始采用一套新的思路，邀请要价稍低的人来演讲。现在请让我介绍里柯克先生。

里柯克先生沮丧地评价说："打上了'廉价人才'的烙印，缓步来到听众面前，想想会是怎样的感觉。"

三、充满热情

介绍演讲者时，表情和内容一样重要。你应该尽量表现得友善，愉快地进行介绍，而不必说出自己多么的高兴。如果你在介绍的过程中营造了热烈的气氛，那么最后你宣布演讲者姓名的时候，听众的期待会增加，也会给演讲者以更热烈的掌声。反过来，听众良好状态的表现，将有助于激励演讲者发挥最佳状态。

当你最后公布演讲者姓名时，切记要"停顿"、"中断"和"力度"。停顿，指的是在说出姓名前，稍作沉默，这样可以增加听众的期待。中断，指的是姓和名应该稍稍分隔，以便听众清楚地记住演讲者的姓名。力度，指的是姓名应该着重有力地说出来。

还有一件事要注意：请你——我恳求——当你大声说出演讲者姓名时，不要转向他，而是应该面对听众，直到说出姓名的每一个音节，然后再转向演讲者。我见过无数的主持人，介绍词讲得十分精彩，却因转向演讲者而功败垂成。这样等于是只对演讲者宣布姓名，而让听众感到被彻底忽视了。

四、表现出真诚

最后，必须要表现出真诚。不要滥用贬低之词或者不诚实的幽默。夸夸其谈的介绍总是令许多听众产生误解。要表现真诚。因为你处于一个社交环境，需要最高水平的策略和技巧。你可能与演讲者很熟悉，但是听众不一定。你的一些评论，尽管是无心的，却可能会造成误解。

五、认真准备颁奖词

"已经证实，人类心里最深的渴望是被认可——得到荣誉！"

作家玛约莉·威尔逊在书中写到这一点，表达了一个普遍存在的感觉。我们都希望和平共处。我们渴望被人欣赏。别人的评论，哪怕只有一个字——更不要说是正式场合下颁发的奖品，会鬼使神差地让人飘飘然。

网球明星阿尔泰亚·吉普森成功地把"人类心里最深的渴望"巧妙地选为她自传的标题。她称之为《我想做名人》。

当我们准备颁奖词时，可以确定，此人一定是名人：他因努力而获得成功，他值得褒奖。颁奖词应当简明，但也要谨言慎行。对那些经常获奖的人来说，可能没什么，但对不这么幸运的人而言，这可能很重要，会铭记一辈子。

因此在颁奖时，我们应该注意用词。这里是一个长盛不衰的公式：

第一，说明为什么要颁奖。或者是因获奖者长期的服务，或者赢得比赛，或者是一项重大的成就。简要地说明一下。

第二，说一些听众感兴趣的事情，如获奖者的生活和贡献。

第三，说明颁奖是多么有价值，大家对此人的热切态度。

第四，祝贺获奖者，把每个人的祝愿转达给他。

对于这类演讲，没有什么比真诚更重要的。不用说，人人都知道这一点。所以如果被选来说颁奖词，那么和领奖人一样，也是很荣幸的。你的团队知道，你是值得信任的，能够完成这件费心费神的任务。这就要求你不能犯某些演讲者那样夸大其词的错误。

在这种场合下，很容易把获奖者的优点夸得言过其实。如果颁奖是值得的，我们必须说出来，但不应该过分吹嘘。过分赞美会让获奖者深感不安，也不能使了解实情的听众信服。

我们还应该避免夸大奖品本身的重要性。不要强调它自身的价值，应该着重于获奖者善意的感情。

六、答词的技巧

获奖感言应该比颁奖词要短。它不可能是预先背好的，但提前准备也很有好处。如果知道要领奖，听到要发表颁奖词后，我们就不会无所适从了。

只说些"谢谢"、"这是我一生中最幸福的日子"、"这是我有生以来最荣耀的事"之类的话，并不太好。和颁奖词一样，也存有夸大其词的危险。"最幸福的日子"和"最荣耀的事"太泛指了。如果用更加适中的词，可能会更好地表达心声。下面是一个参考模式：

第一，真诚地对大家"致谢"。

第二，把荣誉归功于帮助过你的人，你的团队、老板、朋友或者家庭。

第三，指明这个奖品或荣誉对你的意义。如果奖品是包起来的，当场打开并展示给大家。告诉听众它是多么有用，多么精致，以及你打算怎样用它。

第四，再说一些表示真诚感谢的话来结尾。

在本章，我们已经讨论了3种类型的演讲，每一种都可能在你的工作、组织或俱乐部中碰到。

我极力推荐，你在做这些演讲时，要认真遵循以上建议。在适当的场合说适当的话，你将会有满意的收效。

第 79 章　长篇演讲的技巧

　　明智的人绝不会不做计划就开始建房。但是为什么他在没有想好明确目的之时，就发表演讲呢？

　　演讲就好比有目标的航行，必须规划航线。一个从某处随意出发的人通常会毫无目标。

　　我想把拿破仑这句话铸成一尺高的大字，并染成火红的颜色，挂在世界上每个高效演讲班的门口——那就是"战争艺术是一门科学，未经计划思考，休想成功"。

　　演讲和射击一样。但是演讲者认识到这一点吗？如果认识到，又是否会付诸行动呢？他们不会。许多演讲不过是一件小事，演讲者对它的计划和安排比一道爱尔兰炖菜多不了多少。

　　怎样才是对既定题目最好、最有效的安排？只有经过研究才能了解。这是每一个演讲者必须反复问自己的一个既新而又永恒的问题。尽管我们不能给出一套完全正确的理论，但是，不管怎么样，我们还是能说出有关长篇演讲的 3 点注意事项：吸引听众注意力、正文内容和结论。每一方面都有一些历久弥新的方法。

一、开场白要立即引起听众的注意

　　我曾经问过西北大学前任校长林恩·哈罗德·哈夫教授，以他长期的演讲经验，最重要的事情是什么？经过片刻的沉思，他回答说："要有一个引人入胜的开场白，可以立即吸引听众的注意。"哈夫教授揭开了所有说服性演讲的核心问题：如何从一开始就让听众把自己"交给"演讲者。下面列出一些方法，只要巧妙使用，就会对你的开场白大有裨益。

1. 以实例开始

　　罗维尔·托马斯是一位誉满全球的新闻分析家、学者和电影制片人。在讲"阿拉伯的劳伦斯"时，他以下面这段话开场：

　　一天，我走在耶路撒冷的基督街上。这时我碰到一个人，身穿东方皇族的华丽袍子。在他腰侧，别着一把金制的弯刀。这种刀只有先知穆罕默德的后裔才有……

　　他以自己的亲身经历开场。那是吸引听众注意的话题。这类开场白通常是可行的，不会有什么问题。它鼓舞人心，引人入胜。我们之所以愿意继续听，是因为我们把自己看成是某个圈子的一分子，想知道接下去会发生什么事。我不知道还有什么方法比引用一个故事开场更有用。

　　我有一次演讲是这样开始的：

刚大学毕业时，一天晚上，我走在南达科他州的休伦街上，看见一名男子站在一只箱子上，对人群说些什么。我很好奇，所以也加入听众的行列。那人说："你们从没见过秃顶的印第安人吧？没见过秃顶的印第安妇女吧？现在，我告诉你为什么……"

不用停顿，无须作预热的陈述。直接以说笑的方式引用故事，你就可以轻易地抓住听众的注意力。

演讲者以他亲身经历的故事开场是有效的。因为他不用挖空心思去琢磨说什么，也不用担心主题的丧失。他所阐述的是自己的经历，是生活中娱乐的一部分，是身体中的肌纤维。结果呢？自信而轻松的方式会让演讲者在听众中建立友好的基础。

2. 制造悬念

在费城的佩恩运动俱乐部时，鲍威尔·希利先生的演讲是这样开始的：

82 年前，伦敦出版了一本小册子，讲了一个故事。这个故事注定是要流芳百世的。许多人称它"世界上最伟大的小书"。在它刚刚问世时，朋友们在斯特兰德大道或者帕码街碰到时，总会问："你读过它吗？"回答总是千篇一律："是的，上帝保佑，我读了。"

出版的当天，它卖出了 1000 册。两周内，销售量达到 1.5 万册。此后，它又进行了无数次再版，并被译成各种语言。几年后，J. P. 摩根以巨资买下了原稿。现在，它安坐在他富丽堂皇的艺术长廊之中。这本举世瞩目的书是什么？它是……

你想知道更多吗？演讲者抓住了听众的注意力吗？你是否感觉这样的开场已经吸引了你的注意，增加了继续听下去的兴趣呢？为什么？因为它诱发了你的兴趣，让你产生了悬念。

好奇之心，谁没有呢？

或许你也一样！你会问此书的作者是谁？这是一本什么书？为了满足你的好奇心，把答案告诉你：作者是查尔斯·狄更斯，书名是《圣诞欢歌》。

制造悬念是让听众产生兴趣的一种必胜方法。请看我在演讲《人性的优点：怎样消除烦恼，开始生活》时，是如何制造悬念的。我是这样开始的：

"在 1871 年春，一个年轻的小伙子，威廉·奥斯勒，他注定要成为世界闻名的内科医生。他拿起一本书，读到 21 个字。它们对他的将来产生了重大影响。"

这 21 个字是什么？对他的未来又有怎样的影响呢？这些都是你的听众想知道的问题。

3. 讲述引人注意的事情

克利福德·亚当斯是宾夕法尼亚大学婚姻咨询服务处的主任。他在《读者文摘》中发表了一篇题为《如何择偶》的文章，其中就引用了一些令人震惊的实例，足以让你有语惊四座之感，营造了一个出色的开场氛围。他写道：

今天，我们青年人想通过婚姻来找到幸福的机会真是渺茫。离婚率的增长速度令人胆寒。1940 年，每五六件婚姻会有一件失败。到了 1946 年，估计变成了 1/4。如果这种趋势长此下去，要不了 50 年，离婚率就上升为 1/2。

还有两个以"令人震惊的事实"开场的例子：

"国防部预测，原子能战争的第一夜，将会有 2000 万美国人丧生。"

"几年前，《斯克瑞普斯－霍华德》报社动用 17.6 万美元，调查客户不喜欢零售店的什么方面。这是有史以来对零售店问题进行的最昂贵、最科学、最彻底的调查。这次调查向 16 个城市的 54047 户家庭发送了调查问卷。有一个问题是：你不喜欢本市零售店的什么？

"关于这个问题，几乎有 2/5 的回答都是一样的：态度不好的店员！"

这种以令人震惊的陈述开场的方式，可以与听众有效地建立沟通，因为它能震撼人的思想。正是这种"震撼技巧"，采用出人预料的形式，使听众集中注意力来听你的演讲论题。

我们在华盛顿演讲培训班的一个学员，曾用过这种方法激发听众的好奇心，也一样有效。她的名字是梅格·希尔。她的开场白是这样的：

"我做了 10 年的囚犯。那并不是一个普通的监狱，而是由于我担心自己能力低、受批评而从心理上建造的监狱。"

对这段真实生活的插曲，你不想了解更多吗？

令人震惊的开场中，有一种风险应该回避，那就是避免趋于过分戏剧化或者太煽情。我记得有位演讲者，朝空中射了一枪作为开场。他当即吸引了听众注意，但是也震坏了他们的耳膜。

应该让你的开场彬彬有礼。要想知道你的开场是否得体，有效的方式是在晚宴上实践一下。如果它不够合宜，在餐桌上都通不过，那么多半也不适合你的听众。

然而，在许多时候，本该调动听众兴趣的开场白，事实上却成了演讲中最无趣的部分。例如，我最近听过一位演讲者是这样开场的："相信上帝，相信自己的能力……"多么说教而无趣的开场方式啊！但是第二句，越听越有趣，令人怦然心动。"1918 年我母亲成了寡妇，带着 3 个孩子，没有钱……"为什么？哦，为什么？那位演讲者为什么不是第一句话就说，他寡居的母亲与命运抗争，养育着 3 个孩子呢？

如果你想让听众产生兴趣，就不要一开始就介绍细节，而应该直奔故事的中心思想。

弗兰克·贝特格做到了。他是《我是如何在销售中从失败走向成功的》一书的作者。他是一位语言艺术家，书中的第一句话，他就制造了悬念。我知道此事，因为在美国青年基督会的资助下，他和我一起就销售的话题进行了全国巡回演讲。我总是很钦佩他充满热情的、绝妙的开场方式。不唠叨、不训诫、不讲大道理、不笼统。弗兰克·贝特格开篇就点了题。他是这样饱含感情地开始的：

"我成为一名职业篮球队员之后不久，遇上了一生中最让我震惊的事。"

这样的开场会对听众产生什么样的效果呢？我知道，因为我就在现场。我看到了下面的反应。他立刻吸引了每个人的注意。大家都想听听他为什么，是多么震惊，以及如何处理的。

4. 要求听众举手参与

抓住听众注意力的一个绝好的方法就是要求他们举手回答问题。例如，在演讲"如何防止疲劳"这个题目时，我就以这个问题开始：

"请举手，让我看看你们中有多少人，在感到自己应该疲劳之前就已经疲劳了？"

请注意：当你要求听众举手时，应该带给他们一些提示，让他们知道你想做什么。不要开口就问："在座的各位有多少人认为税收应该降低？请举手！"在语言上，要给听众准备投票的机会。可以这样说："我想请大家举手来回答一个很重要的问题。这个问题就是：'你们中有多少人认为商业赠券对消费者有利？'"

要求听众举手参与的技巧可以得到宝贵的反应，即"听众参与"。当你采用这种方法时，你的演讲就不再是独角戏了。因为听众参与进来了。当你问"你们中有多少人，在感到自己应该疲劳之前就已经疲劳了？"每个人都开始寻思他关心的方面：自己、疼痛、劳累。他会举手，可能还会环顾一下会有谁举手。他忘了自己是在听演讲。他笑了，向邻座的朋友点点头。冷场的局面化解了。你，演讲者轻松自如，听众也一样。

5. 告诉听众如何获得他们想要的

抓住听众注意力，还有一种屡试不爽的方式，那就是承诺他们，采用你的建议，可以得到自己想要的东西。下面是一些例子：

"我会告诉你们怎样避免疲劳。我会告诉你们怎样做，能让你每天清醒的时间增加1小时。"

"我会告诉你们怎样从根本上增加收入。"

"我可以承诺，如果愿意听我说10分钟的话，我会告诉你们一种让自己成名的好办法。"

"承诺"的开场方式必定是能吸引听众注意力的，因为它直接调动了听众的兴趣。演讲者常常忽视把自己的话题与听众的兴趣联系起来。他们不去开启听众注意力的大门，反而用无趣的开场白将其封闭，追溯话题的来由，述说背景对理解主旨的必要性。

记得我几年前听过的一次演讲，论题本身对听众很重要：定期健康检查的必要性。演讲者是如何开场的呢？他是否通过一个有效的开场，增添了话题的自然魅力？不是。他是以对主题背景了无生气的叙述开始的，听众一开始就对他的话题没了兴趣。如果以"承诺"的技巧开场，一定相当有效。例如：

你知道自己能活多久吗？人寿保险公司将几百万人的寿命进行了汇总，制成了生命期望表，通过这种方式，可以预测人的寿命。你的寿命大约是你现在的年龄至

80 岁之间的 2/3……那么现在，你是否觉得时间够长呢？不，不！我们都渴望活得更长一点，我们总想证明这个预测是错误的。但是，怎样才能做到呢？如何将自己的生命延续得比统计数据所说的那个骇人听闻的数字更长？当然有方法，有一种方法能办到。我会告诉你们怎样做……

你看，这样开场能不能引起听众的兴趣，能否让你想听演讲者讲下去？你必须听，因为他不仅在谈论你，谈论你的生命，也承诺会告诉你一切有价值的知识，而不是无趣地叙述无聊的事实！像这样的开场几乎是难以抵抗的。

6. 采用展示物

或许世界上抓住注意力最容易的方法就是举起一件东西，给大家看。从最低级到最高级，几乎所有生物都会注意那种刺激性的举动。即使面对最严肃的听众，这种方法有时也很管用。

例如，费城的 S. S. 艾利斯先生在我们的一次演讲培训班上，演讲前拇指和食指夹着一枚硬币，并将手举过肩膀。本能地，大家都盯着看。然后，他问："在场的各位，有谁曾在人行道上发现过这样的硬币吗？据说，拾到过的幸运者将可以在购置房产时享受许多免税政策。只要他能交出这枚硬币……"艾利斯先生接下来继续谴责这种误导和不道德的行为。

上述方法都是可行的。它们既可以独立使用，也可以相互组合。要知道，如何开场很大程度上决定了听众是否会接受你和你的演说。

二、避免引起不利的注意

我再三地请你记住，不仅要抓住听众的注意力，而且必须抓住积极的注意力。请记住我说的是积极的注意力。理性的人不会一开始就侮辱听众，或是说出令人不愉快的话。这势必会让听众对演讲者和他的话题产生反感。然而，通过使用下面的方法之一，演讲者通常就能抓住听众的注意力。

1. 不要以道歉开场

以道歉开场并不能让你有一个很好的开始。我们总是听说，有些演讲者想抓住听众的注意力，可是缺乏准备和能力。如果你没有准备好，不用道歉，可能听众也会察觉到。为什么要暗示听众，认为他们不值得你提前准备？你在火炉边听说的故事足以应付他们？这不是轻视他们吗？不，我们不想听到道歉的话。我们希望听到一些新闻趣事——感到有趣的事：记住这一点。要让自己第一句话就捕获听众的兴趣。而不是等到第二句、第三句，而是一开口！

2. 慎用"幽默"故事开场

你可能已经注意到，有一种开场方式很受演讲者青睐，那就是众所周知的所谓的"幽默"故事。由于某些不愉快的原因，初学者感到他应该借用一个笑话来渲染演讲气氛。他幻想马克·吐温的天赋降临在他的身上——千万不要掉在这个陷阱里。你很快会发现自己处于尴尬的境地。"幽默"故事可能把气氛搞得很惨——因为听众可能早就知道这个故事。

尽管对任何演讲者而言，幽默感都是一笔珍贵的资产，但演讲开始是否一定要气氛沉重、严肃？并非如此。如果你有能力调动起听众的幽默感，引用一些当前的实例，或者以往演讲家举过的例子或发表的言论，那么也是十分适宜的。观察一些不适宜的社会现象，然后加以夸大；相比陈芝麻烂谷子的笑话，这种幽默方法是很管用的。因为它事关当前社会，是新鲜事。

或许最简便的活跃气氛的方法是讲一个关于你自己的故事。可以描述你处于荒诞可笑、进退两难境地的情况。那样可以打下很好的幽默基础。

杰克·本尼将这个绝活用了多年。他是最早的广播喜剧演员之一，懂得以"嘲弄"自己来博得观众的欢迎。由于把自己拉小提琴的能力、吝啬和年龄等素材制成笑料，他成了一代幽默巨星，人气指数与日俱增。

如果演讲者有意贬低自己，说出自己的缺点和失意，当然是以幽默的方式，听众就会向他敞开心扉和思想。相反，如果将自己打造成"自命不凡"的形象，或者一副专家的样子，听众会表情冷漠，不愿接受。

三、突出主要论点

在做长篇演讲时，需要注意几点：越简明越好，而且一切都必须支持演讲题材。在前面我们介绍了一种支持论点的方法，即通过你生活中的故事、经历来说明，让听众去做你希望的事情。这类例子很受欢迎，因为它满足了人类基本的冲动，用一句话概括就是"人人都爱听故事"。意外和事件是一般演讲者广为使用的例子。但这绝不是支持你论点的唯一方法。你还可以引用统计数据，那不过是经过科学处理的图表、专家意见、类比、展示或者演示。

1. 使用统计数据

统计数据用来显示某类事情的比例结果。它们可以给人留下深刻印象，也令人信服，尤其可以作为一项证据，是单个的例子所不及的。索尔克的抗小儿麻痹症疫苗技术的有效性，在全美各州进行统计后得到证实。个别无效例子是许可之内的例外。因此，以这些例外为基础的言论，并不能让父母认为索尔克的抗小儿麻痹症疫苗技术不能保护他的孩子。

统计本身是枯燥的，应该理智地使用。用到它们时，应该穿上语言的外衣，使之生动形象。

这里有一个例子，如何通过把统计数据与我们熟悉的事情相比较，达到令人印象深刻的效果。

一位总裁认为纽约人不注意立即接电话，浪费了大量时间，为了支持这一观点，他说："在接电话前，每100个电话，有7个就要耽误1分钟。每天有28万分钟就这样浪费了。6个月，纽约浪费的时间，大约相当于自哥伦布发现美洲以来的所有工作日时间。"

光是数字和数量，是不能令人印象深刻的。还需要举例子。如果可能，例子应该依据生活经验来举出。

我记得在一座大坝的发电房，听过一位向导的解说。他本可以告诉我们房间的面积形状，但那样实在没有说服力。他告诉我们房间相当大，足可容纳1万人在标准场地观看足球赛，而且四周还能划出几个网球场地！

许多年前，我们布鲁克林中心基督教青年会的演讲培训班的一名学员，在一次演讲时，说到去年因火灾而损毁的房屋的数量。他进一步说，如果把这些被毁的建筑一个挨一个地排起来，可以从纽约延伸到芝加哥；如果把在火灾中丧生的人每隔半英里放一个，这条可怕的线路又能从芝加哥返回布鲁克林。

他给出的数据，我很快就忘了。但是这么多年过去了，不费吹灰之力，我依然能看见烧毁建筑的那条线路，从曼哈顿岛到伊利诺伊州的库克县。

2. 引用专家建议

引用一位专家的言论，你可以有效地支持自己演讲中的论点。不过在引用之前，必须先回答这几个问题：

第一，准备引用的话是否准确？

第二，它是否来源于专业知识领域？在经济学问题上引用乔·路易斯的话，显然是注重了他的名字而非专长。

第三，引用的话是否出自一位知名的、受听众尊敬的人士？

第四，你确信这些话是一手资料，没有掺杂个人兴趣和偏见？

多年前，布鲁克林商会培训班中有一个学员，谈到专业化的必要性时，引用了安德鲁·卡内基的话。他的选择明智吗？是的，因为选准了人，卡内基被听众尊为有资格谈论经商之道。现在，那段引言也值得一提：

我认为在各行各业中取得成功的正确途径是精通自己的业务。我不赞成分割自己精力的做法。依照我的经验，在制造业，我很少甚至没有遇见过，有人在赚钱方面很卓越，而在其他许多方面也饶有兴趣。凡有成就的人必是选准一条路，坚持做下去的。

3. 采用类比

根据韦伯斯特的观点，类比是"两个事物中相似的关系……所指的相似，不是事物本身，而是特征、环境或效果"。

采用类比是支持主题的很好技巧。担任内政部助理秘书时，C.吉拉德·戴维森做过一篇题为《对更多电力的需求》的演讲，下面给出一段摘录。请注意他是怎样使用比较、类比来支持自己观点的：

繁荣的经济必须不断前进，否则就会衰退。就像是飞机，停在地面时，只是一堆毫无用处的螺母和螺钉的组合。可是在空中飞行时，它就变成了真正的自己，发挥了有效的作用。为了飞行，它必须前进。如果它不动，就会下落——它不会后退。

还有一个例子，可能是雄辩历史上最精彩的类比。它是在内战的一个关键时期，林肯用来回击批判者的。

先生们，我希望你们设想一下：假如把你所有值钱的财富换成金子，交到著名的走钢丝选手布洛丁的手里，让他带着这些金子走钢丝穿过尼亚加拉瀑布。那么当他走在钢丝上时，你会不会晃动绳索，或者冲他大喊："布洛丁，再低点！走快点！"不，我相信你不会。你会屏住呼吸，握紧拳头，直到他安全通过。现在，政府也处于同样的境地。它正背负着巨大的重担，穿行在狂风巨浪的海洋中。数不清的财富在手里攥着。它正在尽其所能地努力着。不要打扰它！保持安静，它会带着你安全渡过。

4. 使用展示物

当钢铁公司的主管与经销商谈论业务时，他们总是采用表演的形式，来说明燃料应该从底部而不是从顶部加入。他们找到了这种简单而又形象的说明方式。演讲者点着一根蜡烛。然后，他说：

"看这火苗多亮——多旺啊。其实是因为所有的燃料都转化为热量，不产生烟。

"蜡烛的燃料是从底部提供的，就像钢铁锅炉一样，也是从底部添加燃料。

"假如蜡烛是从上面加燃料，就像人工加料炉一样（这时，演讲者把蜡烛倒过来）。

"注意火苗是怎么熄灭的。闻到烟味，听见噼啪声，看到火苗发红，这是由于不完全燃烧所致。最终火苗灭了，因为从顶部不能有效地添加燃料。"

几年前，亨利·莫顿·鲁滨逊为杂志《你的生活》写了一篇有趣的文章《律师如何胜诉》。在文中，他讲述了一位名叫亚伯·胡莫的人的故事，此人在受理一家保险公司的伤害案时，是怎样进行技艺高超的展示表演的。

原告波斯特维特先生声称，由于电梯掉下来，他的肩膀严重受伤，胳膊都抬不起来了。

胡莫表示十分关切。他自信地说："现在，波斯特维特先生，你让陪审团看看你的胳膊能抬多高。"波斯特维特先生小心翼翼地，把胳膊举到耳朵的位置。胡莫催促着："现在，再让我们看看你受伤之前能举多高。"原告随即把手臂举过头顶说："这样高。"

从陪审团对这个示范动作的反应，你可以知道结果如何。

进行长篇演讲时，你可以列举3条，最多四条。这些要在一分钟之内说完。如果照着念下去，将是无聊而沉闷的。什么能让它们生动起来呢？那就是引入支持观点的材料。通过引用事例、类比和展示，你可以把主题思想变得生动鲜明；引用统计数据和名言，可以阐明真理，突出主题的重要作用。

四、在实践中检验

一天，我和企业家和人道主义者乔治·F.约翰逊聊了几分钟。当时他是实力雄厚的恩迪科特－约翰逊公司的总裁。不过令我更感兴趣的是，他是一位杰出的演讲家，能控制听众的悲喜情绪，并长久地记住他的话。

他没有专属于自己的办公室，而是在一间宽大而忙碌的工厂的一个角落办公。他处事态度就和那张旧书桌一样谦恭。

"你来得正好。"他起身招呼我说，"我正有一件特别的工作要安排。今晚对工人们说的结尾部分，我草拟了一下。"

"把要讲的东西从头至尾在脑海里过一遍，会让你觉得很轻松的。"我告诉他。

"哦，我还没有进行全面构思呢，"他说，"我只是搭了框架，还有一个专门的结尾。"

他不是一个职业的演讲家。他也从来不追求响亮的词语或者华丽的句子。然而，从实践中他学到了成功沟通的秘诀。他明白演讲要成功，必须有一个精彩的结尾。他认识到，要让听众印象深刻，演讲的结论应该将全文合理地推进得出。

结尾是演讲中最画龙点睛的一笔。演讲者结束发言之后，他说的最后一席话还能在听众耳边萦绕——这些话可能会被记住得更久。与约翰逊先生不同，初学者很少在意这一点的重要性。他们的结尾常常留下一些遗憾。

他们最常犯的错误是什么呢？我们来探讨一下，寻找补救办法。

首先，有人是这样结尾的："关于这件事情，这就是我想说的。到此，我想我该结束了。"这类演讲者经常放出一阵烟雾，心虚地说一句"谢谢各位"来掩盖自己未能令人满意的无能，那不是结尾，只会显示出你是个生手。那几乎是不可原谅的。如果你要说的说完了，为什么不立刻停止？什么都不用多说。这样做，效果会很好，听众自然明白你说完了。

还有的演讲者讲完之后，不知道怎样结尾。乔希·比林斯建议人们捉公牛时，要抓牛尾而不是牛角，因为牛尾更容易抓到。演讲者总是从正面去抓牛角，想努力甩开，却不能逃到附近的篱笆或树上。所以他最终只能是绕着原地转圈子，说着重复的话，给听众留下极差的印象……

如何补救呢？结尾必须提前构思，不是吗？你在面对听众的时候，是处于紧张和压力之下的，而且思想还集中在说话的内容上，那么这时你去思考如何结尾明智吗？如果预先在心态平和的时候去想，不是很好吗？

你打算怎样获得一个精彩的结尾呢？下面是一些建议。

1. 总结观点

长篇演讲包含很多的内容，以致到了最后，听众对主题都感到模糊。可是，很少有演讲者认识到这一点。他们被自己的假想误导了，因为这些要点在自己的脑海里透彻明了，所以认为听众也一样明晰。但事实并非如此。演讲者一直思考着他的观点。但是这些观点对听众来说是全新的，就像一梭子弹，突然掠过。有一些可能击中目标，但是大多数都错过了。用莎士比亚的话来说，听众可能"记得很多事情，但一件也记不清"。

据说，有位不知名的爱尔兰政客给出了一套演讲提纲："首先，告诉听众你想说什么，然后说出具体内容，最后对上面的内容进行总结。"最值得采纳的是："告诉他们，你刚讲了什么。"

有一个很好的例子。一位演讲者是芝加哥某铁道交通部的经理，他是这样总结收尾的：

总之，先生们，依据我们在自己后院使用这套设备的经验，以及在东部、西部和北部使用的经验，其操作原理简单，再有每年预防事故而又节省费用的实例——这些都让我强烈而又坚定地建议，立即在南部使用这套设备。

你们明白他的精妙之处了吗？你们不用听懂前面的演讲，可能就知道其内容了。他只用了几句话，几十个字，就概括出了全文所有的要点。

你不觉得像这样的总结很好吗？如果认同，不妨采用这个技巧。

2. 倡议听众采取行动

上面引用的那个结尾，也是以倡议行动结尾的好例子。演讲者想劝服听众有所行动：在铁路线南部地区安装一套设备。他请求行动是基于此设备可以预防事故进而节省费用。演讲者希望听众行动起来。他成功了。这不只是一个演讲练习，这次演讲是面对铁路部门董事会的，并取得了成功。

在演讲的最后几句话，要说明行动的时机已经到来。所以应该提出要求！倡议听众参与、捐助、投票、写信、去电、购买、抵制、赞助、调查、偿还，或者任何你想要他们做的。不过，一定要遵从以下原则：

要求他们做的事必须明确。不要说："请帮助红十字协会。"那太笼统了。可以说："请你今晚就把入会费送到美国红十字协会，本市的史密斯街125号。"

要求听众在能力范围之内有所行动。不要说："让我们投票反对酒鬼。"那样是没用的，因为当时我们不是在现场进行投票。你可以要求他们加入一个戒酒协会，或者向禁酒组织提供支持。

尽力让听众接受你的倡议。不要说："写信给议员，投票反对这项议案。"百分之九十九的听众都不会这么做。他们一点都不感兴趣，或者嫌麻烦，或者根本就忘了。所以要让事情轻松完成，该怎么做呢？你可以自己给议员写封信，说："我们联名，请您投票反对第74321号议案。"把此信和钢笔在听众间传递，你会得到许多签名——甚至会连笔都丢了。

第80章　在实践中应用

在最后一堂课，我经常会高兴地听到一些学员说，他们如何把本书的知识应用于日常生活之中。销售员增加了业务量，经理人获得了晋升，总裁扩大了权力范围，这些都归功于语言技能的增强。利用这个有效的语言工具，他们可以提供建议，并解决问题。

正如 N. 理查德·迪勒在《今日语言》中所说的："说、说的方式、说的长短，还有说的语气……是商务沟通的生命线。"R. 弗雷德·卡内德在通用汽车公司负责卡耐基高效领导课程的培训，他也在这本杂志中写道："我们对通用汽车的口头表达训练感兴趣，原因之一是我们发现，这里每个主管都是老师，都有一定的水平。当他面试一位应聘人员时，会考虑此人以前的工作方式，会考虑对此人进行怎样的安排和提供可能的晋升。一位主管总免不了解释、说明、申斥、通知、指示、评论，还要和本部门中的每一个成员讨论各个项目。"

只要我们继续攀登口头沟通的楼梯，就会到达更高的境界，有能力参加一些会议，并当众演说、做决定、解决问题，阐明方法——我们还可以看到，正如本书中所讲的那样，高效演讲技巧还可以应用到日常表达中。当众高效演讲的法则，可直接应用到普通例会和领导会议中。

思想的组织表达、正确的遣词造句、充满热情和真诚，这些都是思想能够得到完美表达的要素。所有这些技巧都在本书中进行了详细的介绍，以后就要看读者们在各种场合如何灵活应用了。

你现在可能会想，什么时候开始应用前面各章中所学的知识。也许你会奇怪，因为我的回答只有一个词：立刻。

就算你根本用不着准备当众演讲，我敢肯定，你会发现本书中的法则和技巧每天都能用得上。我说现在就开始使用这些技巧，指的是从你说下一句话起就应用。

如果仔细分析你每天说的话，你会惊讶地发现，日常会话和本书中涉及的正式交流，其目的非常相似。

在第二篇第一章，我曾力劝你在当众发言时，要牢记 4 个目的中的一点，也就是传递信息、制造娱乐、说服别人同意你的观点，或者劝他们采取某个行动。当众演讲时，我们务必明确上述目的，也必须明确谈话的内容和表达方式。

在日常会话中，说话的目的并非一成不变，而是相互作用，不断变化的。也许在这一刻，我们可以肆无忌惮地聊天，下一刻突然要吆喝着兜售货品，或者劝说一个孩子把零花钱存到银行。将本书介绍的技巧应用到日常交流中，我们可以变得更加高效，也可以更好地表达自己的思想，巧妙地激励他人。

一、在日常交流中应用

就以其中的一个技巧为例。记得在第二篇第一章，我让你们说话时插入细节，这样你就能以生动形象的方式表达你的思想。当然，我这里指的主要是当众演讲。但是，难道使用细节在日常交流中就不重要吗？现在请想想你所熟悉的有趣的演讲家。难道他们不是在谈话中加入精彩生动的细节，不具有独特的演讲才能吗？

在展现你的演讲才能之前，你必须先要有信心。关于这一点，本书开始 3 章中几乎都有介绍。它很管用，能给你安全感，让你敢同别人打成一片，也敢在非正式的场合发表自己的观点。一旦你急于想表达自己的想法时，即使是面对一个很小的场合，你也会动手搜集一些资料，作为演讲素材。这样，一件伟大的事情就此发生了——你的视野变得开阔，你对自己的人生会有新的感悟。

家庭主妇的兴趣总是受到一些限制。可是当她们开始采用演讲技巧时，总是热衷于对小范围人群宣扬自己的心得体会。

"我能感觉到，刚找到的自信让我有勇气在社交场合大声发言。" R. D. 哈特夫人在辛辛那提时，对她的同学说，"我开始对时事发生兴趣。我不会再害怕与人交流，而是踊跃地加入。不仅如此，我还发现自己的各种经历能变为交流的资本。我感到自己对一些新活动越来越有兴趣。"

对一位传授演讲技巧的教师来说，哈特夫人的感激一点也不新鲜。一旦激发了学习和应用技巧的动力，它就会引发一连串的行为和交互作用，活跃整个人性，从此建立一个良性循环。就像哈特夫人一样，只要把本书介绍的某一条法则付诸实践，就能收获充实的感觉。

尽管我们大都不是职业教师，可是我们时常要对别人说明意图。比如，父母教导孩子，邻居间传授一种修剪玫瑰的新方法，游客对最佳线路交换意见，我们经常会碰到这些情况，这时需要清晰严整的思路，形象生动的表达。在《说明性演讲》这一章中介绍的演讲技巧也适用于这些场合。

二、在工作中有效地应用

接下来，我们谈谈演讲技巧对工作的影响。不论是销售员、经理、职员、主任、总裁、教师、牧师、护士、总经理、医生、律师、会计，还是工程师，我们都肩负着责任，解说专业知识，给出专业指导。以简单明了的语言进行解释的能力，通常是上司用来衡量我们工作水平的标准。如何敏捷地思考、流利地表达是一种技巧，可以从演讲的练习中获得。但是这种技巧绝不仅限于正式演讲——人人都能用，每天都可以用。今天，在企业界、政府机构和各职业领域中纷纷涌现的关于沟通交流的课程，更充分地说明了当今社会对清晰地进行语言表达的需求。

三、寻找当众发言的机会

把本书的法则运用到日常会话中，你会有一些意外的收获。不过除此之外，你还应该寻找每一个当众发言的机会。怎样做到这一点呢？可以参加一个俱乐部，在那里有一些当众演讲的活动。不要光做一个默默无闻的成员或仅仅是一个观众，应该投入进去，从事一些组织性的工作。这些工作的大部分内容是去请求别人。如果成为节目主持，你将有机会接触到周围的语言大家。你理所当然地要对他们进行一番介绍。

只要有可能，就应该争取连续二三十分钟的演说。注意采用本书的一些建议。让你的俱乐部或组织知道，你的演讲是经过准备的。你也可以到镇上的宣传部门去争取演讲的机会。募集基金的活动需要一些志愿者为他们代言。他们会教你一堆说话的技巧，这对于锻炼你的口才大有裨益。许多演讲家都是从这里开始的。他们中的一些人取得了巨大的成就。

以萨姆·利文森为例，他是广播和电视明星，也是一位演讲家，他的演讲受到全国人民的敬仰。他是纽约的一位高中教师。作为业余活动，他会以简短的方式，谈一些自己最熟悉的话题，比如家庭、亲戚、学生，还有工作。这些话题居然很受欢迎，不久他就被邀请到各处进行演说，甚至开始影响教学。而那时他还只是网络节目的嘉宾。不久，萨姆·利文森把他的全部精力都投入到了娱乐圈。

四、必须持之以恒

我们学习任何新事物，像法语、高尔夫球或者当众演说，都不可能一帆风顺。我们会遭遇波折，突遇障碍，甚至停滞不前。然后我们会有一段时间原地踏步，甚至倒退，还会丢掉从前占有的领地。对于这段停滞或退步的时期，所有心理学家都很清楚，并称之为"学习曲线图中的台阶部分"。练习演讲的学员有时会受到挫折，这个过程可能会持续几个星期。他们可能会感到困难重重，似乎没有办法克服。意志薄弱者会因绝望而放弃。那些意志坚定的人会坚持下去，他们会发现突然豁然开朗，在不知不觉中，他们取得了重大的进步。他们宛如一架飞机轻松越过高原。突然之间，他们不再腼腆，有了说话的力量和信心。

或许你会像本书中某些地方所说的，在刚开始面对听众时，会感到有些害怕、激动和紧张。甚至最伟大的音乐家，尽管经历了无数次的公演，也会如此。巴德列夫斯基坐在钢琴旁之前，总是神经紧张，不停地翻动袖口。但是只要他一开始演奏，所有的怯场都会烟消云散。

他的经历你也有。如果你能坚持不懈，相信很快就能战胜一切，包括最初的恐惧。也就是最初的一点恐惧，没什么大不了的。一旦说出前几句话，接下来你就能控制自己，就能轻松自如地说了。

有一次，一位想学法律的年轻人给林肯写信征求建议。林肯回信说："如果你下定决心要让自己成为一名律师，这件事就已经成功一半了……永远记住，要想成功，你的决心比其他任何事情更重要。"

林肯很明白。他早就经历了这些。他一生从都没有好好上过一年学。至于书，林肯曾经说，他每次都是走 50 英里路才借到的。小木屋里总是整夜点着一堆柴火。他就借着这火光读书。小木屋墙上的木头上有许多裂缝，林肯常常把书插在那里。一到早上，天色亮得能够看书了，他就从树叶铺的床上爬起来，揉揉眼睛，抓起书就开始贪婪地读起来。

他会走二三十英里路，去听别人演讲。回来后，他会在每一个地方练习——田间、树林，以及吉利维尔村琼斯的杂货店那儿聚集的人群前。他参加了新塞勒姆和斯普林菲尔德的文学辩论社团，探讨时事。他在女人面前很腼腆。他向玛丽·托德求爱时，总是坐在客厅，害羞得一句话也说不出来，所以总是听她说。然而就是这样一个人，经过不懈地努力和勤奋地学习，终于使自己成为一名演讲家，还敢和当时最卓越的雄辩家道格拉斯议员进行辩论。就是这样一个人，在葛底斯堡发表第二次就职演说，精彩程度真是绝无仅有。

亚伯拉罕·林肯的画像挂在白宫总统的办公室。西奥多·罗斯福总统说："当我要对某件事做出决定时，尤其是那些很难应对的事情，它们牵涉到各方的利害关系，我就会看一看林肯，想想如果他在我这种处境会怎么做。这听起来有点不可思议，但是，坦白说，这会让我的难题更容易解决。"

为什么不试试罗斯福的方法呢？为什么不呢？在你努力想成为一名杰出的演说家时，如果受到挫折而打算放弃时，为什么不问林肯在这时会做什么呢？你知道他会怎么做。你知道他是怎么做的。在美国议会选举时，他败给斯蒂芬·A. 道格拉斯之后，他安慰同伴不要"因为一次或一百次的失败而放弃"。

五、坚信付出就有回报

我多么希望能让你每天早晨都把这本书摊在餐桌上，直到你熟记威廉·詹姆斯教授的话：

年轻人不要为学历的高低而烦恼，不管它处于哪个层次。只要真正用好每一天的每小时，他就会得到最好的结果。他可以带着无比的自信，期待某个美妙的早晨，突然发现自己成了曾经追求的同辈中的佼佼者。

现在，借着著名的詹姆斯教授的这些话，我也想说，只要你勤于练习，就能自信十足地期望在一个美好的早晨醒来，发现自己变成了本市或社区中的一位演讲高手。

无论你现在听起来觉得有多么的异想天开，它却是一个普遍存在的真理。当然，例外也是有的。一个人如果心理素质很差、性格怯懦、知识匮乏，也就不可能成为像丹尼尔·韦伯斯特这样的杰出人物。但是，一般而言，这个观点还是适用的。

我举个例子吧：新泽西州前州长斯托克斯先生参加了我们在特伦顿培训班的毕业晚宴。他评论说，那天晚上听到的演讲，毫不逊色于在华盛顿的参议院和众议院上听到的。这些特伦顿的"演讲家"由商人组成，几个月以前他们还因为害怕听众而紧张得说不出话来。他们不是古代的西塞罗，只是新泽西州的商人，是美国任何一个城市都可见到的普通商人。然而，他们一夜醒来，发现自己成了本市，甚至可能是全美国著名的演说家。

我逐渐认识并且发现，成千上万的人正在尽力让自己增强当众讲话的信心和能力。成功者当中只有小部分是聪明绝顶的人，而绝大多数都是普通商人，但是他们坚持不懈。有点天赋的人有时会因气馁而不能坚持到底。但是普通人只要肯吃苦，肯坚持，最终都会到达顶峰的。

那是符合人类和自然法则的。你没发现在各行各业都有这样的事情吗？约翰·D. 洛克菲勒先生说，要在事业上取得成功，首要的是耐心和坚信付出终有回报。对于成功的演讲，这条法则也同样适用。

几年前，我想攀登奥地利的阿尔卑斯山怀尔德·恺撒峰。《贝德克尔旅行指南》说攀登很困难，所以对于一个业余登山员来说，有必要找一位向导。我和一位朋友都没找向导，当然我们都是业余爱好者，所以另一个朋友问我俩是否能成功。"当然了。"我们回答说。

"你们凭什么这样自信？"他问。

"别人没找向导也成功了，"我说，"所以我知道一定行，而且我从来不会去考虑失败。"

那是做任何事都应该具备的正常心态，不论是演讲还是攀登珠穆朗玛峰。

你获得成功的大小，很大程度上取决于演讲前的思考。因此不妨想象一下，你正以极好的自控能力同别人谈话。

这是在你能力范围内容易办到的。相信自己会成功。坚信这一点，你才能做好成功路上的事情。

内战时期，海军上将都庞特为自己没把炮船驶入查斯顿港摆出了大堆的理由。法拉格上将专注地听着这些说辞。"但是还有一个原因你没提到。"他回答说。

"是什么？"都庞特上将问。

"你认为自己根本做不到。"

在我们演讲班中，大多数学员从训练中获得的最有用的东西，就是增强了自信心，对自己走向成功的一份额外的自信。在通常情况下，一个人要取得成功，更重要的是什么呢？

爱默生写道："没有热情，什么大事也做不成。"那不仅仅是一句措辞巧妙的文学用语，更是一幅通向成功的地图。

威廉·莱昂·费尔普斯可能是耶鲁大学最受爱戴和欢迎的教授。在他的《教书热》一书中，他说："对我而言，教书更胜于艺术和其他职业。那是一种激情。我热爱教书，就像画家喜欢绘画，歌唱家钟情歌唱，诗人爱好写诗。每天早晨起床之前，我总会热情洋溢地想着那群学生。"

一位老师对他的事业充满热情，对工作极具兴趣，并取得了成功，这奇怪吗？费尔普斯对他的学生产生了巨大的影响，主要是因为他在教学中投入了爱心和激情，还有热情。

如果你在学习如何有效演讲的过程中加入一点热情，就会发现前进路上的障碍会消失。把你全部的天赋和潜力都用来与人进行有效的交流，这是一种挑战。想想你可能会有的自信、肯定和镇定，以及吸引别人注意、煽动他人情感、说服众人采取行动所具有的控制力，你将会发现，自我表达的能力也会带来其他方面的能力，因为训练自己能言善辩是一条光明的大道，可以在工作和生活的各个方面获得自信。

戴尔·卡耐基课程的教师指南手册中有这样的话："一旦学员们发现，他们抓住了听众的注意力，得到了教师的表扬，以及同学的掌声，一旦得到这些，就会开发出以前从未有过的潜力、勇气和镇定。结果呢？他们尝试并完成了做梦也不敢想的事情。他们发现自己敢当众发言了。他们积极参加商业、专业和公共活动，并成为领袖人物。"

"领导力"一词在前面章节中频繁引用。在我们的社会中，清晰、有力、强劲的表达正好是领导力的特征之一。从私人会面到公众演讲，表达必须涵盖领导者的全部思想。巧妙地应用本书中的方法，将有助于你在家庭、教会、社区、公司和政府等领域发挥领导作用。